国家科学技术学术著作出版基金资助出版

FIREWORKS ALGORITHM

THEORIES AND APPLICATIONS

谭营／著

烟花算法

理论及应用

人民邮电出版社
北京

图书在版编目（CIP）数据

烟花算法理论及应用 / 谭营著. -- 北京 : 人民邮电出版社, 2024.5
ISBN 978-7-115-62154-2

Ⅰ. ①烟… Ⅱ. ①谭… Ⅲ. ①人工智能—算法理论—研究 Ⅳ. ①TP183

中国国家版本馆CIP数据核字(2023)第246463号

内容提要

本书是一本全面、系统地介绍烟花算法主要研究成果和典型应用的学术专著，从基础、理论、进展及应用 4 个方面详细地介绍了烟花算法的研究内容，清晰地展示了烟花算法的研究全貌。书中不仅介绍了许多烟花算法理论研究成果，还提供了大量重要烟花算法改进算法的流程图和烟花算法的统一代码框架，同时展示了丰富的成功应用实例。

本书可作为智能科学、人工智能、计算机科学和数据科学等相关专业高年级本科生和研究生的教材或参考书，也可作为信息、控制、通信、管理、工程技术等相关领域的研究人员和工程师的参考书。

◆ 著　　　谭　营
责任编辑　贺瑞君　房　建
责任印制　李　东　马振武

◆ 人民邮电出版社出版发行　　北京市丰台区成寿寺路 11 号
邮编　100164　　电子邮件　315@ptpress.com.cn
网址　https://www.ptpress.com.cn
北京捷迅佳彩印刷有限公司印刷

◆ 开本：787×1092　1/16
印张：19.75　　　　2024 年 5 月第 1 版
字数：531 千字　　　2024 年 11 月北京第 3 次印刷

定价：139.00 元

读者服务热线：(010)81055410　印装质量热线：(010)81055316
反盗版热线：(010)81055315
广告经营许可证：京东市监广登字 20170147 号

前　言

爆炸是一种普遍存在的自然现象，自然界中许多极端情况下的行为都是通过爆炸这种形式来完成的。例如，在一个密闭的空间中，某种气体的泄漏过程往往是以爆炸的形式表现出来。此外，人类在现代战争中使用的各种武器大多是通过爆炸来发挥其作用，我们在节日庆典中也利用烟花的爆炸效果来展示和表达喜悦情绪。爆炸在自然界和人类生活中都经常出现，是人们司空见惯的一种普遍现象。烟花算法是对爆炸这种自然现象的模拟和升华，已成为一种新型搜索模式，我们称之为“爆炸式搜索策略”。

在进行科学研究和推进大型工程项目的过程中，人们经常要解决各种各样的问题。理论上来说，所有这些需要求解的问题都可以通过某种形式变换转化为在某些资源受限制的条件下求最优解的问题，即最优化问题。因此，最优化问题十分基本和普遍，对其求解能够解决人们碰到的各种各样的问题。

虽然具有凸光滑特性的最优化问题可以采用数学上的梯度下降等方法有效地求解，但当问题变得越来越复杂且非光滑时，现有的数学手段往往会失效，必须寻求其他有效的手段。为此，科学家提出了各种启发式搜索方法来求解这类复杂最优化问题。

通常，这类难题都可以转换为一个无限大空间中的搜索问题。如何在这种无限大空间中进行高效的搜索是目前人们面临的极大挑战。截至本书成稿之日，在这样的大空间中进行搜索还没有统一、有效的方法，也没有最佳的策略。因此，在这样的大空间中进行高效搜索将是未来很长一段时间内人们追求的目标。烟花算法这种爆炸式搜索策略就是一种新型的、大空间的高效搜索方式。有别于现有的各类搜索方法，它是从多个空间点同时开始爆炸，对该空间进行采样，通过多点协同、信息共享的方式来实现群体的爆炸式搜索，并最终无限接近问题的全局最优点，实现对这类复杂最优化问题的高效求解。许多研究工作充分地证明了烟花算法的爆炸式搜索策略是高效的，是解决这类大空间复杂搜索问题的一种有效方法。为此，很多学者参与了烟花算法的研究，极大地推进了烟花算法的发展。

不过，在研究烟花算法的过程中，如何提升这种爆炸式搜索的效率是一个关键点，也是学术界研究的热点。解决这个问题的重要途径应该包括了解和应用各种生物、自然和社会机制，这些良好启发机制可以发展新型的、有效的搜索方式，也是烟花算法发展的动力。近年的高效改进算法都受到这些机制的启发，包括多点协同、引导变异及败者淘汰机制等。

人们对烟花算法的研究已经有十几年的历史了，它经历了萌芽和快速发展的成长期，现在已经进入全面开花的爆发期，前景非常广阔，必将成为群体优化方法的典范。

转眼间，距离我编著第一本烟花算法领域的专著——《烟花算法引论》（科学出版社，2015年出版）已经过去8年了。在这段时间里，烟花算法经历了一段蓬勃的发展期，很多学者参与了烟花算法的研究，他们从不同的角度和领域将各种机制引入烟花算法中，并相继提出了大量的新型烟花算法，极大地增强了用烟花算法求解各类复杂优化问题的能力。同时，许多学者使用烟花算法来解决他们遇到的问题。烟花算法的这些进展，也激发了我将这些重要工作进行归纳总结，为其他研究者提供一套完整参考资料的想法。这便是我撰写本书的初衷。同时，本书所收录的研究工作都承接自我的第一本专著，它们无缝对接，共同构成了一幅烟花算法研究的"全景图"，可为其他研究者和对烟花算法感兴趣的学者快速学习和理解烟花算法、了解烟花算法的研究全貌提供参考。希望本书能够成为他们推进烟花算法研究及其应用的起点。

本书共 4 个部分，分别是烟花算法基础、烟花算法理论、烟花算法进展和烟花算法应用。第一部分主要介绍基本烟花算法的基本原理及重要的核心改进算法（烟花算法早期的核心基础），并给出一个统一描述烟花算法的代码框架。第二部分主要介绍在烟花算法研究中较重要的理论和分析方法，重点介绍适用于群体智能优化算法的信息利用率理论、时间复杂度的基本理论及分析，以及映射规则分析等。第三部分是在对烟花算法进行全面综述的基础上，详细介绍近年来烟花算法的重大改进算法，主要包括烟花算法协同框架、引导式烟花算法、败者淘汰锦标赛烟花算法、多尺度协同烟花算法等。这部分内容丰富、翔实，展现了近年来烟花算法研究的重大进展，体现了烟花算法的重要进步与显著贡献。第四部分主要介绍对烟花算法应用的研究。首先，对烟花算法在机器学习领域、调度与规划问题、设计与控制问题及图像处理问题这 4 个方面的应用研究进行全面、系统的综述与评价；随后，分别对烟花算法在旅行商问题、多目标优化问题、机器学习（监督学习和无监督学习）、电磁干扰系统，以及微电网优化中的应用进行详细介绍。

本书的特色如下。

- 本书的主要内容是对我带领的科研团队研究成果的全面总结，是原汁原味的原创研究成果。该团队的成员都是烟花算法研究前沿的学者，对烟花算法进行了深入的研究。
- 本书包含烟花算法研究中的主要理论工作、大量高效的算法改进工作，以及烟花算法在多个领域的实际应用工作，是一份全面、系统地介绍烟花算法发展的参考资料，既有深度，也有广度，可作为广大学者学习、了解烟花算法的参考书。
- 本书包含一套简洁的烟花算法统一代码框架，简化了烟花算法的编程过程，能够为广大研究人员的编程实现和快速上手提供便利。
- 本书是一本不可多得的工具书，介绍的绝大多数算法可以直接在具体应用领域中使用。

本书中的绝大部分内容是我和我指导的博士后、博士生和硕士生（包括郑少秋博士、李俊之博士、刘浪硕士、李逸峰博士、陈迈越博士、李明泽硕士等）的研究成果。感谢他们的卓越贡献和艰辛工作，没有他们的努力工作，本书是无法呈现如此丰富的研究成果的。另外，在材料收集、资料整理和初稿准备过程中，本书还得到了一些团队成员和所指导研究生的大力协助和支持，他们是李逸峰、陈迈越、李明泽、刘轶凡和孟祥瑞。此外，北京大学计算智能实验室的同学也给予了大量的协助和支持，在此一并表示衷心的感谢。正是得益于他们的辛勤工作和付出，本书才得以及时成稿并呈现给广大读者。希望本书的出版可以大力推进烟花算法的深入研究和广泛应用，更好地服务于我国的科学研究、工程建设，以及社会经济与生活。本书中的主要研究工作得到了国家自然科学基金项目（61673025、62076010、62250037 和 62276008）、国家重点研发计划项目（2022YFF0800601）和科技部的科技创新 2030 项目（2018AAA0102301、2018AAA0100302）的大力支持。同时，还要感谢 2022 年度国家科学技术学术著作出版基金对本书出版的资助。

由于作者水平有限，书中难免会出现错误和不妥之处，敬请各位读者批评指正。

谭　营
于北大燕园
2023 年 8 月

目　录

第一部分　烟花算法基础

第二部分　烟花算法理论

第三部分　烟花算法进展

第四部分 烟花算法应用

第一部分

烟花算法基础

第 1 章　烟花算法原理

本章从烟花算法（Fireworks Algorithm，FWA）的基本思想出发，详细介绍烟花算法的整体架构及基本算子。

1.1　基本思想

烟花算法的基本思想是模拟烟花爆炸的现象，通过引入随机因素和选择策略形成一种并行的搜索方式。其核心思想是通过多个烟花的协同并行搜索，以一种群体交互的方式，简单、高效、自适应地平衡探索与开采。从总体结构来说，烟花算法遵循图 1.1 所示的流程，主要由爆炸算子（Explosive Operator）、变异算子（Mutation Operator）、映射规则（Mapping Rule）和选择策略（Selection Strategy）四大部分组成。其中，爆炸算子包括爆炸强度、爆炸半径、位移变异等；变异算子主要包括高斯变异算子；映射规则包括模运算映射、镜像映射和随机映射等；选择策略包括基于距离的选择和随机选择等。

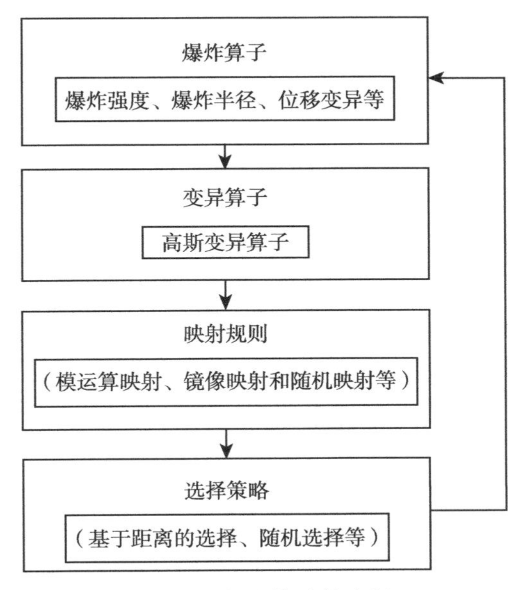

图 1.1　烟花算法的流程

烟花算法的工作过程与群体智能优化算法相似：首先，随机选择 N 个烟花初始化群体；然后，让群体中的每个烟花经历爆炸算子和变异算子，并应用映射规则保证变异后的个体仍处于可行域内；最后，在保留最优个体（精英策略）的前提下，应用选择策略从生成的所有个体（烟花和火花）中选出 $N-1$ 个个体，与最优个体共同组成下一代群体，这样周而复始、逐一迭代。通过这种（直接或间接的）交互传递信息的方式，可使群体对环境的适应性逐代变得越来越好，从而求得问题的全局最优解的足够好的近似解。

1.1.1　烟花算法与遗传算法的思想对比

在烟花算法中，对下一代的选择过程直接地引入了免疫浓度思想，没有专门设计针对该算法的独立算子。这种算子拥有与遗传算法（Genetic Algorithm，GA）的选择算子相似的名称，但有着本质上的不同：基于免疫浓度的思想，在选择时，与火花（抗体）相似的火花（抗体）越多，火花（抗体）被选中的概率就越小；反之，与火花（抗体）相似的火花越少，火花（抗体）被选中的概率就越大。这使得低适应度值的火花（抗体）也可获得继续演化的机会。因此，基于火花（抗体）浓度的概率选择公式在理论上保证了火花（抗体）的多样性。而遗传算法的选择算子是按各染色体适应度值大小的比例来决定其被选择的数量，依据的是比例选择方法，无法保证选择的子个体具有多样性。

遗传算法最初于20世纪60年代，由美国密歇根大学的霍兰德（Holland）教授提出。当时，霍兰德认识到生物的遗传和自然进化现象与人工自适应系统的相似关系，运用生物遗传和进化的思想来研究自然和人工自适应系统的生成以及它们与环境的关系，提出在研究和设计人工自适应系统时，可以借鉴生物遗传的机制，以群体的方法进行自适应搜索，并且充分认识到了交叉、变异等运算策略在自适应系统中的重要性。

两种算法具有大致相似的过程，具体如下。

（1）初始群体随机初始化。

（2）对步骤（1）中产生的每一个个体计算其适应度值。

（3）根据适应度值对初始的群体进行必要的操作：遗传算法中进行遗传运算（选择、交叉、变异），烟花算法中执行两个主要的算子（爆炸算子和变异算子）。

（4）依据个体的适应度值选择下次迭代的群体。

（5）如果终止条件满足，则停止，否则转步骤（2）。

从以上步骤可以看到，烟花算法和遗传算法有很多共同之处。二者都随机初始化群体，都使用适应度值来评价个体的优良度，而且都是根据适应度值进行一定的随机搜索。这两种算法都不能保证找到最优解。

但是，烟花算法中没有交叉操作，而且烟花算法中的变异只是借鉴了遗传算法中的一些思想，在实现方面有着本质上的不同。

与遗传算法相比，烟花算法的信息共享机制是很不同的。在遗传算法中，染色体互相共享信息，所以整个群体是比较均匀地向最优区域移动。烟花算法采用的是一种分布式信息共享机制，根据分布在不同区域烟花的适应度值决定爆炸产生的火花数和爆炸半径。而且，基于免疫浓度思想的选择使得烟花总能分布在不同的区域，而不会产生聚集。与遗传算法相比，烟花算法有更多的机制来避免早熟。

1.1.2　烟花算法与粒子群优化算法的思想对比

这里介绍两种粒子群优化（Particle Swarm Optimization，PSO）算法：克隆粒子群优化（Clonal Particle Swarm Optimization，CPSO）算法[1]和标准粒子群（Standard Particle Swarm Optimization，SPSO）算法[2]。

在生物免疫系统中，当抗原侵入生物机体时，其免疫系统在机体内选择出能识别和消灭相应抗原的抗体，这一过程主要借助克隆（无性繁殖）使机体内的抗体激活、分化和增殖，以增加其数量，进一步进行免疫应答并最终清除抗原[3]。基于对克隆在免疫响应中的重要性的认识，文献 [1] 提出了适用于 PSO 的克隆算子，以此对 SPSO 算法做出改进。

上述两种 PSO 算法和烟花算法具有大致相似的过程，具体如下。

（1）群体随机初始化：烟花算法是对烟花进行随机初始化，两种 PSO 算法是对所有微粒进行初始化。

（2）对步骤（1）中产生的每一个个体计算其适应度值。

（3）根据步骤（2）中计算出的适应度值对初始的群体进行必要的操作：PSO 算法更新个体最优（pbest）、全局最优（gbest），以及各粒子的位置与速度；烟花算法执行两个主要的算子（爆炸算子和变异算子）。

（4）依据个体的适应度值选择下次迭代的群体。

（5）如果终止条件满足，则停止，否则转步骤（2）。

从以上步骤可以看到，烟花算法和 PSO 算法有许多共同之处。它们都采用随机初始化群体，都使用适应度值来评价系统，而且都是根据适应度值进行一定的随机搜索。这两种算法都不能保证找到最优解。

但是，SPSO 算法中没有变异算子，CPSO 算法中加入了高斯变异算子，而烟花算法包含位移变异和高斯变异。进一步，烟花算法中的高斯变异对某一次变异中选出的不同维，在每个维度上的位移是相同的，保证了一些维度之间的可能联系。而 CPSO 算法中的各维变异是不相同的。另外，烟花算法中的高斯变异每代都要进行，而 CPSO 算法中的高斯变异每隔一定的迭代次数才运行一次。

与上述两种 PSO 算法相比，烟花算法的信息共享机制是很不同的。在 PSO 算法中，只有 gbest 向其他的粒子传递信息，这是单向的信息流动，整个搜索更新过程是跟随当前最优解的过程。烟花算法采用的是一种分布式信息共享机制，根据分布在不同区域烟花的适应度值决定爆炸强度和爆炸半径。同时，烟花算法还需要在整个迭代过程中维护一个最优烟花，采用的是精英策略。

此外，烟花算法中采取了与 CPSO 算法相同的免疫浓度思想来保持多样性。这种思想在 SPSO 算法中是不存在的。

1.2 基本算子

本节对烟花算法的基本算子进行介绍。

1.2.1 爆炸算子

烟花算法的初始化是随机生成 N 个烟花的过程。接着，需要对这 N 个烟花应用爆炸算子，以便产生新的火花。爆炸算子是烟花算法的核心，包含爆炸强度、爆炸半径和位移变异。

1. 爆炸强度

爆炸强度是烟花算法中爆炸算子的核心，它模拟的是现实生活中烟花爆炸的方式。任何一个烟花爆炸时，这个烟花周围都会产生一批火花。烟花算法首先需要确定每个烟花爆炸产生火花的个数，以及在什么幅度内产生这些火花。通过观察一些典型优化函数的曲线图，可以直观地看出，最优点附近的优值点也相应较多、较密。因此，通过爆炸强度让适应度值好的烟花产生的火花数较多，可以避免寻优时火花总是在最优值附近摆动，而无法精准地找到最优值。对于适应度值较差的烟花，由于产生适应度值好的火花的概率较小，为避免做过多不必要的计算，爆炸强度可使其产生的火花数较少。这种适应度值较差的烟花的作用是对其余空间做适度的探索，避免早熟。其次，根据各个烟花适应度值的大小，爆炸强度可以确定每一个烟花产生的火花数，让适应度值好的烟花产生更多的火花，并让适应度值差的烟花产生更少的火花，如图 1.2 所示。烟花算法中产生的火花数为

$$S_i = m\frac{Y_{\max} - f(\boldsymbol{x}_i) + \varepsilon}{\sum\limits_{i=1}^{N}(Y_{\max} - f(\boldsymbol{x}_i)) + \varepsilon} \tag{1.1}$$

其中，S_i表示第 i 个烟花产生的火花数，参数 i 的取值范围为 $1 \sim N$；m是一个常数，用来限制产生的火花数；$Y_{\max}$ 是当前群体中适应度值最差的个体的适应度值；$f(\boldsymbol{x}_i)$ 表示个体 $\boldsymbol{x}_i$ 的适应度值；ε 是一个极小的常数，可以避免出现分母为 0 的情况。每个烟花产生爆炸火花的数量限制为

$$\hat{S}_i = \begin{cases} \text{round}(am) & S_i < am \\ \text{round}(bm) & S_i > bm, a < b < 1 \\ \text{round}(am) & \text{其他} \end{cases} \tag{1.2}$$

其中，a 和 b 是常数，$\hat{S}_i$ 是火花数的界限，round() 是四舍五入函数。

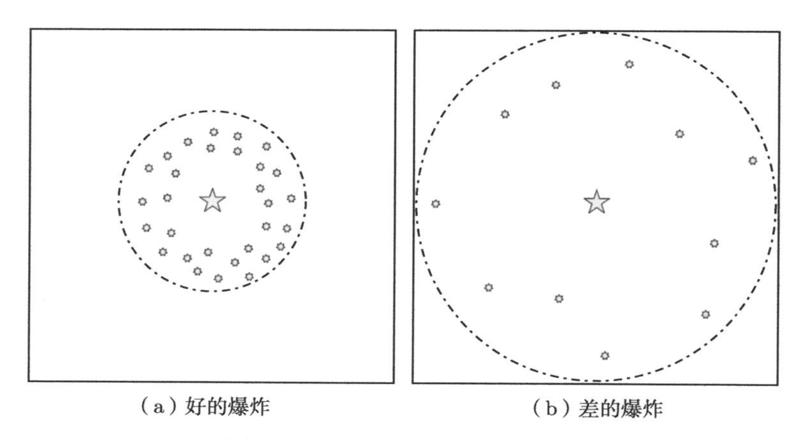

（a）好的爆炸　　（b）差的爆炸

图 1.2　烟花爆炸产生火花示意图

2. 爆炸半径

通过观察一些函数的曲线图，可以直观地看出，函数的最优值、局部极值附近的点的函数值通常也较优。因此在烟花算法中，通过控制爆炸半径让适应度值好的烟花爆炸幅度减小，才能更有效地使结果收敛到各个极值，直至最终找到最优值。相反，适应度值较差的烟花，往往离最优值都较远，只有让它们产生大幅度的变异，才能使其有效地到达最优值附近。这就是控制烟花爆炸幅度的基本思想。烟花爆炸半径的计算公式为

$$A_i = \hat{A}\frac{f(\boldsymbol{x}_i) - Y_{\min} + \varepsilon}{\sum\limits_{i=1}^{N}(f(\boldsymbol{x}_i) - Y_{\min}) + \varepsilon} \tag{1.3}$$

其中，A_i 表示第 i 个烟花的爆炸半径，即爆炸的火花将在这个范围内随机产生位移，但不能超出这个范围；$\hat{A}$ 是一个常数，表示最大的爆炸半径；$Y_{\min}$ 是当前群体中适应度值最好的个体的适应度值；$f(\boldsymbol{x}_i)$ 和 ε 的含义与式 (1.1) 相同。

3. 位移变异

在计算出爆炸半径之后，需要确定烟花在爆炸范围内的位移。这里是用随机位移的方法来对烟花进行位移变异。这样，每个烟花都有自己特定的火花数和爆炸半径。在某个爆炸范围内，烟花能随机产生一个位移，生成新的火花，保证了群体多样性。通过爆炸算子，每个烟花都能生成一批新的火花，为寻找全局最优解提供了保障。位移变异的计算公式为

$$\Delta x_i^k = x_i^k + \text{rand}(0, A_i) \tag{1.4}$$

其中，$\text{rand}(0, A_i)$ 表示在 A_i 内生成的随机数（均匀分布）。

算法 1.1 为烟花算法产生火花的伪代码。

算法 1.1 产生火花

1: 初始化烟花，并计算出每个烟花的适应度值 $f(\boldsymbol{x}_i)$；
2: 计算每个烟花生成的火花数 S_i；
3: 计算每个烟花生成火花的爆炸半径 A_i ；
4: $z = \text{rand}(1, \text{dimension})$；　　//随机选择 z 个维度
5: **for** $k = 1 \rightarrow \text{dimension}$ **do**
6: 　**if** $k \in z$ **then**
7: 　　$x_i^k = x_i^k + \text{rand}(0, A_i)$。

1.2.2 变异算子

为进一步提高群体的多样性，烟花算法中引入的变异算子为高斯变异算子。高斯变异火花产生的过程如下：首先在烟花群体中随机选择一个烟花，然后为其随机选择一定数量的维度进行高斯变异。高斯变异在被选中的烟花和最好的烟花之间进行，产生新的火花，如图 1.3 所示。高斯变异可能产生超出可行“解空间”范围的火花。当火花在某一维度上超出边界时，会通过

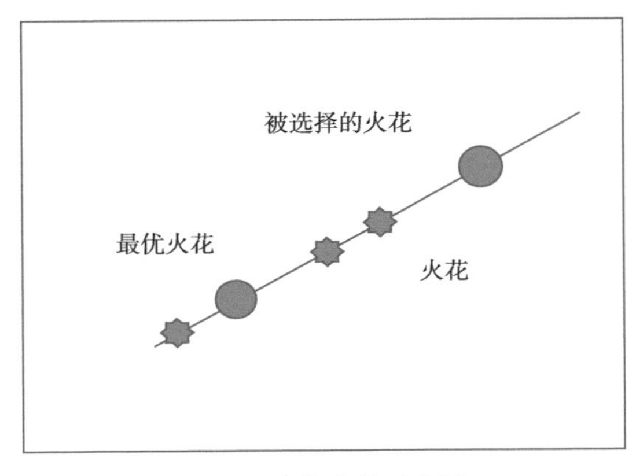

图 1.3 高斯变异示意图

映射规则被映射到一个新的位置。用 x_i^k 表示第 i 个个体在第 k 维上的位置，此时高斯变异的计算方式如下：

$$x_i^k = x_i^k g \tag{1.5}$$

其中，g 是服从如式 (1.6) 所示均值为 1、方差为 1 的高斯分布的随机数。

$$g = \mathcal{N}(1,1) \tag{1.6}$$

算法 1.2 为烟花算法中高斯变异的伪代码。

算法 1.2　高斯变异

```
1: 初始化烟花，并计算出每个烟花的适应度值 f(x_i)；
2: 计算高斯变异的系数 g = N(1,1)；
3: z = rand(1, dimension);                    //随机选择 z 个维度
4: for k = 1 → dimension do
5:     if k ∈ z then
6:         x_i^k = x_i^k g。
```

1.2.3　映射规则

如果某一个烟花靠近可行域的边界，而其爆炸范围又覆盖了边界以外的区域，那么该烟花可能在可行域范围外产生火花。这种火花是无用的，因此需要通过一种规则将其拉回可行域范围内。这里采用映射规则来应对这种情况。映射规则确保所有个体留在可行的空间。越界的火花将被映射到可行域的范围内。采用模运算的映射规则的计算公式为

$$x_i^k = x_{\min}^k + \left|x_i^k\right| \% \left(x_{\max}^k - x_{\min}^k\right) \tag{1.7}$$

其中，x_i^k 表示超出边界的第 i 个个体在第 k 维上的位置，$x_{\max}^k$ 和 $x_{\min}^k$ 分别表示第 k 维上边界的上下界，% 表示模运算。

1.2.4　选择算子

运用爆炸算子和变异算子并保证产生的火花在可行域范围之后，需要从产生的火花中选择出一部分作为下一代的烟花。烟花算法用到的是基于距离的选择策略。为了选择进入下一代的个体，选择策略采用的方式是每次都先留下最优个体，再选择其他 $N-1$ 个个体。为保证群体的多样性，采用 $N-1$ 个个体中与其他距离更远的个体有更多的机会被选中的选择策略。烟花算法采用欧几里得距离来度量任意两个个体之间的距离。用 $d(\boldsymbol{x}_i, \boldsymbol{x}_j)$ 表示任意两个个体 $\boldsymbol{x}_i$ 和 $\boldsymbol{x}_j$ 之间的欧几里得距离，则有

$$R(\boldsymbol{x}_i) = \sum_{j=1}^{K} d(\boldsymbol{x}_i, \boldsymbol{x}_j) = \sum_{j=1}^{K} \|\boldsymbol{x}_i - \boldsymbol{x}_j\| \tag{1.8}$$

个体选择采用比例选择的方式，每个个体被选择的概率用 $p(\boldsymbol{x}_i)$ 表示：

$$p(\boldsymbol{x}_i) = \frac{R(\boldsymbol{x}_i)}{\sum\limits_{j \in K} R(\boldsymbol{x}_j)} \tag{1.9}$$

其中，$R(\boldsymbol{x}_i)$ 表示个体 $\boldsymbol{x}_i$ 与其他个体的距离之和；$j \in K$ 表示第 j 个位置属于集合 K，集合 K 表示爆炸算子和高斯变异算子产生的火花的位置集合。

由式 (1.9) 可看出，与其他个体相距更远的个体具有更多的机会成为下一代个体。这种选择方式保证了烟花算法的群体多样性。

1.3 基本算子性能分析

本节针对基本算子对性能的影响进行简要分析。

1.3.1 爆炸算子对性能的影响

在爆炸算子的作用下，烟花在其周围区域进行搜索。烟花的适应度值越好，其爆炸半径越小，产生的火花数越多；烟花的适应度值越差，其爆炸半径越大，产生的火花数越少。在这种情况下，具有较好的适应度值的烟花在更小的区域内更仔细地搜索，而较差的火花则在更广泛的区域内进行搜索。爆炸算子中有两个参数需要设定，第一个参数是火花数 m，第二个参数是烟花数 N。这里选用广义罗森布罗克（Rosenbrock）函数来说明爆炸算子对烟花算法性能的影响。

图 1.4 展示了保持其他参数不变的情况下，火花数 m 对算法在广义罗森布罗克函数上性能的影响。

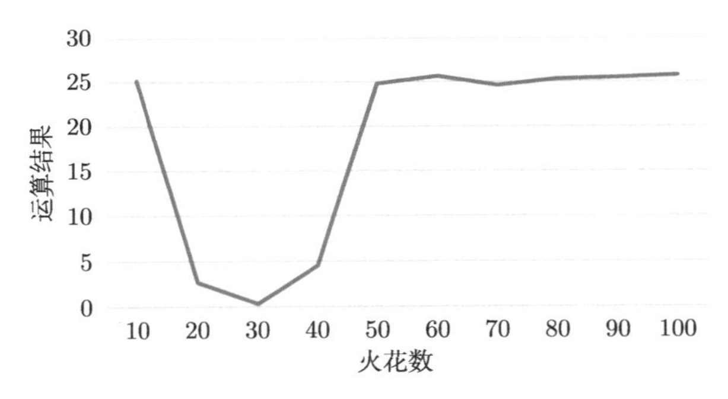

图 1.4 在广义罗森布罗克函数上，不同火花数对算法性能的影响

从图 1.4 中可以看出，在广义罗森布罗克函数上其他参数保持不变的条件下，烟花算法的火花数在 10 ~ 50 内可以得到相对好的结果。图 1.5 展示了烟花数对算法性能的影响。

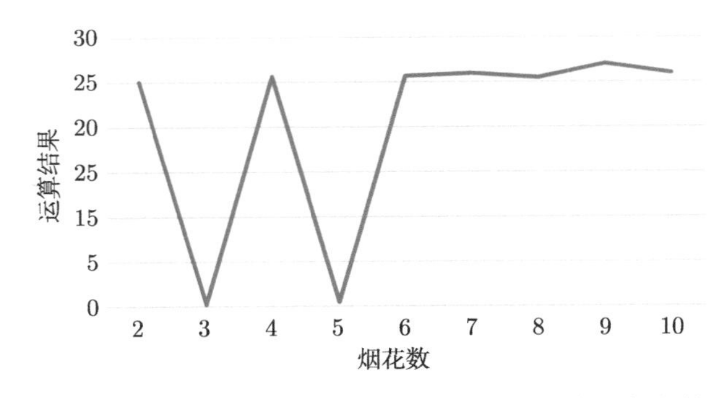

图 1.5 在广义罗森布罗克函数上，不同烟花数对算法性能的影响

从图 1.5 中可以看出，在其他参数保持不变的条件下，将烟花数设置为 3 或 5，烟花算法可以在广义罗森布罗克函数上得到相对好的结果。显而易见，针对不同的优化问题，选取不同的烟花算法爆炸算子的两个参数，对算法性能有一定的影响。在保持其他参数不变的情况下，火花数为 20 ～ 40 时，烟花算法在广义罗森布罗克函数上的性能较好。

1.3.2　高斯变异算子对性能的影响

高斯变异算子可以增加烟花算法的多样性。烟花进行高斯变异所产生的火花，不局限在烟花爆炸的周围区域。因此，烟花算法的多样性提高了。同时，因为高斯变异 ($x_i^k = x_i^k g$) 是在当前位置和原点之间产生火花，所以它可以在某些最优值位于原点的函数上表现出很好的性能。例如，Sphere 函数的最优值在原点，因此烟花算法中的高斯变异算子可以很容易地找到 Sphere 函数的最优值的位置。

表 1.1 是烟花算法中有高斯变异算子和无高斯变异算子时在两个函数上的运算结果。函数的维数是 30，烟花算法运行 300000 次。

从表 1.1 可以看出，烟花算法的高斯变异算子在两个函数上都优化了运算结果。主要原因是，高斯变异算子提高了烟花算法的多样性，增强了烟花算法的全局搜索能力，可以避免烟花算法陷入局部最优解。

表 1.1　烟花算法中有高斯变异算子和无高斯变异算子时在两个函数上的运算结果

有无高斯变异算子	Sphere 函数	广义罗森布罗克函数
有	0	25.209447
无	1.095037	706.936069

1.3.3　映射规则对性能的影响

烟花算法中映射规则的作用是保证所有产生的火花都在可行域范围内。如果一个烟花靠近边界，且其爆炸半径很大，那么其产生的火花可能越界。因此，为防止不必要的计算，需要把超出范围的火花拉回可行域。但是，烟花算法的映射规则也有一定的缺点。例如，映射规则极易把火花拉到原点附近，从而产生靠近原点的火花。烟花算法中的映射规则采用一种模运算方式，这种运算保证了超出边界的火花能够被拉回可行域范围内。图 1.6 展示了映射规则对越界个体的处理方式。如果问题的可行域范围为 −100 ～ 100，爆炸半径最大为 40，那么超出边界的点会落在 −140 ～ −100 和 100 ～ 140 内。依据映射规则，这两个范围内的点都落在 0 ～ 40 内。

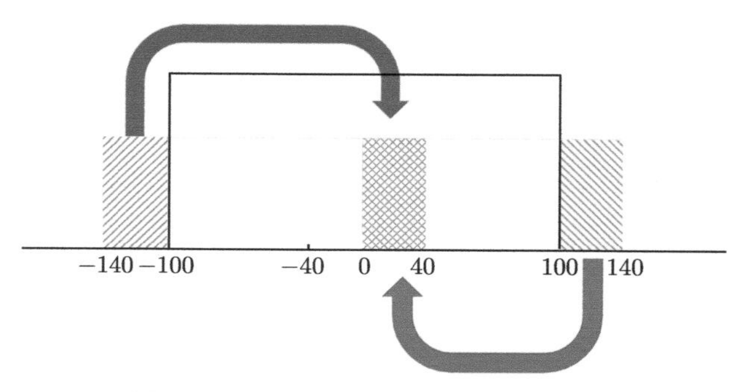

图 1.6　映射规则对越界个体的处理方式

1.3.4 选择算子对性能的影响

烟花算法中选择算子的作用是选择下一代的个体。一般而言，最优的个体总是保留给下一代，而其余的 $N-1$ 个个体是按照距离的远近随机选择的。通常，距离其他火花更远的火花更容易被选中。这样，烟花算法的多样性进一步得到了保障。

1.4 烟花算法整体性能分析

本节对烟花算法的整体性能进行分析。

1.4.1 测试函数

为了证明烟花算法在函数优化问题上的可应用性和性能，本节对烟花算法、SPSO 算法和 CPSO 算法进行了实验对比。该实验使用了 6 个测试函数，具体设置如表 1.2 所示。

表 1.2 测试函数的具体设置

函数名称	维度	最优点	最优值	算法初始化区间	算法搜索区间
Sphere	30	[0, 0, ⋯, 0]	0	(30, 50)	(−100, 100)
Rosenbrock	30	[1, 1, ⋯, 1]	0	(30, 50)	(−100, 100)
Griewank	30	[0, 0, ⋯, 0]	0	(30, 50)	(−100, 100)
Rastrigin	30	[0, 0, ⋯, 0]	0	(30, 50)	(−100, 100)
Rotated Griewank	30	[0, 0, ⋯, 0]	0	(15, 30)	(−100, 100)
Rotated Rastrigin	30	[0, 0, ⋯, 0]	0	(15, 30)	(−100, 100)

1.4.2 参数设定

经过大量实验，下面这种参数组合的性能较好。但是，这些参数是在初步的较少次数实验中确定的经验值，还缺乏坚实的理论支撑。所以，很多参数仍然需要通过进一步实验，或通过相关的理论分析进行适当调节。

（1）群体大小设置为 5，高斯变异的火花数为 5。

（2）火花数 m 设置为 50，参数 a 设置为 0.04，参数 b 设置为 0.8。

（3）爆炸半径之和 $\hat{A}$ 设为 40，爆炸半径无下限。

（4）实验中函数的维数都是 30，算法运行 20 次，函数评估的次数为 400000 次。

1.4.3 实验结果

目标函数评估 400000 次时，各算法运行 20 次的实验结果如表 1.3 所示（精确到 10^{-6}），收敛曲线如图 1.7 所示。

1.4.4 分析

从实验结果可以明显地看出，在对表 1.2 中的 6 个标准测试函数进行优化的过程中，烟花算法不仅在收敛速度方面，而且在得到优化解的精度上都明显优于 SPSO 算法和 CPSO 算法。这说

表 1.3 烟花算法、CPSO 算法和 SPSO 算法运行 20 次的实验结果（精确到 10^{-6}）

函数名称	烟花算法		CPSO 算法		SPSO 算法	
	均值	标准偏差	均值	标准偏差	均值	标准偏差
Sphere	0	0	0	0	367.116600	186.794900
Rosenbrock	12.162930	12.821130	66.587220	204.290700	5692076	4087432
Griewank	0	0	0.003693	0.011792	1.088648	0.042218
Rastrigin	0	0	6.769299	7.701368	676.154900	197.969500
Rotated Griewank	0	0	0.043401	0.042286	0.920613	0.088088
Rotated Rastrigin	0	0	23.925790	13.609300	339.207300	62.381450

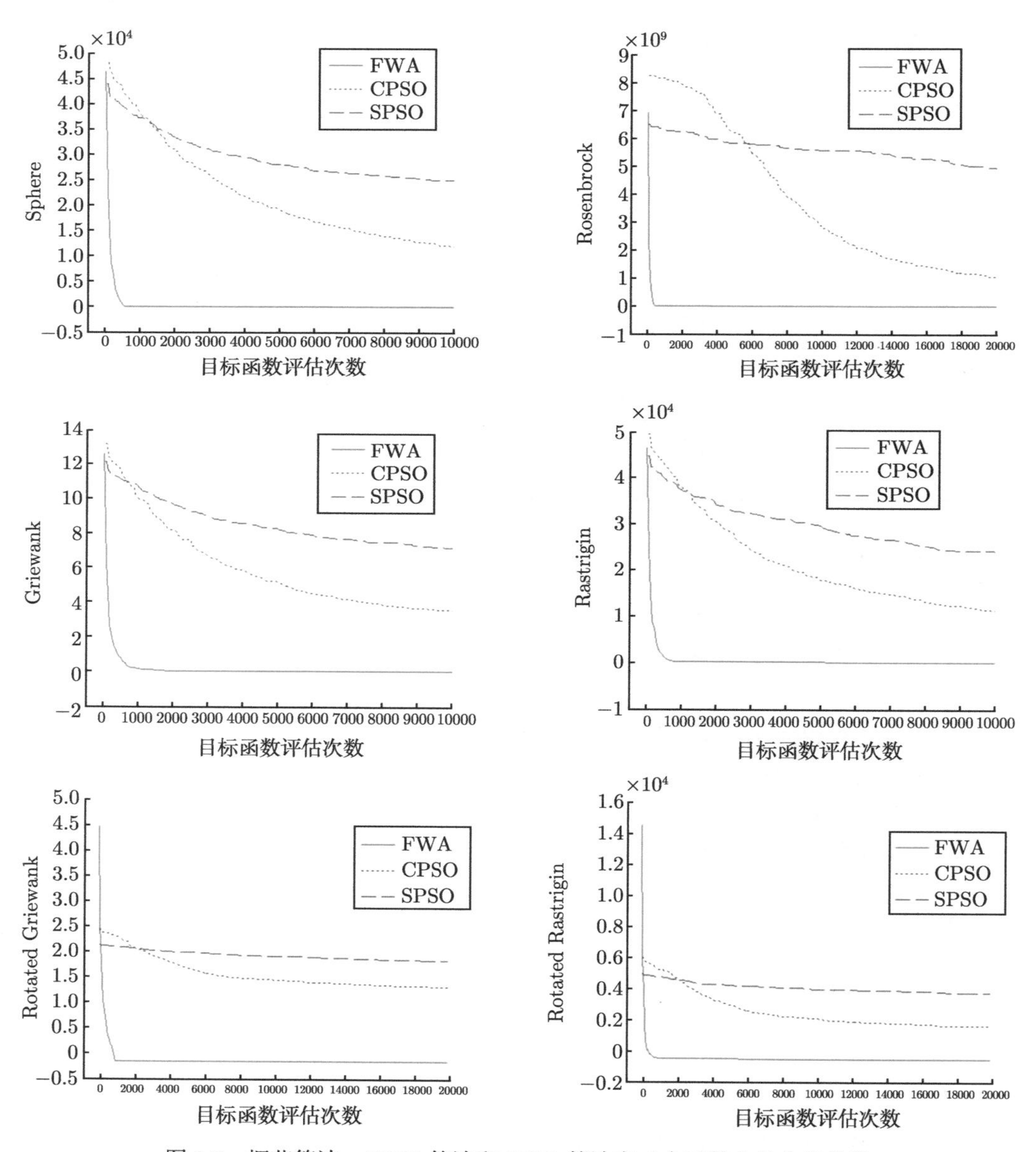

图 1.7 烟花算法、CPSO 算法和 SPSO 算法在 6 个函数上的收敛曲线

明该算法具有良好的收敛性能和结果精度，能够成功地应用于函数优化问题。与 SPSO 算法、CPSO 算法相比，烟花算法的函数优化也取得了明显的优势。这表明烟花算法是非常成功的，具有广阔的前景。另外，很多实际的工程、科研问题可以直接或间接地转化为函数优化问题，这为推广烟花算法的实际应用提供了必备的基础和有利的条件。

然而，截至本书成稿之时，人们对烟花算法的研究还处于初步阶段，现有的烟花算法还存在一些问题，仍有许多改进和完善的空间。

（1）烟花算法的两个主要算子虽已初步实现，但还不够完善。例如，高斯变异算子虽取得了很好的效果，但不能保证有效地处理所有问题，需要不断地加入新的机制，对算法进行改进、完善和扩充。

（2）烟花算法的参数还都是在简单的测试条件中的初步设置，测试实验的强度不够，且没有理论分析保证，下一步需要找到合理及最优的参数设置。

（3）烟花算法的函数优化实验是在有限的几个标准函数上进行的，会不可避免地有一些片面性，需要在其他更多的优化函数或一些组合的复杂函数上进行完整、全面的测试。

（4）在应用领域，应将烟花算法推广到函数优化以外的众多方面，如神经网络训练、模糊系统控制、模糊规则学习等，还可将其应用到离散问题的求解中。

1.5 小结

本章首先对烟花算法的基本思想及基本框架进行了系统性的介绍，并将其和遗传算法、PSO 算法等代表性算法进行了横向对比。随后，本章针对烟花算法中的基本算子进行了详细的描述，并对重要的基本算子的性能进行了分析。最后，本章对烟花算法的整体性能进行了完整、全面的分析。

第 2 章　增强烟花算法

自从 2010 年 Tan 和 Zhu 提出烟花算法后[4]，学术界就开始注意到这一新型群体智能优化算法，并将其应用到对实际优化问题的求解中。烟花算法在诸多应用领域表现出较优异的性能。然而截至本书成稿之时，细致地分析、研究烟花算法机制的工作并不多。

本章首先对基本烟花算法①的工作机制进行分析，主要对基本烟花算法工作流程中的每个算子进行细致的分析。然后，在上述分析的基础上，指出基本烟花算法的各个算子的缺陷和性能不足的地方，这包括基本烟花算法中的爆炸算子、高斯变异算子、映射规则及选择策略。最后，针对这些性能缺陷，本章提出相应的改进策略和算法，并将这种改进算法称为增强烟花算法（Enhanced Fireworks Algorithm，EFWA）[5]。

2.1　基本烟花算法的工作机制

基本烟花算法自从被提出，就展现出了十分优异的性能，并在许多实际优化问题中取得了不错的效果。然而，在用基本烟花算法进行优化的过程中，到底是什么算子发挥着至关重要的作用，目前尚无研究工作进行细致的分析。本章细致地分析了基本烟花算法的各个算子，并针对基本烟花算法中各个算子存在的缺陷进行改进。

在由 9 个函数组成的测试集中，基本烟花算法与 SPSO 算法[6] 和 CPSO 算法[1] 相比具有十分明显的性能优势（主要表现在优化结果的适应度值上）。

在文献 [4] 中，测试集中优化函数的大部分最优点都处于原点，即 0^D（函数 f_1、f_3、f_4、f_5、f_6、f_7、f_8、f_9，D 为优化问题 f 的维数），或者离原点位置较近（f_2，最优位置为 1^D）。然而，当把基本烟花算法应用到具有偏移的优化函数上进行求解，即优化函数 f 的最优点不处于原点或其附近的时候，由基本烟花算法优化得到的结果质量就会变得很差。通过对基本烟花算法进行细致的分析可以发现，导致这一“奇特”现象的原因主要有以下两个。

（1）在基本烟花算法中，对于超出边界的解，映射规则很容易将其映射到搜索空间中间附近的位置。如果测试函数的全局最优点在原点位置且搜索空间的上/下边界对称，那么这种映射规则会使得超出边界的点被人为地设定到原点位置附近，从而无意中加速了算法的收敛。

（2）在基本烟花算法中，高斯变异算子也很容易将解变异到原点位置附近。而且，如果一个解的位置已经十分接近原点位置，那么高斯变异算子很难使该点的位置跳出原点位置附近的区域。

此外，我们的分析还发现基本烟花算法的选择策略十分耗时。总之，基本烟花算法具有以下性能缺陷。

（1）对于最优点位置处于原点或原点附近的优化函数，基本烟花算法能很容易地求解出十分优异的解，而且十分迅速。这主要是因为基本烟花算法中映射规则和高斯变异算子的共同作用所致。

（2）对于最优点位置远离原点的优化函数，基本烟花算法会表现出比较差的性能，而且基本烟花算法的映射规则和高斯变异算子会导致其仍旧对原点位置附近的区域进行深入搜索，浪费了评估机会。

（3）与其他群体智能优化算法相比，基本烟花算法的耗时十分严重。

---

① 本书有时会将烟花算法（FWA）称为“基本烟花算法”，以与增强烟花算法呼应，方便读者阅读。

2.2 增强烟花算法的工作机制

本节进一步具体分析基本烟花算法的性能缺陷，针对基本烟花算法存在的性能缺陷给出改进方法和策略，并在此基础上提出一种改进算法，称为 EFWA。为了叙述简便又不失一般性，本节假定待优化求解的函数 f 是一个极小化问题：$\min\limits_{\boldsymbol{x}\in\Omega} f(\boldsymbol{x})$，其中 $f:\mathbb{R}^N \to \mathbb{R}$ 是一个非线性函数，Ω 是解的可行域。

基本烟花算法的每次迭代过程中都维持着一个烟花群体，并根据烟花群体中每个烟花的适应度值计算其爆炸半径和爆炸强度（每个烟花爆炸产生的火花数）。通常，适应度值较小（较优）的烟花具有较小的爆炸半径，与群体中的其他烟花相比，它主要发挥对局部区域的开采能力；适应度值较大（较差）的烟花具有较大的爆炸半径，与群体中的其他烟花相比，它主要发挥对全局区域的探索能力。

基本烟花算法通过对群体中不同的烟花设置不同的爆炸半径来保持全局搜索和局部搜索的平衡，以保证群体具有均衡的探索和开采能力。在基本烟花算法中，爆炸半径的计算公式如下：

$$A_i = \hat{A}\frac{f\left(\boldsymbol{X}_i\right) - y_{\min} + \varepsilon}{\sum\limits_{i=1}^{N}\left(f\left(\boldsymbol{X}_i\right) - y_{\min}\right) + \varepsilon} \tag{2.1}$$

其中，$y_{\min} = \min(f(\boldsymbol{X}_i))$，$i \in 1, 2, \cdots, N$，为当前烟花群体中的最小适应度值；$\varepsilon$ 是一个机器最小值，用来避免除 0 操作。然而，对于烟花群体中适应度值最小的解 $\boldsymbol{X}_k$，其通过式 (2.1) 计算得到的爆炸半径的值会非常小（接近 0）。这导致适应度值最小的烟花（当前群体中最优的烟花）在实际优化搜索过程中，会由于爆炸半径太小而无法发挥开采的作用，或者说无法发挥任何搜索作用。这与烟花算法的设计原则明显不符。

为了避免这个缺陷，EFWA 引入了最小爆炸半径检测策略（Minimum Explosion Amplitude Censoring Strategy，MEACS）。$A_{\min,k}$ 是在第 k 维上的爆炸半径最小的检测阈值。

$$A_{i,k} = \begin{cases} A_{\min,k} & A_{i,k} < A_{\min,k} \\ A_{i,k} & \text{其他} \end{cases} \tag{2.2}$$

其中，$A_{i,k}$ 表示第 k 维上烟花 i 的爆炸半径。在 $A_{\min,k}$ 的选择上，EFWA 采用了两种不同的策略[5]，即线性递减爆炸半径检测策略和非线性递减爆炸半径检测策略（见图 2.1），分别为

$$A_{\min,k}(t) = A_{\text{init}} - \frac{A_{\text{init}} - A_{\text{final}}}{\text{evals}_{\max}}t \quad \text{（线性递减爆炸半径检测策略）} \tag{2.3}$$

$$A_{\min,k}(t) = A_{\text{init}} - \frac{A_{\text{init}} - A_{\text{final}}}{\text{evals}_{\max}}\sqrt{(2\text{evals}_{\max} - t)t} \quad \text{（非线性递减爆炸半径检测策略）} \tag{2.4}$$

其中，t 为当前迭代的评估次数，$\text{evals}_{\max}$ 为最大评估次数，A_{init} 和 A_{final} 分别为初始爆炸半径检测值和最终爆炸半径检测值。

在基本烟花算法中，每个烟花通过爆炸算子产生一定数量的火花，进行局部搜索和全局搜索。通常，爆炸半径小的烟花能够在一个较小的范围内进行局部搜索，爆炸半径大的烟花能够在一个较大的范围内进行全局搜索。在基本烟花算法中，一个烟花产生火花时，在每个维度上产生的位移偏移是相等的，这大大降低了其产生的火花群体的多样性。针对此缺陷，EFWA 在计

算烟花产生火花的过程中，使用了在各个维度上大小不同的位置变异方式来产生爆炸火花。基本烟花算法和 **EFWA** 中爆炸火花的产生方式对比如图 2.2 所示。新型爆炸火花产生方式提高了爆炸火花的群体多样性，具体如算法 2.1 所示。

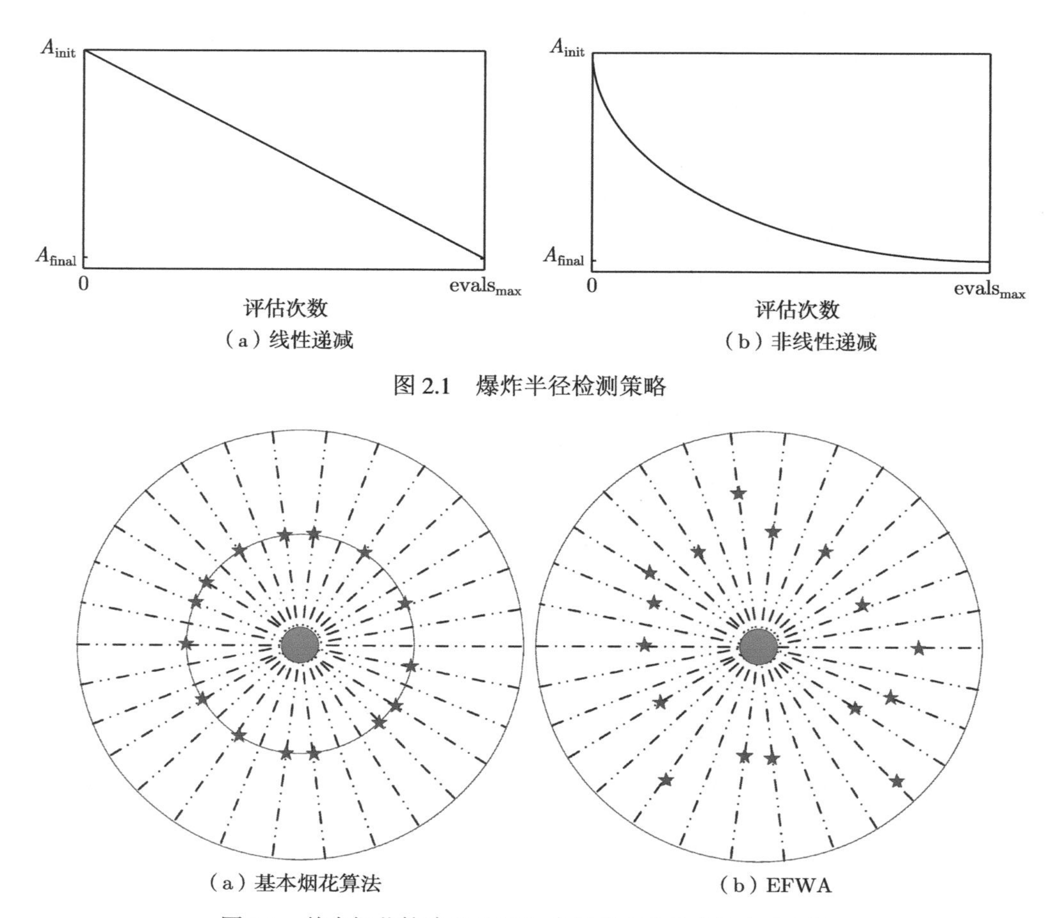

（a）线性递减　　（b）非线性递减

图 2.1　爆炸半径检测策略

（a）基本烟花算法　　（b）EFWA

图 2.2　基本烟花算法和 EFWA 中爆炸火花的产生方式对比

算法 2.1　EFWA 中爆炸火花的产生方式

```
1: 初始化爆炸火花的位置：x_i = X_i；
2: 设置 z^k = round(rand(0,1))，k = 1,2,···,D；
3: for 每一个维度上的 x_ik，where z^k == 1 do
4:     计算位移变异：ΔX_ik = A_i rand(−1,1)；
5:     x_ik = x_ik + ΔX_ik；
6:     if x_ik 超出边界 then
7:         将 x_ik 映射到可行域内（参考图 2.2）。
```

在基本烟花算法中 [4]，爆炸火花的产生方式为：计算变异维度的个数，该数值在 $[0, D]$ 中服从类似均匀分布，其中 0 和 D 的概率与其他相比较低。基本烟花算法中爆炸火花的产生方式如算法 2.2 所示。

算法 2.2 基本烟花算法中爆炸火花的产生方式

1: 初始化爆炸火花的位置：$\boldsymbol{x}_i = \boldsymbol{X}_i$；
2: 计算位置偏移：$\Delta X_{ik} = A_i\text{rand}(-1, 1)$；
3: 计算爆炸算子操作维度个数 $z = \text{round}(D\text{rand}(0, 1))$；
4: 随机选择 $\hat{X}_i$ 的 z 个维度；
5: **for** 每一个选择的维度上 x_{ik} **do**
6: $\quad x_{ik} = x_{ik} + \Delta X_{ik}$；
7: $\quad$**if** x_{ik} 超出边界 **then**
8: $\quad\quad$将 x_{ik} 映射到可行域内。

在这里，EFWA 和基本烟花算法的维度选择方式是不同的。EFWA 的维度选择方式为 $z^k = \text{round}(\text{rand}(0, 1)), k = 1, 2, \cdots, D$，其中 rand(0,1) 表示在 [0,1] 区间均匀分布的随机数。这里，我们称这种维度选择方式为二项分布方式，即维度的个数以二项分布方式分布在 $[0, D]$ 中。而文献 [5] 的实验中使用的仍旧是基本烟花算法中的维度选择方式，这就直接导致了其他科研工作者依据文献 [5] 中的伪代码实现 EFWA 时，得到的结果与文献 [5] 给出的结果不一致。

在基本烟花算法中，高斯变异算子是导致该算法比同类群体智能优化算法在某些测试集上的性能更具优势的一个直接因素。图 2.3 展示了由二维 Ackley 函数高斯变异算子产生的高斯变异烟花经 100000 次评估产生的高斯变异火花的示意图，最优值分别设置在 $[0, 0]$ 和 $[-70, -55]$。其中，图 2.3（b）展示了一个比较有意思的情形：即使最优值已经被设置到 $[-70, -55]$，$[0, 0]$ 位置依然有很多高斯变异火花。对于图 2.3，原点位置附近虽然产生了很多高斯变异火花，但是这些火花并不是群体的智能行为所致。

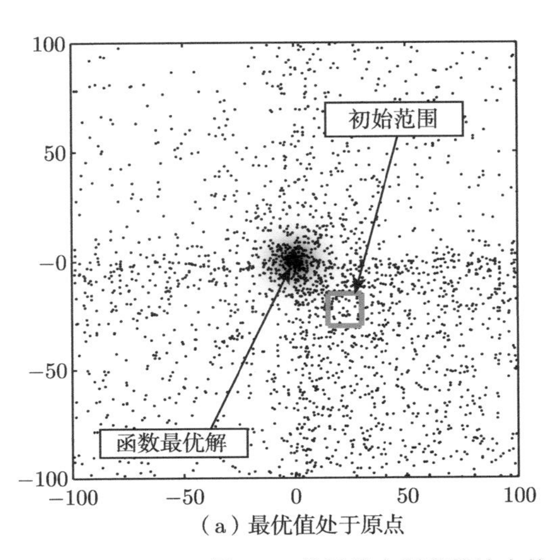

（a）最优值处于原点

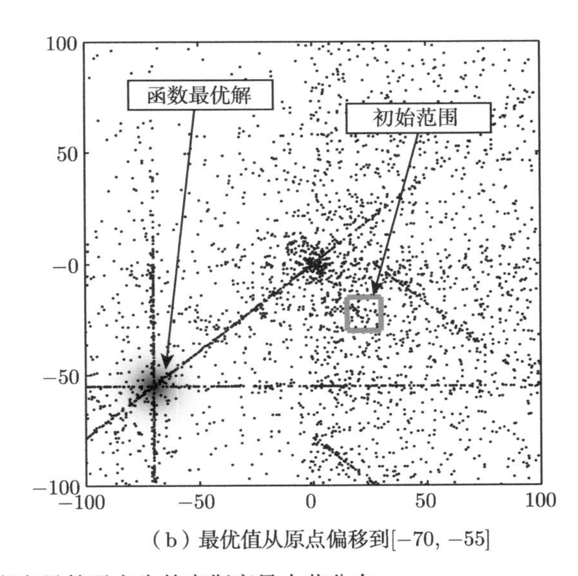

（b）最优值从原点偏移到[−70, −55]

图 2.3 使用基本烟花算法中的高斯变异算子产生的高斯变异火花分布

造成这种现象的原因是在基本烟花算法中，高斯变异火花的产生方式是：对于烟花 $\boldsymbol{X}_i$，首先计算变异维度的数量和变异维度的集合，并在每一个被选择的维度 k 上进行高斯变异，变异方式为

$$x_{ik} = X_{ik}g \tag{2.5}$$

其中，g 为一个高斯分布的随机变量，其均值和方差都被设置为 1，$g = \mathcal{N}(1,1)$。

当随机产生的 g 值接近 0 时，高斯变异火花的位置 x_{ik} 会接近 0，而且后期很难跳出。这会导致很多高斯变异火花的位置接近原点。此外，如果产生的 g 值较大，导致 x_{ik} 超出边界，基本烟花算法的映射规则可能将 x_{ik} 映射到原点位置附近。这就是文献 [4] 中，在由最优值位于原点或原点附近的测试函数组成的测试集合上，基本烟花算法与 SPSO 算法和 CPSO 算法相比具有极大性能优势的主要原因，即用很少的评估次数就可以收敛到最优点。

为了避免这个问题，EFWA 提出了一种新型高斯变异算子，由其产生的新型高斯火花的计算公式为

$$x_{ik} = X_{ik} + (X_{\mathrm{B},k} - X_{ik})e \tag{2.6}$$

其中，e 为一个高斯分布的随机变量，其均值为 0、方差为 1；$X_{\mathrm{B},k}$ 为当前烟花群体中适应度值最优的烟花在第 k 维上的位置信息。EFWA 中高斯变异火花的具体产生方式如算法 2.3 所示。

算法 2.3　EFWA 中高斯变异火花的产生方式

1: 初始化高斯变异火花的位置：$\boldsymbol{x}_i = \boldsymbol{X}_i$；
2: 设置 $z^k = \mathrm{round}(\mathrm{rand}(0,1)), k = 1,2,\cdots,D$；
3: 计算：$e = \mathcal{N}(0,1)$；
4: **for** x_{ik}的每个维度, 当 $z^k == 1$ **do**
5: 　　$x_{ik} = x_{ik} + (X_{\mathrm{B},k} - x_{ik})e$，$X_{\mathrm{B},k}$ 是当前适应度值最优的烟花在第 k 维上的位置信息；
6: 　　**if** x_{ik} 超出边界 **then**
7: 　　　　将 x_{ik} 映射到可行域内（参考图 2.2）。

图 2.4 展示了基本烟花算法和 EFWA 中的高斯变异算子的对比。可以看到在基本烟花算法中，高斯变异算子产生的火花会沿着当前烟花的位置和原点组成的直线方向变化。而 EFWA 的高斯变异算子产生的火花会沿着当前火花和群体中最佳火花组成的直线方向变化。

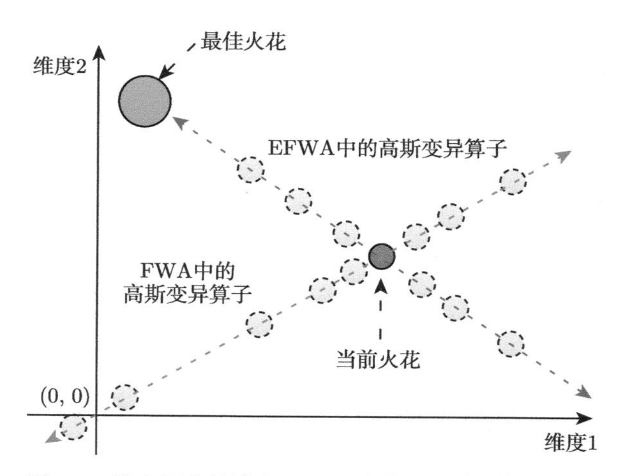

图 2.4　基本烟花算法和 EFWA 中的高斯变异算子对比

在基本烟花算法中，当一个火花在第 k 维上超出边界，会通过式 (2.7) 所示的映射规则将其映射到一个新的位置。

$$x_{ik} = X_{\mathrm{LB},k} + |x_{ik}|\,\%\,(X_{\mathrm{UB},k} - X_{\mathrm{LB},k}) \tag{2.7}$$

其中，$X_{\mathrm{UB},k}$、$X_{\mathrm{LB},k}$ 分别表示该优化问题的上边界和下边界。

在很多情况下，超出边界的火花与边界的距离通常都是一个很小的值。通常使用的测试函数也都是边界对称的，即 $X_{\mathrm{UB},k} = -X_{\mathrm{LB},k}$。那么在这种情况下，超出边界的火花在第 k 维上会被映射到一个距中心原点很近的位置。假设一个优化问题的搜索边界为 $[-20, 20]$，当火花位置在某一个维度上的值为 21（超出了边界）时，根据映射规则 [式 (2.7)]，该火花会被映射到 $x_{ik} = -20 + |21|\%40 = 1$，距离原点位置很近。然而，由于很多优化问题的最优值都在原点位置，因此这种映射规则会无意地大大加速算法的收敛，而这种加速并不是算法的智能导致，是一个假象。为了规避这个问题，EFWA 采用了随机映射规则，即使用式 (2.8) 对超出边界的火花进行映射。

$$x_{ik} = X_{\mathrm{LB},k} + \mathrm{rand}(0,1)(X_{\mathrm{UB},k} - X_{\mathrm{LB},k}) \tag{2.8}$$

其中，$\mathrm{rand}(0,1)$ 是在 $[0,1]$ 区间内生成的随机数（均匀分布）。

在基本烟花算法中，选择策略是基于距离度量的，依据式 (2.9) 进行计算：

$$p(\boldsymbol{x}_i) = \frac{R(\boldsymbol{x}_i)}{\sum\limits_{\boldsymbol{x}_j \in K} R(\boldsymbol{x}_j)} \tag{2.9}$$

$$R(\boldsymbol{x}_i) = \sum_{\boldsymbol{x}_j \in K} d(\boldsymbol{x}_i, \boldsymbol{x}_j) = \sum_{\boldsymbol{x}_j \in K} ||\boldsymbol{x}_i - \boldsymbol{x}_j|| \tag{2.10}$$

其中，K 为由烟花、爆炸火花和高斯变异火花组成的候选者集合（不包含最优个体）。然而，这种选择方式需要在每一代群体中构建烟花任意两点之间的欧几里得距离矩阵，会导致基本烟花算法的耗时很长。在烟花群体产生爆炸火花和高斯变异火花之后，EFWA 从烟花、爆炸火花、高斯变异火花中首先选择适应度值最小的个体（精英）作为下一代烟花群体的烟花（精英保持策略），然后随机选择其余的烟花（随机选择策略）。

至此，本书提出使用一种精英–随机选择策略，即首先选出烟花群体中适应度值最小的个体，然后采用随机策略选择其余的烟花。

2.3 实验与分析

为了验证新算子的性能，本节比较基本烟花算法（用 FWA 表示）和 EFWA 的性能。此外，为了更好地说明和讨论算子的作用，本节还对 EFWA 的几个变种（EFWA 和基本烟花算法的混合算法）进行了对比。表 2.1 展示了各算法使用的算子。其中，EXP 表示新型爆炸算子，MAP 表示新型映射规则，GAU 表示新型高斯变异算子，AMP1 表示线性递减爆炸半径检测策略，AMP2 表示非线性递减爆炸半径检测策略，SEL 表示新型精英–随机选择策略。例如，eFWA-I 使用了新型爆炸算子、新型映射规则和新型高斯变异算子。

本实验采用由 12 个测试函数组成的测试集。由于测试集中许多函数的最优位置在原点附近，而基本烟花算法存在这样的一个缺陷，即具有非常强大的原点附近的搜索能力。因此，本实验在该测试集上增加了位置偏移。位置偏移的大小与优化问题的搜索范围有关，具体如表 2.2 所示。

表 2.1　参与对比的各个算法使用的算子

算法名称	EXP	MAP	GAU	AMP 1	AMP 2	SEL
FWA	○	○	○	○	○	○
eFWA-I	●	●	●	○	○	○
eFWA-II	●	●	●	●	○	○
eFWA-III	●	●	●	○	●	○
EFWA	●	●	●	○	●	●

表 2.2　基本测试函数的位置偏移描述

SI	SV	SI	SV	SI	SV
1	$0.05 \times \dfrac{X_{\mathrm{UB},k} - X_{\mathrm{LB},k}}{2}$	2	$0.1 \times \dfrac{X_{\mathrm{UB},k} - X_{\mathrm{LB},k}}{2}$	3	$0.2 \times \dfrac{X_{\mathrm{UB},k} - X_{\mathrm{LB},k}}{2}$
4	$0.3 \times \dfrac{X_{\mathrm{UB},k} - X_{\mathrm{LB},k}}{2}$	5	$0.5 \times \dfrac{X_{\mathrm{UB},k} - X_{\mathrm{LB},k}}{2}$	6	$0.7 \times \dfrac{X_{\mathrm{UB},k} - X_{\mathrm{LB},k}}{2}$

在本实验中，EFWA 中的 A_{init} 和 A_{final} 分别设置为 $(X_{\mathrm{UB},k} - X_{\mathrm{LB},k}) \times 0.02$ 和 $(X_{\mathrm{UB},k} - X_{\mathrm{LB},k}) \times 0.001$。其他参数的设置与 FWA 一致。SPSO 算法的参数设置参考文献 [6]，基本烟花算法的参数设置参考文献 [4]。实验平台为 MATLAB 2011b，Windows 7 操作系统，Intel Core i7-2600 CPU@3.7GHz 和 8GB RAM。

在 FWA 中，EXP、MAP 和 GAU 这 3 个算子会不同程度地导致该算法在原点附近具有强大的搜索能力，可以保证 FWA 对于最优值在原点附近且在没有发生最优值偏移（$\mathrm{SI} = 0$）的情况下能够很快地找到最优解。但是，当函数最优点发生偏移（$\mathrm{SI} \neq 0$）时，该算法的优化性能会急剧下降。对比 FWA 和 eFWA-I 的实验结果可以发现：对于 FWA，当 SI 变大的时候，其性能在 f_1、f_2、f_5、f_7、f_{11}、f_{12} 上都变差，而且对于极值点在 0^D 位置的优化函数，当 $\mathrm{SI} = 0$ 时，FWA 总能够优化出最优解。但是，根据前面的分析可知，这并不是智能行为所致。对于 eFWA-I，我们发现其实验性能非常稳定，基本不会随着 SI 的变化而发生很大的变化。

对比算法 eFWA-II、eFWA-III 和 eFWA-I（其中，eFWA-II、eFWA-III 分别是在 eFWA-I 的基础上引入了线性递减爆炸半径检测策略和非线性递减爆炸半径检测策略）可以发现，eFWA-II、eFWA-III 的性能均比 eFWA-I 的性能好，同时 eFWA-III 采用的非线性递减爆炸半径检测策略比 eFWA-II 采用的线性递减爆炸半径检测策略的实验性能更好。

eFWA-III 与 eFWA-II 相比具有更好的性能，表明非线性递减爆炸半径检测策略与线性递减爆炸半径检测策略相比具有更大的优势，因此这里关于随机选择算子的有效性评估只在 eFWA-III 上进行。对比 eFWA-III 和 EFWA 的实验结果可以发现，这两种算法在测试集上的性能接近，并没有很大差异，因此可以得到结论：采用随机选择算子并不会使得算法优化的结果显著变差。然而，由图 2.5 可见，随机选择算子大大降低了算法的时间消耗。

对比 EFWA 和 eFWA-x（eFWA-I、eFWA-II、eFWA-III）的实验结果（见表 2.3）可以发现，EFWA 无论在优化结果还是在运行时间方面都是最优的。对比 EFWA 和 FWA 的实验结果可以发现，在 $\mathrm{SI} = 0$ 时，FWA 具有更好的性能。FWA 在函数 f_1、f_2、f_4、f_5、f_6、f_{10}、f_{11}、f_{12}（最优点位于原点的优化函数）或 f_3（最优点在原点附近的优化函数）上具有很好的优化结果。EFWA 在 f_7、f_9 上具有更好的性能。

对于 $\mathrm{SI} \neq 0$ 的优化函数，EFWA 具有很大的性能优势。表 2.4 列出了 EFWA 的 t 实验结果

（$p = 0.05$），从中可以发现 EFWA 与 FWA 相比具有显著的性能优势。

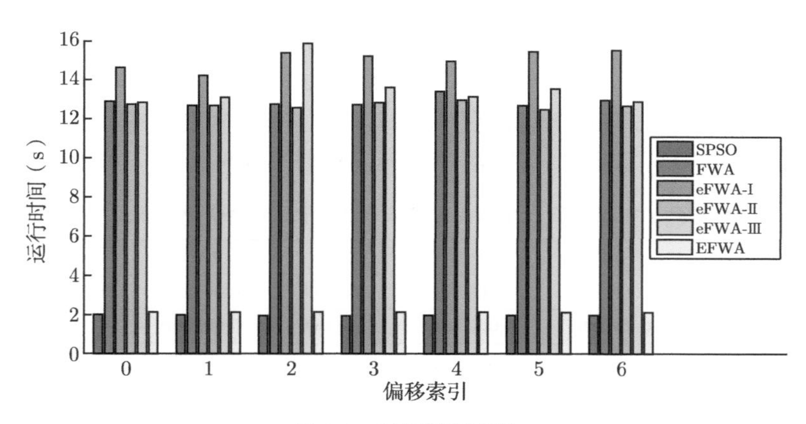

图 2.5 时间消耗对比

表 2.3 FWA、SPSO 算法、eFWA-x、EFWA 在测试函数上的实验结果（SI 为偏移索引）

SI	算法	f_1	f_2	f_3	f_4	f_5	f_6	f_7	f_8	f_9	f_{10}	f_{11}	f_{12}
0	SPSO	0	3.712886	9.025685	18.83620	0.000387	162.4213	0	−1.03163	3.000000	0.000000	0	0
	FWA	0	0	18.06771	0	0	0	0.013432	−1.03163	3.000001	0.000000	0	0
	eFWA-I	1751.919	7097.559	4622089	5.747068	1.123267	172.9351	3961796	−1.03162	3.000035	0.005529	388.1999	20224.25
	eFWA-II	0.166553	1.065167	107.8210	0.150611	0.273287	145.9337	0.006831	−1.03163	3.000000	0.000000	0.007313	1.139661
	eFWA-III	0.082755	0.313803	91.52661	0.082682	0.143627	144.4078	0.002717	−1.03163	3.000000	0.000000	0.002982	0.501991
	EFWA	0.080583	0.327939	110.6504	10.20939	0.134513	128.0998	0.003540	−1.03163	3.000000	0.000000	0.003003	0.477865
1	SPSO	0	3.875658	10.29035	19.73264	0.000777	168.5133	0	−1.03163	3.000000	0.000000	0	0
	FWA	0.235929	62.19819	1.368985	0.157826	0.105090	4.260847	0.012899	−1.03163	3.000007	0.001946	0.017149	2.086486
	eFWA-I	1683.079	7163.763	4675799	5.595889	1.148833	174.0394	3888660	−1.03162	3.000032	0.005156	363.8366	20400.76
	eFWA-II	0.166322	0.934341	123.2805	0.125657	0.265530	149.7567	0.006147	−1.03163	3.000000	0.000000	0.006905	1.120488
	eFWA-III	0.082681	0.301201	108.3010	0.127529	0.137630	146.8661	0.002560	−1.03163	3.000000	0.000000	0.003115	0.486991
	EFWA	0.078940	0.303336	129.4147	14.78846	0.131399	133.1501	0.002475	−1.03163	3.000000	0.000000	0.002899	0.475850
2	SPSO	0	5.589772	11.93113	19.80728	0.000483	172.6362	0	−1.03163	3.000000	0.000000	0	0
	FWA	0.661069	227.8310	88.48228	0.854293	0.210448	6.658164	0.068989	−1.03163	3.000005	0.004376	0.046928	5.556603
	eFWA-I	1712.366	7540.234	4624418	5.779330	1.206808	178.2714	3171013	−1.03162	3.000043	0.005719	361.0415	19108.30
	eFWA-II	0.168955	0.933509	112.6466	0.123641	0.263951	147.7272	0.006349	−1.03163	3.000000	0.000000	0.006618	1.146244
	eFWA-III	0.083509	0.303672	124.3955	0.140883	0.135765	163.6453	0.002603	−1.03163	3.000000	0.000000	0.002971	0.533050
	EFWA	0.079360	0.319263	137.1596	17.50123	0.138350	133.8353	0.003588	−1.03163	3.000000	0.000000	0.003048	0.487051
3	SPSO	0	9.897378	10.72043	19.91163	0.000918	164.4082	0	−1.03163	3.000000	0.000000	0	0
	FWA	1.495644	643.9331	139.0133	1.417975	0.300615	4.434904	0.213188	−1.03163	3.000014	0.006803	0.144981	14.34530
	eFWA-I	1700.841	7237.548	5578362	6.128872	1.304753	183.6675	3144835	−1.03162	3.000055	0.004777	371.1394	20822.16
	eFWA-II	0.167990	0.962124	104.8930	1.141007	0.269353	144.2484	0.006098	−1.03163	3.000000	0.000000	0.007250	1.147999
	eFWA-III	0.082844	0.317519	107.7358	2.909734	0.140745	153.2287	0.002806	−1.03163	3.000000	0.000000	0.002972	0.507572
	EFWA	0.079119	0.326880	124.8834	19.53764	0.135506	121.6100	0.002630	−1.03163	3.000000	0.000000	0.002860	0.479914
4	SPSO	0	17.95454	11.89914	19.95621	0.001015	153.9394	0	−1.03163	3.000000	0	0	0
	FWA	2.353416	1722.845	267.3387	1.784102	0.354713	8.558857	0.353507	−1.03163	3.000015	0.005517	0.235881	26.67778
	eFWA-I	1740.594	6539.821	5085283	8.499470	1.403223	186.7392	3024996	−1.03162	3.000059	0.004584	391.1840	19512.98
	eFWA-II	0.176647	0.941755	130.0864	13.86739	0.260521	139.4024	0.006635	−1.03163	3.000000	0.000000	0.006542	1.051908
	eFWA-III	0.084896	0.316917	128.5722	12.17068	0.137188	149.6180	0.003242	−1.03163	3.000000	0.000000	0.003134	0.491694
	EFWA	0.077153	0.313821	109.0857	19.97647	0.135921	125.1156	0.002854	−1.03163	3.000000	0.000000	0.003035	0.492438
5	SPSO	0	40.33175	13.87386	19.98846	0.00116	119.374	0.000215	−1.03163	3.000000	0.000000	0	0
	FWA	3.337647	6204.057	429.1847	2.187983	0.375887	8.765354	0.582387	−1.03163	3.000033	0.005833	0.413908	42.90086
	eFWA-I	1637.047	6123.058	6141640	14.33566	1.452845	212.6149	3064550	−1.03162	3.000151	0.005151	435.9372	18802.31
	eFWA-II	0.168983	1.024643	145.3226	20.01804	0.263803	165.1913	0.006224	−1.03163	3.000000	0.000000	0.007080	1.090932
	eFWA-III	0.085402	0.299152	124.9419	19.93473	0.142257	175.968	0.002433	−1.03163	3.000000	0.000000	0.002926	0.521624
	EFWA	0.081641	0.316406	187.6413	20.00440	0.132645	143.9208	0.002553	−1.03163	3.000000	0.000000	0.002859	0.484936
6	SPSO	0	146.8231	16.32905	19.99701	0.005713	118.2048	0	−1.03163	30.00000	0.000000	0	0
	FWA	3.445464	7729.230	941.3545	2.396496	0.348149	9.385204	0.820100	−1.03163	30.00243	0.007451	0.416452	46.33276
	eFWA-I	1710.271	5362.155	17299855	19.97842	1.455054	248.5832	3939765	−1.03162	30.00258	0.005344	637.0806	21882.77
	eFWA-II	0.177206	0.890351	182.0592	20.02658	0.259169	202.2376	0.005894	−1.03163	30.00000	0.000000	0.006879	1.130264
	eFWA-III	0.080248	0.323097	168.1323	20.01205	0.142437	201.9406	0.002692	−1.03163	30.00000	0.000000	0.003025	0.471663
	EFWA	0.077676	0.309704	133.5418	20.01094	0.133103	165.2688	0.002882	−1.03163	30.00000	0.000000	0.002854	0.486914

从表 2.3 可以看到，在函数 f_2 上，SPSO 算法表现出了与 EFWA 相比较差的性能。在函数 f_4 和函数 f_6 上，对于较小的位置偏移，EFWA 具有更好的性能。而当位置偏移较大的时候，SPSO 算法具有更好的性能。在函数 f_8、f_9 和 f_{10} 上，EFWA 和 SPSO 算法都表现出了很强大的优化能力，具有相似的性能。对于其余的优化函数，SPSO 算法取得了比 EFWA 更好的性能。同时，可以看到 EFWA 在局部搜索方面的能力稍有欠缺，其局部搜索的精度不高，亟待进一步增强。此外，可以发现，与 SPSO 算法相比，EFWA 具有基本相同的时间消耗。

表 2.4　EFWA 的 t 实验结果（加粗表明该函数上 EFWA 的优化结果显著优于 FWA）

函数	SI=0	SI=1	SI=2	SI=3	SI=4	SI=5	SI=6
f_1	0	**0.000000**	**0.000000**	**0.000000**	**0.000000**	**0.000000**	**0.000000**
f_2	0	**0.000000**	**0.000000**	**0.000000**	**0.000000**	**0.000000**	**0.000000**
f_3	0.000006	0	0.005094	0.141752	**0.000003**	**0.000119**	**0.000000**
f_4	0	0	0	0	0	0	0
f_5	0	0.000175	**0.000000**	**0.000000**	**0.000000**	**0.000000**	**0.000000**
f_6	0	0	0	0	0	0	0
f_7	**0.007443**	**0.000000**	**0.000000**	**0.000000**	**0.000000**	**0.000000**	**0.000000**
f_8	0.322126	0.322126	0.083202	**0.047784**	**0.000530**	**0.000003**	**0.000005**
f_9	**0.026484**	**0.000003**	**0.006833**	**0.000003**	**0.000003**	**0.000001**	**0.000000**
f_{10}	NaN	**0.002984**	**0.000003**	**0.000000**	**0.000000**	**0.000000**	**0.000000**
f_{11}	0	**0.000000**	**0.000000**	**0.000000**	**0.000000**	**0.000000**	**0.000000**
f_{12}	0	**0.000000**	**0.000000**	**0.000000**	**0.000000**	**0.000000**	**0.000000**

需要指出的是，为了更进一步地比较 SPSO 和 FWA 的性能，我们曾经实现了 SPSO 算法并在文献 [5] 中给出了 SPSO 算法在测试函数集上的实验结果。当时，我们发现了一个很奇怪的现象，即当测试函数的位置偏移变大时，SPSO 算法的优化结果会变得不稳定。而且，有时无法收敛到全局最优（虽然大多数情况下能够收敛到全局最优）。在那时，我们并不清楚其中的原因，后来通过进一步的实验发现，原来 SPSO 算法的性能对于边界情况的处理十分敏感。而对于文献 [5] 中的 SPSO 算法，我们处理的边界条件是当粒子达到边界时，其位置将被置于边界处，其他信息不变。这就导致了在测试函数位置偏移较大时，SPSO 算法有的时候无法收敛到全局最优。

2.4　讨论与结论

根据本章的分析，可以得到如下结论。

（1）总的来说，EFWA 与 FWA 相比在大部分优化函数上具有更好的性能。

（2）随着优化函数位置偏移的变大，EFWA 取得了更加明显的性能优势。

（3）SPSO 算法与 EFWA 相比具有更好的性能。

（4）EFWA 的性能并不会随着优化函数的位置偏移的变化发生显著的变化。

（5）非线性递减的爆炸半径检测策略使得 FWA 在求解优化问题时具有强大的探索能力和开采能力。

（6）与 FWA 相比，EFWA 能够降低时间消耗。

2.5　小结

本章对 FWA 的各算子进行了详细的分析，指出了 FWA 中存在的缺陷，并针对这些缺陷提出了相应的改进策略。在实验设置方面，本章细致地分析和验证了改进算子的效果。由实验结果可知，EFWA 与 FWA 相比具有明显的性能优势。

第 3 章　动态搜索烟花算法

FWA 是在 2010 年由 Tan 和 Zhu 提出的[4]。刚提出时，FWA 就表现出非常优异的性能。在文献 [5] 中，Zheng 等人对 FWA 的算子进行了详细的分析，针对算法存在的缺陷进行了有效的改进并提出了 EFWA。EFWA 表现出比 FWA 更稳定、可靠的优化性能。

在 EFWA 中，最小爆炸半径检测策略（MEACS）使得 EFWA 中适应度值最优的烟花能够发挥其强大的搜索能力。然而，这种简单的、仅根据当前的适应度值评估次数和最大适应度值评估次数确定的最小爆炸半径检测策略过于人为干预设定，并没有考虑到算法优化过程中的动态优化信息。基于此，本章针对烟花群体中适应度值最优的烟花提出了依据算法优化过程中群体是否寻找到更优的解而动态地调整适应度值最优的烟花的爆炸半径的动态适应策略，并称其为动态搜索烟花算法（dynFWA）。

FWA 的搜索能力主要取决于烟花的爆炸算子的作用。在爆炸半径范围内，一个烟花能够同时产生一定数量的火花，从而可以对烟花周围区域进行细致的搜索。在 FWA 和 EFWA 中，爆炸半径是用于调整烟花群体的局部搜索能力和全局搜索能力的关键参数。算法根据各个烟花当前位置的适应度值来计算其爆炸半径和爆炸火花的数量。其主要思想是：一个烟花的适应度值越好（对最小化问题而言就是越小），它生成的火花数量就越多，而范围就越小；反之，一个烟花的适应度值越差（越大），它生成的火花数量就越少，而范围就越大。因此，处于较好位置的烟花将在当前位置的较小区域进行局部搜索，而适应度值大的烟花将在更大的区域进行全局搜索。

EFWA 针对 FWA 存在的缺陷提出了多方面的改进。下面主要以 EFWA 为基准介绍 FWA，并分析其最小爆炸半径检测策略的工作原理和缺陷。

EFWA 根据烟花适应度值的大小来计算其爆炸半径和爆炸火花数。对于一个最小化的优化问题 f，适应度值较小（较好）的烟花的爆炸半径较小，爆炸火花数相对较多；适应度值较大（较差）的烟花的爆炸半径较大，产生的爆炸火花数较少。EFWA 的执行过程如算法 3.1 所示。

算法 3.1　EFWA 的执行过程

1: 初始化 N 个烟花并评估其适应度值；
2: **while** 终止条件未满足 **do**
3: 　计算烟花的爆炸半径和爆炸火花数；
4: 　产生爆炸火花；
5: 　产生高斯变异火花；
6: 　在烟花、爆炸火花、高斯变异火花群体中选择适应度值最优的个体，作为下一代烟花群体的烟花；
7: 　选择其他 $N-1$ 个烟花。

烟花的爆炸火花数的计算方式如下：

$$S_i = m\frac{y_{\max} - f(\boldsymbol{X}_i) + \varepsilon}{\sum\limits_{i=1}^{N}(y_{\max} - f(\boldsymbol{X}_i)) + \varepsilon} \tag{3.1}$$

其中，S_i 表示第 i 个烟花产生的爆炸火花数，$i=1,2,\cdots,N$，N 为烟花数；m 是一个常数，用来限制产生的火花数；$y_{\max}=\max(f(\boldsymbol{X}_i))$，$i=1,2,\cdots,N$，是当前群体中适应度值最差的个体的适应度值；$f(\boldsymbol{X}_i)$ 表示烟花 $\boldsymbol{X}_i$ 的适应度值；参数 ε 为机器最小值，可以避免出现分母为 0 的情况。

烟花的爆炸半径计算方式如下：

$$A_i = \hat{A}\frac{f(\boldsymbol{X}_i) - y_{\min} + \varepsilon}{\sum\limits_{i=1}^{N}(f(\boldsymbol{X}_i) - y_{\min}) + \varepsilon} \tag{3.2}$$

$$A_{ik} = \begin{cases} A_{\min,k} & A_{ik} < A_{\min,k} \\ A_{ik} & 其他 \end{cases} \tag{3.3}$$

$$A_{\min,k}(t) = A_{\text{init}} - \frac{A_{\text{init}} - A_{\text{final}}}{\text{evals}_{\max}}\sqrt{(2\text{evals}_{\max} - t)t} \tag{3.4}$$

其中，t 为当前的评估次数，$\text{evals}_{\max}$ 为最大评估次数，A_{init} 和 A_{final} 为初始和最终的爆炸半径检测值。

每个烟花根据其爆炸半径和爆炸火花数产生爆炸火花，产生过程如算法 3.2 所示。此外，为了增强群体的多样性，烟花群体还会产生一定数量的高斯变异火花。高斯变异火花的产生过程如算法 3.3 所示。

算法 3.2 EFWA 爆炸火花的产生过程

1: 初始化爆炸火花的位置：$\boldsymbol{x}_i = \boldsymbol{X}_i$；
2: 设置 $z^k = \text{round}(\text{rand}(0,1)), k = 1, 2, \cdots, D$（$\text{rand}(0,1)$ 表示生成 [0,1] 区间服从均匀分布的随机数）；
3: **for** 每一个维度上的 x_{ik}, **where** $z^k == 1$ **do**
4: 　计算位移变异：$\Delta X_{ik} = A_i\text{rand}(-1,1)$；
5: 　$x_{ik} = x_{ik} + \Delta X_{ik}$；
6: 　**if** x_{ik} 超出边界 **then**
7: 　　将 x_{ik} 映射到可行域内（参考图 2.2）。

算法 3.3 EFWA 高斯变异火花的产生过程

1: 初始化高斯变异火花的位置：$\boldsymbol{x}_i = \boldsymbol{X}_i$；
2: 设置 $z^k = \text{round}(\text{rand}(0,1)), k = 1, 2, \cdots, D$（$\text{rand}(0,1)$ 表示生成 [0,1] 区间服从均匀分布的随机数）；
3: 计算 $e = \mathcal{N}(0,1)$；
4: **for** 每一个维度上的x_{ik}, **where** $z^k == 1$ **do**
5: 　$x_{ik} = x_{ik} + (X_{\text{B},k} - x_{ik})e$, X_{B} 是当前适应度值最优的烟花；
6: 　**if** x_{ik} 超出边界 **then**
7: 　　将 x_{ik} 映射到可行域内（参考图 2.2）。

为了避免适应度值最优的烟花的爆炸半径接近 0，从而无法发挥局部搜索能力，EFWA 引入了 MEACS[5]。MEACS 是根据当前函数的评估次数非线性地减小最小爆炸半径的下界，这样它就严重地依赖算法预先设定的最大评估次数。实验结果表明，这种策略并不能在最优烟花位置的周围进行有效的局部搜索。基于此，我们提出一种新的爆炸半径计算方式——基于目前搜索进程的优化信息来动态地改变爆炸半径，并进一步提出了 dynFWA。此外，我们还研究了高斯变异算子对算法多样性的影响，从 dynFWA 中去掉了 EFWA 中相当费时的高斯爆炸算子。实验结果表明，这不会损失优化精度。因此，与 EFWA 相比，dynFWA 能够显著地提高优化性能，并降低计算代价。

为了更加简便地叙述，首先引入一些定义和说明。

在每一次迭代的烟花群体中，对于一个最小化优化问题 $\min_{\boldsymbol{x}\in\Omega} f(\boldsymbol{x})$，处于目前最优位置的烟花称为核心烟花（Core Firework，CF）。因此，对优化函数 f 而言，在 N 个烟花中，烟花 $\boldsymbol{X}_{\mathrm{CF}}$ 被选作核心烟花，当且仅当

$$\forall i \in [1, N]\colon f(\boldsymbol{X}_{\mathrm{CF}}) \leqslant f(\boldsymbol{X}_i) \tag{3.5}$$

在烟花群体中，除核心烟花外的所有烟花均称为非核心烟花（non-CF）。

对于一个最小化优化问题 $\min_{\boldsymbol{x}\in\Phi} f(\boldsymbol{x})$，在一个连续空间 $\Psi \subseteq \Phi$ 中，如果仅存在一个点 $\boldsymbol{x}$，且存在 ε，对所有 $\boldsymbol{x}_i$，$|\boldsymbol{x}_i - \boldsymbol{x}| \leqslant \varepsilon$ 满足 $f(\boldsymbol{x}_i) - f(\boldsymbol{x}) \geqslant 0$，那么 $\boldsymbol{x}$ 是一个局部最小点。对区域 S，如果其中仅存在一个局部最小点，那么 S 称为局部最小空间。

一个适应度值较好的烟花能在一个较小的区域内生成较多爆炸火花，也就是其爆炸半径较小。相反，适应度值较差的烟花只能在较大的区域内生成较少的火花，也就是其爆炸半径较大。算法通过这种方式平衡探索和开采能力。探索指的是算法探索不同区域，从而确定更有前途的解；开采指的是在一个被认为有前途的小区域内进行彻底的搜索，从而找到最优解[7]。探索是通过那些爆炸半径较大（适应度值较差）的烟花来实现的，因为它们有能力跳出局部极值。开采是由那些爆炸半径较小（适应度值较好）的烟花实现的，因为它们专注在有前途的区域进行局部搜索。

EFWA 中的 MEACS 在该算法的早期增强的是探索能力，更大的 $A_{\min}$ 更加侧重全局搜索；而在该算法的最终阶段增强的是开采能力，更小的 $A_{\min}$ 更加侧重局部搜索 [见式 (3.4)]。通过 $A_{\min}$ 的非线性递减，全局搜索能力和局部搜索能力被进一步增强了。显然，这种根据当前适应度值的评估次数相对于最大评估次数的非线性递减来计算最小爆炸半径的策略，能够使核心烟花具有一定的局部搜索能力。然而，MEACS 严重地依赖算法预先设定的最大适应度值评估次数，而这是人为设定的参数。事实上，爆炸半径检测策略应该考虑搜索过程的信息而不是仅仅考虑适应度值评估次数信息。为了解决这个问题，我们提出一种针对核心烟花的动态搜索爆炸半径检测策略，能够动态地调整核心烟花的局部和全局搜索能力。

3.1　动态搜索烟花算法简介

在 dynFWA 中，烟花被分为两组，第一组由核心烟花组成，第二组由非核心烟花组成。核心烟花的职责是围绕目前的最优位置进行局部搜索，而非核心烟花的任务是保持全局搜索能力。

对两组烟花而言，爆炸半径都是有效改进烟花目前位置的关键变量。然而，对核心烟花而言，爆炸半径的选择尤其重要，因为它对朝向局部最小点的收敛速度有极大的影响，同时核心烟花与非核心烟花相比能够确定性地继承到下一代烟花种群中。而且，核心烟花拥有更小的爆炸半径和更大的爆炸火花数量，产生适应度值最优的个体的可能性比非核心烟花更大。

与 EFWA 不同，在 dynFWA 中，核心烟花的爆炸半径不是根据式 (3.2) 和式 (3.3) 计算，而是利用优化过程的局部信息（算法在上一次迭代是否改进了最优位置的信息）来确定。对第二

组的所有非核心烟花而言，爆炸半径的计算与 EFWA 相同，是通过式 (3.2) 计算，只不过没有最小爆炸半径 [式 (3.3)] 检查机制。注意，爆炸半径会影响爆炸火花的计算，但对高斯变异火花没有任何影响。dynFWA 中的高斯变异算子可以完全移除，不会影响精度，这部分内容将在第 3.4 节讨论。

3.2 核心烟花的动态爆炸半径检测策略

在烟花群体中，核心烟花存储着在当前烟花群体优化过程中得到的最优解的位置。我们定义 $\hat{\boldsymbol{x}}_{\mathrm{b}}$ 为由烟花群体中所有烟花新生成的爆炸火花组成的群体中适应度值最优的，则可定义烟花群体爆炸火花产生的适应度值更新为

$$\Delta_f = f(\hat{\boldsymbol{x}}_{\mathrm{b}}) - f(\boldsymbol{X}_{\mathrm{CF}}) \tag{3.6}$$

核心烟花爆炸半径的增大和减小如图 3.1所示。图 3.1（a）中, 红色虚线圆的半径表示核心烟花在第 t 代的爆炸半径，而黑色实线圆表示第 $t+1$ 代的爆炸半径；爆炸半径的增长表明在这种情况下，爆炸火花找到了一个更好的位置。在第 $t+2$ 代 [见图 3.1（b）]，核心烟花能够进一步改进其位置，从而使其爆炸半径进一步增大。图 3.1（c）展示的是核心烟花的适应度值没有改进时的例子。这种情况下，核心烟花在第 $t+3$ 代的爆炸半径会减小。根据 Δ_f 的值的大小，有以下两种情形。

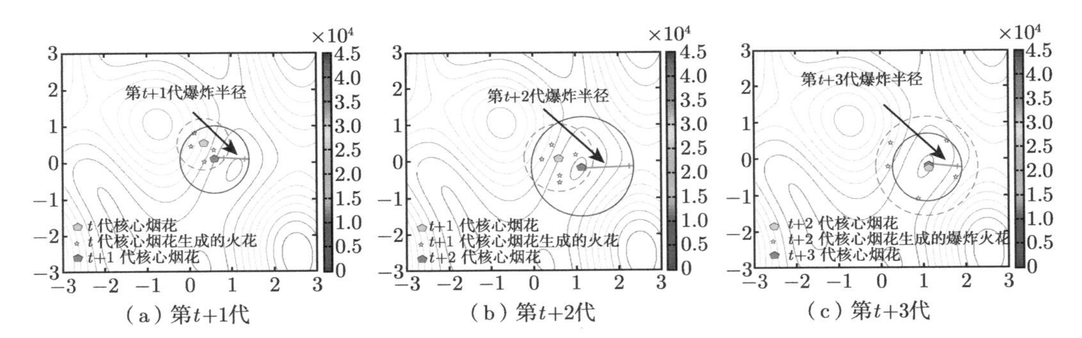

图 3.1 CF 的爆炸半径的增大和减小

情形 1 一个或多个爆炸火花找到了与烟花群体相比适应度值更优的位置，即 $\Delta_f < 0$（对最小化问题而言）。

这种情形可能是核心烟花产生的爆炸火花找到了更好的位置，也可能是非核心烟花的爆炸火花找到了更好的位置。无论是哪种情况，都表明群体找到了一个新的有前景的位置，而且 $\hat{\boldsymbol{x}}_{\mathrm{b}}$ 会是下一代的核心烟花。

（1）多数情况下, $\hat{\boldsymbol{x}}_{\mathrm{b}}$ 是由当前烟花群体的核心烟花产生的，因为核心烟花能够产生更多的爆炸火花。这样，为了加速烟花算法的收敛，核心烟花的下一代的爆炸半径将会被提高。图 3.1（a）和图 3.1（b）展示了这种情况。

（2）尽管概率很小，但也存在 $\hat{\boldsymbol{x}}_{\mathrm{b}}$ 由其他非核心烟花产生的情况。这种情况更多地出现在优化过程的前期而不是后期。这种情况下，$\hat{\boldsymbol{x}}_{\mathrm{b}}$ 将成为下一代新的核心烟花（注意所有烟花、爆炸火花和高斯变异火花组成的集合中最优位置总是被确定性地保留到下一代）。既然核心烟花的位

置改变了，考虑了当前核心烟花位置优化信息的当前爆炸半径将不会对新选出的 CF($\hat{\boldsymbol{x}}_{\rm b}$) 有效。然而，有可能 $\hat{\boldsymbol{x}}_{\rm b}$ 的位置非常接近先前的核心烟花：因为核心烟花会比其他烟花产生更多的火花，随机选择机制可能选择几个由核心烟花生成的火花，而它们必然离核心烟花较接近。如果是这样，（1）的说法仍然成立，而核心烟花的爆炸半径将会增大。如果 $\hat{\boldsymbol{x}}_{\rm b}$ 是由一个离核心烟花较远的烟花产生的，爆炸半径可以被重启为预先设定的值。然而，既然“接近”是很难定义的，我们不妨不计算 $\hat{\boldsymbol{x}}_{\rm b}$ 和 $\boldsymbol{X}_{\rm CF}$ 之间的距离，而是信赖动态爆炸半径的自适应更新能力，而不用担心其初始化值是多少。与（1）相似，这种情况下爆炸半径将会变大。如果新的核心烟花不能在下一代改进其位置，新的核心烟花将能够在以后的迭代优化计算过程中动态地调节其爆炸半径的大小。

我们强调，增大的爆炸半径可能加快收敛速度——假定核心烟花的当前位置离全局/局部最小值较远。增大爆炸半径能够直接、有效地增大每一代朝全局/局部最小值移动的步长。也就是说，它可使算法更快地朝着最优点移动。然而，需要指出的是，通常当爆炸半径增大时，找到一个适应度值更优的位置的概率将会因为搜索空间的增大而减小（显然，这很大程度上取决于优化函数）。

情形 2　核心烟花和非核心烟花的爆炸火花都没有找到与核心烟花相比适应度值更优的位置，即 $\Delta_f \geqslant 0$。这种情形下，核心烟花的爆炸半径会减小，把搜索范围缩小到一个更小的区域，从而增强核心烟花的局部开采能力。通常，找到适应度值更优的位置的概率会随着爆炸半径的减小而增大。图 3.1（b）和图 3.1（c）展示了烟花群体产生的爆炸火花的最优适应度值并没有使核心烟花的位置发生变化的情况。

算法 3.4　核心烟花的动态爆炸半径更新

1: 定义：$\boldsymbol{X}_{\rm CF}$ 是核心烟花的当前位置, $\hat{\boldsymbol{X}}_{\rm best}$ 是所有爆炸火花的最佳位置, $A_{\rm CF}$ 是核心烟花的当前爆炸半径, $C_{\rm a}$ 是放大系数, $C_{\rm r}$ 是缩减系数。
2: **if** $(f(\hat{\boldsymbol{X}}_{\rm best}) - f(\boldsymbol{X}_{\rm CF})) < 0$ **then**
3: 　　$A_{\rm CF} \leftarrow A_{\rm CF}C_{\rm a}$;
4: **else**
5: 　　$A_{\rm CF} \leftarrow A_{\rm CF}C_{\rm r}$。

算法 3.4 总结了前面讨论的动态更新策略，并用一种简化的方式予以实现。图 3.2 展示了 Sphere 函数 1000 次迭代后爆炸半径缩小和放大的过程（dynFWA）。可以看到，爆炸半径的缩小和放大以一种交替的方式进行。显然，缩小的次数比放大要多，部分原因是 $C_{\rm a}$ 和 $C_{\rm r}$ 的值被分别设为 1.2 和 0.9，还有部分原因是爆炸半径初始值被设为搜索空间的大小（3.6），这是个相当大的初始值。

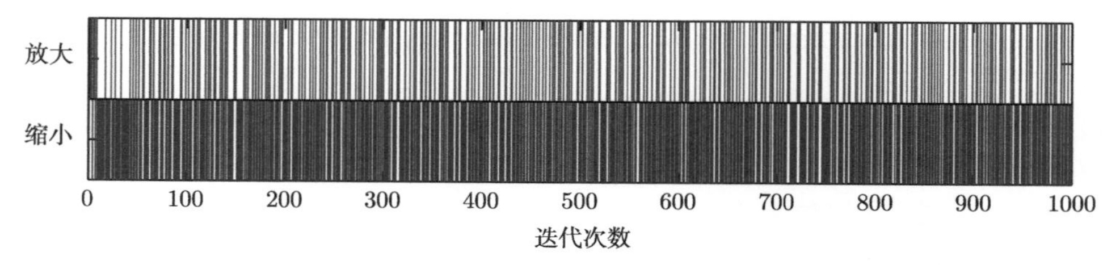

图 3.2　核心烟花爆炸半径缩小和放大的过程（Sphere 函数上[8]，初始值为 3.6）

接下来，讨论为什么减小爆炸半径会提高找到更好位置的概率。我们用泰勒展开式来说明核心烟花周围局部区域的性质。假定一个 D 维连续二阶可微优化函数 f，如果核心烟花的位置不是一个局部/全局最小点，A_{CF} 是当前爆炸半径，那么根据泰勒展开式：

$$f(\boldsymbol{x})-f(\boldsymbol{X}_{\mathrm{CF}})=\nabla f(\boldsymbol{X}_{\mathrm{CF}})^{\mathrm{T}}(\boldsymbol{x}-\boldsymbol{X}_{\mathrm{CF}})+\frac{1}{2}(\boldsymbol{x}-\boldsymbol{X}_{\mathrm{CF}})H(\boldsymbol{x})(\boldsymbol{x}-\boldsymbol{X}_{\mathrm{CF}}) \tag{3.7}$$

$$H(\boldsymbol{x})=[\frac{\partial^2 f}{\partial \boldsymbol{x}_i \partial \boldsymbol{x}_j}]_{D\times D} \tag{3.8}$$

根据“局部最小点”的定义可知，$\boldsymbol{X}_{\mathrm{CF}}$ 不是一个局部最小点，则存在 ε，满足 $\boldsymbol{x}$ 在区域 $S=\{\boldsymbol{x}||\boldsymbol{x}-\boldsymbol{X}_{\mathrm{CF}}|\leqslant\varepsilon\}$ 中，且有

$$f(\boldsymbol{x})-f(\boldsymbol{X}_{\mathrm{CF}})=\nabla f(\boldsymbol{X}_{\mathrm{CF}})^{\mathrm{T}}(\boldsymbol{x}-\boldsymbol{X}_{\mathrm{CF}})+o(\nabla f(\boldsymbol{X}_{\mathrm{CF}})^{\mathrm{T}}(\boldsymbol{x}-\boldsymbol{X}_{\mathrm{CF}})) \tag{3.9}$$

其中，$o(\cdot)$ 表示低阶无穷小量。

从泰勒展开式中可以看出，如果 $\varepsilon\to 0$，那么在区域 S 中，如果存在一个点 $\boldsymbol{x}_1$ 及 $\boldsymbol{x}_1-\boldsymbol{X}_{\mathrm{CF}}=\Delta\boldsymbol{x}$，那么存在一个点 $\boldsymbol{x}_2$ 及 $\boldsymbol{x}_2-\boldsymbol{X}_{\mathrm{CF}}=-\Delta\boldsymbol{x}$。这种情况下，生成一个适应度值比核心烟花小的爆炸火花的概率非常高，因为存在对应的两个点 $\boldsymbol{x}_1$ 和 $\boldsymbol{x}_2$ 满足

$$[f(\boldsymbol{x}_1)-f(\boldsymbol{X}_{\mathrm{CF}})][f(\boldsymbol{x}_2)-f(\boldsymbol{X}_{\mathrm{CF}})]<0 \tag{3.10}$$

一旦核心烟花生成一些爆炸火花而没找到一个更好的位置，很可能 $A_{\mathrm{CF}}\geqslant\varepsilon$。我们不能要求区域 $T=\{\boldsymbol{x}|\varepsilon\leqslant|\boldsymbol{x}-\boldsymbol{X}_{\mathrm{CF}}|\leqslant A_{\mathrm{CF}}\}$ 内存在一个适应度值比核心烟花更好的位置，因此，如果核心烟花在每一维都以均匀分布产生爆炸火花，则一个爆炸火花位于 S 内的概率为

$$p'=\frac{\Omega_S}{\Omega_S+\Omega_T} \tag{3.11}$$

其中，Ω_S 表示区域 S 的超体积，Ω_T 表示区域 T 的超体积。

如果核心烟花没有找到一个更好的位置，爆炸半径 A_{CF} 会减小，以提高核心烟花在区域 S 生成一个爆炸火花的概率 p'，从而提高找到一个适应度值小于核心烟花的点的概率。

3.3 非核心烟花爆炸半径检测策略

dynFWA 中非核心烟花爆炸半径的计算方法与 EFWA 相似 [见式 (3.2)]，但没有最小爆炸半径检测策略。与核心烟花相比，非核心烟花只能在更大的范围内产生更少量的爆炸火花，从而为群体进行全局搜索。当核心烟花陷入局部最小值时，常能使算法避免过快收敛，因为这些烟花会持续在搜索空间的不同区域内搜索。

3.4 消除高斯变异算子

在文献 [4] 中，设计高斯变异算子的目的是进一步提升群体的多样性。在 EFWA 中，高斯变异算子的计算公式为

$$x_{ik}=x_{ik}+(X_{\mathrm{B},k}-x_{ik})e \tag{3.12}$$

其中，X_{B} 是当前适应度值最优的烟花，e 为一个服从均值为 0、方差为 1 的高斯分布随机数，$e \sim \mathcal{N}(0,1)$。显然，新生成的爆炸火花会落在 i 和核心烟花之间的方向上。所有新生成的高斯变异算子要么接近核心烟花 $\boldsymbol{X}_{\mathrm{CF}}$，要么接近烟花 $\boldsymbol{X}_i$，要么落在核心烟花 $\boldsymbol{X}_{\mathrm{CF}}$ 和烟花 $\boldsymbol{X}_i$ 之间的方向上，且距离核心烟花 $\boldsymbol{X}_{\mathrm{CF}}$ 和烟花 $\boldsymbol{X}_i$ 都比较远。在前两种情形中，高斯变异算子将会产生与核心烟花 $\boldsymbol{X}_{\mathrm{CF}}$ 和烟花 $\boldsymbol{X}_i$ 生成的爆炸火花相似的作用。在第三种情形中，高斯变异算子产生的爆炸火花可以看作由一个爆炸半径较大的烟花生成的爆炸火花。因此，基于以上分析可以断定，在许多情况下，高斯变异算子产生的爆炸火花都不会有效提升烟花群体的多样性。这样，高斯变异算子就变得无足轻重了，去掉它不仅不会影响算法的性能，还可以节省计算资源，提高算法速度。

3.5　动态搜索烟花算法框架

基于以上关于核心烟花、非核心烟花和高斯变异算子产生的爆炸火花的分析，就可以提出动态搜索烟花算法（dynFWA），如算法 3.5 所示。在 dynFWA 中，首先初始化 N 个烟花，然后根据式 (3.2) 计算非核心烟花的爆炸半径和烟花群体中每个烟花的爆炸火花数。对于核心烟花，其爆炸半径被初始化为搜索空间的大小。在后面的迭代过程中，核心烟花的爆炸半径大小依据算法 3.4 进行更新。dynFWA 中去掉了高斯变异算子。该算法会一直进行迭代，直到满足终止条件。

算法 3.5　dynFWA 的框架

```
1:  在可行搜索空间中初始化 N 个烟花;
2:  评估烟花群体中所有初始烟花的质量;
3:  初始化核心烟花的爆炸半径;
4:  while 没有达到终止条件 do
5:      计算爆炸火花的数量;
6:      计算非核心烟花的爆炸半径;
7:      for 每个烟花 do
8:          生成爆炸火花;
9:          把无效位置的爆炸火花映射回搜索空间;
10:         评估爆炸火花的质量;
11:     更新核心烟花的爆炸半径（算法 3.4）;
12:     为下一代选择 N 个烟花。
```

3.6　实验与分析

为了验证本章提出的动态搜索策略的性能及移除高斯变异算子后的性能，本节进行 EFWA 和 EFWA-NG（移除高斯变异算子的 EFWA）、dynFWA 和 dynFWA-G（包含高斯变异算子的 dynFWA）这两组对比实验。另外，为了验证提出的 dynFWA 的性能，除了 dynFWA 和 EFWA，最新版本的 SPSO 算法 [9] 也被用于性能比较。接下来，简要介绍用于实验评估的 5 个算法。

（1）EFWA：基准算法，由文献 [5] 提出。

（2）EFWA-NG：移除了高斯变异算子的 EFWA。

（3）dynFWA-G：包含高斯变异算子的 dynFWA。

（4）dynFWA：与 dynFWA-G 相似，但不包括高斯变异算子，详见第 3.1 节。

（5）SPSO2011：最新版本的 SPSO 算法。与旧版本的 SPSO 算法相比，它以旋转不变性的思想改进了速度的更新，替代了原来的逐维相继更新的方式[9]。

与 EFWA 相似，dynFWA 的烟花数被设为 5，但每一代爆炸火花数的最大值被设为 150。dynFWA 的缩减系数 C_{r} 和放大系数和 C_{a} 根据经验分别设定为 0.9 和 1.2。A_{CF} 被初始化为搜索空间的大小，以便在开始阶段保持高探索能力。dynFWA 和 EFWA 的其他参数都依照文献 [5] 设置，SPSO2011 的参数依照文献 [9] 设置。

本实验中，每个算法在每个函数上都进行了 51 次重复测试，并呈现 300000 次函数评估后的最终均值结果。实验平台是 MATLAB 2011b（Windows 7，Intel Core i7-2600 CPU @ 3.7 GHz，8GB RAM）。为了保证公平性，本实验使用较新的 CEC2013 测试集，它包括 28 个不同类型的测试函数[8]。

下面首先评估移除高斯变异算子的影响，然后评估 dynFWA 并比较它与 EFWA 和 SPSO2011 的性能。

为了评估移除高斯变异算子后的 EFWA 与 dynFWA 是改进了还是退步了，我们分别比较了 EFWA 和 EFWA-NG 的结果，以及 dynFWA-G 与 dynFWA 的结果。为了展示任意两个算法之间的进步，我们进行了威尔科克森（Wilcoxon）符号秩检验。

显著性判定方法：假定数据 X、Y 是两个不同算法运行若干次的适应度值结果。如果 X 的均值小于 Y 的均值，并且 Wilcoxon 符号秩检验[10] 在 5% 的置信度上为真，那么就认定 X 的显著性好于 Y。

（1）EFWA-NG 和 EFWA 的 t 检验结果如图 3.3 所示。在 5 个函数上，EFWA 显著好于 EFWA-NG；而只在一个函数上，EFWA-NG 显著好于 EFWA。因此，这些结果意味着 EFWA 的高斯变异算子不应该被移除，尽管 EFWA-NG 的运行时间稍短。

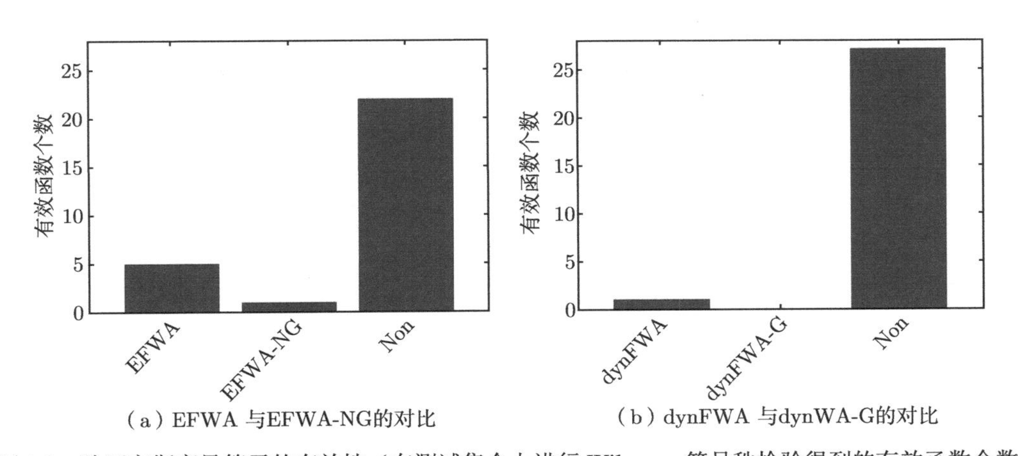

（a）EFWA 与EFWA-NG的对比　（b）dynFWA 与dynWA-G的对比

图 3.3 验证高斯变异算子的有效性（在测试集合上进行 Wilcoxon 符号秩检验得到的有效函数个数）

（2）总体而言，dynFWA 和 dynFWA-G 的表现十分相近。dynFWA 的表现只在函数 f_1 上显著好于 dynFWA-G。这表明，没有高斯变异算子的 dynFWA 比 dynFWA-G 稍好，而且运行时间也更短。

接下来，对 EFWA 和 dynFWA 作进一步比较。

表 3.1 展示了 SPSO2011、EFWA 和 dynFWA 这 3 个算法在每个函数上运行 51 次的平均适应度值，以及相应的适应度值排名，排名为 1 表明该算法是 3 个算法中优化结果最优的算法。此外，表 3.1 的底部展示了每个算法的平均适应度值排名，即将算法在 28 个函数上的排名值求均值。一般，平均适应度值排名越低，表明该算法的性能越优异。图 3.4 展示了每个算法的运行时间。其中，运行时间最短的算法（dynFWA）被设为 1，图中其余算法的运行时间为与 dynFWA 相比的相对时间。

表 3.1　SPSO2011、EFWA 和 dynFWA 在测试函数上的平均适应度值和平均适应度值排名

测试函数	SPSO2011	排名	EFWA	排名	dynFWA	排名
f_1	$\mathbf{-1.4000 \times 10^{03}}$	1	-1.3999×10^{03}	3	$\mathbf{-1.4000 \times 10^{03}}$	**1**
f_2	$\mathbf{3.3719 \times 10^{05}}$	1	6.8926×10^{05}	2	8.6937×10^{05}	3
f_3	2.8841×10^{08}	3	$\mathbf{7.7586 \times 10^{07}}$	**1**	1.2317×10^{08}	2
f_4	3.7543×10^{04}	3	$\mathbf{-1.0989 \times 10^{03}}$	**1**	-1.0896×10^{03}	2
f_5	$\mathbf{-1.0000 \times 10^{03}}$	1	-9.9992×10^{02}	3	-1.0000×10^{03}	2
f_6	-8.6210×10^{02}	2	-8.5073×10^{02}	3	$\mathbf{-8.6995 \times 10^{02}}$	**1**
f_7	$\mathbf{-7.1208 \times 10^{02}}$	1	-6.2634×10^{02}	3	-7.0010×10^{02}	2
f_8	-6.7908×10^{02}	2	-6.7907×10^{02}	3	$\mathbf{-6.7910 \times 10^{02}}$	**1**
f_9	-5.7123×10^{02}	2	-5.6846×10^{02}	3	$\mathbf{-5.7587 \times 10^{02}}$	**1**
f_{10}	-4.9966×10^{02}	2	-4.9916×10^{02}	3	$\mathbf{-4.9995 \times 10^{02}}$	**1**
f_{11}	-2.9504×10^{02}	2	5.8198×10^{00}	3	$\mathbf{-2.9589 \times 10^{02}}$	**1**
f_{12}	$\mathbf{-1.9604 \times 10^{02}}$	1	3.9944×10^{02}	3	-1.4222×10^{02}	2
f_{13}	$\mathbf{-6.1406 \times 10^{00}}$	1	2.9857×10^{02}	3	5.3830×10^{01}	2
f_{14}	3.8910×10^{03}	3	$\mathbf{2.7240 \times 10^{03}}$	**1**	2.9180×10^{03}	2
f_{15}	$\mathbf{3.9093 \times 10^{03}}$	1	4.4595×10^{03}	3	4.0227×10^{03}	2
f_{16}	2.0131×10^{02}	3	2.0063×10^{02}	2	$\mathbf{2.0058 \times 10^{02}}$	**1**
f_{17}	$\mathbf{4.1626 \times 10^{02}}$	1	6.2461×10^{02}	3	4.4261×10^{02}	2
f_{18}	$\mathbf{5.2063 \times 10^{02}}$	1	5.7361×10^{02}	2	5.8782×10^{02}	3
f_{19}	5.0951×10^{02}	2	5.1022×10^{02}	3	$\mathbf{5.0726 \times 10^{02}}$	**1**
f_{20}	6.1346×10^{02}	2	6.1466×10^{02}	3	$\mathbf{6.1328 \times 10^{02}}$	**1**
f_{21}	$\mathbf{1.0088 \times 10^{03}}$	1	1.1178×10^{03}	3	1.0102×10^{03}	2
f_{22}	5.0988×10^{03}	2	6.3181×10^{03}	3	$\mathbf{4.1262 \times 10^{03}}$	**1**
f_{23}	5.7313×10^{03}	2	7.5809×10^{03}	3	$\mathbf{5.6526 \times 10^{03}}$	**1**
f_{24}	$\mathbf{1.2667 \times 10^{03}}$	1	1.3452×10^{03}	3	1.2729×10^{03}	2
f_{25}	1.3993×10^{03}	2	1.4426×10^{03}	3	$\mathbf{1.3970 \times 10^{03}}$	**1**
f_{26}	1.4861×10^{03}	2	1.5461×10^{03}	3	$\mathbf{1.4607 \times 10^{03}}$	**1**
f_{27}	2.3046×10^{03}	2	2.6210×10^{03}	3	$\mathbf{2.2804 \times 10^{03}}$	**1**
f_{28}	1.8013×10^{03}	2	4.7651×10^{03}	3	$\mathbf{1.6961 \times 10^{03}}$	**1**
平均适应度值排名	—	1.75	—	2.68	—	**1.54**

对比 dynFWA 和 EFWA 的实验结果可以发现，dynFWA 在平均适应度值、平均适应度值排名和运行时间等方面均优于 EFWA。可以看到，dynFWA 在除了 f_2、f_3、f_4、f_{14}、f_{18} 的其他 23 个函数上都取得了更好的适应度值结果。平均适应度值排名表明 dynFWA 与 EFWA 相比有巨大优势。为了测试 dynFWA 与 EFWA 相比的优势是否显著，我们进行了一组 Wilcoxon 符号秩检验，见表 3.2 。可以看到，与 EFWA 相比，dynFWA 在 22 个测试函数上的优势是显著的。而且，对比时间消耗，在函数评估次数相同的情况下，dynFWA 显著缩短了运行时间。这主要是因为移

除了高斯变异算子，该算子的计算代价是相当高的（EFWA 和 EFWA-NG 的时间对比结果也表明了这一点）。

表 3.2 dynFWA 对 EFWA 的 Wilcoxon 符号秩检验结果（加粗的值表示改进显著）

测试函数	f_1	f_2	f_3	f_4	f_5	f_6	f_7
p 值	$\mathbf{0.00 \times 10^{00}}$	6.94×10^{-03}	9.90×10^{-02}	0.00×10^{00}	$\mathbf{0.00 \times 10^{00}}$	$\mathbf{1.58 \times 10^{-03}}$	$\mathbf{0.00 \times 10^{00}}$
测试函数	f_8	f_9	f_{10}	f_{11}	f_{12}	f_{13}	f_{14}
p 值	$\mathbf{1.73 \times 10^{-02}}$	$\mathbf{0.00 \times 10^{00}}$	$\mathbf{0.00 \times 10^{00}}$	$\mathbf{0.00 \times 10^{00}}$	$\mathbf{0.00 \times 10^{00}}$	$\mathbf{0.00 \times 10^{00}}$	1.41×10^{-01}
测试函数	f_{15}	f_{16}	f_{17}	f_{18}	f_{19}	f_{20}	f_{21}
p 值	$\mathbf{5.10 \times 10^{-05}}$	3.20×10^{-01}	$\mathbf{0.00 \times 10^{00}}$	6.35×10^{-02}	$\mathbf{1.41 \times 10^{-04}}$	$\mathbf{0.00 \times 10^{00}}$	$\mathbf{0.00 \times 10^{00}}$
测试函数	f_{22}	f_{23}	f_{24}	f_{25}	f_{26}	f_{27}	f_{28}
p 值	$\mathbf{0.00 \times 10^{00}}$	$\mathbf{0.00 \times 10^{00}}$	$\mathbf{0.00 \times 10^{00}}$	$\mathbf{0.00 \times 10^{00}}$	$\mathbf{0.00 \times 10^{00}}$	$\mathbf{0.00 \times 10^{00}}$	$\mathbf{0.00 \times 10^{00}}$

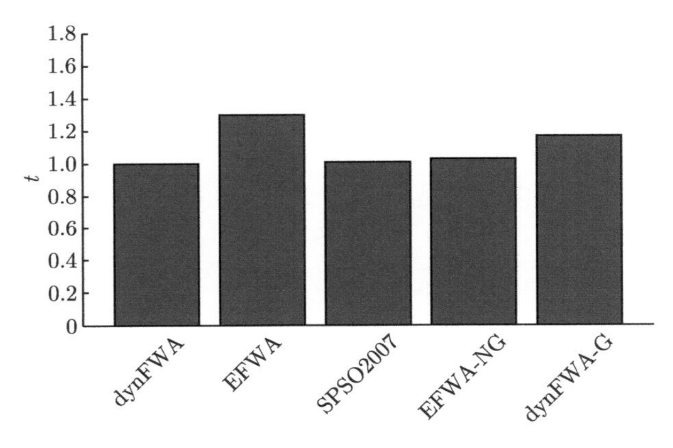

图 3.4 运行时间比较

表 3.1 展示了 dynFWA 和 SPSO2011 的实验结果。可以发现，dynFWA 与 SPSO2011 相比取得了更好的平均适应度值排名。总体而言，dynFWA 在 17 个函数上取得了比 SPSO2011 更好的结果（更小的平均适应度值），而 SPSO2011 在 10 个函数上比 dynFWA 好；在函数 f_1 上，它们的结果相同。在时间消耗方面，我们记录了 SPSO2007 的运行时间，因为 SPSO2011 的结果来自他人的论文。由图 3.4 可见，与 SPSO2007 相比，dynFWA 的运行时间几乎相同。SPSO2011 的算子 (新的速度更新策略) 看起来更复杂，因而其运行时间至少应不低于 SPSO2007 的算子[6]，因此，可以认为 SPSO2011 的计算复杂度与 SPSO2007 的初始版本相似或比其稍高[6]。

作为 EFWA 的一种新的改进，dynFWA 为核心烟花（当前最佳位置的烟花）采用一种动态爆炸半径。这种动态爆炸半径用于当前核心烟花周围区域的局部搜索。核心烟花的主要任务是进行局部搜索，而非核心烟花的任务是保持全局搜索能力。此外，我们分析了移除 EFWA 中相当费时的高斯变异算子的可行性。

根据实验结果，可以得到如下结论。

（1）dynFWA 显著地提高了 EFWA 的性能，而且缩短了超过 20% 的运行时间。

（2）与 SPSO2011 相比, dynFWA 在 28 个测试函数上取得了更好的平均适应度值排名，而计算代价相近或略低。

（3）EFWA 中的高斯变异算子不应该被移除。然而，在 dynFWA 中，移除此算子却可以显著缩短运行时间而不损失优化结果的精度。

3.7 小结

本章对 dynFWA 进行了详细的介绍。该算法通过引入动态爆炸半径，以及核心烟花和非核心烟花的协同搜索，与更早的 EFWA 相比实现了性能上的改进。

第 4 章　烟花算法代码框架

烟花算法涉及多个子群体的个体搜索与协同控制，其中通常包括爆炸算子、变异算子、选择算子、协同策略、映射规则等。在实现一种新的烟花算法时，往往需要基于大量实验对各类算子进行组合。为了方便烟花算法的设计与相关算子的实验，我们对烟花算法框架内的各算子进行了抽象，设计了 Python 代码库。它在烟花算法和相关的多群体协同优化算法设计与实现中，具有下面 6 个方面的优势。

（1）分离了单群体演化策略和优化算法整体策略，便于多群体协同优化算法的设计与研究。

（2）使用评估器将优化算法与目标函数的计算过程隔离，简化了算法设计和并行计算。

（3）实现了烟花算法中各种基本流程和算子，能够方便地自由组合使用。

（4）实现了多种经典烟花算法和进化算法。

（5）集成了 CEC2013、CEC2017、CEC2020 等标准测试函数集。

（6）实现了标准化的优化算法性能测试流程。

4.1　快速使用

本节简要介绍烟花算法代码框架的基本使用方法。

4.1.1　下载与安装

读者可以执行下面的代码，从 Github 安装烟花算法框架代码（也可以在 Github 搜索“cilatp-ku/ firework-algorithm”并下载）。

```
1  git clone git@github.com:cilatpku/firework-algorithm. git
2  cd firework-algorithm
3  python3 setup.py install
```

4.1.2　定义优化目标

由于代码基于 numpy 中的数据结构与方法实现，因此通常需要先导入 numpy 模块。

```
1  import numpy as np
```

在优化任务中，需定义优化目标函数。以下面的基本二次函数为例。

```
1  def my_func(X):
2      return np.sum(X**2)
```

实际任务中可以选用任意的函数作为目标。通常，函数的输入为 $N \times D$ 的 numpy 数组，其中 N 为一次评估解的数量，D 是目标函数的维度。函数的输出是 N 维 numpy 数组，包含全部输入解的评估值。在本框架中，使用 ObjFunction 类封装上述可执行的目标函数，并存储相关的信息。

```
1  from mpopt.tools.objective import ObjFunction
2  obj = ObjFunction(my_func, dim=2, lb=-1, ub=1)
```

其中，obj 实例在保留可执行目标函数的同时，存储了其维度和上下界信息。通常，这些信息需要提供给优化算法，直接影响它们的部分参数。

4.1.3　定义评估器

烟花算法代码框架通过定义评估器的概念将优化算法与目标函数计算的细节隔离开来。下面的代码定义了一个基本的评估器。

```
1 from mpopt.tools.objective import Evaluator
2 evaluator = Evaluator(obj, max_eval = 100)
```

一个评估器通常用于一次单独的优化任务。它存储一个目标函数实例，保存本次优化任务的相关信息。同时，评估器从优化算法接管计算目标函数的需求，记录优化过程中的部分状态，并向优化算法反馈计算结果和优化状态等信息。在本例中，基本的评估器仅保存了最大评估次数，它在完成优化算法的评估任务的同时记录找到过的最优结果，并随时将搜索状态反馈给算法。

下面的代码展示了最基础的随机采样优化过程。

```
1 lb = evaluator.obj.lb
2 ub = evaluator.obj.ub
3 dim = evaluator.obj.dim
4 sample_num = 10
5 while not evaluator.terminate():
6     rand_samples = np.random.uniform(lb, ub, [sample_num, dim])
7     fitness = evaluator(rand_samples)
8 print("Optimal: {}, Value: {}.".format(evaluator.best_x, evaluator.best_y))
```

4.1.4　标准测试函数

除了自行定义测试目标函数，烟花算法代码框架还可以选择从代码库预定义的标准测试函数集中直接生成测试用的评估器。生成的评估器按照相关测试函数集的设计定义好了目标函数和优化执行的相关信息，包括搜索边界、目标函数维度、最大评估次数等。

```
1 from mpopt.benchmarks.benchmark import Benchmark
2 # get CEC20 benchmark in 10 dimension
3 benchmark = Benchmark('CEC20', 10)
4 # get a evaluator for the first function
5 func_id = 0
6 evaluator = benchmark.generate(func_id)
```

4.1.5　优化流程

评估器实现了本框架的特殊优化流程。与传统的逐代循环和 ask&tell 框架相比，使用评估器更加灵活。它使得目标函数的评估计算与优化算法流程分离，能够在不改变优化算法的条件下，便利地引入并行计算等计算手段。

例如，下面的代码定义了一个简洁的随机搜索算法。

```
lb = evaluator.obj.lb
ub = evaluator.obj.ub
dim = evaluator.obj.dim
sample_num = 10
while not evaluator.terminate():
    rand_samples = np.random.uniform(lb, ub, [sample_num, dim])
    fitness = evaluator(rand_samples)
print("Optimal: {}, Value: {}.".format(evaluator.best_x, evaluator.best_y))
```

烟花算法代码框架提供了经典的进化算法与群体智能优化算法，能够直接用于通用的优化问题。更多相关算法正在逐步实现当中。

下面的代码展示了使用框架预置的败者淘汰锦标赛烟花算法（Loser-out-tournament-based FWA，LoTFWA）进行优化的方法。

```
from mpopt.algorithms.LoTFWA import LoTFWA
alg = LoTFWA()
opt_val = alg.optimize(evaluator)
```

预置算法中给出了默认的超参数，可以通过内置方法获取并进行修改，以改进优化表现。

```
params = alg.default_params()
alg.set_params(params)
```

4.2 标准测试函数集

烟花算法代码框架中提供了 3 个标准测试函数集，分别为 CEC2013、CEC2017 和 CEC2020 边界约束的单目标优化竞赛中的测试函数。这 3 个测试函数集中的函数定义见表 4.1 ～表 4.3。

原始的 CEC 系列测试函数仅提供了 C 和 MATLIB 代码实现。烟花算法代码框架使用 SWIG 工具将其转换为 Python 接口。通过 mpopt/benchmark/benchmark.py 中的 Benchmark 类型，烟花算法代码框架为这些标准测试函数集提供了统一的调用方法，并保存了测试集的相关信息。

（1）Benchmark.name：测试函数集的名称。

（2）Benchmark.dim：测试函数集支持的维度。

（3）Benchmark.max_eval：测试函数集设定的最大评估次数。

（4）Benchmark.num_func：测试函数集的函数数量。

（5）Benchmark.funcs：测试函数集的目标函数列表。

（6）Benchmark.bias：测试函数集的各函数最优解列表。

（7）Benchmark.lb：测试函数集的搜索下界。

（8）Benchmark.ub：测试函数集的搜索上界。

利用函数方法 Benchmark.generate(fun_id)，能够直接从对应的测试函数集中生成对应函数的评估器。该评估器已根据测试函数集的相关要求设置好了各参数，包括搜索维度、评估次数、搜索范围等信息，能够直接用于相应的标准测试流程。评估器的具体设置在第 4.3 节中介绍。

表 4.1　CEC2013 测试函数集

函数类别	编号	函数名	$F_i^* = F_i(x^*)$
单模函数	1	Sphere Function	−1400
	2	Rotated High Conditioned Elliptic Function	−1300
	3	Rotated Bent Cigar Function	−1200
	4	Rotated Discus Function	−1100
	5	Different Powers Function	−1000
基本多模函数	6	Rotated Rosenbrock's Function	−900
	7	Rotated Schaffers F7 Function	−800
	8	Rotated Ackley's Function	−700
	9	Rotated Weierstrass Function	−600
	10	Rotated Griewank's Function	−500
	11	Rastrigin's Function	−400
	12	Rotated Rastrigin's Function	−300
	13	Non-Continuous Rotated Rastrigin's Function	−200
	14	Schwefel's Function	−100
	15	Rotated Schwefel's Function	100
	16	Rotated Katsuura Function	200
	17	Lunacek Bi_Rastrigin Function	300
	18	Rotated Lunacek Bi_Rastrigin Function	400
	19	Expanded Griewank's plus Rosenbrock's Function	500
	20	Expanded Scaffer's F6 Function	600
复合函数	21	Composition Function 1 （$n=5$，Rotated）	700
	22	Composition Function 2 （$n=3$，Unrotated）	800
	23	Composition Function 3 （$n=3$，Rotated）	900
	24	Composition Function 4 （$n=3$，Rotated）	1000
	25	Composition Function 5 （$n=3$，Rotated）	1100
	26	Composition Function 6 （$n=5$，Rotated）	1200
	27	Composition Function 7 （$n=5$，Rotated）	1300
	28	Composition Function 8 （$n=5$，Rotated）	1400

注：搜索范围为 $[-100, 100]^D$。

表 4.2　CEC2017 测试函数集

函数类别	编号	函数名	$F_i^* = F_i(x^*)$
单模函数	1	Shifted and Rotated Bent Cigar Function	100
	2	Shifted and Rotated Zakharov Function	200
基本函数	3	Shifted and Rotated Rosenbrock's Function	300
	4	Shifted and Rotated Rastrigin's Function	400
	5	Shifted and Rotated Expanded Scaffer's F6 Function	500
	6	Shifted and Rotated Lunacek Bi_Rastrigin Function	600
	7	Shifted and Rotated Non-Continuous Rastrigin's Function	700
	8	Shifted and Rotated Levy Function	800
	9	Shifted and Rotated Schwefel's Function	900

续表

函数类别	编号	函数名	$F_i^* = F_i(x^*)$
组合函数	10	Hybrid Function 1 （$n=3$）	1000
	11	Hybrid Function 2 （$n=3$）	1100
	12	Hybrid Function 3 （$n=3$）	1200
	13	Hybrid Function 4 （$n=4$）	1300
	14	Hybrid Function 5 （$n=4$）	1400
	15	Hybrid Function 6 （$n=4$）	1500
	16	Hybrid Function 6 （$n=5$）	1600
	17	Hybrid Function 6 （$n=5$）	1700
	18	Hybrid Function 6 （$n=5$）	1800
	19	Hybrid Function 6 （$n=6$）	1900
复合函数	20	Composition Function 1 （$n=3$）	2000
	21	Composition Function 2 （$n=3$）	2100
	22	Composition Function 3 （$n=4$）	2200
	23	Composition Function 4 （$n=4$）	2300
	24	Composition Function 5 （$n=5$）	2400
	25	Composition Function 6 （$n=5$）	2500
	26	Composition Function 7 （$n=6$）	2600
	27	Composition Function 8 （$n=6$）	2700
	28	Composition Function 9 （$n=3$）	2800
	29	Composition Function 10 （$n=3$）	2900

注：搜索范围为 $[-100, 100]^D$。

表 4.3 CEC2020 测试函数集

函数类别	编号	函数名	$F_i^* = F_i(x^*)$
单模函数	1	Shifted and Rotated Bent Cigar Function	100
基本函数	2	Shifted and Rotated Schwefel's Function	1100
	3	Shifted and Rotated Lunacek bi-Rastrigin Function	700
	4	Expanded Rosenbrock's plus Griewangk's Function	1900
组合函数	5	Hybrid Function 1 （$n=3$）	1700
	6	Hybrid Function 2 （$n=4$）	1600
	7	Hybrid Function 3 （$n=5$）	2100
复合函数	8	Composition Function 1 （$n=3$）	2200
	9	Composition Function 2 （$n=4$）	2400
	10	Composition Function 3 （$n=5$）	2500

注：搜索范围为 $[-100, 100]^D$。

4.3 评估器框架

烟花算法代码框架采用了特殊的评估器类型来为优化算法提供目标函数的评估接口，而非一般的按照逐代迭代或 ask&tell 方式来组织算法。实际上，借助评估器类型，该框架能够用任意方式实现算法流程，可以方便地将各类算法融入该工具当中。

对于目标函数，这里采用了两个层次的抽象。

ObjFunction 为目标函数类型，用于统一一般的目标函数定义。通常而言，一个用于优化的目标函数不仅需要包含一个可调用的函数，以接收输入并反馈实数值输出，还需要包含与之相关的信息。ObjFunction 类包含如下属性。

（1）ObjFunction.func：可执行的目标函数。

（2）ObjFunction.batch：目标函数的执行方式（用于统一单个输入或分组输入的函数）。

（3）ObjFunction.dim：目标函数支持的维度。

（4）ObjFunction.lb：目标函数的下界。

（5）ObjFunction.ub：目标函数的上界。

（6）ObjFunction.optimal_x：目标函数的最优解。

（7）ObjFunction.optimal_y：目标函数的最优值。

（8）ObjFunction.func_params：目标函数所需的额外参数字典。

Evaluator 为评估器类型，用于统一在优化过程中算法的环境信息，包括目标函数接口、部分通用的优化状态、优化过程记录等。评估器可以避免在优化算法设计过程中过多地考虑与优化问题环境相关的细节，它包含如下方法。

（1）Evaluator._init_：初始化评估器。用于评估器的创建和相关状态的归零。

（2）Evaluator.eval：评估输入的测试样例。

（3）Evaluator._call_：评估输入的测试样例，与 Evaluator.eval 一致。

（4）Evaluator.terminate：反馈算法是否满足终止条件。

其中，Evaluator.eval 提供了算法与优化问题的主要交互接口。该方法统一了单一样例和多个样例的多种输入格式，并在评估的同时对目标函数的评估历史进行记录，包括记录历史评估次数、记录评估中获得的最优值、存储每隔一定迭代次数时的最优值等。

Evaluator 存储了如下状态。

（1）Evaluator.obj：评估器对应的目标函数。

（2）Evaluator.max_eval：最大评估样例数。

（3）Evaluator.max_batch：最大评估组数。

（4）Evaluator.cur_x：当前最优解。

（5）Evaluator.cur_y：当前最优值。

（6）Evaluator.best_x：最优优化解，仅当一轮优化结束时更新。

（7）Evaluator.best_y：最优优化值，仅当一轮优化结束时更新。

（8）Evaluator.num_eval：当前评估样例数。

（9）Evaluator.num_batch：当前评估组数。

（10）Evaluator.unimprove_eval：当前未进步评估样例数。

（11）Evaluator.unimprove_batch：当前未进步评估组数。

（12）Evaluator.traj_mod：最优值记录间隔。

（13）Evaluator.traj：最优值记录列表。

4.4　算法设计

本节针对算法设计进行介绍。

4.4.1 算法框架

在烟花算法代码框架中，mpopt/algorithms 文件包含了算法文件。我们实现了协方差矩阵自适应进化策略（Covariance Matrix Adaptation Evolution Strategy，CMA-ES）、基于成功历史的自适应差分进化（Success History based Adaptive DE，SHADE）算法、LoTFWA 和基于搜索空间划分的烟花算法（Fireworks Algorithm based on Search Space Partition，FWASSP）等经典算法和烟花算法。

本质上，烟花算法代码框架在算法实现方面非常灵活。几乎任意的优化算法框架都可以直接在该框架下实现，只需要先输入一个评估器，以任意方式通过评估器来计算给出样例的目标函数值，然后在评估器反馈达到终止条件时停止优化并返回评估器记录的当前最优值即可。

为了统一算法的接口，该框架在 mpopt/algorithms/base.py 中也提供了简单的算法基类 BaseAlg。在新方法的设计中仅需要实现以下方法。

（1）BaseAlg._init_：创建算法实例并初始化参数。

（2）BaseAlg.set_params：接收参数列表，调整算法超参数。

（3）BaseAlg.optimize：接收评估器，完成其优化流程。

（4）BaseAlg.init：初始化优化中的状态变量。

4.4.2 群体定义

烟花算法的设计通常涉及多个群体的控制。为此，烟花算法代码框架单独对优化过程中的群体概念进行了抽象，将各类群体定义在 mpopt/population 文件夹中。这些群体包括：CMAES 群体、DE 群体、原始烟花算法群体、基于分布的烟花算法群体等。

任意一类群体用于维护一组解群体和它们的演化方法。例如：CMAES 群体维护一个多元高斯分布，并能根据评估后的适应值更新均值、协方差等；DE 群体维护一组解群体实例，通过差分方式进行演化；原始烟花算法群体主要包含其爆炸、变异、选择策略。base.py 文件中的 BasePop 等类型定义了各类群体的实现框架。其中，通用的方法主要有以下 6 种。

（1）_init_：初始化群体。

（2）eval：调用评估器评估当前群体。

（3）remap：调用映射规则将群体限制在解空间内部。

（4）adapt：根据群体的评估值更新群体的状态参数。

（5）update：使用适应后参数替代当前参数。

（6）evolve：整合算法在一代中样本生成、评价、更新的全部流程。

4.4.3 算子定义

由于大量算法使用相近的基本算子进行群体演化，烟花算法代码框架在 mpopt/operator/operator.py 对基本算子进行了统一实现，供各算法或群体的实现直接调用。其中，已实现的方法有以下 10 种。

（1）random_map：随机映射规则。

（2）mirror_map：镜像映射规则。

（3）box_explode：传统的烟花爆炸算子。

（4）gaussian_explode：高斯变异算子。

（5）guided_mutate：引导变异算子。

（6）elite_select：精英选择算子。
（7）paired_select：成对选择算子。
（8）current_to_pbest_mutation：DE 随机差分算子。
（9）crossover：交叉算子。
（10）rank：排序算子。

4.4.4　其他工具

另外，我们计划在 mpopt/tools 目录中提供更多优化工具。例如在 mpopt/tools/distribution.py 中，我们设计了多元高斯分布类型 MultiVariateNormalDistribution。该类型用于提供相关分布的工具，涉及多元高斯分布的存储、特征值分解等功能，对 CMA-ES 算法有着至关重要的作用。

4.5　算法测试与对比

烟花算法代码框架还提供了基本的优化算法测试与对比脚本。

runs/benchmark_opt.py 文件提供了算法的测试功能。该脚本从命令行接收算法、测试函数、测试维度、重复次数、并行线程数量等参数，自动调用相关算法和测试函数集进行优化实验并存储实验数据。例如，mpopt/tools/result.py 文件在 CEC2020 测试函数集的 20 维问题上运行 LoTFWA 算法 30 次，并将其结果记录在 logs 文件路径内。

mpopt/tools/result.py 文件提供了算法的结果对比功能。该脚本从命令行接收测试函数集名称、测试维度，以及两个或多个算法优化记录。当接收到两个测试记录时，该脚本提供二者在各函数上的 Wilcoxon 秩和检验结果；当接收到超过两个测试记录时，该脚本提供它们的平均排名信息。

4.6　小结

本章简要介绍了烟花算法代码框架及其使用方法。具体而言，该框架以“评估器”为工具，将算法策略与优化问题环境分离开来：在优化问题方面，实现了 CEC2013、CEC2017、CEC2020 等标准测试函数集，内置了目标函数值评估和优化流程控制的功能；在算法设计方面，根据烟花算法的特点，分别定义了大量的基本个体操作、基本群体定义和优化算法框架。该代码框架有助于高效地开发和实验烟花算法框架下的优化算法。

第 5 章　随机模型与收敛性分析

5.1　随机模型

本章讨论如何使用随机模型来证明烟花算法的收敛性，具体的建立与证明过程如下。

假设烟花算法的随机模型采用基本下确界（Essential Infimum），其定义为

$$\psi = \inf(t : \nu[n \in S|f(z) < t] > 0) \tag{5.1}$$

其中，$\nu[A]$ 是在集合 A 上的勒贝格测度（Lebesgue Measure）。式 (5.1) 意味着搜索空间的子集中存在多个点，使得函数值趋近 ψ。也就是说，在勒贝格可度量的非零集合中，ψ 为函数值的下确界。

首先，建立烟花算法的随机过程，见定义 5.1。

定义 5.1

$\{\xi(t)\}_{t=0}^{\infty}$ 为烟花算法的随机过程，其中 $\xi(t) = \{F(t), T(t)\}$，而 $F(t) = \{F_1(t), F_2(t), \cdots, F_n(t)\}$ 表示在 t 时刻 n 个烟花在解空间的位置。$T(t) = \{A(t), S(t)\}$，其中 $A(t) = \{A_1(t), A_2(t), \cdots, A_n(t)\}$ 表示 n 个烟花的爆炸半径，而 $S(t) = \{s_1(t), s_2(t), \cdots, s_n(t)\}$ 表示 n 个烟花爆炸产生的火花数。 ♣

接下来，定义最优区域，见定义 5.2。

定义 5.2

$R_\varepsilon = \{x \in S|f(x) - f(x^*) < \varepsilon, \varepsilon > 0\}$ 是函数 $f(x)$ 的最优区域，其中 x^* 表示函数 $f(x)$ 在解空间的最优解。 ♣

根据定义 5.2，如果算法找到一个位于最优区域的点，视为算法找到了函数的接近全局最优的一个可接受的解。根据定义 5.1，最优解空间的勒贝格测度必须不为 0，这意味着 $\nu(R_\varepsilon) > 0$。

定义 5.3

定义烟花算法的最优状态为 $\xi^*(t) = \{F^*(t), T(t)\}$，同时，存在 $F_i(t) \in R_\varepsilon$ 和 $F_i(t) \in F^*(t)$，$i \in 1, 2, \cdots, n$。 ♣

定义 5.3 说明在烟花算法的最优状态 $\xi^*(t)$ 下，最好的烟花在最优区域 R_ε 中。所以，这里存在 $F_i(t) \in R_\varepsilon$ 和 $|f(F_i(t)) - f(x^*)| < \varepsilon$，$x^* \in R_\varepsilon$。

引理 5.1

烟花算法的随机过程 $\{\xi(t)\}_{t=0}^{\infty}$ 是一个马尔可夫（Markov）随机过程。 ♡

证明　$\{\xi(t)\}_{t=0}^{\infty}$ 是离散随机过程，因为状态 $\xi(t) = \{F(t), T(t)\}$ 由 $\{F(t-1), T(t-1)\}$ 决定，所以概率 $P\{\xi(t+1)|\xi(1), \xi(2), \cdots, \xi(t)\} = P\{\xi(t+1)|\xi(t)\}$。这说明，$t+1$ 时刻最优状态发生的概率与 t 时刻状态发生的概率有关。因此，$\{\xi(t)\}_{t=0}^{\infty}$ 是马尔可夫随机过程。

定义 5.4

用 Y 表示烟花算法的状态 $\xi(t)$ 的状态空间，$Y^* \subset Y$。只要存在一个解 $s^* \in F^*$，使得 $s^* \in R_\varepsilon$ 在任意状态 $\xi(t)^* = \{F^*, T\} \in Y$ 下成立，那么 Y^* 是最优状态空间。♣

定义 5.4 指出，$|f(s^*) - f(x^*)| < \varepsilon$ 对任意 $x^* \in F^*$ 都成立。如果烟花算法可以达到最优状态，那么必定有一个火花达到了最优区域 R_ε，且烟花算法得到了最优解。此后，最优解一定在最优区域内。

定义 5.5

给定一个马尔可夫随机过程 $\{\xi(t)\}_{t=0}^{\infty}$ 和优化状态空间 $Y^* \subset Y$，如果 $\{\xi(t)\}_{t=0}^{\infty}$ s.t. $P\{\xi(t+1) \notin Y^* | \xi(t) \in Y^*\} = 0$，则 $\{\xi(t)\}_{t=0}^{\infty}$ 被命名为吸收马尔可夫过程。♣

引理 5.2

烟花算法的随机过程 $\{\xi(t)\}_{t=0}^{\infty}$ 是一个吸收马尔可夫随机过程。♡

证明　根据引理 5.2，烟花算法的随机过程 $\{\xi(t)\}_{t=0}^{\infty}$ 是一个马尔可夫随机过程。如果 $\{\xi(t)\}_{t=0}^{\infty}$ 位于最优解空间 R_ε，那么状态 $\xi(t) = \{F(t), T(t)\}$ 属于最优状态空间 Y^*。假设 $F_1(t)$ 是烟花算法中的最好位置，而 $f(F_1(t+1))$ 不比 $f(F_1(t))$ 差，则状态 $\xi(t+1)$ 也属于最优状态 Y^*。因此，$P\{\xi(t+1) \notin Y^* | \xi(t) \in Y^*\} = 0$，故烟花算法的随机过程 $\{\xi(t)\}_{t=0}^{\infty}$ 是一个吸收马尔可夫随机过程。

本节建立了烟花算法的随机模型与随机过程，并证明了烟花算法的随机过程是一个吸收马尔可夫随机过程。这为后面分析烟花算法的收敛性提供了理论模型。

5.2　全局收敛性

5.2.1　全局收敛性理论分析

为了方便分析烟花算法的收敛性，给出收敛性的定义，见定义 5.6。

定义 5.6

给定一个吸收马尔可夫过程 $\{\xi(t)\}_{t=0}^{\infty} = \{F(t), T(t)\}$ 和一个优化状态空间 $Y^* \subset Y$，令 $\lambda(t) = P\{\xi(t) \in Y^*\}$ 表示随机状态在 t 时刻达到最优状态的概率。如果 $\lim\limits_{t \to \infty} \lambda(t) = 1$，那么 $\{\xi(t)\}_{t=0}^{\infty}$ 收敛。♣

根据定义 5.6，马尔可夫随机过程的收敛取决于 $P\{\xi(t) \in Y^*\}$。如果在 t 时刻马尔可夫随机过程的收敛概率为 1，那么可以认为马尔可夫过程 $\{\xi(t)\}_{t=0}^{\infty}$ 收敛。

定理 5.1

给定烟花算法的一个吸收马尔可夫过程 $\{\xi(t)\}_{t=0}^{\infty}$ 和一个最优状态空间 $Y^* \subset Y$，如果对于任意的 t，$P\{\xi(t) \in Y^* | \xi(t-1) \notin Y^*\} \geqslant d \geqslant 0$，且 $P\{\xi(t) \in Y^* | \xi(t-1) \in Y^*\} = 1$ 成立，那么 $P\{\xi(t) \in Y^*\} \geqslant 1 - (1-d)^t$。♡

证明 设 $t=1$，则有

$$
\begin{aligned}
& P\{\xi(1) \in Y^*\} \\
=& P\{\xi(1) \in Y^* | \xi(0) \in Y^*\} P\{\xi(0) \in Y^*\} \\
& + P\{\xi(1) \in Y^* | \xi(0) \notin Y^*\} P\{\xi(0) \notin Y^*\} \\
\geqslant & P\{\xi(0) \in Y^*\} + dP\{\xi(0) \notin Y^*\} \\
=& P\{\xi(0) \in Y^*\} + d(1 - P\{\xi(0) \in Y^*\}) \\
=& d + (1-d) P\{\xi(0) \in Y^*\}
\end{aligned}
$$

因为 $(1-d) \geqslant 0$，所以 $d + (1-d)P\{\xi(0) \in Y^*\} \geqslant d$，那么 $P\{\xi(1) \in Y^*\} \geqslant d = 1-(1-d)^1$。

假设 $P\{\xi(t) \in Y^*\} \geqslant 1-(1-d)^t$ 对于任意 $t < k-1$ 成立，那么对于 $t=k$，有

$$
\begin{aligned}
& P\{\xi(k) \in Y^*\} \\
=& P\{\xi(k) \in Y^* | \xi(k-1) \in Y^*\} P\{\xi(k-1) \in Y^*\} \\
& + P\{\xi(k) \in Y * | \xi(k-1) \notin Y^*\} P\{\xi(k-1) \notin Y^*\} \\
=& P\{\xi(k-1) \in Y^*\} \\
& + P\{\xi(k) \in Y^* | \xi(k-1) \notin Y^*\} P\{\xi(k-1) \notin Y^*\} \\
\geqslant & P\{\xi(k-1) \in Y^*\} + d(1 - P\{\xi(k-1) \in Y^*\}) \\
=& d + (1-d) P\{\xi(k-1) \in Y *\} \\
\geqslant & d + (1-d)[1-(1-d)^{k-1}] = 1-(1-d)^k
\end{aligned}
$$

因此，根据归纳法，$P\{\xi(t) \in Y^*\} \geqslant 1-(1-d)^t$ 对于任意 $t \geqslant 1$ 成立。

烟花算法包含高斯变异。为简化问题，假定该变异是一种随机变异。

定理 5.2

给定烟花算法的一个吸收马尔可夫过程 $\{\xi(t)\}_{t=0}^{\infty}$ 和最优状态空间 $Y^* \in Y$，则 $\lim\limits_{t\to\infty} \lambda(t)=1$ 意味着 $\xi(t)_{t=0}^{\infty}$ 能收敛到最优状态 Y^*。

证明 用 $P_{\mathrm{mu}}(t)$ 表示烟花算法中一个烟花在变异算子的作用下，从非最优区域达到最优区域 R_ε 的概率：

$$
P_{\mathrm{mu}} = \frac{\nu(R_\varepsilon) n}{\nu(S)} \tag{5.2}
$$

其中，$\nu(S)$ 是问题空间 S 的勒贝格测度值，n 是烟花的个数。因为 $\nu(R_\varepsilon) > 0$，所以 $P_{\mathrm{mu}} > 0$。

根据烟花算法的随机马尔可夫过程 $\{\xi(t)\}_{t=0}^{\infty}$，有

$$
\lambda(t) = P\{\xi(t) \in Y^* | \xi(t-1) \notin Y^*\} = P_{\mathrm{mu}}(t) + P_{\mathrm{ex}}(t) \tag{5.3}
$$

其中，$P_{\mathrm{ex}}(t)$ 是烟花算法中烟花在爆炸算子的作用下到达最优区域 R_ε 的概率。

所以，$P\{\xi(t) \in Y^* | \xi(t-1) \in Y^*\} \geqslant P_{\mathrm{mu}} > 0$。

因为烟花算法的马尔可夫过程 $\{\xi(t)\}_{t=0}^{\infty}$ 是一个吸收马尔可夫过程，满足定理 5.1 的条件，所以有

$$P\{\xi(t) \in Y^*\} = 1 - (1 - P_{\mathrm{mu}}(t))^t \tag{5.4}$$

即 $\lim_{t\to\infty} P\{\xi(t) \in Y^*\} = 1$。

因此，烟花算法的马尔可夫过程 $\{\xi(t)\}_{t=0}^{\infty}$ 能收敛到最优状态。证毕。

定义 5.6、定理 5.1 和定理 5.2 证明了烟花算法的马尔可夫过程将收敛到最优状态，这也意味着烟花算法是全局收敛的。

5.2.2　裸骨烟花算法及其收敛性分析

由于元启发式算法存在随机性，所以保证该算法的收敛就显得尤为重要。在文献 [11] 中，Li 等人研究了烟花算法的简化版本，其中只保留了基本的爆炸操作，称为裸骨烟花算法（Bare Bones Fireworks Algorithm，BBFWA）。该算法简单、快速且易于实现，这使得理论分析其收敛性成为了可能。文献 [11] 给出了该算法局部收敛的充分条件。同时，BBFWA 的性能具有很强的竞争力，其实现简单，并且非常高效。本小节介绍这个烟花算法，并用该算法进行烟花算法的局部收敛性分析。

1. BBFWA 的过程

BBFWA 的过程如算法 5.1 所示。

算法 5.1　BBFWA 的过程

```
1: 采样 x，x ~ rand(lb, ub);
2: 评估 f(x);
3: A ⟵ ub − lb;
4: repeat
5:     for i = 1 to n do
6:         采样 s_i ~ rand(x − A, x + A);
7:         评估 f(s_i);
8:     if min(f(s_i)) < f(x) then
9:         x ⟵ arg min f(s_i);
10:        A ⟵ C_a A;
11:    else
12:        A ⟵ C_r A;
13: until 满足停机条件
14: return x
```

算法 5.1 中，**lb** 和 **ub** 是搜索空间的上下界，$\boldsymbol{x}$ 表示烟花的位置，$\boldsymbol{s}_i$ 表示爆炸产生火花的位置，$\boldsymbol{A}$ 表示爆炸半径。在每一次迭代中，烟花会在以 $\boldsymbol{x}-\boldsymbol{A}$ 和 $\boldsymbol{x}+\boldsymbol{A}$ 为边界的超立方体内均匀地爆炸产生 n 个火花。之后，如果这些火花中最好的火花的适应度值比烟花更好，那么该火花将代替烟花，爆炸半径将乘以放大系数 C_{a}（$C_{\mathrm{a}} > 1$）。否则，爆炸半径将乘以缩减系数 C_{r}（$C_{\mathrm{r}} < 1$），并保留当前的烟花。在算法 5.1 第 6 行的采样中，如果火花位于边界之外，则可以使用随机映射的方法将其替换为可行空间中随机选择产生的火花。

BBFWA 实现简单，其主要部分可以用 MATLAB 在大约 10 行代码内实现。即使使用低级编程语言，只要有随机数生成器就可以轻松实现该算法。BBFWA 和 dynFWA 之间有 4 个主要区别。

（1）BBFWA 只采用一种烟花，而不是 dynFWA 中的多种烟花。也就是说，所有非核心烟花都被移除。

（2）BBFWA 中产生火花的数量不再根据公式得出，而是始终保持不变，火花的数量由一个超参数决定。

（3）BBFWA 中的选择算子退化为贪婪（精英）选择。

（4）维度选择的机制被移除。

简而言之，BBFWA 就是 dynFWA 的简化版本。一方面，这些差异使 BBFWA 更加清晰、自然，因此更适合理论分析和实际应用；另一方面，BBFWA 保持了 dynFWA 的重要特性，使得该算法仍然能够保持烟花算法的高效性。

2. BBFWA 收敛性分析

在去掉了一些复杂的机制并且使用精英选择之后，BBFWA 具有很强的健壮性，可以从理论角度分析其收敛性。

命题 5.1

在算法 5.1 中，$f(\boldsymbol{x})$ 是单调不增的。

BBFWA 不是全局收敛的，因为它没有随机变异算子。这种情况可以通过设置 $C_{\mathrm{r}} \geqslant 1$ 或在必要时采用合适的变异算子来解决。然而，它可以在一些充分条件下被证明是局部收敛的。

考虑一个二次可微并且存在着一个局部最优点 $\boldsymbol{x}^*$ 的目标函数，满足 $\nabla f(\boldsymbol{x}^*) = 0$ 以及 $\nabla^2 f(\boldsymbol{x}^*)$ 是正定的。这样的目标函数在其极小值附近表现得像二次函数的形式[12]，即 $f(\boldsymbol{x}) = \boldsymbol{x}^{\mathrm{T}}\boldsymbol{M}\boldsymbol{x}$（其中，$\boldsymbol{M}$ 为二次型矩阵），该形式可以通过线性变换化简为 $f(\boldsymbol{x}) = \boldsymbol{x}^{\mathrm{T}}\boldsymbol{x}$。因此，我们在接下来的分析中使用球函数。定理 5.3 来自文献 [13]。

定理 5.3

假设 $f(\boldsymbol{x}) = \boldsymbol{x}^{\mathrm{T}}\boldsymbol{x}$，$C_{\mathrm{a}} = C_{\mathrm{r}} < 1$，在算法 5.1 中，只要满足 $C_{\mathrm{r}} \geqslant \dfrac{\beta}{1-\beta}$ 和 $\beta < 0.5$，其中 $\beta = \left(\dfrac{2}{\sqrt{\pi}}\right)\sqrt[d]{\dfrac{1}{n}\Gamma\left(\dfrac{d}{2}+1\right)}$，那么 $\boldsymbol{x}$ 会收敛到极小值点。

证明　为了讨论方便，假设 **lb** 和 **ub** 在每个维度上都是不变的，因此 $\boldsymbol{A}$ 可以看作标量 A。将第 g 代的烟花位置记作 $\boldsymbol{x}_g$，爆炸半径记作 A_g，则 $R_g = \left[\boldsymbol{x}_g^{(1)} - A_g, \boldsymbol{x}_g^{(1)} + A_g\right] \times \cdots \times \left[\boldsymbol{x}_g^{(d)} - A_g, \boldsymbol{x}_g^{(d)} + A_g\right]$ 可以看作第 g 代的搜索空间。考虑 S_{α_g} 是一个中心在原点且半径为 α_g 的超球面。对于任意的 $\boldsymbol{x}_1 \in S_{\alpha_g}$ 和 $\boldsymbol{x}_2 \notin S_{\alpha_g}$，$f(\boldsymbol{x}_1) < f(\boldsymbol{x}_2)$。如果 $S_{\alpha_g} \subset R_g$，那么一个火花生成在 S_{α_g} 内的概率为 $\dfrac{v(S_{\alpha_g})}{v(R_g)} = \dfrac{\pi^{\frac{d}{2}}\alpha_g^d}{\Gamma\left(1+\dfrac{d}{2}\right)(2A_g)^d}$，此处 v 是体积测度。因此，如果满

足 $\dfrac{\pi^{\frac{d}{2}}\alpha_g^d}{\Gamma\left(1+\dfrac{d}{2}\right)(2A_g)^d} \geqslant O\left(\dfrac{1}{n}\right)$，也就是说，$\alpha_g \geqslant \dfrac{2A_g\sqrt[d]{\dfrac{\Gamma\left(\frac{d}{2}+1\right)}{n}}}{\sqrt{\pi}} := \beta A_g$，则说明搜索成功（至少有一个火花存在于超球面中）。搜索半径的序列 $\{\beta A_1, \beta C_{\mathrm{r}} A_1, \beta C_{\mathrm{r}}^2 A_1, \cdots\}$ 收敛到 0，因为 $C_{\mathrm{r}} < 1$。因此，根据康托尔（Cantor）交点定理，烟花适应度值的序列收敛到极小值。

为了使 $S_{\alpha_g} \subset R_g$ 对于任意的 g 均成立，根据数学归纳法，一个充分条件是爆炸半径 A_g 大于 $\alpha_{g-1} + \alpha_g$（见图 5.1），即 $C_{\mathrm{r}}^{g-1} A_1 \geqslant \beta C_{\mathrm{r}}^{g-1} A_1 + \beta C_{\mathrm{r}}^{g-2} A_1$。

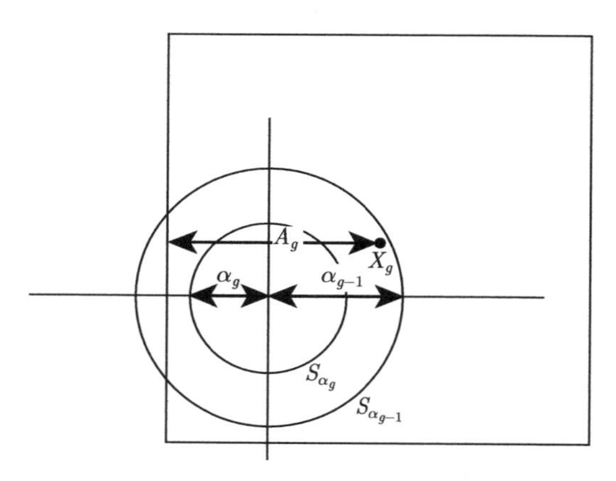

图 5.1　定理 5.1的充分条件说明

事实上，该理论适用于任意的 C_{a}。这个条件很难满足，因为 n 需要非常大以保证每一代都存在改进。但是如果设定爆炸半径放大系数 $C_{\mathrm{a}} > 1$，那么这个条件可以适当宽松一些。很明显，当 $C_{\mathrm{a}} > 1$ 时可能会减缓收敛过程（以换取更好的探索），但在实践中，只要 $C_{\mathrm{r}} < 1$，无论 C_{a} 有多大，A_g 都会收敛到 0，因为在搜索范围有限的情况下，成功率最终会收敛到 0。相反，较大的 C_{a} 有助于避免过早收敛。

定理 5.4

假设 $f(\boldsymbol{x}) = \boldsymbol{x}^{\mathrm{T}}\boldsymbol{x}$、$C_{\mathrm{a}} > 1$、$C_{\mathrm{r}} < 1$，在算法 5.1 中，只要满足 $1-\left(1-\dfrac{\pi^{\frac{d}{2}}}{2^{d+1}\Gamma\left(1+\dfrac{d}{2}\right)}\right)^n > \dfrac{-\lg C_{\mathrm{r}}}{\lg C_{\mathrm{a}} - \lg C_{\mathrm{r}}}$，那么 $\boldsymbol{x}$ 会收敛到极小值。

证明　记 R_g 为第 g 代的搜索空间。在第 g 代中，会有两种可能的状态：要么原点在 R_g 内，要么原点在 R_g 外。为了确保 $\boldsymbol{x}_g$ 不会收敛到除原点以外的任何点，需要给定一个充分条件：第一个状态是循环的。记 p 为搜索成功的概率，即至少有一个火花的适应度值比其父代烟花好。如果 $C_{\mathrm{a}}^p C_{\mathrm{r}}^{1-p} > 1$，每当原点在搜索范围之外时，只要保证 $O \notin R_g$，那么第一个状态是循环的。设 S 是一个中心位于原点，烟花位于其超曲面上的超球。当 $O \notin R_g$，$v(S \cap R_g)/v(R_g)$ 存在一个下界 $\dfrac{\pi^{\frac{d}{2}}}{2^{d+1}\Gamma\left(1+\dfrac{d}{2}\right)}$，当原点位于超立方体超曲面的中心时是可以达到的（见图 5.2）。因此当

$O \notin R_g$ 时，p 存在一个下界 $1-\left(1-\dfrac{\pi^{\frac{d}{2}}}{2^{d+1}\Gamma\left(1+\dfrac{d}{2}\right)}\right)^n$。

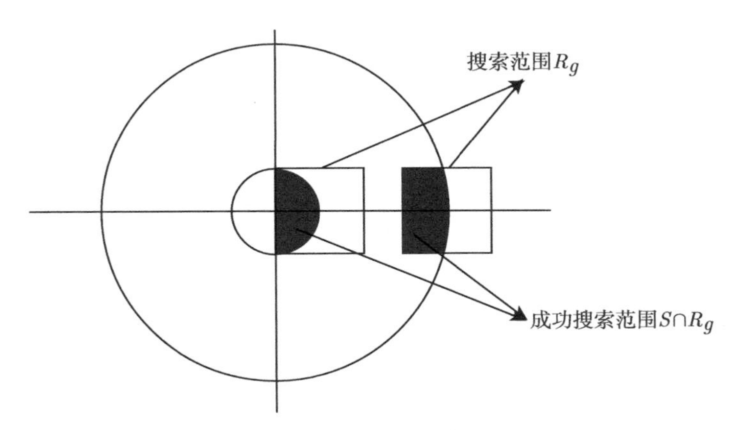

图 5.2 定理 5.2 的成功概率下界

当爆炸半径放大系数 $C_\mathrm{a}>1$ 时，定理 5.4中的充分条件比定理 5.3 中的充分条件宽松。例如当 $d=2$、$C_\mathrm{a}=1.25$、$C_\mathrm{r}=0.8$ 时，有 $p \geqslant 1-\left(1-\dfrac{\pi}{8}\right)^n$，若 $1-\left(1-\dfrac{\pi}{8}\right)^n \geqslant \dfrac{1}{2}$，即 $n \geqslant 2$，$\boldsymbol{x}_g$ 会收敛到极小值。C_a 和 C_r 越大，那么需要 n 的值就越小。当 $d=2$、$C_\mathrm{a}=C_\mathrm{r}=0.8$ 时，定理 5.3 中的 n 需要满足 $n>7$。

本实验中，BBFWA 只需设置 3 个参数：火花数 n、爆炸半径放大系数 C_a 和缩减系数 C_r。实验部分使用了 CEC2013 单目标优化基准测试集[8]。测试函数的维度 $D=30$，函数评估的最大次数（MaxEF）为 $10000D$。

对于每个不同的参数组 $\Theta=\{C_\mathrm{a}, C_\mathrm{r}, n\}$，我们会运行 51 次独立实验以减小其随机性。以 $\Theta=\{1.2, 0.9, 300\}$ 为基准改变参数组中的参数，比较不同参数下 BBFWA 的性能差异，得到的均值（Mean）和标准偏差（Std.）见表 5.1，其中每个函数的最小均值加粗显示。

对比表 5.1 的第 1 列和第 3 列可知，较大的 C_r 在多模态函数上表现较优，但在单模态函数上表现较差。对比表 5.1 的第 2 列和第 3 列可知，较大的 C_a 在多模态函数上表现较优，但在单模态函数上表现较差。对比表 5.1 的第 3 列和第 4 列可知，较大的 n 在多模态函数上表现较优，但在单模态函数上表现较差。

在实践中，应根据函数评估的最大次数来选择参数。一般来说，如果设置较大的 n，那么算法擅长探索，设置较小的 n 则算法擅长开采，因为算法会迭代更多的次数。较大的 C_a 和 C_r 使得爆炸半径收敛较慢，适用于函数最大评估次数足够的情况。虽然参数的最优值总是取决于目标函数的性质和函数评估的最大次数，但使用者可以放心地设置任何看起来合理的值，因为从上面的结果可以看出，在相当宽的参数范围内，BBFWA 是稳定的，不会出现不收敛或者效果较差的情况。

从表 5.1 可以看出，后 3 个参数组在多模态函数上的表现大致相当，参数组 $\{1.2, 0.9, 300\}$ 能够在测试函数 f_1（球函数）上找到最优值。因此，它的性能被认为是相对平衡的，将在接下来与其他算法进行比较。

表 5.1　不同参数组下 BBFWA 的性能表现

测试函数	$\{1.2, 0.8, 300\}$		$\{1.5, 0.9, 300\}$		$\{1.2, 0.9, 300\}$		$\{1.2, 0.9, 500\}$	
	Mean	Std.	Mean	Std.	Mean	Std.	Mean	Std.
f_1	**0.00×10^{0}**	**0.00×10^{0}**	3.50×10^{-5}	4.10×10^{-5}	**0.00×10^{0}**	**0.00×10^{0}**	6.20×10^{-5}	9.60×10^{-5}
f_2	**4.42×10^{5}**	**1.64×10^{5}**	1.35×10^{6}	5.77×10^{5}	6.28×10^{5}	2.89×10^{5}	1.26×10^{6}	6.28×10^{5}
f_3	7.15×10^{7}	1.54×10^{8}	3.61×10^{7}	4.08×10^{7}	**3.37×10^{7}**	**4.91×10^{7}**	4.17×10^{7}	9.17×10^{7}
f_4	**9.40×10^{-5}**	**1.03×10^{-4}**	3.18×10^{-1}	2.86×10^{-1}	1.23×10^{-3}	1.27×10^{-3}	1.40×10^{-1}	1.13×10^{-1}
f_5	**1.38×10^{-3}**	**1.54×10^{-4}**	3.91×10^{-2}	4.03×10^{-2}	2.51×10^{-3}	4.41×10^{-4}	2.51×10^{-2}	1.82×10^{-2}
f_6	3.50×10^{1}	2.62×10^{1}	4.21×10^{1}	2.77×10^{1}	**2.93×10^{1}**	**2.16×10^{1}**	4.17×10^{1}	2.64×10^{1}
f_7	8.42×10^{1}	2.80×10^{1}	7.13×10^{1}	3.32×10^{1}	7.94×10^{1}	3.02×10^{1}	**6.28×10^{1}**	**2.75×10^{1}**
f_8	2.10×10^{1}	7.28×10^{-2}	**2.09×10^{1}**	**8.33×10^{-2}**	2.09×10^{1}	6.90×10^{-2}	2.09×10^{1}	7.89×10^{-2}
f_9	2.20×10^{1}	3.67×10^{0}	1.92×10^{1}	3.69×10^{0}	1.94×10^{1}	5.05×10^{0}	**1.84×10^{1}**	**3.94×10^{0}**
f_{10}	2.69×10^{-2}	1.46×10^{-2}	2.78×10^{-2}	1.75×10^{-2}	**1.82×10^{-2}**	**1.55×10^{-2}**	2.05×10^{-2}	1.28×10^{-2}
f_{11}	1.39×10^{2}	4.51×10^{1}	1.24×10^{2}	3.26×10^{1}	1.22×10^{2}	3.75×10^{1}	**1.16×10^{2}**	**3.67×10^{1}**
f_{12}	1.30×10^{2}	4.84×10^{1}	**1.06×10^{2}**	**2.90×10^{1}**	1.20×10^{2}	4.47×10^{1}	1.22×10^{2}	3.32×10^{1}
f_{13}	2.32×10^{2}	6.22×10^{1}	2.12×10^{2}	5.78×10^{1}	2.07×10^{2}	4.07×10^{1}	**2.02×10^{2}**	**4.68×10^{1}**
f_{14}	3.66×10^{3}	6.90×10^{2}	3.68×10^{3}	6.97×10^{2}	**3.56×10^{3}**	**6.50×10^{2}**	3.64×10^{3}	5.98×10^{2}
f_{15}	3.75×10^{3}	7.48×10^{2}	3.49×10^{3}	6.55×10^{2}	3.54×10^{3}	6.52×10^{2}	**3.44×10^{3}**	**6.22×10^{2}**
f_{16}	4.13×10^{-1}	2.81×10^{-1}	**1.96×10^{-1}**	**1.27×10^{-1}**	2.68×10^{-1}	1.90×10^{-1}	2.19×10^{-1}	1.78×10^{-1}
f_{17}	1.83×10^{2}	4.91×10^{1}	1.70×10^{2}	5.36×10^{1}	**1.62×10^{2}**	**3.86×10^{1}**	1.70×10^{2}	4.43×10^{1}
f_{18}	1.90×10^{2}	5.23×10^{1}	1.67×10^{2}	4.38×10^{1}	1.74×10^{2}	4.92×10^{1}	**1.60×10^{2}**	**4.70×10^{1}**
f_{19}	6.70×10^{0}	2.16×10^{0}	6.70×10^{0}	2.25×10^{0}	6.30×10^{0}	2.17×10^{0}	**6.27×10^{0}**	**1.69×10^{0}**
f_{20}	1.36×10^{1}	1.30×10^{0}	1.26×10^{1}	1.12×10^{0}	1.29×10^{1}	1.11×10^{0}	**1.26×10^{1}**	**1.33×10^{0}**
f_{21}	3.05×10^{2}	8.31×10^{1}	**2.92×10^{2}**	**7.50×10^{1}**	2.98×10^{2}	7.13×10^{1}	2.95×10^{2}	6.82×10^{1}
f_{22}	4.64×10^{3}	9.75×10^{2}	4.47×10^{3}	9.91×10^{2}	**4.25×10^{3}**	**7.52×10^{2}**	4.31×10^{3}	7.87×10^{2}
f_{23}	4.38×10^{3}	7.35×10^{2}	4.11×10^{3}	7.95×10^{2}	4.37×10^{3}	8.51×10^{2}	**4.09×10^{3}**	**7.12×10^{2}**
f_{24}	2.65×10^{2}	1.55×10^{1}	**$2.51 + 02$**	**1.36×10^{1}**	2.58×10^{2}	1.60×10^{1}	2.52×10^{2}	1.40×10^{1}
f_{25}	2.91×10^{2}	1.09×10^{1}	2.81×10^{2}	1.33×10^{1}	2.81×10^{2}	1.26×10^{1}	**2.80×10^{2}**	**1.18×10^{1}**
f_{26}	2.03×10^{2}	2.03×10^{1}	2.03×10^{2}	2.15×10^{1}	2.03×10^{2}	1.99×10^{1}	**2.00×10^{2}**	**2.47×10^{-2}**
f_{27}	8.78×10^{2}	1.20×10^{2}	**7.96×10^{2}**	**9.46×10^{1}**	8.32×10^{2}	9.83×10^{1}	8.02×10^{2}	1.04×10^{2}
f_{28}	3.00×10^{2}	0.00×10^{0}	**2.92×10^{2}**	**3.92×10^{1}**	3.39×10^{2}	2.19×10^{2}	3.22×10^{2}	1.53×10^{2}

下面将参数组为 $\{1.2, 0.9, 300\}$ 的 BBFWA 在 CEC2013 上的实验结果与其他烟花算法进行比较，包括 EFWA [14]、自适应烟花算法（AFWA）[15]、dynFWA [16] 和协作框架烟花算法（The Cooperative Framework for FWA，CoFFWA）[17]。

CoFFWA 也是新提出的一种烟花算法变体。本书后续章节会详细介绍这种新的变体。

这些算法都进行了独立的 51 次实验，维度和最大评估数与上面的设置相同。在 BBFWA 和每个比较算法之间进行置信度为 5% 的成对 Wilcoxon 秩和检验。比较的结果如图 5.3 所示。图中，BBFWA 比对手表现更好用“win”表示，更差则用“lose”表示。

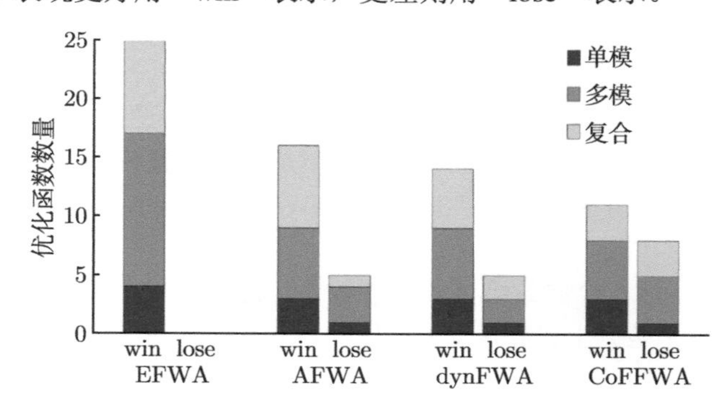

图 5.3　BBFWA 与其他烟花算法变体的性能比较

从图 5.3 可以看出，与 EFWA、AFWA 和 dynFWA 相比，BBFWA 在 3 种目标函数上都表现出明显的优势。CoFFWA 和 BBFWA 在多模态函数和复合函数上的性能相当，但 BBFWA 在单模态函数上表现更好。BBFWA 与 dynFWA 的比较表明，维度选择机制和非核心烟花在 dynFWA 中作用不大。因为维度选择机制限制了爆炸火花的多样性，不利于探索。在 dynFWA 中，非核心烟花通常不在有潜力的区域，它们对探索或开采的贡献无法与核心烟花相提并论。因此，资源不应该浪费在它们身上。相反，在 BBFWA 中，所有资源都集中在核心烟花上，这使得该算法的效率进一步提升。

CoFFWA 在多模态函数和复合函数上优于 dynFWA 的事实表明，避免烟花之间拥挤的策略[17]在增强探索能力方面是有效的。然而，CoFFWA 没有优于 BBFWA 的事实表明，多个烟花之间的交互仍然不够充分。总之，最简单的 BBFWA 在烟花算法变体中实现了较优的性能。

最后，将 BBFWA 的结果与其他典型的元启发式算法进行比较。这些算法有 SPSO2011[18]、人工蜂群（ABC）算法[19]、差分进化（DE）算法[20]、CMA-ES[21]、裸骨粒子群优化（BBPSO）算法[22]和裸骨差分进化（BBDE）算法[23]。它们的均值和标准偏差如表 5.2 所示。

表 5.2 BBFWA 与其他元启发式算法的比较

算法	指标	f_1	f_2	f_3	f_4	f_5	f_6	f_7
SPSO2011	Mean	0.00×10^{0}	3.38×10^{5}	2.88×10^{8}	3.86×10^{4}	5.42×10^{-4}	3.79×10^{1}	8.79×10^{1}
	Std.	1.88×10^{-13}	1.67×10^{5}	5.24×10^{8}	6.70×10^{3}	4.91×10^{-5}	2.83×10^{1}	2.11×10^{1}
ABC	Mean	**0.00×10^{0}**	6.20×10^{6}	5.74×10^{8}	8.75×10^{4}	**0.00×10^{0}**	1.46×10^{1}	1.25×10^{2}
	Std.	**0.00×10^{0}**	1.62×10^{6}	3.89×10^{8}	1.17×10^{4}	**0.00×10^{0}**	4.39×10^{0}	1.15×10^{1}
DE	Mean	1.89×10^{-3}	5.52×10^{4}	2.16×10^{6}	1.32×10^{-1}	2.48×10^{-3}	7.82×10^{0}	4.89×10^{1}
	Std.	4.65×10^{-4}	2.70×10^{4}	5.19×10^{6}	1.02×10^{-1}	8.16×10^{-4}	1.65×10^{1}	2.37×10^{1}
CMA-ES	Mean	**0.00×10^{0}**	**0.00×10^{0}**	**1.41×10^{1}**	**0.00×10^{0}**	**0.00×10^{0}**	**7.82×10^{-2}**	**1.91×10^{1}**
	Std.	**0.00×10^{0}**	**0.00×10^{0}**	**9.96×10^{1}**	**0.00×10^{0}**	**0.00×10^{0}**	**5.58×10^{-1}**	**1.18×10^{1}**
BBPSO	Mean	**0.00×10^{0}**	2.16×10^{6}	3.11×10^{9}	1.83×10^{4}	**0.00×10^{0}**	2.11×10^{1}	2.28×10^{2}
	Std.	**0.00×10^{0}**	1.50×10^{6}	4.76×10^{9}	1.97×10^{4}	**0.00×10^{0}**	1.84×10^{1}	8.39×10^{1}
BBDE	Mean	2.30×10^{2}	1.53×10^{7}	1.06×10^{9}	8.76×10^{3}	4.42×10^{1}	8.24×10^{1}	3.93×10^{1}
	Std.	3.44×10^{1}	5.66×10^{6}	5.54×10^{8}	1.92×10^{3}	1.11×10^{1}	1.63×10^{1}	1.33×10^{1}
BBFWA	Mean	**0.00×10^{0}**	6.28×10^{5}	3.37×10^{7}	1.23×10^{-3}	2.51×10^{-3}	2.93×10^{1}	7.94×10^{1}
	Std.	**0.00×10^{0}**	2.89×10^{5}	4.91×10^{7}	1.27×10^{-3}	4.41×10^{-4}	2.16×10^{1}	3.12×10^{1}

算法	指标	f_8	f_9	f_{10}	f_{11}	f_{12}	f_{13}	f_{14}
SPSO2011	Mean	**2.09×10^{1}**	2.88×10^{1}	3.40×10^{-1}	1.05×10^{2}	1.04×10^{2}	1.94×10^{2}	3.99×10^{3}
	Std.	**5.89×10^{-2}**	4.43×10^{0}	1.48×10^{-1}	2.74×10^{1}	3.54×10^{1}	3.86×10^{1}	6.19×10^{2}
ABC	Mean	2.09×10^{1}	3.01×10^{1}	2.27×10^{-1}	**0.00×10^{0}**	3.19×10^{2}	3.29×10^{2}	**3.58×10^{-1}**
	Std.	4.97×10^{-2}	2.02×10^{0}	6.75×10^{-2}	**0.00×10^{0}**	5.23×10^{1}	3.91×10^{1}	3.91×10^{1}
DE	Mean	2.09×10^{1}	**1.59×10^{1}**	3.24×10^{-2}	7.88×10^{1}	**8.14×10^{1}**	**1.61×10^{2}**	2.38×10^{3}
	Std.	5.65×10^{-2}	**2.69×10^{0}**	1.97×10^{-2}	2.51×10^{1}	**3.00×10^{1}**	**3.50×10^{1}**	1.42×10^{3}
CMA-ES	Mean	2.14×10^{1}	4.81×10^{1}	**1.78×10^{-2}**	4.00×10^{2}	9.42×10^{2}	1.08×10^{3}	4.94×10^{3}
	Std.	1.35×10^{-1}	2.48×10^{0}	**1.11×10^{-2}**	2.49×10^{2}	2.33×10^{1}	6.28×10^{1}	3.66×10^{2}
BBPSO	Mean	2.10×10^{1}	3.75×10^{1}	1.82×10^{-1}	9.01×10^{1}	1.63×10^{2}	2.32×10^{2}	2.04×10^{3}
	Std.	4.71×10^{-2}	4.34×10^{0}	1.11×10^{-1}	2.87×10^{1}	8.20×10^{1}	5.44×10^{1}	4.99×10^{2}
BBDE	Mean	2.09×10^{1}	1.89×10^{1}	8.30×10^{1}	6.48×10^{1}	1.82×10^{2}	1.89×10^{2}	1.74×10^{3}
	Std.	4.95×10^{-2}	2.53×10^{0}	3.26×10^{1}	8.83×10^{0}	1.37×10^{1}	1.52×10^{1}	2.50×10^{2}
BBFWA	Mean	2.09×10^{1}	1.94×10^{1}	1.82×10^{-2}	1.22×10^{2}	1.20×10^{2}	2.07×10^{2}	3.56×10^{3}
	Std.	6.90×10^{-2}	5.05×10^{0}	1.55×10^{-2}	3.75×10^{1}	4.47×10^{1}	4.07×10^{1}	6.50×10^{2}

续表

算法	指标	f_{15}	f_{16}	f_{17}	f_{18}	f_{19}	f_{20}	f_{21}
SPSO2011	Mean	3.81×10^{3}	1.31×10^{0}	1.16×10^{2}	$\mathbf{1.21\times10^{2}}$	9.51×10^{0}	1.35×10^{1}	3.09×10^{2}
	Std.	6.94×10^{2}	3.59×10^{-1}	2.02×10^{1}	$\mathbf{2.46\times10^{1}}$	4.42×10^{0}	1.11×10^{0}	6.80×10^{1}
ABC	Mean	3.88×10^{3}	1.07×10^{0}	$\mathbf{3.04\times10^{1}}$	3.04×10^{2}	$\mathbf{2.62\times10^{-1}}$	1.44×10^{1}	$\mathbf{1.65\times10^{2}}$
	Std.	3.41×10^{2}	1.96×10^{-1}	$\mathbf{5.15\times10^{-3}}$	3.52×10^{1}	$\mathbf{5.99\times10^{-2}}$	4.60×10^{-1}	$\mathbf{3.97\times10^{1}}$
DE	Mean	5.19×10^{3}	1.97×10^{0}	9.29×10^{1}	2.34×10^{2}	4.51×10^{0}	1.43×10^{1}	3.20×10^{2}
	Std.	5.16×10^{2}	2.59×10^{-1}	1.57×10^{1}	2.56×10^{1}	1.30×10^{0}	1.19×10^{0}	8.55×10^{1}
CMA-ES	Mean	5.02×10^{3}	$\mathbf{5.42\times10^{-2}}$	7.44×10^{2}	5.17×10^{2}	3.54×10^{0}	1.49×10^{1}	3.44×10^{2}
	Std.	2.61×10^{2}	$\mathbf{2.81\times10^{-2}}$	1.96×10^{2}	3.52×10^{2}	9.12×10^{-1}	3.96×10^{-1}	7.64×10^{1}
BBPSO	Mean	7.43×10^{3}	2.50×10^{0}	1.13×10^{2}	2.14×10^{2}	6.77×10^{0}	1.32×10^{1}	3.18×10^{2}
	Std.	1.28×10^{3}	2.88×10^{-1}	2.94×10^{1}	4.52×10^{1}	3.36×10^{0}	5.85×10^{-1}	7.88×10^{1}
BBDE	Mean	6.77×10^{3}	2.39×10^{0}	1.00×10^{2}	2.22×10^{2}	1.20×10^{1}	$\mathbf{1.19\times10^{1}}$	4.74×10^{2}
	Std.	3.99×10^{2}	3.28×10^{-1}	8.90×10^{0}	1.05×10^{1}	1.45×10^{0}	$\mathbf{4.06\times10^{-1}}$	4.48×10^{1}
BBFWA	Mean	$\mathbf{3.54\times10^{3}}$	2.68×10^{-1}	1.62×10^{2}	1.74×10^{2}	6.30×10^{0}	1.29×10^{1}	2.98×10^{2}
	Std.	$\mathbf{6.52\times10^{2}}$	1.90×10^{-1}	3.86×10^{1}	4.92×10^{1}	2.17×10^{0}	1.11×10^{0}	7.13×10^{1}
算法	指标	f_{22}	f_{23}	f_{24}	f_{25}	f_{26}	f_{27}	f_{28}
SPSO2011	Mean	4.30×10^{3}	4.83×10^{3}	2.67×10^{2}	2.99×10^{2}	2.86×10^{2}	1.00×10^{3}	4.01×10^{2}
	Std.	7.67×10^{2}	8.23×10^{2}	1.25×10^{1}	1.05×10^{1}	8.24×10^{1}	1.12×10^{2}	4.76×10^{2}
ABC	Mean	$\mathbf{2.41\times10^{1}}$	4.95×10^{3}	2.90×10^{2}	3.06×10^{2}	$\mathbf{2.01\times10^{2}}$	$\mathbf{4.16\times10^{2}}$	$\mathbf{2.58\times10^{2}}$
	Std.	$\mathbf{2.81\times10^{1}}$	5.13×10^{2}	4.42×10^{0}	6.49×10^{0}	$\mathbf{1.93\times10^{-1}}$	$\mathbf{1.07\times10^{2}}$	$\mathbf{7.78\times10^{1}}$
DE	Mean	1.72×10^{3}	5.28×10^{3}	$\mathbf{2.47\times10^{2}}$	2.80×10^{2}	2.52×10^{2}	7.64×10^{2}	4.02×10^{2}
	Std.	7.06×10^{2}	6.14×10^{2}	$\mathbf{1.54\times10^{1}}$	1.57×10^{1}	6.83×10^{1}	1.00×10^{2}	3.90×10^{2}
CMA-ES	Mean	7.97×10^{3}	6.95×10^{3}	6.62×10^{2}	4.41×10^{2}	3.29×10^{2}	5.39×10^{2}	4.78×10^{3}
	Std.	2.19×10^{2}	3.27×10^{2}	7.20×10^{1}	4.00×10^{0}	8.24×10^{0}	7.64×10^{1}	3.79×10^{2}
BBPSO	Mean	2.05×10^{3}	7.63×10^{3}	2.99×10^{2}	2.98×10^{2}	3.94×10^{2}	1.28×10^{3}	4.75×10^{2}
	Std.	4.33×10^{2}	1.33×10^{3}	4.58×10^{0}	5.71×10^{0}	1.24×10^{1}	8.69×10^{1}	5.66×10^{2}
BBDE	Mean	1.53×10^{3}	6.46×10^{3}	2.53×10^{2}	$\mathbf{2.72\times10^{2}}$	3.00×10^{2}	8.06×10^{2}	7.55×10^{2}
	Std.	3.85×10^{2}	4.90×10^{2}	9.66×10^{0}	$\mathbf{5.97\times10^{0}}$	6.83×10^{1}	7.35×10^{1}	2.41×10^{2}
BBFWA	Mean	4.25×10^{3}	$\mathbf{4.37\times10^{3}}$	2.58×10^{2}	2.81×10^{2}	2.03×10^{2}	8.32×10^{2}	3.39×10^{2}
	Std.	7.52×10^{2}	$\mathbf{8.51\times10^{2}}$	1.60×10^{1}	1.26×10^{1}	1.99×10^{1}	9.83×10^{1}	2.19×10^{2}

这里将所有算法的均值分别在测试函数上进行排名。平均排名如图 5.4 所示。

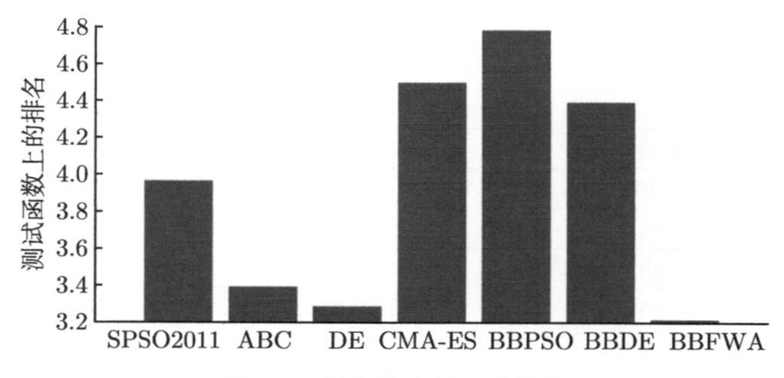

图 5.4　所有算法的平均排名

从平均排名来看，BBFWA 的性能在这些算法中是最好的，其次是 DE 算法和 ABC 算法。BBFWA 以最简单的机制取得了最好的效果。尽管 CMA-ES 在单模态函数上表现得非常好，但它在多模态函数和复合函数上存在过早收敛的问题。在 BBFWA 和其他算法之间进行置信度为 5% 的成对 Wilcoxon 秩和检验（由于缺乏数据，DE 算法除外）的结果如图 5.5 所示。该图展示了 BBFWA 比其对手表现更好（win）和更差（lose）的函数数量。在单模态函数上，BBFWA 的性能与 SPSO2011 相当，比 ABC 算法略好，但比 CMA-ES 差。在多模态函数和复合函数上，BBFWA 优于所有的对手。一般来说，BBFWA 在探索和开采之间表现出良好的平衡。

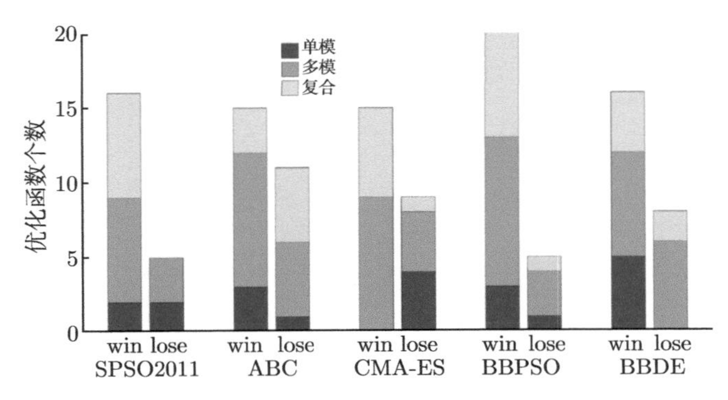

图 5.5 BBFWA 与其他元启发式算法的比较

5.3 小结

本章首先定义了全局收敛性，并根据烟花算法的随机模型证明了其全局收敛性。随后，介绍了一种极其简单但有效的元启发式算法，用于连续全局优化，称为裸骨烟花算法（BBFWA）。它只采用了烟花算法的基本算子，并且只需要设置 3 个参数，算法的机制也很浅显易懂。该算法的时间复杂度是线性的，并且可以在各种平台上轻松实现，方便实际应用。该算法没有相对复杂的机制，这使得从理论角度分析其收敛性成为可能。本章分析了该算法的局部收敛性并给出了收敛的充分条件。基于标准测试函数和实际问题的实验结果表明，BBFWA 的性能是良好的，并且表现稳定。

第二部分

烟花算法理论

第 6 章　信息利用率理论

元启发式算法能够有效地优化目标函数，因为它们智能地使用有关目标函数的信息。因此，信息利用对元启发式算法的性能至关重要。然而，信息利用的概念仍然是模糊和抽象的，因为没有可靠的量来反映元启发式算法利用目标函数的信息的程度。本章对信息利用率（Information Utilization Ratio, IUR）这个度量值，即在搜索过程中利用的信息量与获取的信息量的比值进行定义。从理论上讲，IUR 本身是衡量算法设计精细程度的一个有用指标，但我们希望它在实际中具有指导性，即需要研究 IUR 与性能之间的相关性。然而，IUR 与元启发式算法性能之间的相关性并不像人们预期的那么简单。优化算法的性能不仅取决于信息利用的程度，还取决于信息利用的方式。尽管如此，实验证明，IUR 有助于在算法设计和算法性能之间建立清晰的（但不是确定性的）关系，这使得研究人员甚至可以在某种程度上在算法运行之前预测其性能。因此，IUR 可以成为指导元启发式算法设计和改进的有用指标。

此外，本章会给出几个典型元启发式算法的例子，以演示计算 IUR 的过程，并提供 IUR 与元启发式算法性能之间相关性的证据。IUR 可以作为算法设计精细程度的指标，并指导元启发式算法的发明和现有元启发式算法的改进。

6.1　信息利用率

假设一维优化有两种搜索算法 A 和 B。算法 A 通过比较解 x_1 和 x_2 的评估值来决定哪个方向（左或右）更有希望，而算法 B 使用它们的评估值来计算下一次搜索的方向和步长。如果目标函数的分布已知，并且算法的设计都是合理的，那么算法 B 能够比算法 A 搜索得更快，因为算法 B 利用了更多的信息。启发式搜索领域的一个常识是元启发式算法中信息利用的程度对其性能是至关重要的。

为了引出信息利用率的概念，首先给出 4 个定义，见定义 6.1～定义 6.4。

定义 6.1

（信息熵）对于一个取值为 x_i、概率密度为 $p(x_i)$ 的离散随机变量 X，其信息熵定义为

$$H(X)=-\sum_i p\left(x_i\right) \lg p\left(x_i\right) \tag{6.1}$$

♣

定义 6.2

（条件熵）对于两个取值分别为 x_i 和 y_j、联合概率密度为 $p(x_i, y_j)$ 的离散随机变量 X、Y，其条件熵定义为

$$H(X \mid Y)=-\sum_{i,j} p\left(x_i, y_j\right) \lg \frac{p\left(x_i, y_j\right)}{p\left(y_j\right)} \tag{6.2}$$

♣

信息熵和条件熵的一些基本性质在本书中经常用到，受限于篇幅，这里就不一一介绍了。不熟悉信息论的读者可阅读相关原始论文[24]或其他参考文献。

引理 6.1 定义了一个有用的函数，用于计算各种算法的 IUR。

引理 6.1

如果 $\eta_1, \eta_2, \cdots, \eta_{g+1} \in \mathbb{R}$ 是独立同分布的随机变量，则有

$$\begin{aligned} & H\left(I\left(\min\left(\eta_1, \eta_2, \cdots, \eta_g\right) < \eta_{g+1}\right)\right) \\ & = -\frac{g}{g+1} \lg \frac{g}{g+1} - \frac{1}{g+1} \lg \frac{1}{g+1} \triangleq \pi(g) \end{aligned} \tag{6.3}$$

其中，$I(x<y)=\begin{cases} 1 & x<y \\ 0 & \text{其他} \end{cases}$ 是示性函数，$\pi(g) \in (0,1]$ 是关于 g 的单调递增函数。♡

定义 6.3

（目标函数）目标函数是一个映射，其形式为 $f: \mathcal{X} \mapsto \mathcal{Y}$，其中 $\mathcal{Y}$ 是一个完全有序的集合。♣

定义 6.3 中的 $\mathcal{X}$ 被称为搜索空间。优化算法的目标就是找到一个有着最优适应度值 $f(x) \in \mathcal{Y}$ 的解 $x \in \mathcal{X}$ 。

定义 6.4

（优化算法）优化算法 $\mathscr{A}$ 可以用下面的定义描述。
在每次迭代中，$\mathscr{A}_i$ 是从 $2^{\mathcal{X}\times\mathcal{Y}}$ 到 $2^{\mathcal{X}}$ 上的所有分布集合的映射；$\mathscr{A}_1\left(D_0\right)$ 是第一次迭代中采样的预固定分布；g 是最大迭代次数。其流程如算法 6.1所示。♣

算法 6.1　优化算法 $\mathscr{A}$ 的流程

1: $i \leftarrow 0$;
2: $D_0 \leftarrow \emptyset$;
3: **repeat**
4: 　　$i \leftarrow i+1$;
5: 　　从分布 $\mathscr{A}_i\left(D_{i-1}\right)$ 中采样 $X_i \in 2^{\mathcal{X}}$;
6: 　　评估 $f\left(X_i\right)=\{f(x) \mid x \in X_i\}$;
7: 　　$D_i \leftarrow D_{i-1} \cup \bigcup\limits_{x \in X_i}\{x, f(x)\}$;
8: **until** $i=g$。

在每次迭代中，算法的输入 D_{i-1} 是历史信息，是 $\mathcal{X} \times \mathcal{Y}$ 的子集，输出 $\mathscr{A}_i\left(D_{i-1}\right)$ 是 $2^{\mathcal{X}}$ 上的分布，用于绘制接下来要评估的解。注意，输出 $\mathscr{A}_i\left(D_{i-1}\right)$ 在给定 D_{i-1} 后是确定的。

通过随机评估后（将 $y=f(x)$ 视为随机变量），就能够研究优化算法在运行过程中使用了多少获取到的信息。也就是说，当获取的信息发生变化时，算法的行为会发生多大程度的变化。回顾一下本节前面介绍的示例。很明显，算法 A 只使用了“哪个更好”的信息，而算法 B 充分利用了评估值的信息。但是如何表示这样的区别呢？一个很明显的区别是，y_1 或 y_2 的任何变化都会导致算法 B 搜索不同的位置，而只有当 $I\left(y_1>y_2\right)$ 发生变化时，算法 A 的动作才会发生变化。因此，利用的信息量可以用算法动作的信息熵（简称动作熵）来表示。算法 A 的动作熵是一位（bit），而算法 B 的动作熵等于评估值的熵。假设 Z 是算法的“动作”，X 是解的位置，Y 是评价值（都是随机变量），那么可以粗略地认为 IUR 是 $H(Z \mid X)/H(Y \mid X)$。但是，优化算法是迭代过程，因此形式化定义比较复杂。

定义 6.5

（IUR）如果 $\mathscr{A}$ 是优化算法，$\mathscr{A}$ 的 IUR 定义如下：

$$\mathrm{IUR}_{\mathscr{A}}(g)=\frac{\sum\limits_{i=1}^{g} H\left(Z_i \mid \bar{X}_{i-1}, \bar{Z}_{i-1}\right)}{\sum\limits_{i=1}^{g} H\left(Y_i \mid \bar{X}_i, \bar{Y}_{i-1}\right)} \tag{6.4}$$

其中，g 是最大迭代次数，$X=\{X_1,X_2,\cdots,X_g\}$ 是所有评估过的解的集合，$Y=\{f(X_1),f(X_2),\cdots,f(X_g)\}$ 是所有解的评估值的集合，$Z=\{\mathscr{A}_1(D_0),\mathscr{A}_2(D_1),\cdots,\mathscr{A}_g(D_{g-1})\}$ 是算法 $\mathscr{A}$ 所有迭代中的输出分布，$\bar{X}_i \triangleq \{X_1,\cdots,X_i\}$，$\bar{Y}_i \triangleq \{Y_1,\cdots,Y_i\}$，$\bar{Z}_i \triangleq \{Z_1,\cdots,Z_i\}$，$\bar{X}_0=\bar{Y}_0=\bar{Z}_0=\emptyset$。♣

图 6.1 展示了定义 6.5 中各随机变量之间的关系。通常，X_i 是通过对分布 Z_i 进行采样得到的，Y_i 是通过评估 X_i 得到的，Z_i 则是由算法根据历史信息 $\bar{X}_{i-1}$ 和 $\bar{Y}_{i-1}$ 得到的。对于确定性算法（$H(X_i \mid Z_i)=0$），分子退化为 $H(Z)$。如果函数评估是独立的，则分母退化为 $\sum\limits_{i=1}^{g} H(Y_i \mid X_i)$。

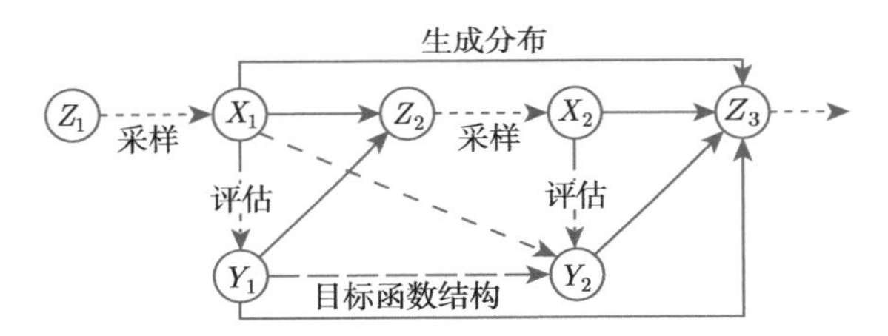

图 6.1 定义 6.5 中各随机变量之间的关系

定理 6.1 保证 IUR 是良定义（Well-defined）的。

定理 6.1

如果 $0<\sum\limits_{i=1}^{g} H\left(Y_i \mid \bar{X}_i, \bar{Y}_{i-1}\right)<\infty$，则 $0 \leqslant \mathrm{IUR}_{\mathscr{A}}(g) \leqslant 1$。♡

证明

$$H(X,Z)-\sum_{i=1}^{g} H\left(X_i \mid Z_i\right) \tag{6.5}$$

$$=\sum_{i=1}^{g} H\left(X_i, Z_i \mid \bar{X}_{i-1}, \bar{Z}_{i-1}\right)-\sum_{i=1}^{g} H\left(X_i \mid \bar{X}_{i-1}, \bar{Z}_i\right) \tag{6.6}$$

$$=\sum_{i=1}^{g} H\left(Z_i \mid \bar{X}_{i-1}, \bar{Z}_{i-1}\right) \tag{6.7}$$

$$=\sum_{i=2}^{g} H\left(\bar{Z}_i \mid \bar{X}_{i-1}\right)-\sum_{i=2}^{g} H\left(\bar{Z}_{i-1} \mid \bar{X}_{i-1}\right) \tag{6.8}$$

$$= \sum_{i=2}^{g} H\left(\bar{Z}_i \mid \bar{X}_{i-1}\right) - \sum_{i=2}^{g} H\left(\bar{Z}_i \mid \bar{X}_{i-1}, \bar{Y}_{i-1}\right) - \sum_{i=2}^{g} H\left(\bar{Z}_{i-1} \mid \bar{X}_{i-1}\right)$$

$$+ \sum_{i=2}^{g} H\left(\bar{Z}_{i-1} \mid \bar{X}_{i-1}, \bar{Y}_{i-2}\right) \tag{6.9}$$

$$= \sum_{i=2}^{g} -H\left(\bar{Y}_{i-1} \mid \bar{Z}_i, \bar{X}_{i-1}\right) + \sum_{i=2}^{g} H\left(\bar{Y}_{i-1} \mid \bar{X}_{i-1}\right) + \sum_{i=2}^{g} H\left(\bar{Y}_{i-2} \mid \bar{Z}_{i-1}, \bar{X}_{i-1}\right)$$

$$- \sum_{i=2}^{g} H\left(\bar{Y}_{i-2} \mid \bar{X}_{i-1}\right) \tag{6.10}$$

$$= \sum_{i=2}^{g} -H\left(\bar{Y}_{i-1} \mid \bar{Z}_i, \bar{X}_{i-1}\right) + \sum_{i=2}^{g} H\left(\bar{Y}_{i-2} \mid \bar{Z}_{i-1}, \bar{X}_{i-2}\right) + \sum_{i=2}^{g} H\left(Y_{i-1} \mid \bar{X}_{i-1}, \bar{Y}_{i-2}\right) \tag{6.11}$$

$$= -H\left(\bar{Y}_{g-1} \mid Z, \bar{X}_{g-1}\right) + \sum_{i=1}^{g} H\left(Y_i \mid \bar{X}_i, \bar{Y}_{i-1}\right) - H\left(Y_g \mid \bar{X}_g, \bar{Y}_{g-1}\right) \tag{6.12}$$

$$\leqslant \sum_{i=1}^{g} H\left(Y_i \mid \bar{X}_i, \bar{Y}_{i-1}\right) \tag{6.13}$$

式 (6.8) 成立是因为

$$H\left(Z_1\right) = 0 \tag{6.14}$$

式 (6.9) 成立是因为

$$H\left(\bar{Z}_i \mid \bar{X}_{i-1}, \bar{Y}_{i-1}\right) = H\left(\bar{Z}_{i-1} \mid \bar{X}_{i-1}, \bar{Y}_{i-2}\right) = 0 \tag{6.15}$$

式 (6.10) 成立是因为

$$\sum_{i=2}^{g} H\left(\bar{Y}_{i-2} \mid \bar{Z}_{i-1}, \bar{X}_{i-1}\right) = \sum_{i=2}^{g} H\left(\bar{Y}_{i-2} \mid \bar{Z}_{i-1}, \bar{X}_{i-2}\right) \tag{6.16}$$

式 (6.12) 则是使用了错位相减法。

式 (6.4) 中的分母 $\sum_{i=1}^{g} H\left(Y_i \mid \bar{X}_i, \bar{Y}_{i-1}\right)$ 表示在搜索过程中获取的信息量。如果函数评估是独立的，则有

$$H\left(Y_i \mid \bar{X}_i, \bar{Y}_{i-1}\right) = H\left(Y_i \mid X_i, \bar{X}_{i-1}, \bar{Y}_{i-1}\right) = H\left(Y_i \mid X_i\right) \tag{6.17}$$

式 (6.4) 中的分子则比较抽象，实际上它代表了算法使用的目标函数的信息量（或者换句话说，运行算法所需的最小信息量）。首先，公式

$$\sum_{i=1}^{g} H\left(Z_i \mid \bar{X}_{i-1}, \bar{Z}_{i-1}\right) = \sum_{i=1}^{g} H\left(Z_i \mid \bar{X}_{i-1}, \bar{Z}_{i-1}\right) - \sum_{i=1}^{g} H\left(Z_i \mid \bar{X}_{i-1}, \bar{Z}_{i-1}, \bar{Y}_{i-1}\right) \tag{6.18}$$

与分类问题[25] 中的信息增益的概念类似，表示 Y 的信息对算法的贡献。其次，X 和 Z 的不确定性主要体现在两个方面：随机抽样步骤和来自 Y 的信息的缺乏。因此，$H(X, Z) - \sum_{i=1}^{g} H\left(X_i \mid Z_i\right)$ 可以看作被算法利用的目标函数的信息。事实上，该式与式 (6.4) 的分子表示的是同一值。最后，

式 (6.4) 的分子等于该式分母减去 $H\left(Y_g \mid \bar{X}_g, \bar{Y}_{g-1}\right) + H\left(\bar{Y}_{g-1} \mid Z, \bar{X}_{g-1}\right)$，它可以看作 Y 的浪费信息，原因如下。

（1）最后一次迭代中的评估值 Y_g 不能被利用。

（2）只有当 $H\left(\bar{Y}_{g-1} \mid Z, \bar{X}_{g-1}\right) = 0$ 时，之前的评估值信息 $\bar{Y}_{g-1}$ 可以被完全使用，即 $\bar{Y}_{g-1}$ 可以在给定 X_{g-1} 的情况下用 Z 进行重构。

6.2 信息利用率计算

为了计算不同元启发式算法的 IUR，我们进一步假设 $f(x) \in \mathcal{Y}$ 是独立且同分布的（Independent Identically Distributed，IID）。在大多数情况下，根据定义 6.5 直接计算 IUR 是不明智的。在上述假设下，计算式 (6.4) 的分母非常简单，它等于评估次数乘以 $H(f(x))$。例如，如果旅行商问题[26] 中有 100 个城市且 $f(x)$ 服从均匀分布，则 $|\mathcal{Y}| = 100!$、$H(f(x)) = \lg 100!$。但是，直接计算式 (6.4) 的分子是困难且没有必要的。在每次迭代中，输出 $\mathscr{A}\left(D_{i-1}\right)$ 是确定的分布，通常由算法中的一些参数决定。事实上，可以找到（或构造）满足下面两个条件的中间参数集 M_i。

（1）给定 $\bar{X}_{i-1}$，存在从 M_i 到 Z_i 的双射。

（2）M_i 仅由 $\bar{Y}_{i-1}$ 确定（否则 $H\left(Z_i \mid \bar{X}_{i-1}, \bar{Y}_{i-1}\right) > 0$），那么有

$$\sum_{i=2}^{g} H\left(Z_i \mid \bar{X}_{i-1}, \bar{Z}_{i-1}\right) = \sum_{i=2}^{g} H\left(M_i \mid \bar{M}_{i-1}\right) = H(M) \tag{6.19}$$

我们只需要知道确定这些中间参数所需的信息量就可以实现计算。

下面介绍几种元启发式算法的 IUR，以展示计算 IUR 的过程。尽管这些算法是为连续函数优化而设计的，但只要存在定义域交叉，任何类型（离散、组合、动态、多目标）优化算法的 IUR 都可以以相同的方式计算。不失一般性，以下算法均是最小化算法，即均旨在寻找搜索空间中评估函数最小的值。

6.2.1 蒙特卡洛算法信息利用率计算

蒙特卡洛（Monte Carlo，MC）算法通常被认为是优化算法的基准算法。但是，它不是元启发式算法，通常很难找到可接受的解。如果最大评估数记为 m，则 MC 算法只是从 $\mathcal{X}$ 中均匀、随机地抽取 m 个解。MC 算法不使用任何关于目标函数的信息，因为 Z 是固定的。所以，显然可得到命题 6.1。

命题 6.1

$$\mathrm{IUR}_{\mathrm{MC}} = 0 \tag{6.20}$$

6.2.2 卢斯–贾科拉算法信息利用率计算

卢斯–贾科拉（Luus-Jaakola，LJ）算法[27] 是一个基于 MC 算法的元启发式算法。在每次迭代中，该算法在超立方体内以均匀分布生成一个新的个体 y，其中心是当前个体 x 的位置。如果 $f(y) < f(x)$，则 x 替换为 y。否则，超立方体的半径乘以参数 γ，$\gamma < 1$。LJ 算法在每

次迭代中的输出结果均为超立方体内的均匀分布，由位置 x 和半径决定。它们都受适应度值比较结果的控制，即 $I(f(y) < f(x))$。$f(y)$ 是独立同分布的，但 $f(x)$ 是历史上最好的。因此，$H\left(M_i \mid \bar{M}_{i-1}\right) = H\left(I(f(y) < f(x)) \mid \bar{M}_{i-1}\right) = \pi(i-1)$。

命题 6.2

$$\mathrm{IUR}_{\mathrm{LJ}}(g) = \frac{\sum\limits_{i=1}^{g-1} \pi(i)}{gH(f(x))} \tag{6.21}$$

6.2.3 (μ, λ)-进化策略

(μ, λ)-进化策略（(λ, μ)-Evolution Strategy，(λ, μ)-ES）[28] 属于进化策略算法家族，是一种十分重要的算法。在每一代中，该算法首先通过正态分布的变异和交叉算子从 μ 个父代中产生 λ 个新的子代，然后从这 λ 个子代中选出新一代的父代。作为一种自适应算法，该算法中变异的步长本身会随着个体的位置而发生变化。

产生新后代的分布由 μ 个父代决定，即 λ 个个体中最好的 μ 个个体的索引。每组 μ 个候选者都有相同的概率成为最好的，所以有 $H\left(M_i \mid \bar{M}_{i-1}\right) = H\left(M_i\right) = \lg\begin{pmatrix}\lambda \\ \mu\end{pmatrix}$，其中 $\begin{pmatrix}\lambda \\ \mu\end{pmatrix} = \dfrac{\lambda!}{\mu!(\lambda-\mu)!}$。命题 6.3 给出了该算法的 IUR。

命题 6.3

$$\mathrm{IUR}_{(\mu,\lambda)\text{-ES}}(g) = \frac{(g-1)\lg\begin{pmatrix}\lambda \\ \mu\end{pmatrix}}{g\lambda H(f(x))} \tag{6.22}$$

6.2.4 协方差矩阵自适应进化策略

为了在 (λ, μ)-ES 中自适应地控制变异的参数，研究人员提出了 CMA-ES[21]。CMA-ES 是一种机制十分复杂的分布估计算法 [15]，它采用几种不同的机制来自适应地控制变异操作的均值、协方差矩阵及步长。它在基准测试函数上的表现十分优异，尤其在采用重启机制后。限于篇幅，这里不再详细介绍这种算法，感兴趣的读者可阅读文献 [21]。

给定均值 X_{i-1}，协方差矩阵和高斯分布的大小（步长）由历史上每次迭代中最好的 μ 个个体的索引和排名决定，所以有 $H\left(M_i \mid \bar{M}_{i-1}\right) = \lg\dfrac{\lambda!}{(\lambda-\mu)!}$。命题 6.4 给出了该算法的 IUR。

命题 6.4

$$\mathrm{IUR}_{\text{CMA-ES}}(g) = \frac{(g-1)\lg\dfrac{\lambda!}{(\lambda-\mu)!}}{g\lambda H(f(x))} \tag{6.23}$$

显然，$\mathrm{IUR}_{\text{CMA-ES}} \geqslant \mathrm{IUR}_{(\mu,\lambda)\text{-ES}}$，因为 CMA-ES 不仅利用了 μ 个最好的个体的索引信息，还使用了排名信息（如计算它们的权重）。通过更充分地利用解与评估值的信息，CMA-ES 能够获得更准确的与目标函数分布相关的知识并且更有效地展开搜索。

6.2.5 粒子群优化算法

粒子群优化（PSO）算法[29] 是研究较早的群体智能优化算法，它非常简单，但在数值优化中却出奇的高效。在 PSO 算法中，固定数量的粒子在搜索空间中用移动的方式寻找最优解。粒子的位置更新如式 (6.24) 所示。在第 g 代中，对于粒子 i 和维度 j，有

$$\begin{aligned} v_{ij}(g+1) \leftarrow v_{ij}(g) &+ \phi_1 r_{1,ij}\left(\mathrm{pbest_{ij}(g)} - \mathrm{x_{ij}(g)}\right) \\ &+ \phi_2 r_{2,ij}\left(\mathrm{gbest}_j(g) - x_{ij}(g)\right) \\ x_{ij}(g+1) \leftarrow x_{ij}(g) &+ v_{ij}(g+1) \end{aligned} \tag{6.24}$$

其中，ϕ_1 和 ϕ_2 是常数系数，r_1 和 r_2 是随机数，pbest 是这个粒子在历史上找到的最佳位置，gbest 是整个粒子群找到的最佳位置。每一代的输出分布由 $I\left(f\left(x_i(g)\right) < f\left(\mathrm{pbest}_i(g-1)\right)\right)$ 和 $\arg\min\limits_i f\left(\mathrm{pbest}_i(g)\right)$ 决定。虽然很难计算 $H(M)$，但我们可以得到它的一个上下界：

$$s\sum_{i=1}^{g-1}\pi(i) \leqslant H(M) \leqslant \sum_{i=2}^{g} H\left(M_i\right) \leqslant (g-1)\lg s + s\sum_{i=1}^{g-1}\pi(i) \tag{6.25}$$

所以，有命题 6.5。

命题 6.5

$$\frac{s\sum\limits_{i=1}^{g-1}\pi(i)}{sgH(f(x))} \leqslant \mathrm{IUR}_{\mathrm{PSO}}(g) \leqslant \frac{(g-1)\lg s + s\sum\limits_{i=1}^{g-1}\pi(i)}{sgH(f(x))} \tag{6.26}$$

♠

6.2.6 标准粒子群算法

经过多年的研究，研究者们提出了许多 PSO 算法的改进算法。为了方便进一步研究，研究人员定义了标准粒子群优化（Standard Particle Swarm Optimization，SPSO）算法[30]。与 PSO 算法相比，SPSO 算法主要有两处修改：局部拓扑结构和更新规则。SPSO 算法的更新规则变为受限更新规则，该规则使用从 ϕ_1 和 ϕ_2 导出的新系数来限制粒子的飞行速度，以保证收敛。SPSO 算法中的粒子群使用局部环形拓扑，并且速度更新方程中的 gbest 被替换为 lbest，lbest 是该个体及其在环上的两个邻域中的最佳位置。

对于每个小组（由 3 个粒子组成），需要数量最多为 lg 3 的信息来决定 lbest。命题 6.6 给出了 SPSO 算法的 IUR 的上下界。

命题 6.6

$$\frac{s\sum\limits_{i=1}^{g-1}\pi(i)}{sgH(f(x))} \leqslant \mathrm{IUR}_{\mathrm{SPSO}}(g) \leqslant \frac{s(g-1)\lg 3 + s\sum\limits_{i=1}^{g-1}\pi(i)}{sgH(f(x))} \tag{6.27}$$

♠

通常，$\mathrm{IUR_{PSO}} \leqslant \mathrm{IUR_{SPSO}}$。尽管它们 IUR 的确切值很难推导出来，但事实证明，局部模型的 IUR 大于全局模型，因为在局部拓扑中，粒子之间的交互更频繁。实验结果证明，SPSO 算法在大多数测试函数上明显优于 PSO 算法。

6.2.7　差分进化算法

差分进化（DE）算法[20]是一种利用进化机制实现的元启发式算法。DE 算法中的个体数量也是固定的，变异操作介绍如下（以 DE/rand/1 为例）。首先，对于总体中的个体，新个体 z 的产生方式为

$$z = x_{r1} + F\left(x_{r2} - x_{r3}\right) \tag{6.28}$$

其中，r_1、r_2 和 r_3 是随机选取的索引，F 是常数系数。然后，在新生成的个体 z 与原先的个体 x 之间进行交叉操作，生成新的候选个体 y。这里的交叉操作会在参数 C_r 的控制下以一定的概率在 y 的每一个维度上进行。如果 $f(y) < f(x)$，那么 x 会被替换成 y，否则 x 会被保留下来。

在 DE 算法中，产生新后代的分布由每个新生成个体的 $I(f(y) < f(x))$ 决定。所以，同一代中 DE 算法的 IUR 与 LJ 算法的 IUR 相同。但是，如果评估次数相同，它们会有所不同。命题 6.7 给出了 DE 算法的 IUR。

命题 6.7

$$\mathrm{IUR_{DE}}(g) = \frac{s\sum\limits_{i=1}^{g-1}\pi(i)}{sgH(f(x))} \tag{6.29}$$

♠

表 6.1 中给出了一些其他 DE 算法变体的 IUR。限于篇幅，本书不再介绍这些变体的具体机制，感兴趣的读者可以参阅文献 [31]。

表 6.1　一些 DE 算法变体的 IUR

DE 算法变体	IUR
DE/ best /1	$\mathrm{IUR_{PSO}}$
DE/ current-to-best /1	$\mathrm{IUR_{PSO}}$
DE/rand/2	$\mathrm{IUR_{DE}}$
DE/best/2	$\mathrm{IUR_{PSO}}$

6.2.8　JADE 算法

JADE 算法[32]是 DE 算法的一个重要变体。JADE 算法提出了以下 3 种改进方法。

（1）一种 DE/current-to-pbest/1 变异策略。在 JADE 算法变异操作中，新个体的生成方式为

$$z_i = x_i + F_i\left(x_{\text{best}}^p - x_i\right) + F_i\left(x_{r1} - x_{r2}\right) \tag{6.30}$$

其中，x_{best}^p 是从前 $100\%p$ 的个体中随机选择出的个体。

（2）增加了可选的外部存档。

（3）增加了自适应的突变参数。

JADE 算法中的外部存档是提高 IUR 的有力工具。然而，在 JADE 算法中，个体只是随机地被选择从档案中删除，这样做的结果就是没有有效地利用目标函数的信息。与 DE 算法相比，

JADE 算法因为使用了最好的前 100%p 个体的索引，所以 IUR 有所提高。请注意，仅当给出最佳前 100%p 个体的所有索引时，才能确定输出分布。命题 6.8 给出了 JADE 算法的 IUR。

命题 6.8

$$\frac{s\sum_{i=1}^{g-1}\pi(i)}{sgH(f(x))} \leqslant \mathrm{IUR}_{\mathrm{JADE}}(g) \leqslant \frac{(g-1)\lg\begin{pmatrix} s \\ ps \end{pmatrix} + s\sum_{i=1}^{g-1}\pi(i)}{sgH(f(x))} \tag{6.31}$$

♠

从实验结果中可以看出，JADE 算法在大部分测试函数上明显优于 DE 算法[32]。

6.3　信息利用率与性能

IUR 是元启发式算法的内在属性，但性能表现不是。除了算法本身，元启发式算法的性能还取决于停机标准、衡量性能的方式等，最重要的是目标函数的分布。关于性能的一个众所周知的事实是，当没有先验分布[33]时，没有一种算法会优于其他算法，这是与我们平时的经验完全背道而驰的。但是，现实世界中的目标函数通常服从一定的潜在分布。虽然通常很难精确地描述这种分布，但我们知道它的信息熵比均匀分布要小得多，因此有免费午餐（No Free Lunch，NFL）定理[34-36]。在这种情况下，可以用有限的信息量（分布的熵）来描述目标函数（以及由此产生的最佳点）。

下面从信息利用的角度重新考虑没有 NFL 定理的内容。假设 $|\mathcal{X}|=m$、$|\mathcal{Y}|=n$，NFL 定理（无先验分布）在这种设定下，目标函数的总不确定性为 $\lg n^m = m\lg n$。在每次评估中，获取的信息是 $\lg n$。因此，即使所有获取的信息都被充分利用，也没有算法能够在少于 m 次评估的情况下确定地找到目标函数的最佳点。在这种情况下，枚举是最好的算法[37]。相反，如果我们已经知道目标函数是一个球函数，且只由它的中心决定，那么所需信息量为 $\lg m$，所以需要的评估次数最少为 $\lg m/\lg n = \log_n m$。假设搜索空间的维数为 d，则 n 为 $O\left(m^{\frac{1}{d}}\right)$，$\lg_n m$ 为 $O(d)$，这通常是可以被接受的。如果信息被充分利用（$\mathrm{IUR}\approx 1$），评估次数的确切数字是 $d+1$[35]。而对于 IUR 较小的算法，则需要更多的评估次数。例如，如果另一个算法的 IUR 是最佳算法的一半（浪费了一半获取的信息），那么至少需要大约 $2d+2$ 的评估次数。

在每次评估中，算法使用多少信息决定了定位最优解所需评估数次数的下限。**从这个意义上说，IUR 决定了算法性能的上限。**也就是说，IUR 更大的算法具有更大的潜力。然而，算法的实际性能还取决于信息利用的方式以及它是否更加符合目标函数的底层分布。例如，可以很容易地设计一种与 CMA-ES 算法具有相同 IUR 但不起作用的算法。

下面，我们将给出 IUR 与算法性能之间相关性的经验证据。实验的前提条件如下。

（1）实验研究的算法经过合理设计，适合优化来自底层分布的目标函数。

（2）基准测试集足够大且全面，足以代表底层分布。

在上述条件下，我们描述了 IUR 与算法性能之间相关性，但以下结论可能不适用于设计不合理的算法或一小部分特殊的目标函数。换言之，如果信息利用的方式不符合目标函数的底层分布，那么利用更多的信息并不一定是有利的。IUR 的理论正确性并不依赖这些实验结果，但这些示例可以帮助读者理解 IUR 在何种程度上影响算法的性能。

有时对于某种优化算法，IUR 仅受几个参数的影响。对于这些算法，我们可以调整这些参数来展示 IUR 变化趋势和性能变化趋势之间的相关性。

下面首先使用 (μ,λ)-ES 算法进行分析。直觉告诉我们，对于 (μ,λ)-ES 算法，将参数设定为 $\mu=\lambda$ 并不是一个明智的选择，因为这样设置会使选择操作不起作用（常用的 μ/λ 值应该为 $1/7\sim 1/2$[38]）。这里如果使用 IUR 理论，可以有一个更清晰的解释：如果 $\mu=\lambda$[见式 (6.22)]，则 (μ,λ)-ES 算法的 IUR 为 0，也就是说如果 $\mu=\lambda$，则 (μ,λ)-ES 算法不使用任何启发式信息，这显然是不合理的。

将 μ 的取值选在 $\dfrac{1}{2}\lambda$ 附近，对于 (μ,λ)-ES 算法可能是不错的选择，因为这样取值能得到较大的 IUR。当 $\mu=\dfrac{1}{2}\lambda$ 时，(μ,λ)-ES 使用的信息量最大。从探索和开采的角度来看，我们可能会得出类似的结论。如果 μ 太小（精英主义），群体的信息仅用于选择最好的少数解决方案，因此群体的多样性可能会很快地受到影响。如果 μ 太大（平民主义），群体的信息仅用于消除较差的少数解，结果可能导致收敛速度太慢。

下面针对 μ/λ 的不同值在 CEC2013 基准测试集上进行测试。该测试集中包含 28 个不同的测试函数，这些测试函数均为黑箱优化问题[8]。元参数的设置为 $\Delta\sigma=0.5$。每组参数的算法都在测试集上独立运行 20 次。测试函数的维数为 $D=5$，每次运行的最大函数评估次数为 $10000D$。对于每个固定的 λ，对每个 μ/λ 的 20 次独立运行的平均误差进行排名。最终的排名是测试集中 28 个测试函数的平均值，如图 6.2 所示。变换后的 $-\lg\begin{pmatrix}\lambda\\\mu\end{pmatrix}/\lambda$ 对应曲线也展示在图 6.2 中。

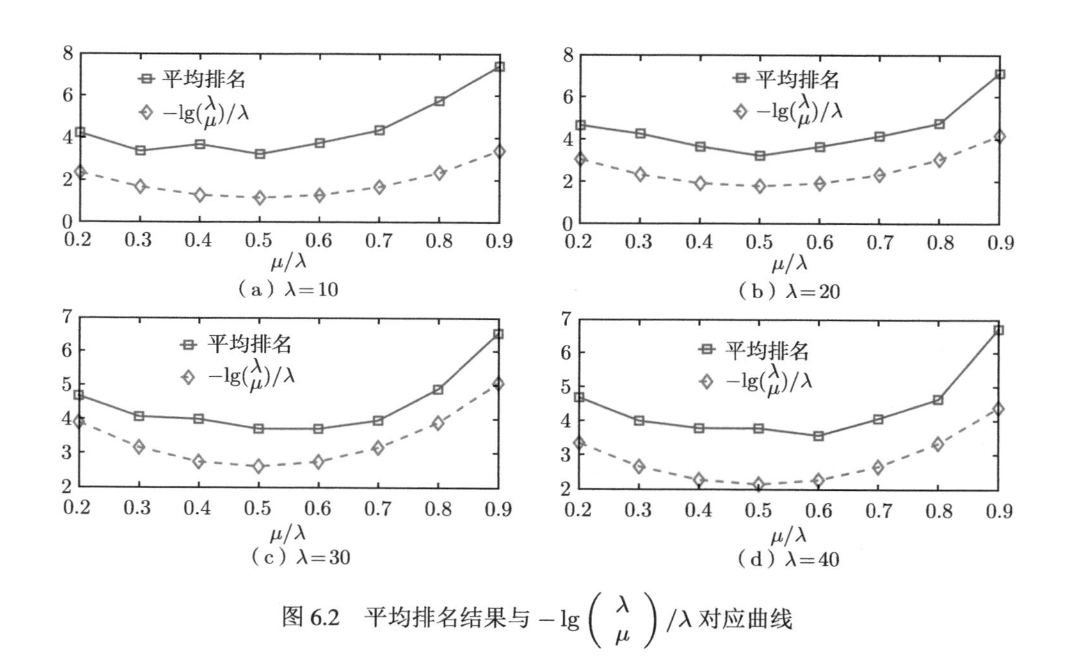

图 6.2　平均排名结果与 $-\lg\begin{pmatrix}\lambda\\\mu\end{pmatrix}/\lambda$ 对应曲线

根据实验结果，μ/λ 的值在 0.5 左右是一个不错的选择，这样的结果也符合理论预期。此外，性能（平均排名）曲线的趋势与 IUR（$\text{IUR}_{(\mu,\lambda)\text{-ES}} \propto \lg\begin{pmatrix}\lambda\\ \mu\end{pmatrix}/\lambda$，当 g 很大时）相同。实验结果表明，性能与 IUR 呈正相关关系：IUR 越大，参数值越容易表现更好。因此，IUR 可用于指导参数的选择。毕竟，通过实验调整参数比计算 IUR 要复杂得多。

接下来，使用 CMA-ES 算法进行进一步分析。与 (μ,λ)-ES 算法不同的是，CMA-ES 算法采用基于排名的加权组合方式生成下一代而不是选择操作，其中利用了最佳的前 μ 个个体的排名信息。一方面，当 $\mu=\lambda$ 时，基于排名的加权组合方法实现了最大的 IUR[见式 (6.23)]。μ 越大，使用的信息越多（因为当 μ 较小时浪费了其余 $\lambda-\mu$ 个个体的排名信息）。

另一方面，基于排名的加权组合方法在 $\mu=\lambda$ 时[39]也能够取得最好的性能。这也是 IUR 与性能之间具有相关性的证据。然而，最佳加权组合需要使用负权重，这在 CMA-ES 算法[14]中没有采用。在选择参数时，还应考虑信息利用方式和其他条件（如停机条件、性能度量等）。因此，使用 $\mu=\lambda$ 可能不是 CMA-ES 算法的最佳选择，即使它可以得到较大的 IUR。

6.4 同一个家族的算法

同一个家族的算法是指由同一个算法衍生出的不同变体。通常，同一个家族中不同算法的利用信息的方式是相似的，在这种情况下，我们可以比较它们的性能以研究 IUR 和性能之间的相关性。但是，需要注意的一点是，由于同一个家族中的不同算法也不以相同的方式利用信息，因此 IUR 并不是唯一的因素。

由第 6.2 节的计算可知，$\text{IUR}_{\text{LJ}} \geqslant \text{IUR}_{\text{MC}}$，$\text{IUR}_{\text{CMA-ES}} \geqslant \text{IUR}_{(\mu,\lambda)\text{-ES}}$。与以前的算法相比，LJ 算法和 CMA-ES 算法设计得更精细，因为它们能够利用目标函数的更多信息。自然地，可以认为 LJ 算法优于 MC 算法，CMA-ES 算法优于 (μ,λ)-ES 算法。

上面提到的 4 种算法在 CEC2013 基准测试集上进行了测试。LJ 算法的参数设置为 $\gamma=0.99$。(μ,λ)-ES 算法的参数设置为 $\lambda=30$、$\mu=15$、$\Delta\sigma=0.5$。CMA-ES 算法的参数设置为原始文献中的建议值[21]。但是，这里将 σ 设为 50，因为搜索空间的半径是 100。测试函数的维数为 $D=5$，每次运行的最大函数评估次数为 $10000D$。它们的平均误差如表 6.2 所示。为了方便读者比较，表中突出显示了最佳的平均误差。它们在每个测试函数上的平均误差排名也展示在表 6.2 中。

我们还在 MC 算法和 LJ 算法之间，以及 (μ,λ)-ES 算法和 CMA-ES 算法之间进行了成对 Wilcoxon 秩和检验。p 值展示在表 6.2 的最后两列中。显著的结果（置信度为 95%）用下划线表示。LJ 算法的结果在 14 个函数上明显优于 MC 算法，但仅在 10 个函数上明显差于 MC 算法。CMA-ES 算法的结果在 14 个函数上明显优于 (μ,λ)-ES 算法，仅在 3 个函数上明显差于 (μ,λ)-ES 算法。一般来说，LJ 算法的性能优于 MC 算法，CMA-ES 算法的性能优于 (μ,λ)-ES 算法。这些实验结果表明，信息利用的程度可能是影响性能的一个重要因素。

同一个家族中的算法以相似但不相同的方式利用信息。在这种情况下，IUR 对性能的影响是比较大的，但有时是不确定的。例如，在 CMA-ES 算法中，研究人员提出了多种不同的机制来提高性能。IUR 的变化并不能准确地反映出算法性能的变化。与 IUR 相关的改进机制是基于排名的加权组合方法。该方法对性能有重大影响[40,41]。调整协方差矩阵和步长等其他机制与 IUR 无关，但对 CMA-ES 算法来说是非常重要的。这些机制作为不同的信息利用方式被引入，有助于算法更好地拟合目标函数的底层分布。

表 6.2　4 种算法的平均误差、排名与 p 值

测试函数	MC	LJ	(μ,λ)-ES	CMA-ES	MC vs. LJ	(μ,λ)-ES vs. CMA-ES
f_1	2.18×10^{2}	$\mathbf{0.00\times10^{0}}$	5.91×10^{-12}	$\mathbf{0.00\times10^{0}}$	$\underline{8.01\times10^{-9}}$	$\underline{4.01\times10^{-2}}$
f_2	4.25×10^{5}	$\mathbf{0.00\times10^{0}}$	3.49×10^{5}	$\mathbf{0.00\times10^{0}}$	$\underline{8.01\times10^{-9}}$	$\underline{8.01\times10^{-9}}$
f_3	8.02×10^{7}	$\mathbf{0.00\times10^{0}}$	2.18×10^{7}	$\mathbf{0.00\times10^{0}}$	$\underline{1.13\times10^{-8}}$	$\underline{1.13\times10^{-8}}$
f_4	4.23×10^{3}	$\mathbf{0.00\times10^{0}}$	2.20×10^{4}	$\mathbf{0.00\times10^{0}}$	$\underline{1.13\times10^{-8}}$	$\underline{1.13\times10^{-8}}$
f_5	8.00×10^{1}	6.79×10^{1}	1.95×10^{-5}	$\mathbf{0.00\times10^{0}}$	$\underline{1.33\times10^{-2}}$	$\underline{1.90\times10^{-4}}$
f_6	9.94×10^{0}	2.51×10^{1}	$\mathbf{2.46\times10^{0}}$	7.86×10^{-1}	$\underline{4.17\times10^{-5}}$	$\underline{8.15\times10^{-6}}$
f_7	2.02×10^{1}	7.10×10^{1}	1.66×10^{1}	$\mathbf{5.66\times10^{0}}$	1.99×10^{-1}	$\underline{2.56\times10^{-3}}$
f_8	$\mathbf{1.83\times10^{1}}$	2.01×10^{1}	2.03×10^{1}	2.10×10^{1}	$\underline{3.42\times10^{-7}}$	$\underline{1.61\times10^{-4}}$
f_9	2.53×10^{0}	1.67×10^{0}	2.37×10^{0}	$\mathbf{1.08\times10^{0}}$	$\underline{1.48\times10^{-3}}$	$\underline{1.63\times10^{-3}}$
f_{10}	2.30×10^{1}	1.78×10^{0}	1.30×10^{1}	$\mathbf{4.16\times10^{-2}}$	$\underline{6.80\times10^{-8}}$	$\underline{1.23\times10^{-7}}$
f_{11}	2.22×10^{1}	1.40×10^{1}	6.67×10^{0}	$\mathbf{6.57\times10^{0}}$	$\underline{3.04\times10^{-4}}$	$\underline{8.17\times10^{-1}}$
f_{12}	2.10×10^{1}	1.33×10^{1}	1.20×10^{1}	$\mathbf{7.36\times10^{0}}$	$\underline{1.12\times10^{-3}}$	$\underline{2.04\times10^{-2}}$
f_{13}	2.21×10^{1}	1.90×10^{1}	1.87×10^{1}	$\mathbf{1.28\times10^{1}}$	1.20×10^{-1}	5.98×10^{-1}
f_{14}	3.78×10^{2}	7.53×10^{2}	$\mathbf{1.35\times10^{2}}$	4.61×10^{2}	$\underline{1.10\times10^{-5}}$	$\underline{7.41\times10^{-5}}$
f_{15}	$\mathbf{3.84\times10^{2}}$	6.85×10^{2}	5.27×10^{2}	4.52×10^{2}	$\underline{3.99\times10^{-6}}$	1.81×10^{-1}
f_{16}	7.43×10^{-1}	$\mathbf{5.34\times10^{-1}}$	8.27×10^{-1}	1.49×10^{0}	$\underline{1.93\times10^{-2}}$	1.11×10^{-1}
f_{17}	3.25×10^{1}	2.23×10^{1}	$\mathbf{9.87\times10^{0}}$	1.07×10^{1}	$\underline{1.78\times10^{-3}}$	3.65×10^{-1}
f_{18}	3.43×10^{1}	1.82×10^{1}	$\mathbf{1.01\times10^{1}}$	1.01×10^{1}	$\underline{2.60\times10^{-5}}$	9.89×10^{-1}
f_{19}	4.08×10^{0}	7.21×10^{-1}	5.45×10^{-1}	$\mathbf{4.82\times10^{-1}}$	$\underline{9.17\times10^{-8}}$	9.46×10^{-1}
f_{20}	$\mathbf{1.23\times10^{0}}$	1.85×10^{0}	2.50×10^{0}	1.92×10^{0}	$\underline{1.10\times10^{-5}}$	$\underline{6.97\times10^{-6}}$
f_{21}	3.23×10^{2}	3.05×10^{2}	$\mathbf{2.55\times10^{2}}$	2.80×10^{2}	1.94×10^{-2}	9.89×10^{-1}
f_{22}	5.91×10^{2}	7.91×10^{2}	$\mathbf{4.01\times10^{2}}$	7.20×10^{2}	$\underline{2.56\times10^{-3}}$	$\underline{5.63\times10^{-4}}$
f_{23}	$\mathbf{6.04\times10^{2}}$	8.33×10^{2}	7.01×10^{2}	6.08×10^{2}	$\underline{8.29\times10^{-5}}$	3.37×10^{-1}
f_{24}	$\mathbf{1.26\times10^{2}}$	2.04×10^{2}	1.99×10^{2}	1.76×10^{2}	$\underline{6.80\times10^{-8}}$	$\underline{4.60\times10^{-4}}$
f_{25}	$\mathbf{1.27\times10^{2}}$	1.96×10^{2}	1.98×10^{2}	1.81×10^{2}	$\underline{7.60\times10^{-5}}$	$\underline{7.71\times10^{-3}}$
f_{26}	$\mathbf{1.01\times10^{2}}$	2.38×10^{2}	1.67×10^{2}	1.98×10^{2}	$\underline{1.43\times10^{-7}}$	7.76×10^{-1}
f_{27}	3.57×10^{2}	3.52×10^{2}	3.65×10^{2}	$\mathbf{3.27\times10^{2}}$	4.25×10^{-1}	$\underline{2.47\times10^{-4}}$
f_{28}	3.05×10^{2}	$\mathbf{3.00\times10^{2}}$	3.25×10^{2}	3.15×10^{2}	8.59×10^{-1}	2.03×10^{-1}
平均误差排名	2.82	2.68	2.43	**1.82**	14:10	14:3

但是，毕竟算法无法在利用信息很少的情况下得到完美的结果。因此，就像 LJ 算法、CMA-ES 算法、SPSO 算法和 JADE 算法一样，研究人员在改进算法时，改进的方法多与提高 IUR 有关。这种趋势在各个元启发式家族中都已非常明显。例如，研究人员不仅已经提出了许多机制来更好地保存历史信息以供进一步利用 [32,42,43]，还提出了许多通用方法（自适应参数控制 [44]、分布估计 [45]、适应度近似 [46]、贝叶斯方法 [47]、高斯过程模型 [48]、超启发式 [49]）来提高元启发式算法的 IUR。总之，IUR 为该领域的发展提供了重要而明智的视角。

6.5　不同家族的算法

不同家族中算法（如 LJ 算法和 (μ,λ)-ES 算法）的 IUR 与性能之间的关系是非常模糊的，因为算法对信息利用的方式不同。尽管第 6.4 节中的实验结果显示，在 $\mathrm{IUR}_{\mathrm{LJ}} \leqslant \mathrm{IUR}_{(\mu,\lambda)\text{-ES}}$ 的情

况下，(μ,λ)-ES 算法比 LJ 算法的性能更好（除了 $\mu=\lambda$），这符合我们的预期。但是，如果算法以一种极其不同的方式利用信息，则 IUR 可能不是确定性因素。在算法的设计中，有无限种方式来利用信息，很难判断哪种方式更好。一种利用信息的方式是否好，取决于它是不是更适应目标函数的潜在分布，这通常很难描述。所以，设计良好但 IUR 小的算法可能会优于设计不佳但 IUR 大的算法，因为它可能可以更有效地利用信息并更好地拟合底层分布。尽管如此，在这种情况下，信息利用的程度仍然很重要，原因如下。

（1）IUR 较大的算法具有更大的潜力。

（2）“最佳”算法（如果有的话）的 IUR 必须非常接近 1 。

（3）使用很少信息的算法不可能是一个好的算法。

对 IUR 与性能之间确切相关性的研究需要更多的理论工作来支撑，并且需要与信息利用方式及如何适应目标函数的潜在分布结合。

第 6.4 节的例子已经涵盖了元启发式算法中信息利用的几种方法。但是这些算法的 IUR 都不大，因为它们是基于比较的算法，在算法中只使用了排名信息。

定理 6.2

（基于比较的算法的上界）如果最大评估次数为 m，$y=f(x)$ 是独立同分布的，算法 $\mathscr{A}$ 是一个基于比较的算法，那么有

$$\mathrm{IUR}_{\mathscr{A}} \leqslant \frac{\lg m}{H(f(x))} \tag{6.32}$$

♡

证明　假设使用某个算法，在算法的某个时间，实际评估的次数为 $m' \leqslant m$。在这种情况下，M 是从一个基数最大为 $m'!$ 的集合中抽取的（其中，m' 个个体都已排序），那么对于基于比较的算法，最大信息量为 $H(M) \leqslant \lg m'!$。于是，有

$$\mathrm{IUR}_{\mathscr{A}} \leqslant \frac{\lg m'!}{m'H(f(x))} \tag{6.33}$$

注意到式 (6.33) 中右边的部分是关于 m' 的单调增函数，故

$$\frac{\lg m!}{mH(f(x))} \leqslant \frac{\lg m}{H(f(x))} \tag{6.34}$$

假设 $|\mathcal{Y}|=n$ 且 $f(x)$ 服从均匀分布，则有 $\dfrac{\lg m}{H(f(x))}=\lg_n m$ 。通常 $m \ll n$，因此这个上限非常低。大多数迭代算法不允许使用过去迭代中的信息（因为这样做需要大量内存空间），在这种情况下，上限则变为 $\dfrac{\lg \lambda}{H(f(x))}$，其中 λ 是每一代的评估数。当 $\mu=\lambda$ 时，CMA-ES 算法的 IUR 能够接近这个界限。也就是说，在没有历史信息的基于比较的算法中，CMA-ES 算法几乎具有最大的 IUR。

在搜索过程中使用精确评估值的算法也是存在的，例如遗传算法[50]、蚁群优化（Ant Colony Optimization，ACO）算法[51]、分布估计算法[45]、侵入性杂草优化算法[52]、ABC 算法[19]、烟花算法[53] 等。它们可以实现更大的 IUR，甚至接近 1，因为提取 M 的集合的基数可以高达 n^m。这些算法与基于比较的算法相比具有更大的潜力，如果设计方法得当，可以超越基于比较的算法。

6.6　小结

在优化算法中利用更多的启发式信息是很自然且十分有效的，研究人员也广泛认可这一点。但是，之前的研究没有衡量信息利用程度的指标。本章提出了信息利用率（IUR），其定义为利用的信息量与获取的信息量的比率。IUR 可以作为一个指标来反映算法设计的精细程度和有效程度。本章进一步证明了 IUR 是良定义的，并且给出了几个具体的例子来演示计算 IUR 的过程。一般来说，IUR 决定了优化算法的性能上限。为了进一步表明这个指标的重要性，我们进行了几个实验来显示 IUR 和性能之间的相关性。实验结果表明：对于某种算法，IUR 较大的参数值具有优势；对于同一个家族的算法，IUR 大的往往效率更高；对于不同家族的算法，IUR 也是一个重要因素。

除此之外，本章还给出了基于比较的算法的 IUR 上界。IUR 可以用来指导参数的选择、新算法的设计、现有算法的改进等。在研究新算法或者改进现有的算法时，如果算法中包含可以提高 IUR 的机制，那么算法会更有潜力。如果研究人员在设计算法之前想知道几种算法中的哪一种更有可能是有效的，那么比较它们的 IUR 会帮助研究人员提前预知哪一种设计更好并且具有更大的潜力。启发式搜索或优化领域的大多数工作都专注发明新的机制或技巧，而很少有人考虑这些工作背后的潜在驱动力。

第 7 章　时间复杂度的基本理论及分析

7.1　时间复杂度的基本理论

研究人员已经完成了对进化规划算法 [54] 和 ACO 算法 [55] 的时间复杂度的分析。参考文献 [54, 55] 中的定义与分析方法，下面给出烟花算法的一些概念的定义和定理。

定义 7.1

（期望收敛时间）给定烟花算法的一个吸收状态的马尔可夫过程 $\{\xi(t)\}_{t=0}^{\infty}$ 和最优状态空间 $Y^* \subset Y$，如果 γ 是一个随机非负值，使得 $t \geqslant \gamma$ 时，有 $P\{\xi(t+1) \in Y^*\} = 1$；$0 \leqslant t \leqslant \gamma$ 时，有 $P\{\xi(t+1) \notin Y^*\} < 1$。那么，$\gamma$ 就是烟花算法的收敛时间。烟花算法的期望收敛时间用 E_γ 表示。♣

期望收敛时间 E_γ 描述的是烟花算法以 1 的概率初次得到全局最优解的时间。E_γ 越小，烟花算法的收敛就越快，该算法也就更加有效。但是，也可以用首次最优解期望时间（Expected First Hitting Time，EFHT）作为收敛时间的一个标志，其定义见定义 7.2。

定义 7.2

（首次最优解期望时间）给定烟花算法的一个吸收状态的马尔可夫过程 $\{\xi(t)\}_{t=0}^{\infty}$ 和最优状态空间 $Y^* \subset Y$，如果 μ 是一个随机值，使得 $t = \mu$ 时，有 $\xi(t) \notin Y^*$；$0 \leqslant t \leqslant \mu$ 时，有 $\xi(t) \notin Y^*$。那么，期望值 E_μ 称为首次最优解期望时间。♣

定理 7.1 为计算 E_γ 的方法。

定理 7.1

给定烟花算法的一个吸收状态的马尔可夫过程 $\xi(t)_{t=0}^{\infty}$ 和最优状态空间 $Y^* \subset Y$，如果 $\lambda(t) = P\{\xi(t) \in Y^*\}$ 并且 $\lim\limits_{t\to\infty} \lambda(t) = 1$，那么期望收敛时间是 $E_\gamma = \sum\limits_{t=0}^{\infty}(1 - \lambda(t))$。♡

证明

$$\lambda(t) = P\{\xi(t) \in Y^*\} = P\{\mu \leqslant t\}$$

$$\Rightarrow \lambda(t) - \lambda(t-1) = P\{\mu \leqslant t\} - P\{\mu \leqslant t-1\}$$

$$\Rightarrow P\{\mu = t\} = \lambda(t) - \lambda(t-1)$$

那么，

$$E_\mu = 0 \cdot P\{\mu = 0\} + \sum_{t=0}^{\infty} tP\{\mu = t\}$$

$$
\begin{aligned}
E_\mu &= \sum_{t=0}^{\infty} t(\lambda(t) - \lambda(t-1)) \\
&= \lambda(1) - \lambda(0) + 2(\lambda(2) - \lambda(1)) + \cdots \\
&\quad + t(\lambda(t) - \lambda(t-1)) + \cdots \\
&= \sum_{i=1}^{\infty}(\lambda(t) - \lambda(t-1)) + \sum_{i=2}^{\infty}(\lambda(t) - \lambda(t-1)) + \cdots \\
&\quad + \sum_{i=t}^{\infty}(\lambda(t) - \lambda(t-1)) + \cdots \\
&= (\lim_{t\to\infty} \lambda(t) - \lambda(1)) + (\lim_{t\to\infty} \lambda(t) - \lambda(2)) + \cdots \\
&\quad + (\lim_{t\to\infty} \lambda(t) - \lambda(t-1)) + \cdots \\
&= \sum_{i=1}^{\infty}(\lim_{t\to\infty} \lambda(t) - \lambda(t-1)) = \sum_{i=1}^{\infty}(1 - \lambda(t-1)) \\
&= \sum_{i=1}^{\infty}(1 - \lambda(t))
\end{aligned}
$$

所以，有

$$
E_\gamma = E_\mu = \sum_{i=1}^{\infty}(1 - \lambda(t))
$$

因为很难得到 $\lambda(t)$ 的值，所以很难计算出期望收敛时间 E_γ。因此，只能给出估计的时间。下面的证明参考了文献 [55]。

定理 7.2

给定两个随机非负变量 μ 和 ν，并用 $D_u(\cdot)$ 和 $D_\nu(\cdot)$ 分别表示 μ 和 ν 的分布函数。如果 $D_u(t) \geqslant D_\nu(t)$（$\forall t = 0, 1, 2, \cdots$），那么 μ 和 ν 的期望值 $E_\mu < E_\nu$。

证明　因为 $D_u(t) = P\{u \leqslant t\}$ 和 $D_\nu(t) = P\{\nu \leqslant t\}$（$\forall t = 0, 1, 2, \cdots$），所以有

$$
E_u = 0 \cdot D_u(0) + \sum_{t=1}^{+\infty} t(D_u(t) - D_u(t-1)) = \sum_{i=1}^{+\infty}\sum_{t=1}^{+\infty}[D_u(t) - D_u(t-1)] = \sum_{i=0}^{+\infty}[1 - D_u(i)] \quad (7.1)
$$

则由已知条件可得，$E_u - E_\nu = \sum_{i=0}^{+\infty}(1 - D_u(i)) - \sum_{i=0}^{+\infty}(1 - D_\nu(i)) = \sum_{i=0}^{+\infty}(D_\nu(i) - D_u(i)) \leqslant 0$ $\Rightarrow E_u \leqslant E_\nu$。

定理 7.3

给定烟花算法的一个吸收状态马尔可夫过程 $\{\xi(t)\}_{t=0}^{\infty}$ 和最优状态空间 $Y^* \subset Y$，如果 $\lambda(t) = P\{\xi(t) \in Y^*\}$，使得 $0 \leqslant D_l(t) \leqslant \lambda(t) \leqslant D_h(t) \leqslant 1$（$\forall t = 0, 1, 2, \cdots$）且

$\lim\limits_{t\to\infty}\lambda(t)=1$，那么

$$\sum_{t=1}^{\infty}(1-D_h(t))\leqslant E\gamma\leqslant\sum_{t=1}^{\infty}(1-D_l(t)) \tag{7.2}$$

证明 构造两个离散随机非负整数变量 h 和 l，其分布函数分别为 $D_h(t)$ 和 $D_l(t)$。显然，定义 7.2 中的 μ，也是一个离散随机非负整数变量，其分布函数为 $\lambda(t)=P\{\xi(t)\in Y^*\}=P\{\mu\leqslant t\}$。因为 $0\leqslant D_l(t)\leqslant\lambda(t)\leqslant D_h(t)\leqslant 1$，所以有 $E_h\leqslant E_\mu\leqslant E_l\Leftrightarrow\sum\limits_{t=0}^{\infty}(1-D_h(t))\leqslant E_\gamma=E_\mu\leqslant\sum\limits_{t=0}^{\infty}(1-D_l(t))$。

定理 7.4

给定烟花算法的一个吸收状态马尔可夫过程 $\{\xi(t)\}_{t=0}^{\infty}$ 和最优状态空间 $Y^*\subset Y$，如果 $\lambda(t)=P\{\xi(t)\in Y^*\}$ 且 $0\leqslant a(t)\leqslant\lambda(t)\leqslant b(t)$，那么 $\sum\limits_{t=1}^{\infty}[(1-\lambda(0))\prod\limits_{i=0}^{t}(1-a(i))]\leqslant E\gamma\leqslant\sum\limits_{t=0}^{\infty}[(1-\lambda(0))\prod\limits_{i=1}^{t}(1-a(i))]$。

证明 因为 $\lambda(t)=(1-\lambda(t-1))P\{\xi(t)\in Y^*|\xi(t-1)\notin Y^*\}+\lambda(t-1)P\{\xi(t)\in Y^*|\xi(t-1)\in Y^*\}$ $(\forall t=0,1,2,\cdots)$，所以有 $1-\lambda(t)\leqslant(1-a(t))(1-\lambda(t-1))=(1-\lambda(0))\prod\limits_{i=1}^{t}(1-a(i))$。

根据定理 7.1，有

$$E_\gamma=\sum_{i=0}^{\infty}(1-\lambda(i))\leqslant\sum_{t=0}^{\infty}[(1-\lambda(0))\prod_{i=1}^{t}(1-a(i))]$$

同理可得

$$E_\gamma=\sum_{i=0}^{\infty}(1-\lambda(i))\geqslant\sum_{t=0}^{\infty}[(1-\lambda(0))\prod_{i=0}^{t}(1-b(i))]$$

推论 7.1

给定烟花算法的一个吸收状态马尔可夫过程 $\{\xi(t)\}_{t=0}^{\infty}$、最优状态空间 $Y^*\subset Y$ 和 $\lambda(t)=P\{\xi(t)\in Y^*\}$，如果 $a\leqslant P\{\xi(t+1)\in Y^*|\xi(t+1)\notin Y^*\}\leqslant b$（$a,b>0$）且 $\lim\limits_{t\to\infty}\lambda(t)=1$，那么烟花算法的期望收敛时间 E_γ 满足式 (7.3)：

$$b^{-1}(1-\lambda(0))\leqslant E_\gamma\leqslant a^{-1}(1-\lambda(0)) \tag{7.3}$$

证明 由定理 7.3 可得

$$E_\gamma\leqslant(1-\lambda(0))[a+\sum_{t=2}^{\infty}ta\prod_{i=0}^{t-2}(1-a)]$$

$$\Rightarrow E_\gamma \leqslant (1-\lambda(0))[a+\sum_{t=2}^{\infty} ta(1-a)^{t-1}]$$

$$\Rightarrow E_\gamma \leqslant a(1-\lambda(0))[\sum_{t=0}^{\infty} t(1-a)^t+\sum_{t=0}^{\infty}(1-a)^t]$$

$$\Rightarrow E_\gamma \leqslant a(1-\lambda(0))(\frac{1-a}{a^2}+\frac{1}{a})=\frac{1}{a}[1-\lambda(0)]$$

同理可得 $E_\gamma \geqslant b^{-1}(1-\lambda(0))$，则 $b^{-1}(1-\lambda(0)) \leqslant E_\gamma \leqslant a^{-1}(1-\lambda(0))$ 成立。

上述推论和定理表明，$P\{\xi(t)\in Y^*|\xi(t-1)\notin Y^*\}$ 可以描述烟花算法的烟花从非最优状态到最优状态的概率。E_γ 值的估计范围可以通过 $P\{\xi(t)\in Y^*|\xi(t-1)\notin Y^*\}$ 的值来计算。

7.2　时间复杂度分析

烟花算法的时间复杂度需要计算期望收敛时间 E_γ。依据推论 7.1，烟花算法的时间复杂度主要和烟花算法的烟花从非最优区域到最优区域 R_ε 的概率相关，即 $P\{\xi(t+1)\in Y^*|\xi(t-1)\notin Y^*\}$。本节进一步分析此公式，以得到烟花算法的时间复杂度。烟花算法包含爆炸算子、变异算子、映射规则和选择策略，但是与烟花算法的马尔可夫状态到达最优区域直接相关的是爆炸算子和变异算子。因此，有定理 7.5。

定理 7.5

给定烟花算法的一个可吸收状态马尔可夫过程 $\{\xi(t)\}_{t=0}^{\infty}$ 和最优状态空间 $Y^*\subset Y$，则有

$$\begin{aligned}\frac{\nu(R_\varepsilon)n}{\nu(S)} &\leqslant P\{\xi(t+1)\in Y^*|\xi(t-1)\notin Y^*\}\\ &\leqslant \nu(R_\varepsilon)\left(\frac{n}{\nu(S)}+\sum_{i=1}^{n}\frac{m_i}{\nu(A_i)}\right)\end{aligned} \tag{7.4}$$

其中，$\nu(R_\varepsilon)$ 是最优区域 R_ε 的勒贝格测度值。$\nu(S)$ 是问题搜索区域 S 的勒贝格测度值，$\nu(A_i)$ 是第 i 个烟花的爆炸半径 A_i 的勒贝格测度值。

证明　烟花算法的火花由爆炸算子和变异算子产生，假设变异算子随机产生火花，那么火花变异到最优区域 R_ε 的概率是 $\dfrac{\nu(R_\varepsilon)}{\nu(S)}$。因此，$n$ 个烟花随机变异到最优区域 R_ε 的概率为 $\dfrac{\nu(R_\varepsilon)n}{\nu(S)}$。

依据烟花算法的流程，可以得到式 (7.5)：

$$P\{\xi(t+1)\in Y^*|\xi(t)\notin Y^*\}=\frac{\nu(R_\varepsilon)n}{\nu(S)}+P(\exp) \tag{7.5}$$

其中，$P(\exp)$ 是 n 个烟花爆炸产生的火花落在最优区域 R_ε 的概率。

$$P(\exp)=\sum_{i=1}^{n}\frac{\nu(A_i\cap R_\varepsilon)m_i}{\nu(A_i)} \tag{7.6}$$

其中，A_i 是第 i 个烟花的爆炸半径，m_i 是第 i 个烟花生成的火花数。

由于 $0\leqslant \nu(\mathrm{A}_i\cap R_\varepsilon)\leqslant \nu(R_\varepsilon)$，有

$$
\begin{aligned}
0 \leqslant P(\exp) &= \sum_{i=1}^{n} \frac{\nu(A_i \cap R_\varepsilon) m_i}{\nu(A_i)} \\
&\leqslant \sum_{i=1}^{n} \frac{\nu(R_\varepsilon) m_i}{\nu(A_i)} = \nu(R_\varepsilon) \sum_{i=1}^{n} \frac{m_i}{\nu(A_i)}
\end{aligned}
$$

而且

$$
\begin{aligned}
\frac{\nu(R_\varepsilon)n}{\nu(S)} &\leqslant P\{\xi(t+1) \in Y^* | \xi(t) \notin Y^*\} \\
&\leqslant \frac{\nu(R_\varepsilon)n}{\nu(S)} + \nu(R_\varepsilon) \sum_{i=1}^{n} \frac{m_i}{\nu(A_i)} \\
&= \nu(R_\varepsilon) \left(\frac{n}{\nu(S)} + \sum_{i=1}^{n} \frac{m_i}{\nu(A_i)} \right)
\end{aligned}
$$

可得

$$
\begin{aligned}
\frac{\nu(R_\varepsilon)n}{\nu(S)} &\leqslant P\{\xi(t+1) \in Y^* | \xi(t) \notin Y^*\} \\
&\leqslant \nu(R_\varepsilon) \left(\frac{n}{\nu(S)} + \sum_{i=1}^{n} \frac{m_i}{\nu(A_i)} \right)
\end{aligned}
$$

定理 7.5 给出的是较粗糙的结果，因为实际的公式很难进行确定性的计算。烟花算法很难准确地计算出火花落在最优区域 R_ε 的概率。为了准确地实现，式 (7.6) 需要进行如下变换：

$$
P(\exp) = \sum_{i=1}^{n} \frac{\nu(S_i \cap R_\varepsilon) m_i}{\nu(S_i)} \tag{7.7}
$$

其中，$\nu(S_i \cap R_\varepsilon)$ 和 m_i 随着算法的运行在动态地改变，所以它们非常重要。$\nu(S_i \cap R_\varepsilon)$ 和烟花的位置 F_i 相关。烟花算法的选择策略使得位置距离远的个体有更高的概率被选中，所以可以假定每次只有一个烟花处于最优区域 R_ε，进一步假设适应度值最高的烟花进入最优区域 R_ε 的概率最高。

依据上述假设，$\nu(A_i) \geqslant \nu(A_{\text{best}})$ 且 $m_i \leqslant m_{\text{best}}$，$i \in (1, 2, \cdots, n)$，其中 A_{best} 和 m_{best} 分别是适应度值最高的烟花的爆炸区域和生成火花的数量。由此得到：

$$
\frac{\nu(A_i \cap R_\varepsilon) m_i}{\nu(A_i)} < \frac{\nu(A_{\text{best}} \cap R_\varepsilon) m_{\text{best}}}{\nu(A_{\text{best}})} \tag{7.8}
$$

考虑在算法运行初期 $(A_i \cap R_\varepsilon) \cap (A_{\text{best}} \cap R_\varepsilon) = \varnothing$，其中 $i \in (1, 2, \cdots, n)$ 且 $i \neq \text{best}$，可得式 (7.9)：

$$
\begin{aligned}
P(\exp) &= \sum_{i=1}^{n} \frac{\nu(S_i \cap R_\varepsilon) m_i}{\nu(S_i)} \\
&< \frac{\nu(S_{\text{best}} \cap R_\varepsilon) m_{\text{best}}}{\nu(S_{\text{best}})} < \frac{\nu(R_\varepsilon) m_{\text{best}}}{\nu(S_{\text{best}})}
\end{aligned} \tag{7.9}
$$

所以，式 (7.4) 可以变换如下：

$$
\begin{aligned}
\frac{\nu(R_\varepsilon)n}{\nu(S)} &\leqslant P(\xi(t+1) \in Y^* | \xi(t) \notin Y^*) \\
&\leqslant \nu(R_\varepsilon) \left(\frac{n}{\nu(S)} + \frac{m_{\text{best}}}{\nu(S_{\text{best}})} \right)
\end{aligned} \tag{7.10}
$$

式 (7.10) 比式 (7.4) 更有意义，前者说明最好的烟花更重要。依据式 (7.10) 和推论 7.1，设 $a=\dfrac{\nu(R_\varepsilon)n}{\nu(S)}$、$b=\nu(R_\varepsilon)\left(\dfrac{n}{\nu(S)}+\dfrac{m_{\text{best}}}{\nu(S_{\text{best}})}\right)$，那么可以得到式 (7.11)：

$$\frac{\nu(S)\nu(S_{\text{best}})}{\nu(R_\varepsilon)(n\nu(S_{\text{best}})+m_{\text{best}}\nu(S))}\times(1-\lambda(0))\leqslant E_\gamma\leqslant\frac{\nu(S)}{\nu(R_\varepsilon)n}(1-\lambda(0)) \tag{7.11}$$

烟花算法初始群体中的 n 个烟花是随机生成的，因此可以得出 $\lambda(t)=P\{\xi(t)\in Y^*\}$。由于 $\lambda(0)=P\{\xi(0)\in Y^*\}\ll 1$、$1-\lambda(0)=1$，因此有

$$\frac{\nu(S)\nu(S_{\text{best}})}{\nu(R_\varepsilon)(n\nu(S_{\text{best}})+m_{\text{best}}\nu(S))}\leqslant E_\gamma\leqslant\frac{\nu(S)}{\nu(R_\varepsilon)n} \tag{7.12}$$

推论 7.2

烟花算法的期望收敛时间 E_γ 使得

$$\frac{\nu(S)\nu(S_{\text{best}})}{\nu(R_\varepsilon)(n\nu(S_{\text{best}})+m_{\text{best}}\nu(S))}\leqslant E_\gamma\leqslant\frac{\nu(S)}{\nu(R_\varepsilon)n} \tag{7.13}$$

♡

从式 (7.10) 可以看出，R_ε 的值越大，并且 $\nu(S)$ 的值越小，烟花算法的效率就越高。但是，这两个变量都与搜索问题相关。式 (7.9) 表明，$\nu(S_{\text{best}})$ 和 m_{best} 对于烟花算法的期望收敛时间非常重要。但是，上述结论是在一些假设的条件下成立的。更精确的分析需要进一步考虑到烟花算法公式的细节。

7.3　小结

本章介绍了一些群体智能优化算法时间复杂度的基本理论，并结合烟花算法的随机模型，对烟花算法的时间复杂度进行了分析。时间复杂度的分析可以从理论上给出烟花算法的期望运行时间，同时为烟花算法的效率改进提供理论依据。

第 8 章　映射规则分析

烟花算法由两个基本算子组成。在爆炸算子中，在一定的爆炸范围内，烟花周围会产生无数的爆炸火花。在选择算子中，这些火花中会产生新一代的烟花。还有一个可选的变异算子，其中烟花的位置会被变异，以生成变异算子。除了这三个算子之外，烟花算法中还有一个映射规则。如果优化问题受到约束，则映射规则负责将越界火花映射回可行空间。当烟花算法应用于实际问题时，映射规则非常重要。它保证了烟花算法的运算始终保持在可行域内。

随着大数据时代的到来，越来越多的大规模（高维）优化问题出现在学术界和工业界。大规模优化给元启发式算法带来了巨大的挑战，因为它具有许多特殊的困难，例如维度灾难。因此，大规模优化引起了该领域研究人员越来越多的关注。然而，以往对烟花算法的研究大多基于低维度或中维度目标函数。烟花算法的理论需要针对高维情况进行进一步的分析。

本章研究了烟花算法中不同映射规则在面临大规模优化问题时的性能。先前的一项研究[56]证明了映射到边界和映射到有限随机区域是中等规模优化问题的最佳映射规则。这项工作基于传统的烟花算法[53]，它有几个缺点[14]。其中之一是当目标函数的最优点从原点偏移时，传统烟花算法的性能可能会受到严重影响。这些缺点可能会干扰关于映射规则的讨论。同时，该工作的讨论基于中维度的测试函数（最多 200 维）的实验结果。本章会在高维测试函数（最多 1000 维）上测试这些映射规则。还有一点，映射到有限随机区域需要额外的预设参数来控制有限区域，这不是最优的，因为在实际应用中实际搜索范围的变化很大。本章会介绍一种自然而直观的镜像映射规则。为了避免其他算子的干扰，本章仍然使用裸骨烟花算法（BBFWA）[11]进行分析。在 BBFWA 中，只使用一个烟花，同时只使用必要的爆炸算子和选择算子。BBFWA 的过程如算法 5.1 所示。

8.1　映射规则

图 8.1 展示了 5 种映射规则的区别，红点和绿点分别代表烟花和爆炸火花，边框代表搜索边界。从图中可以看出这 5 种映射规则的区别。下面具体介绍这 5 种映射规则。

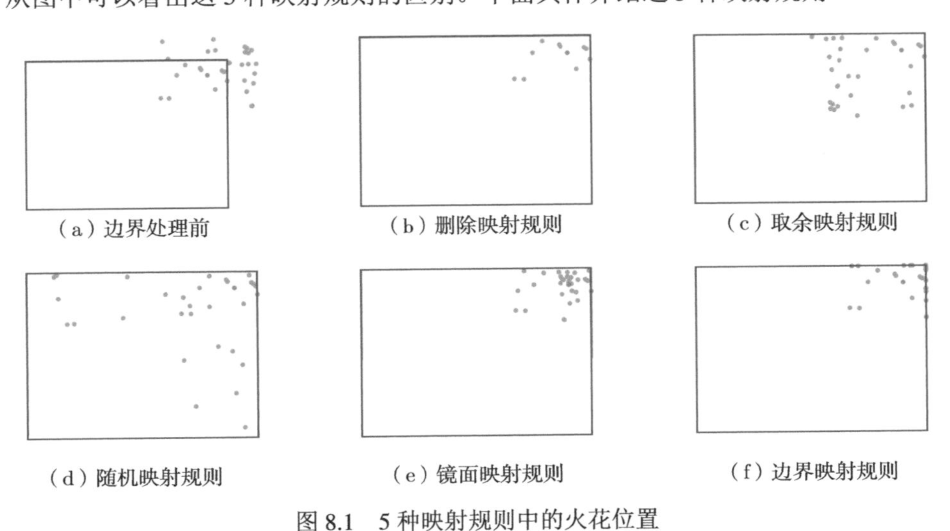

图 8.1　5 种映射规则中的火花位置

8.1.1　删除映射规则

处理越界火花最简单的方法是删除它们。如果在某一代中，可行搜索空间中没有火花，则该代将被略过。这并不是一个好的映射规则，因为计算资源被浪费了。

8.1.2　取余映射规则

传统的烟花算法[53]中引入的是取余映射规则。后来，这个规则被认为是传统烟花算法在目标函数的最佳点位于原点附近时表现异常好的几个原因之一[14]，因为这里的模运算结果通常很小（接近 0）。取余映射规则可以用式 (8.1) 表示：

$$x^k = \mathrm{lb}^k + \left|x^k\right| \bmod \left(\mathrm{ub}^k - \mathrm{lb}^k\right) \quad x^k < \mathrm{lb}^k \text{ 或 } x^k > \mathrm{ub}^k \tag{8.1}$$

其中，$k = 1, 2, \cdots, d$，表示不同的维度。

8.1.3　随机映射规则

EFWA[14] 首次引入了随机映射规则，以解决取余映射规则的缺陷。如果火花的一个维度位于边界之外，它将被替换为可行空间中均匀、随机产生的火花。一些低维或中维测试函数的实验表明，当函数从原点偏移时，随机映射规则的性能不会受到显著影响[14]。

随机映射规则可以用式 (8.2) 表示：

$$x^k \sim \mathrm{rand}\left(\mathrm{lb}^k, \mathrm{ub}^k\right) \quad x^k < \mathrm{lb}^k \text{ 或 } x^k > \mathrm{ub}^k \tag{8.2}$$

其中，$k = 1, 2, \cdots, d$，表示不同的维度。

8.1.4　镜像映射规则

在镜像映射规则中，如果火花的某一个维度位于边界之外，则将其映射回与边界对称的位置。

镜像映射规则可以用式 (8.3) 表示：

$$x^k = \begin{cases} \mathrm{lb}^k + \left(\mathrm{lb}^k - x^k\right) & x^k < \mathrm{lb}^k \\ \mathrm{ub}^k - \left(x^k - \mathrm{ub}^k\right) & x^k > \mathrm{ub}^k \end{cases} \tag{8.3}$$

其中，$k = 1, 2, \cdots, d$，表示不同的维度。

8.1.5　边界映射规则

在边界映射规则中，如果火花的某一个维度位于边界之外，则将其映射到边界上。

边界映射规则可以用式 (8.4) 表示：

$$x^k = \begin{cases} \mathrm{lb}^k & x^k < \mathrm{lb}^k \\ \mathrm{ub}^k & x^k > \mathrm{ub}^k \end{cases} \tag{8.4}$$

其中，$k = 1, 2, \cdots, d$，表示不同的维度。

8.2 实验与分析

8.2.1 实验设定

本书第 8.1 节一共介绍了 5 种映射规则，为了确定哪一种映射规则更适用于大规模优化问题，本节在选定的 9 个测试函数上设计了 9 组实验，每组实验包含 100、400、700、1000 这 4 个维度。测试函数的数学形式在表 8.1 中给出。

表 8.1 测试函数及其数学形式

属性	名称	表达式	$f(x)$ 的最优值
单模	Sphere	$f(x)=\sum_{i=0}^{d} x_i^2$	0.0
	Cigar	$f(x)=x_0^2+10^6\sum_{i=1}^{d} x_i^2$	0.0
	Discus	$f(x)=10^6 x_0^2+\sum_{i=1}^{d} x_i^2$	0.0
	Ellipse	$f(x)=\sum_{i=1}^{d}\left(10^{\frac{4(i-1)}{(d-1)}}\right)x_i^2$	0.0
多模	Step	$f(x)=\sum_{i=0}^{d}(\lfloor x_i+0.5\rfloor)^2$	0.0
	Tablet	$f(x)=10^4 x_0^2+\sum_{i=1}^{d} x_i^2$	0.0
	Rosenbrock	$f(x)=\sum_{i=0}^{d}(1-x_i)^2+100\left(x_{i+1}-x_i^2\right)^2$	0.0
	Griewank	$f(x)=\frac{1}{4000}\sum_{i=1}^{d} x_i^2-\prod_{i=1}^{d}\cos\left(\frac{x_i}{\sqrt{i}}\right)+1$	0.0
	Bohachevsky	$f(x)=\sum_{i=0}^{d}\left(x_i^2+2x_{i+1}^2-0.3\cos(3\pi x_i)-0.4\cos(4\pi x_{i+1})+0.7\right)$	0.0

映射规则只影响收敛速度，并不影响收敛结果，因为收敛结果是由算法本身决定的。本实验的目标是考察映射规则的性能，因此将迭代次数设置为 1000，这应该足以展示不同映射规则的收敛速度。除此之外，计算资源在现实世界中是有限的，因此可以将其视为对现实世界问题的模拟。更快的收敛速度将花费更少的资源。在处理大数据问题时，收敛速度有时会起到决定性的作用，这就是本章研究是否有更好的映射规则的原因。为了使实验结果更加可信，避免随机性带来的影响，在实验中，每个函数在所有维度设定下都重复了 50 次。在现实世界的问题中，我们并不知道函数的最优点在哪里。为了模拟现实世界的问题，本实验每次随机移动目标函数的最优点。每次实验的算法参数设定如下：$n=30$，$C_{\mathrm{r}}=0.9$，$C_{\mathrm{a}}=1.2$。

8.2.2 实验结果

实验一共进行了 36 组。为了更好地展示不同映射规则的收敛速度，实验结果取优化过程中函数值的对数，如图 8.2～图 8.10所示。图中，“delete”表示删除映射规则，“modular”表示取余映射规则，“random”表示随机映射规则，“mirror”表示镜像映射规则，“boundary”表示边界映射规则，每条曲线是 50 次运行的平均值，每条曲线的范围代表置信度区间。5 种映射规则的区别如图 8.1 所示。

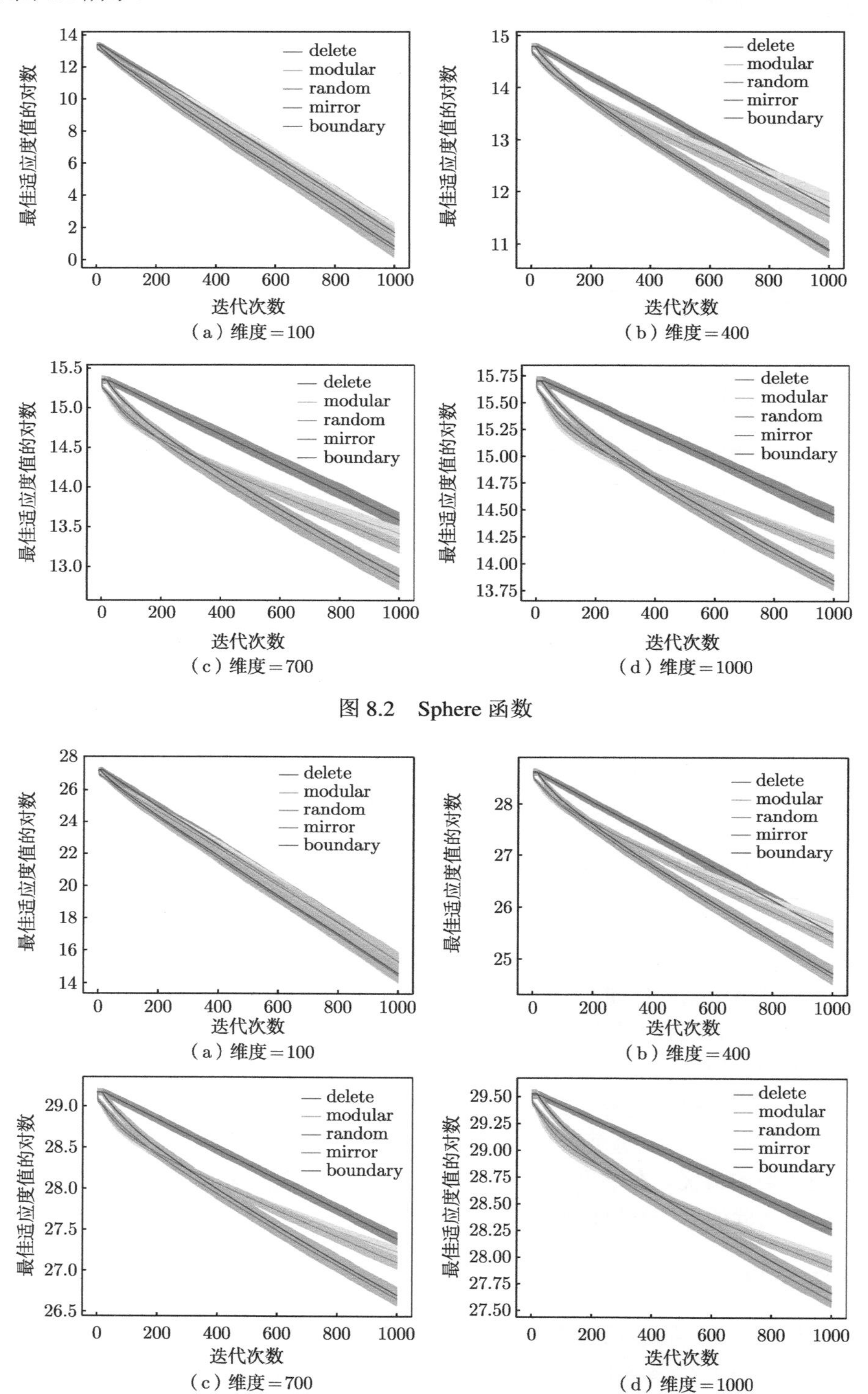

图 8.2　Sphere 函数

（a）维度=100
（b）维度=400
（c）维度=700
（d）维度=1000

图 8.3　Cigar 函数

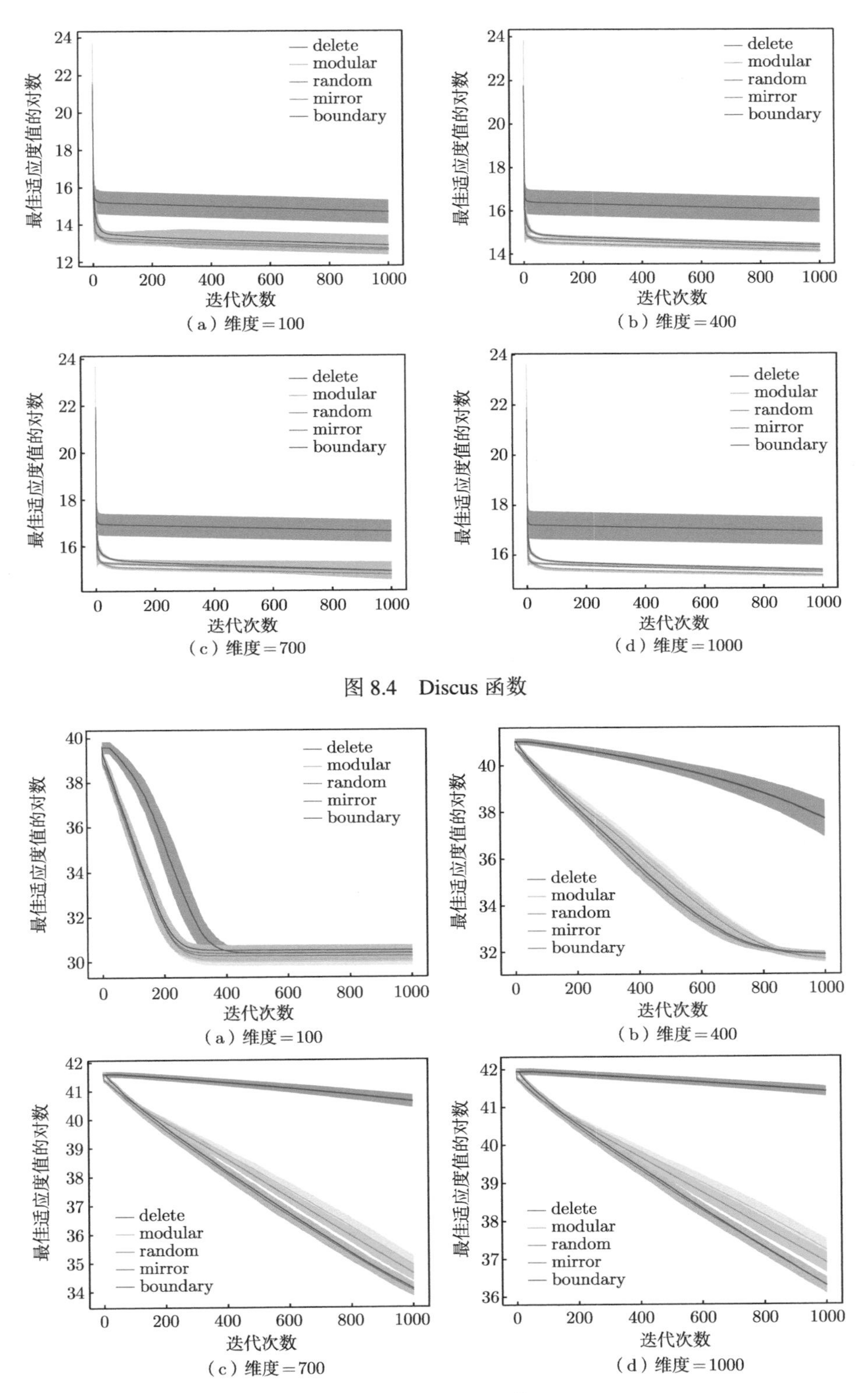

图 8.4 Discus 函数

图 8.5 Ellipse 函数

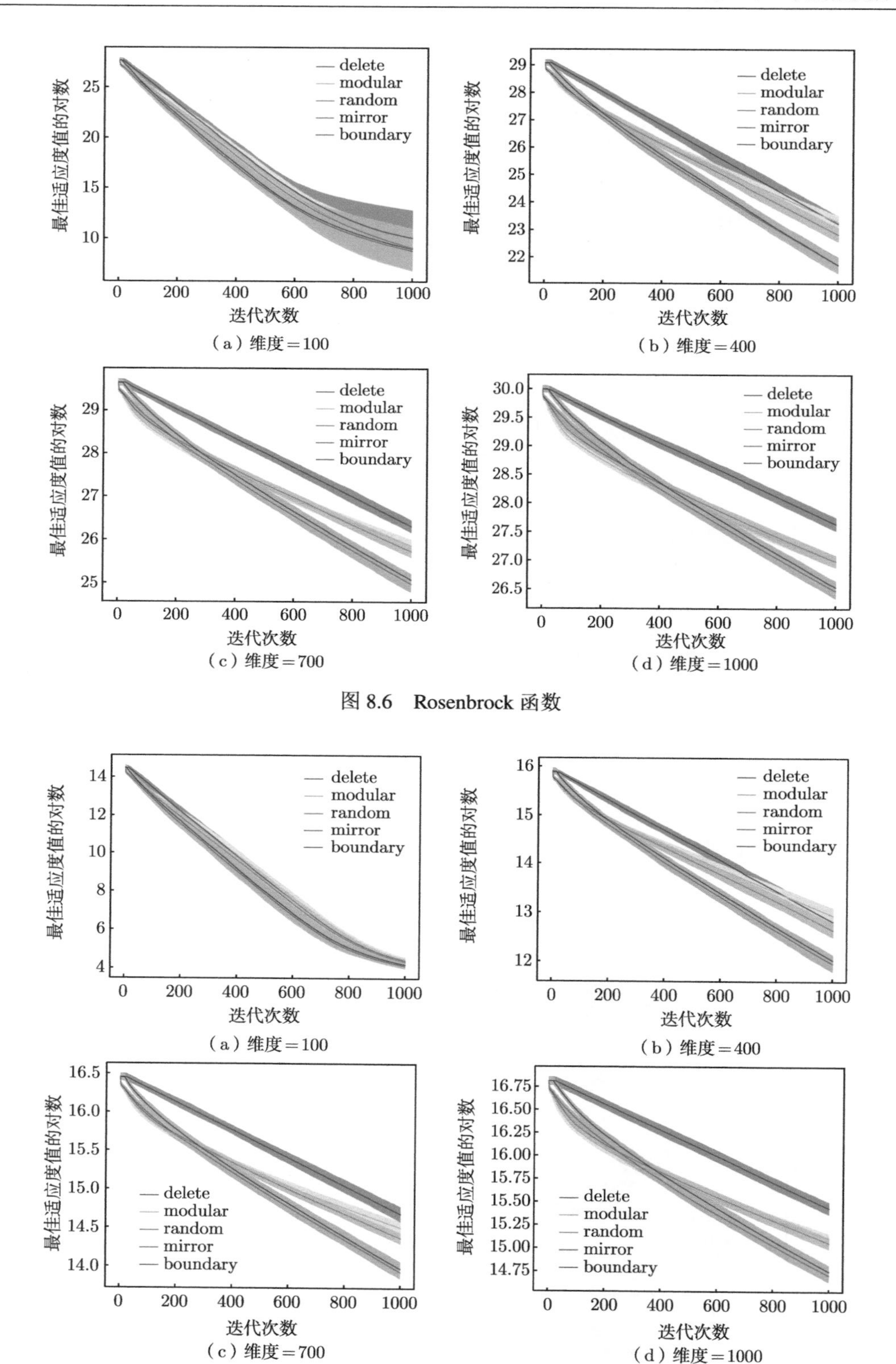

图 8.6　Rosenbrock 函数

图 8.7　Bohachevsky 函数

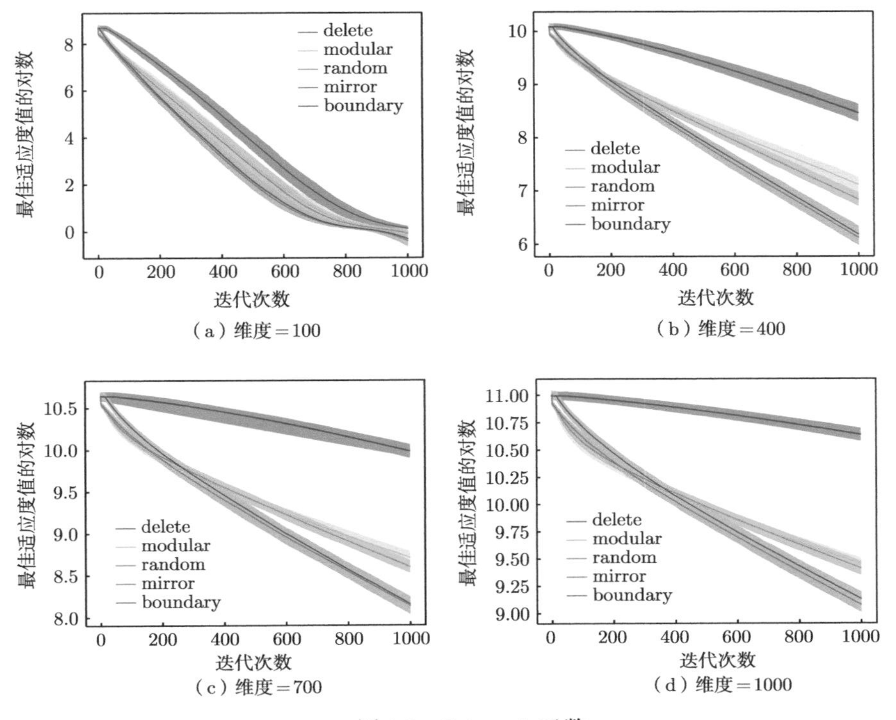

图 8.8 Griewank 函数

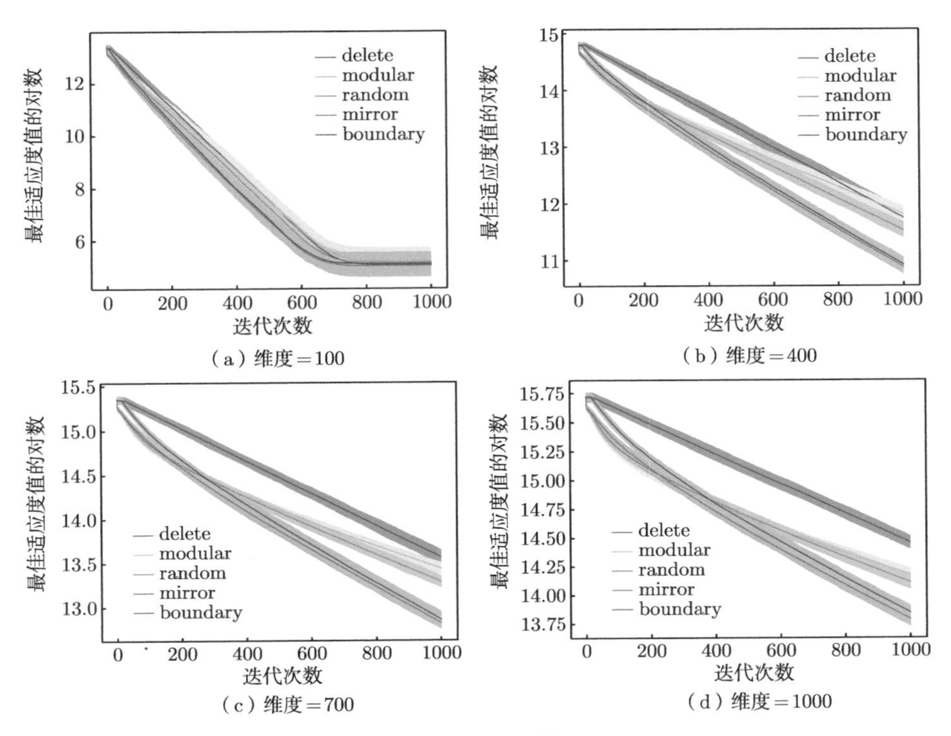

图 8.9 Step 函数

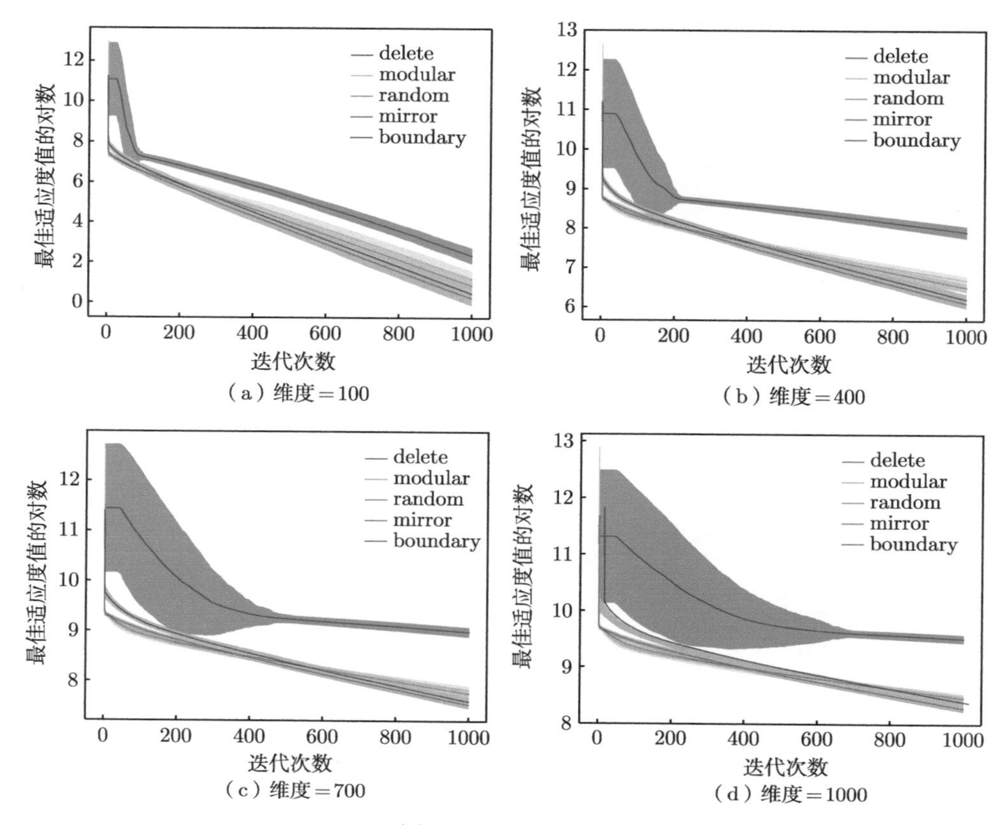

（a）维度＝100 （b）维度＝400

（c）维度＝700 （d）维度＝1000

图 8.10 Tablet 函数

为了使结论更可信，本实验对 4 个维度和 9 个测试函数进行了 36 次测试。50 次运行的平均值由数据的 1000 次迭代组成，不符合正态分布，不能用少数参数表示。因此，只能使用非参数检验。本实验需要检验 5 种映射规则的差异，样本量是 1000 ，所以选择克鲁斯卡尔–沃利斯（Kruskal-Wallis）按秩检验而不是弗里德曼（Friedman）检验。Kruskal-Wallis 按秩检验的 p 值按表 8.2中给出的排名排列。所有 36 个 p 值均低于 0.005，表明 5 种映射规则存在非常显著的差异。

表 8.2 按排名划分的 Kruskal-Wallis 按秩检验的 p 值

维度	Sphere	Cigar	Discus	Ellipse	Rosenbrock	Bohachevsky	Griewank	Step	Tablet
100	5.20×10^{-10}	2.01×10^{-8}	0.00	0.00	3.89×10^{-25}	1.98×10^{-7}	2.08×10^{-31}	3.94×10^{-18}	1.59×10^{-83}
400	6.86×10^{-56}	1.69×10^{-55}	0.00	0.00	2.12×10^{-50}	5.73×10^{-58}	2.06×10^{-298}	2.34×10^{-59}	0.00
700	3.30×10^{-104}	2.08×10^{-96}	0.00	0.00	3.76×10^{-88}	2.77×10^{-101}	0.00	4.76×10^{-99}	0.00
1000	4.57×10^{-142}	3.01×10^{-142}	0.00	0.00	2.16×10^{-123}	7.52×10^{-145}	0.00	1.07×10^{-143}	0.00

8.2.3 分析

本小节首先分析维度对映射规则的影响，随后根据映射规则的特点和性能将其分为两组（随机映射规则和取余映射规则、边界映射规则和镜像映射规则），分别进行比较和分析。最后，分析这 5 种映射规则在整个迭代过程中的表现。

1. 维度

从图 8.2～图 8.10 可以看出，随着维度的增加，映射规则对收敛速度的影响增加。维度为 100 时，曲线的置信度区间相互覆盖；维度为 1000 时，曲线之间的距离增加。所以在大规模优化问题中，映射规则对算法效率的影响很大，这可以用数学来解释。火花落在边界附近的概率为

$$P = 1 - (1 - 2\epsilon)^d \tag{8.5}$$

其中，d 表示维度，ϵ 表示边界范围，P 随着 d 的增加而增加。当 d 上升到某个值时，P 趋于 1 。也就是说，最优点越接近某个边界，会存在越多的点越界，处理越界点就越重要。一个好的规则可以利用这种高维数学特性来提高收敛速度。

2. 取余映射规则对比随机映射规则

取余映射规则最早是在传统烟花算法中提出的[53]。根据式 (8.1)：假设搜索范围为在 [100,100] 内的均匀分布，新生成的火花 x 在第 k 维出界，$x^k = 101$，那么该火花会映射到 $\overline{x^k} = -100 + 101\%200$ 的位置，$\overline{x^k}$ 最终会映射到 $\overline{x^k} = 1$，这个非常接近原点。根据 BBFWA，越接近最优点的烟花，爆炸半径越小。界外的火花会离边界更近。根据式 (8.1)，用取余运算进行映射，会使得这些火花中的许多都映射在原点附近。在搜索空间（$\mathrm{lb}^k \equiv \mathrm{ub}^k$）中进行均匀采样，取余映射规则将在原点周围产生许多火花，如图 8.1 所示。

在高维情况下，最优点落在边界上的概率远大于落在原点上的概率。因此，取余映射规则会浪费许多计算资源。显然，在高维度优化的问题中，这不是最理想的映射规则。即使在低维情况下，取余映射规则也可能使火花远离最优点。因此，EFWA[14] 采用了一种称为随机映射的规则，来弥补取余映射规则的缺点。在随机映射规则中，火花被均匀地映射到搜索空间。因此，随机映射规则的全局搜索能力会优于取余映射规则，收敛速度也会更快。在低维情况下，随机映射规则是目前已知的最佳映射规则，在许多的烟花算法中也被广泛使用。

这两种规则都在可行区域中映射火花，没有使用到高维函数的数学特征，因此会导致算法将许多火花从靠近边界的最优点移开，除非一些特殊的函数需要更多的搜索。例如 Discus 函数，从表 8.1 可以看出它的第一个维度比其他维度重要很多。所以，需要在多个维度之间进行探索，找出哪个维度是最重要的。否则，这两种映射规则的效率都会比较差。

这两种映射规则的区别在于，取余映射规则会将越界的火花映射到原点附近的一些点，从而降低搜索能力，进一步削弱算法的竞争力。当某些函数需要更彻底地探索时，或者当多模态函数具有多个局部最优时，随机映射规则会很有用。

3. 边界映射规则对比镜像映射规则

边界映射规则是将越界火花映射到边界。如果烟花恰好在边界上爆炸，则边界外的一半火花将在边界映射规则下被映射到边界上。这降低了火花的多样性和探索能力，也浪费了计算资源。镜像映射规则能够使映射后的火花与边界有一定的距离，增加了火花的多样性。

这两种映射规则都利用了高维函数优化的数学特性，将火花映射到边界附近，能够增加边界附近的搜索强度。它们以牺牲全局搜索能力为代价，实现了边界附近的局部搜索能力。这增加了在高维情况下找到最优点的概率。当涉及低维情况时，最优点不一定位于边界附近。在这种情况下，映射后的火花可能会远离最优点。因此，这两种映射规则都可以看作为大规模高维度优化量身定制的规则。

4. 整体分析比较

下面从整体分析这 5 种映射规则。删除映射规则的行为是最不可取的，因为它没有使用到高维空间的数学特征，也没有增加全局或者局部的搜索能力。去除火花的操作直接减少了火花的数量和多样性，缩小了下一代选择的范围，导致算法需要更多的时间来寻找最优点。同时，这种映射规则没有充分利用计算资源。即使在低维的情况下，直接删除越界火花也是不可取的。

对于其他 4 种规则。在前 200 次迭代中，随机映射规则和取余映射规则的表现优于镜像映射规则和边界映射规则。这是因为在早期阶段，我们没有足够的关于最优点的信息，所以全局探索能力比局部搜索能力更重要。全局探索能力能够确保火花在整个可行空间找到更好的解。

当迭代次数达到某个值时（一般小于 200 ），镜像映射规则和边界映射规则就会优于随机映射规则和取余映射规则。此时，烟花接近最优点。边界映射规则和镜像映射规则增加了边界处的搜索强度，加速了收敛过程。

由 BBFWA 可知，当下一代烟花不比这一代好时，爆炸半径会减小。所以当烟花接近全局最优或局部最优时，爆炸半径变得非常小，爆炸产生的火花几乎不会超出边界，这时映射规则的影响会减弱。因此，在迭代后期，各种映射规则的性能逐渐收敛。

在高维优化中，随机点落在边界附近的概率非常高。因为随机映射规则会将火花映射到任意的边界，镜像映射规则和边界映射规则会将火花映射到指定的边界，所以它们的收敛性更好。

尽管随机映射规则和取余映射规则在早期迭代过程中优于镜像映射规则，但镜像映射规则和边界映射规则在后面几次迭代中很快就赶上了它们。镜像映射规则和边界映射规则更稳定。所以在高维的一般情况下，镜像映射规则是目前已知的最可取的规则。

但是，Discus 函数的曲线比较特殊，因为 Discus 函数的数学表达式是 $f(x)=10^6x_0^2+\sum\limits_{i=0}^{d}x_i^2$，$x_0$ 比其他维度更重要，其他维度会比较难优化。对于这个函数的优化，开采能力比搜索能力更重要。这个事实提醒我们，在某些情况下也需要考虑函数本身的特性，设计不同的映射规则。

8.3　小结

本章总结了目前烟花算法的所有映射规则，并通过实验对不同映射规则进行了测试。第 8.2 节的实验与分析证明，不同映射规则会影响烟花算法的运行效率与收敛结果，这为算法的映射规则的选用提供了指导意见。

第三部分

烟花算法进展

第 9 章 进展综述

从 2010 年被提出以来，烟花算法就受到了广泛的关注，并成为群体智能优化算法中越来越重要的一种方法。随着越来越多的研究人员或工程师希望将烟花算法作为其优化工具或比较的方法，烟花算法的原始论文被引用的次数越来越多。近些年来，研究人员在原始烟花算法或者一些效果较好的烟花算法的基础上，继续深入研究，提出了很多烟花算法的变体。这些变体进一步克服了烟花算法的一些缺陷，如容易陷入局部最优值、局部开采效果差等。截至本书成稿之时，烟花算法的改进工作主要包括 3 个方面的内容：第一，针对算法的不同算子进行改进，如对变异算子、爆炸算子的改进；第二，添加了协同的方法，加强多个烟花的信息交互，使得算法搜索效率进一步提升；第三，将不同的算法与烟花算法结合，使烟花算法吸收其他算法的长处，从而提高性能。本章对 2015 年之后出现的烟花算法进行全面的总结。

9.1 烟花算法的发展

2015 年之后，烟花算法快速发展，每年都有新的烟花算法变体被提出。图 9.1 展示了 2015—2021 年烟花算法的发展情况。

9.2 算子的改进

本节介绍烟花算法算子的改进，这是烟花算法研究的主要内容之一。首先，介绍烟花算法算子的基本改进，包括爆炸算子、变异算子、选择算子和映射规则。随后，介绍基于精英策略设计的新方法和用于增强烟花之间互动的机制。

Cheng 等人[56] 研究了 4 种不同的映射规则。Ye 等人[57] 在大规模的优化问题中也讨论了映射规则，他们发现镜像映射规则在大多数测试中均优于其他规则。

Li 等人[58] 对烟花算法进行了比较大的改动，主要体现在以下 4 个方面。

（1）使用较好的烟花进行初始化，加快了烟花算法搜索的进程。

（2）提出了一种新的动态爆炸半径策略。

（3）使用 t 分布来改善高斯变异的效果。

（4）在选择算子的时候采用精英选择策略加特殊的比例选择方法选择个体，以增加群体的多样性。

Li 等人[59] 基于 AFWA 提出了 TMSFWA, 即双主子群的烟花算法。该算法提出了一种新的位移方式，同时还提出了一种新的精英锦标赛选择方式。该方式是先选择最佳个体，再重复选择两个随机个体，其中更好的一个进入下一代。

Li 等人[60] 使用一个自适应的变异算子改进了 dynFWA。该操作在算法的前期使用莱维（Levy）分布产生变异火花，在后期使用高斯分布产生变异火花。

Yu 和 Takagi[61] 基于原始烟花算法提出了一个变体，其中所有烟花的爆炸半径都是相同的值，且在后期爆炸半径线性减小并在特定时间后保持不变。文献 [61] 还提出了一种新的选择方法，该方法可以在局部区域为每个烟花选择后代。

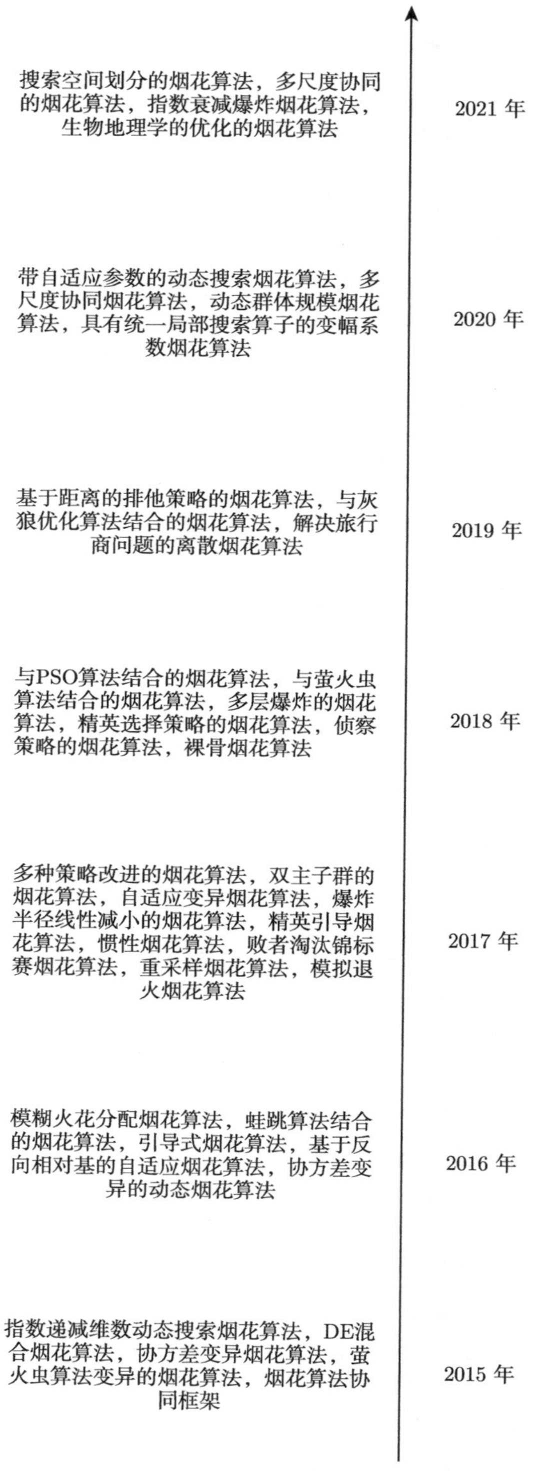

搜索空间划分的烟花算法，多尺度协同的烟花算法，指数衰减爆炸烟花算法，生物地理学的优化的烟花算法	2021 年
带自适应参数的动态搜索烟花算法，多尺度协同烟花算法，动态群体规模烟花算法，具有统一局部搜索算子的变幅系数烟花算法	2020 年
基于距离的排他策略的烟花算法，与灰狼优化算法结合的烟花算法，解决旅行商问题的离散烟花算法	2019 年
与PSO算法结合的烟花算法，与萤火虫算法结合的烟花算法，多层爆炸的烟花算法，精英选择策略的烟花算法，侦察策略的烟花算法，裸骨烟花算法	2018 年
多种策略改进的烟花算法，双主子群的烟花算法，自适应变异烟花算法，爆炸半径线性减小的烟花算法，精英引导烟花算法，惯性烟花算法，败者淘汰锦标赛烟花算法，重采样烟花算法，模拟退火烟花算法	2017 年
模糊火花分配烟花算法，蛙跳算法结合的烟花算法，引导式烟花算法，基于反向相对基的自适应烟花算法，协方差变异的动态烟花算法	2016 年
指数递减维数动态搜索烟花算法，DE混合烟花算法，协方差变异烟花算法，萤火虫算法变异的烟花算法，烟花算法协同框架	2015 年

图 9.1　2015—2021 年烟花算法的发展情况

Li 和 Tan[11] 提出了一个新的烟花算法变体，称为 BBFWA。该算法是简化的烟花算法，烟花算法中的许多机制在该算法中都被移除了，仅保留了爆炸算子与选择算子，并且只使用一个烟花进行操作。BBFWA 虽然简单，但是效果还是非常好的，而且算法的速度得到了明显的提升。

Yu 等人[62] 提出了一种方法来改进爆炸操作。从最初的烟花开始，每一个火花都围绕前一个火花产生。一旦新火花的适应度值比前者差，下一个火花将在该火花周围重新开始。同时，他们还采用了自适应的选择方法，该方法忽略了比烟花更差的火花。

Cheng 等人[63] 在 EFWA 的基础上进行了改进。他们调整了爆炸方式，在一个烟花的超球面范围内产生火花，并且修改了高斯变异算子，使烟花直接产生变异的火花。同时，他们借鉴了灰狼优化（Grey Wolf Optimizer，GWO）算法[64] 中的一种信息交换策略，使得烟花之间可以进行信息交互。

Li 等人[65,66] 指出，在 dynFWA 中，从爆炸火花获得的信息未被完全应用于算法中。他们提出了一种信息导向的变异算子，称为引导变异算子。对于每个烟花，引导向量（Guiding Veoter，GV）从不好的火花的中心指向好的火花的中心。该向量表示每个烟花的改进方向，并将其添加到烟花中以获取引导火花（Guiding Spark，GS），这有助于加速收敛和进行全局探索。采用引导变异算子的算法被称为引导式烟花算法（Guided FWA，GFWA）。在大规模的数据集上，该算法的效果优越性十分明显。

Zhao 等人[67] 在 dynFWA 的基础上提出了 3 种改进的机制，并提出了精英引导烟花算法（Elite-leading Fireworks Algorithm，ELFWA）。主要的改进有：最佳烟花产生的火花数是固定的，应用镜像映射规则映射越界的火花，每个非核心烟花都可以以最佳概率重启。

Laña 等人[68] 提出了一个新的机制以迫使火花向最佳的烟花方向移动。实验结果表明，该机制使得烟花算法的效果有了较大的提升。

Li 和 Tan[69] 提出了一个新的烟花算法的变体，称为败者淘汰锦标赛烟花算法（LoTFWA），该算法建立在 CoFFWA 的基础上。新提出的机制称为败者淘汰锦标赛机制，该机制估计了每个非核心烟花的潜力。如果烟花在搜索结束之前的进步比较小，则会在随机位置将其重启。

Yu 等人[70] 同样提出了一种精英选择机制。对于每个烟花，该机制都会首先计算出类似梯度的向量作为改进方向的估算值，然后计算这些向量的收敛点，如果适应度值更高，则将最差的个体替换掉。

Zheng 等人[71] 在实验中发现，爆炸半径较小的时候，dynFWA 中的爆炸火花更有可能超过父代烟花。基于此原理，他们提出了指数递减维度动态搜索烟花算法（Exponentially Decreased Dynamic Search Fireworks Algorithm，ed-dynFWA）。该算法每隔一定迭代次数会将爆炸半径减小一定的系数。

Barraza 等人[72-74] 应用模糊逻辑来动态地分配爆炸火花并调整爆炸半径。在优化的不同阶段，爆炸半径和火花数受不同的隶属度函数影响。他们提出的算法明显优于原始烟花算法。

Zhang 等人[75] 提出了基于重采样的烟花算法来解决优化中的噪声问题。他们的核心思想是增加重新采样的火花的数量，同时减少搜索过程中重新采样的次数。

Yu 等人[76] 提出了一种新的爆炸框架，该框架使用多层的爆炸策略。在每一层中，来自上一层的火花会根据其适应度值进一步爆炸。

Yu 等人[77] 提出了一种基于距离的排他策略，将烟花算法扩展为找出多个全局/局部最优值的方法。

Chen 等人[78] 提出了一种新的爆炸算子，称为指数衰减爆炸算子。他们提出的算法将引导突变的思想更进一步，并将爆炸过程分解为衰减的引导爆炸序列。实验证明，该算法与 GFWA 相比有着更高的 IUR，且在大规模优化问题上表现出了强大的搜索能力。

Li 等人 [79] 提出了一种具有统一局部搜索算子的变幅系数烟花算法（Variable Amplitude Coefficient Fireworks Algorithm with Uniform Local Search Operator，VACUFWA）。该算法使用动态调整的爆炸半径策略提高了收敛速度。其中，统一局部搜索增强了该算法的利用能力。

Gong 等人 [80] 改进了 dynFWA，在算法中增加了自适应参数，称为带自适应参数的动态搜索烟花算法（Dynamic Search Fireworks Algorithm with Adaptive Parameters，dynFWAAP）。这种新颖的烟花算法使用自适应方法来调整放大系数 $C_{\rm a}$ 和缩减系数 $C_{\rm r}$，以实现快速收敛。为了平衡探索和开采，他们还对振幅系数 α 和火花系数 β 进行了调整，并提出了一种新的选择算子。

Yu 等人 [81] 提出了一种动态群体规模策略，该策略根据当前一代的搜索结果调整群体规模。当目前最优个体找到更好的解时，激活线性递减方法以保持有效的利用速度。群体规模减 1，直到达到最小预设群体规模后，群体规模保持不变。否则，该策略会随机生成比初始群体规模更大的群体，并人为地扩大所有烟花个体的爆炸半径，从而期望摆脱当前的局部最小值。实验结果表明，这种动态群体规模策略不仅可以使烟花算法获得更快的收敛速度，还可以更容易地跳出局部最小值以保持更好的性能，特别是对于高维问题。

Hong 等人 [82] 对 LoTFWA 进行研究后认为，该算法虽然在所有的烟花算法变体中性能最好，但缺乏对烟花协同的综合考虑，这削弱了算法的威力。他们基于生物地理学的优化（Biogeography-Based Optimization，BBO）中的群体迁移和变异思想，改进了 LoTFWA 中的烟花协同。他们提出的机制不仅增强了烟花的探索能力，还大大增强了烟花的开采能力。实验结果表明，他们提出的算法在单模态函数和多模态函数中都具有比目前最先进的烟花算法更好的性能。

9.3　结合的方法

烟花算法的框架灵活且易用，可以轻松地与其他优化方法结合使用，发挥出不同算法各自的优势，提升算法的优化能力。这里介绍几种结合的改进方法。

Zheng 等人 [83] 提出了烟花算法和 DE 算法的混合算法。其中，DE 算法的操作群体是由从最佳火花或烟花中选出的个体组成。如果生成的解决方案具有更好的适应性，它们将替代原始的解，成为下一代的烟花。

Yu 等人 [84-86] 受到 CMA-ES 算法 [21] 的启发，在 AFWA、dynFWA、CoFFWA 中引入了协方差的变异方法。

Bacanin 等人 [87] 在萤火虫算法的搜索方式的启发下，在原始烟花算法中引入了一个新的变异算子。Wang 等人 [88] 将爆炸算子引入萤火虫算法，以改善局部搜索效果。

Gong [89] 将 AFWA 与反向相对基学习结合，提出了基于反向相对基的自适应烟花算法（Opposition-based Adaptive Fireworks Algorithm，OAFWA）。在初始化步骤中，该算法会评估烟花及其对立解，并选择更好的烟花作为第一代烟花。在优化过程中，该算法会评估随机选择的烟花的情况，如果适应度值更高，则将替换这些烟花。

Sun 等人 [90] 在原始烟花算法的分组策略中引入了蛙跳算法（Shuffled Frog Leaping Algorithm，SFLA）[91]。

Ye 和 Wen [92] 将模拟退火方法应用到了 EFWA 的最小爆炸半径策略中。Chen [93] 提出了一种 PSO 算法和烟花算法的混合算法，其中 PSO 算子用于探索，而烟花算法则用于开采。

9.4 协同的烟花算法

烟花算法使用多个烟花个体进行搜索，这些烟花之间可以通过协作共享信息，避免陷入局部最优值，以提升搜索的效率。这也是烟花算法与其他算法相比的巨大优势。本节介绍几种通过各烟花之间的协同合作来提升烟花算法搜索能力的算法。

Zheng 等人 [17] 研究了烟花算法的协同机制，发现最佳烟花以外的烟花对算法的贡献其实是十分有限的，这主要是因为非核心烟花的信息无法使用精英随机选择继承给下一代。因此，他们提出了独立的选择框架，其中每个烟花都在自己的后代中进行选择。他们还提出了一种避免拥挤的策略，以防止非核心烟花在最佳烟花爆炸区域浪费资源，从而弥补了在独立选择下协同效应减弱的问题。

Li 等人 [94] 提出了多尺度协同烟花算法（Multi-scale Collaborative Fireworks Algorithm，MSCFWA），该算法有助于烟花在协调尺度上进行搜索。由于搜索尺度的协同是通过重启或调整局部搜索中没有取得有意义进展的烟花来完成的，因此 MSCFWA 中的烟花可以独立地利用不同的局部区域，也可以在同一局部区域内以不同的搜索尺度进行协作。实验结果表明，该策略稳定地提高了烟花算法在测试函数集 CEC2013 上的整体优化性能。与典型的群体智能优化算法和进化算法相比，它也表现出卓越的效率。

Li 等人 [95] 同时改进了烟花算法的局部搜索机制与全局协同机制，对烟花算法进行了全面的增强。在局部搜索方面，基本的爆炸算子被 CMA-ES 算法中一种有效的适应方法取代。在全局搜索方面，所有烟花的爆炸范围通过搜索空间划分有效地协同。他们提出的算法能够快速地适应局部区域，显著地提高局部开采效率，同时还可以协同多个烟花的搜索范围，形成无缝且不重叠的搜索空间分区，从而保证全局搜索能力。实验结果表明，这些策略显著地改进了烟花算法。

9.5 小结

本章全面总结了 2015 年之后出现的烟花算法变体。部分研究人员从烟花算法的算子切入，针对烟花算法的一些缺陷进行改进，也有部分研究人员通过引入其他优秀的智能算法提升烟花算法的性能。由于烟花算法使用多群体进行搜索，部分研究人员从多群体协同搜索的角度对烟花算法进行了改进，取得了良好的效果。

第 10 章　烟花算法协同框架

烟花算法作为一种群体智能优化算法，其中群体中的烟花可以通过相互协同来处理一个烟花无法很好地完成的任务。在 EFWA 中，为了实现这个想法，使用了两个协同操作：在爆炸算子中，计算爆炸半径和爆炸火花数的适应度值在群体中是共享的；高斯变异算子中的高斯变异策略。

烟花之间的适应度值共享使得适应度值较小的烟花爆炸半径较小、爆炸火花数较多，可使算法保持开采能力；适应度值较大的烟花爆炸半径较大、爆炸火花数较少，可使算法保持探索能力。对于高斯变异算子，其生成的高斯变异火花会沿着核心烟花和被选中的烟花之间的方向分布。高斯变异火花既能够继承所选烟花的有效信息，也可以从核心烟花中学习，这被认为可以提高烟花群体的多样性。

然而，对于 EFWA、dynFWA 和 AFWA，它们都是从包含烟花、产生的爆炸火花和高斯变异火花的候选集中采用基于概率的选择方法。对于所有的烟花算法变体，选择方法的基本原则是始终保留所有候选者之间的最优值，而对于其余的烟花，不同的方法有不同的选择概率计算方法。

读者可以通过本章了解到，这些选择方法导致的事实是：爆炸算子的非核心烟花对优化的贡献较小，却占用了最多的评估时间，而 EFWA 中的高斯变异算子没有设计的那么有效。

10.1　传统烟花算法框架下的合作策略分析

10.1.1　爆炸操作中核心烟花与非核心烟花的协同性能分析

在烟花算法中，爆炸半径的计算方法会使核心烟花的爆炸半径接近 0。为了避免这种限制，EFWA 引入了 MEACS，其中核心烟花的爆炸半径实际上是根据与群体中的非核心烟花无关的 MEACS 计算的。在 dynFWA 或 AFWA 中，核心烟花的爆炸半径是根据与非核心烟花的适应度无关的动态搜索策略或自适应策略来计算的。由此可见，核心烟花的爆炸半径策略独立于烟花群体中的非核心烟花。除了选择方法外，核心烟花和非核心烟花之间唯一的相互作用是爆炸火花数的计算，这对于处理复杂的问题是无能为力的。

对于选择方法，核心烟花和非核心烟花产生的火花是放在一起作为候选烟花的。具有最小适应度值的候选者将成为下一次迭代中的核心烟花。具有最小适应度值的火花总是优先被选择，从其余的烟花中选择出下一次迭代中的非核心烟花，而操作方法是按概率选择的。

综上所述，核心烟花与非核心烟花的区别在于两个方面，即爆炸半径的计算方法和选择策略计算的选择概率。本章将介绍选择方法可使非核心烟花用于增加烟花群体多样性的想法是无效的。

在选择过程中，如果选定的非核心烟花候选是由核心烟花爆炸生成的，那么它将具有与核心烟花相似的性能。或者，选定的候选者由非核心烟花生成。在这种情况下，非核心烟花通常是由父烟花在大的爆炸范围内生成的，这可以看作在搜索范围内随机产生的火花。在使用传统的选择方法的情况下，非核心烟花的信息只能传递给后续几次迭代的子代中，因此在多次迭代之后，非核心烟花的位置将被重启到一个新的位置，并且仅在几次迭代中保持。

事实上，这种选择策略会使非核心烟花产生的火花在一定程度上与搜索空间中随机产生的火花具有相似的性能，或者与核心烟花产生的火花具有相似的性能。如果没有太多启发式信息，我们不能期望通过随机生成火花来获得良好的搜索性能。

10.1.2 高斯变异算子中的协同策略

高斯变异火花的动机是增加群体的多样性。烟花群体合作成功的前提是每个烟花的启发式信息不同且有效。

在 EFWA 中，新生成的高斯变异火花沿着所选烟花和核心烟花之间的方向分布。所选烟花 $\boldsymbol{X}_i$ 可以分为两类。一类包括与核心烟花 $\boldsymbol{X}$ 非常接近的烟花，通常这些烟花与核心烟花具有相同的父烟花。那么，新生成的高斯变异火花可能与爆炸火花具有相似的性能，不能有效地增加群体的多样性。另一类是不靠近核心烟花的烟花，通常是因为这些烟花是由与核心烟花的父烟花不同的烟花产生的。如果是这样，新生成的高斯变异火花会有 3 种情况：靠近核心烟花、靠近所选烟花、不靠近任何烟花。如果新生成的高斯变异火花靠近核心烟花或所选烟花，则与它们产生的爆炸变异火花具有相似的性能；如果新生成的高斯变异火花不靠近它们，则可以看作烟花产生的大爆炸半径的火花。因此，新生成的高斯变异火花不能有效地增加烟花群体的多样性。

此外，假设烟花 $\boldsymbol{X}_i$ 是一个非核心烟花，由于选择方法的原因，其位置是随机的，那么在靠近所选烟花和不靠近任何烟花这两种情况下，生成的高斯变异火花具有与在搜索范围内随机生成火花相似的效果。因此，生成的高斯变异火花将无法提高烟花群体的多样性。

10.1.3 传统烟花算法框架与进化策略（ES）

由前文可知，由于传统烟花算法框架中的选择方法，非核心烟花和高斯变异火花对优化的贡献不大。如果简单地消除爆炸算子中的高斯变异算子和非核心烟花，我们就会得到只使用一个烟花的极简烟花算法（Minimalist Fireworks Algorithm，MFWA），如算法 10.1所示。

算法 10.1 MFWA

```
1: 初始化烟花和爆炸半径；
2: repeat
3:     产生爆炸火花；
4:     更新烟花爆炸半径；
5:     从火花中选出最好的火花作为下一代烟花；
6: until 达到停机条件；
7:       return 算法找到的最优值。
```

在某种程度上，MFWA 的迭代过程与 $(1+\lambda)$-ES[96] 部分相似。一个父代产生许多子代，并根据它们的质量（位置和适应度）更新采样参数。烟花算法中的爆炸半径和进化策略中的方差都可以看作步长。控制它们的方法也部分相似。

dynFWA 中的动态爆炸半径策略与 $(1+1)$-ES[96] 中的 $1/5$ 规则相似。在 dynFWA 中，如果烟花群体找到了更好的位置，则放大爆炸半径，否则减小爆炸半径。在 $(1+1)$-ES 中，如果成功率高于 $1/5$，则突变强度 σ 将增加，否则 σ 将减小。

AFWA 中的爆炸半径（在大多数情况下）可以通过将当前烟花与先前烟花之间的距离乘以突变系数来计算。这样一来，每一个爆炸火花实际上都携带着不同的“爆炸半径”，它是从父代的爆炸半径变异而来的。虽然选择新烟花是因为它的适应度值，但距离也可以看作围绕这个位置的合理步长（因为使用这样的步长可以找到最佳个体）。从这个意义上说，AFWA 的原理

与 $(1+\lambda)$-ES 相似，其中子代的步长也从父代的步长中突变而来，不合适的步长也通过选择被删除。这两种算法的共同思想是“好个体产生的步长在当前搜索阶段是合适的”，这是自适应的关键。

所以，这些算法的性质是相似的：它们都是局部收敛的，在维度敏感的函数上都表现不佳，并且都容易陷入局部最小值。通过与进化策略的对比可以发现，设计一个可以利用所有烟花信息的新的烟花算法框架很有必要，并且强大、高效的协同机制对于算法未来的发展至关重要。

10.2　烟花算法协同框架

为了使烟花算法成为一种成功的群体智能优化算法，每个烟花的启发式信息应该传递给下一代，并且烟花应该可以相互协作。

然而，传统的烟花算法框架缺乏对非核心烟花的局部搜索能力，而高斯变异算子中的协同策略也不是很有效。为了解决这些限制，具有独立选择方法和合作策略的协同框架烟花算法（CoFFWA）被提出。算法 10.2 展示了该算法的流程。

算法 10.2　CoFFWA

1: 初始化 N 个烟花并评估它们的适应度值；
2: **repeat**
3: 　计算每个烟花爆炸产生的火花数与爆炸半径；
4: 　**for** 每个烟花 **do**
5: 　　爆炸产生火花；
6: 　　从火花中选出最好的火花作为下一代烟花；
7: 　　执行合作策略；
8: **until** 达到停机条件；
9: **return** 算法找到的最优值。

10.2.1　独立选择方法

如前所述，烟花算法及其变体中基于概率的随机选择方法导致非核心烟花和非一般核心烟花对算法的贡献不大，但在爆炸算子中消耗了大量的评估时间，并且烟花间高斯变异算子的协同方案无法解决复杂问题。此外，传统烟花算法框架中的选择方法被认为是非核心烟花和非一般核心烟花不能在多次连续迭代中进化的主要原因。

为了实现烟花算法最初的思想，即群体中的烟花协同解决优化问题，需要确保每个烟花的信息都传递到下一代。在新的烟花算法框架中，每个烟花都会执行独立的选择方法，即每个烟花将在每次迭代中分别从其生成的所有火花和自身中选择最佳候选者（见算法 10.2 和图 10.1）。

10.2.2　烟花间的避免拥挤合作策略

在烟花群体中，每一个烟花都会产生许多能代表局部区域搜索潜力的爆炸火花。每个烟花位置的搜索潜力在群体中共享，以加快收敛速度。

对于 CoFFWA 中的爆炸半径和爆炸火花数的计算，核心烟花仍然采用动态爆炸半径策略，而对于除核心烟花外的其余部分，爆炸半径按照 dynFWA 中的公式计算，即

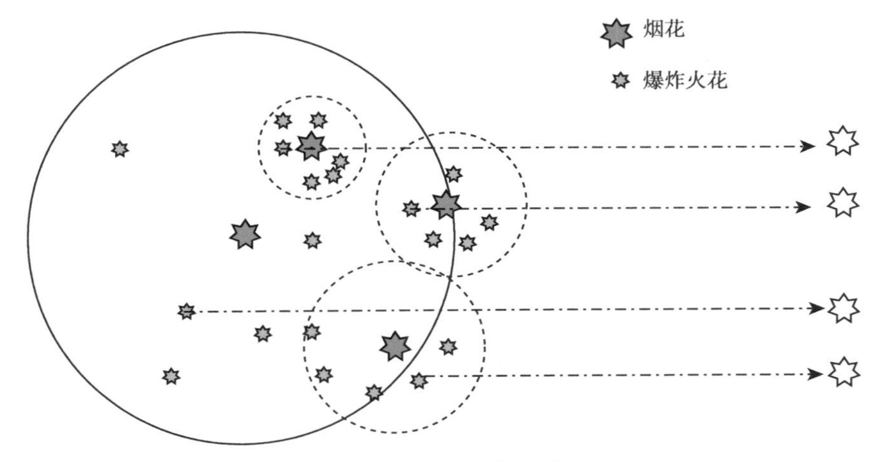

图 10.1 独立选择方法

$$A_i = \hat{A}\frac{f(\boldsymbol{X}_i) - \min\limits_{k}(f(\boldsymbol{X}_k)) + \varepsilon}{\sum\limits_{j=1}^{N}\left(f(\boldsymbol{X}_j) - \min\limits_{k}(f(\boldsymbol{X}_k))\right) + \varepsilon} \tag{10.1}$$

爆炸火花数通过式 (10.2) 计算：

$$s_i = M_e\frac{\max\limits_{k}(f(\boldsymbol{X}_k)) - f(\boldsymbol{X}_i) + \varepsilon}{\sum\limits_{j=1}^{N}\left(\max\limits_{k}(f(\boldsymbol{X}_k)) - f(\boldsymbol{X}_j)\right) + \varepsilon} \tag{10.2}$$

其中，M_e 表示最大爆炸火花数。在烟花产生爆炸火花后，每个烟花分别执行独立的选择方法。

CoFFWA 的烟花群体中引入了避免拥挤合作策略（见图 10.2）。规避群体拥挤的操作意味着每当烟花群体中的烟花接近核心烟花（在核心烟花的固定范围内），那么该烟花的位置将在可行搜索空间中重启（见算法 10.3）。图 10.2 和算法 10.3 展示了在算法中加入避免拥挤合作策略的两个主要原因。

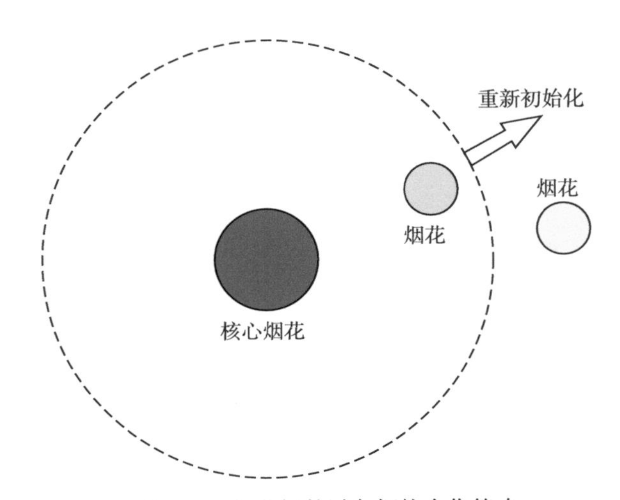

图 10.2 烟花间的避免拥挤合作策略

算法 10.3　烟花间的避免拥挤合作策略

1: **if** $\|\boldsymbol{X}_i - \boldsymbol{X}_{\mathrm{CF}}\|_\infty < \tau A_{\mathrm{CF}}$ **then**
2: 　重启烟花 $\boldsymbol{X} - i$。

10.3　实验设计

10.3.1　非核心烟花和非一般核心烟花在爆炸算子中的意义分析

为了研究非核心烟花和非一般核心烟花在爆炸算子中与核心烟花和一般核心烟花相比是否有效，本节设计了评价标准、显著改进标准和资源成本。

1. 标价标准

对于这些评价标准，使用没有高斯变异算子的烟花算法变体（算法只产生爆炸火花）来避免高斯变异算子的影响。

2. 显著改进标准

在烟花中，如果一个烟花 $\boldsymbol{X}_i$ 在所有爆炸火花和烟花中产生了具有最小适应度值的爆炸火花，那么烟花 $\boldsymbol{X}_i$ 被认为对优化进行了一次显著的改进。在烟花算法优化过程的每次迭代中，最多一个烟花可以做出显著的改进，因此这里比较核心烟花、一般核心烟花、非核心烟花和非一般核心烟花的性能，同时记录它们在每次运行期间的显著改进时间。

（1）α_{CF}，核心烟花的显著改进次数占所有显著改进次数的百分比。

（2）β_{CF}，核心烟花的显著改进时间占 $\frac{1}{30}E_{\max}$ 次评估时间记录的所有显著改进时间的百分比。

（3）α_{GCF}，一般核心烟花的显著改进时间占所有显著改进时间的百分比。

（4）β_{GCF}，一般核心烟花的显著改进时间占 $\frac{1}{30}E_{\max}$ 次评估时间记录的所有显著改进时间的百分比。

这里，$E_{\max}$ 表示最大评估次数。在优化初期的性能比较中，β_{CF}、β_{GCF} 优于 α_{CF}、α_{GCF}，这可能是由于大量的爆炸火花使得非核心烟花获得更显著的改进时间。但是，优化后期的显著改进更加重要。

3. 资源成本

对于优化过程，$E_{\max}$ 通常设置为 $10000D$，其中 D 是问题的维度。

（1）θ_{CF}，核心烟花的评估次数占所有评估次数的百分比。

（2）θ_{GCF}，一般核心烟花的评估次数占所有评估次数的百分比。

10.3.2　高斯变异算子的意义分析

为了验证 EFWA 中引入的高斯变异算子是否有效，本实验进行了以下对比。

（1）EFWA-G 对比 EFWA-NG。

（2）dynFWA-G 对比 dynFWA-NG。

（3）AFWA-G 对比 AFWA-NG。

这里，“G”和“NG”分别指有高斯变异算子和没有高斯变异算子。

为了验证 CoFFWA 的性能，本实验比较了 CoFFWA 与 EFWA [14]、dynFWA [97]、AFWA [15]、ABC 算法 [19]、DE 算法 [20]、SPSO2007 [30] 和 SPSO2011 [18]。

10.4 实验结果

为了验证核心烟花和一般核心烟花的性能，分别在 EFWA-NG 和 dynFWA-NG 中计算 α_{CF}、β_{CF}、θ_{CF}、α_{GCF}、β_{GCF} 和 θ_{GCF} 的值，28 个函数的记录结果如图 10.3所示。

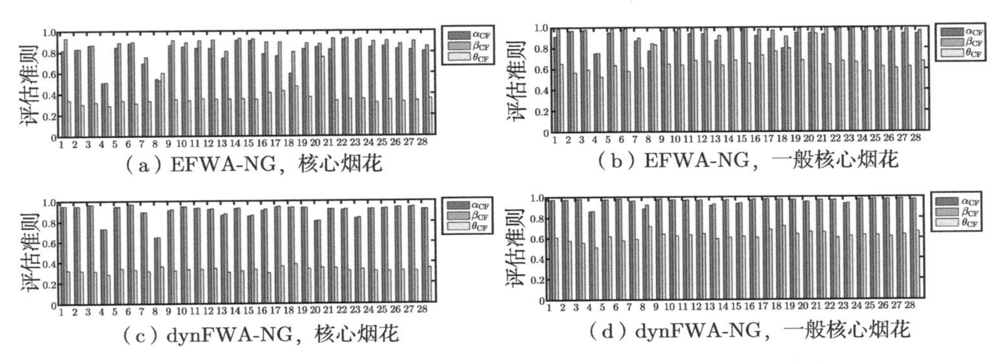

（a）EFWA-NG，核心烟花　（b）EFWA-NG，一般核心烟花

（c）dynFWA-NG，核心烟花　（d）dynFWA-NG，一般核心烟花

图 10.3　核心烟花和一般核心烟花的显著改进和资源成本实验结果

比较核心烟花和非核心烟花的性能可以看出，对于 EFWA-NG 和 dynFWA-NG，核心烟花占用资源的比例较小，但对搜索时间的改进更显著。

比较评价标准 α_{CF} 和 β_{CF} 可以看出，对于所有函数，β_{CF} 高于 α_{CF}，这意味着在优化开始时，非核心烟花有很大的概率做出显著改进，而在后期，改进的机会变小了。一般核心烟花的上述情况与核心烟花相似。

比较核心烟花和一般核心烟花的结果可以看出，一般核心烟花在占用更多资源的同时做出了更显著的改进，因为除了核心烟花之外的一些烟花可能位于核心烟花附近，因此有很大的改进机会。

综上所述，可以得出结论，核心烟花在占用资源较少的情况下比非核心烟花做出的贡献要多得多，而非一般核心烟花似乎对优化几乎没有贡献。

表 10.1 展示了有高斯变异算子和没有高斯变异算子的 EFWA、dynFWA、AFWA 的 Wilcoxon 符号秩检验结果。将 EFWA-G 与 EFWA-NG 进行比较可以看出，EFWA-G 在 4 个功能上的表现明显优于 EFWA-NG，这表明高斯变异算子对于提高 EFWA 的性能是有效的。然而，对于 dynFWA 和 AFWA，没有高斯变异算子的版本具有更好的性能。此外，就计算复杂度而言，文献 [16] 中的结果表明，高斯变异算子生成一个火花比爆炸算子更耗时。因此，CoFFWA 中移除了高斯变异算子。

表 10.2 展示了 ABC 算法、DE 算法、SPSO2007、SPSO2011、EFWA、AFWA、dynFWA 和 CoFFWA 在 28 个测试函数上的 51 次优化中的平均适应度值及相应的平均排名。可以看出，与 dynFWA 相比，CoFFWA 在 24 个测试函数上能够实现更好的结果；与 AFWA 相比，CoFFWA 在 22 个测试函数上能够实现更好的结果。而 dynFWA 在 3 个测试函数上优于 CoFFWA，AFWA 在

5 个函数上优于 CoFFWA。对于 f_1，三者的结果是相同的。与 EFWA 相比，CoFFWA 的优势更加明显。此外，从各个测试函数的性能比较可以看出，CoFFWA 在基本多模态函数（$f_6 \sim f_{19}$）和复合函数（$f_{20} \sim f_{28}$）上获得了更大的优势，而在单模态函数（$f_1 \sim f_5$）上的优势相对不明显。由表 10.2 还可以看出，在平均适应度值的平均排名方面，CoFFWA 与其他参与比较的算法相比，获得了最好的优化结果。此外，Wilcoxon 符号秩检验结果（见表 10.3）表明，CoFFWA 在 7 个测试函数上明显优于 dynFWA，而在 2 个测试函数上明显较差。综上所述，可以得出结论，在烟花算法中加入协同框架是十分必要的。

表 10.1　Wilcoxon 符号秩检验结果

测试函数	EFWA-G vs. EFWA-NG		dynFWA-G vs. dynFWA-NG		AFWA-G vs. AFWA-NG	
	函数值	显著检验结果	函数值	显著检验结果	函数值	显著检验结果
f_1	2.316×10^{-3}	1	1.000×10^{0}	0	1.000×10^{0}	0
f_2	4.256×10^{-1}	0	9.328×10^{-1}	0	4.647×10^{-1}	0
f_3	8.956×10^{-1}	0	2.339×10^{-1}	0	7.191×10^{-2}	0
f_4	7.858×10^{-1}	0	7.492×10^{-2}	0	5.689×10^{-3}	−1
f_5	4.290×10^{-2}	1	7.646×10^{-2}	0	5.239×10^{-1}	0
f_6	1.654×10^{-1}	0	7.858×10^{-1}	0	9.030×10^{-1}	0
f_7	9.552×10^{-1}	0	6.869×10^{-1}	0	2.728×10^{-1}	0
f_8	9.776×10^{-1}	0	4.704×10^{-1}	0	8.808×10^{-1}	0
f_9	5.178×10^{-1}	0	4.997×10^{-1}	0	7.571×10^{-1}	0
f_{10}	3.732×10^{-1}	0	5.057×10^{-1}	0	9.545×10^{-3}	−1
f_{11}	5.830×10^{-2}	0	6.629×10^{-1}	0	3.204×10^{-1}	0
f_{12}	6.193×10^{-1}	0	3.783×10^{-1}	0	1.801×10^{-1}	0
f_{13}	8.220×10^{-1}	0	1.863×10^{-1}	0	4.590×10^{-1}	0
f_{14}	4.101×10^{-2}	0	3.834×10^{-1}	0	5.239×10^{-1}	0
f_{15}	6.869×10^{-1}	0	3.438×10^{-1}	0	4.879×10^{-1}	0
f_{16}	2.811×10^{-1}	0	4.256×10^{-1}	0	8.220×10^{-1}	0
f_{17}	9.179×10^{-1}	0	1.863×10^{-1}	0	2.339×10^{-1}	0
f_{18}	6.938×10^{-1}	0	4.762×10^{-1}	0	6.460×10^{-1}	0
f_{19}	9.402×10^{-1}	0	1.542×10^{-1}	0	7.786×10^{-1}	0
f_{20}	1.559×10^{-2}	−1	5.830×10^{-2}	0	4.997×10^{-1}	0
f_{21}	6.910×10^{-4}	1	7.997×10^{-1}	0	5.937×10^{-1}	0
f_{22}	9.776×10^{-1}	0	3.583×10^{-1}	0	4.202×10^{-1}	0
f_{23}	7.217×10^{-1}	0	7.642×10^{-1}	0	6.260×10^{-1}	0
f_{24}	1.079×10^{-2}	1	5.486×10^{-1}	0	7.500×10^{-1}	0
f_{25}	8.734×10^{-1}	0	2.091×10^{-1}	0	1.369×10^{-2}	−1
f_{26}	2.687×10^{-1}	0	7.217×10^{-1}	0	3.834×10^{-1}	0
f_{27}	3.534×10^{-1}	0	8.734×10^{-1}	0	1.597×10^{-1}	0
f_{28}	6.460×10^{-1}	0	$\mathbf{0.00 \times 10^{0}}$	−1	3.285×10^{-3}	−1

表 10.2 各算法在不同测试函数上的平均适应度值与相应排名

测试函数	ABC		DE		SPSO2007		SPSO2011		EFWA		AFWA		dynFWA		CoFFWA	
	平均适应度值	排名	平均适应度值	排名	平均适应度值	排名	平均适应度值	排名	平均适应度值	排名	平均适应度值	排名	平均适应度值	排名	平均适应度值	排名
f_1	0.00×10^{0}	1	1.89×10^{-3}	7	0.00×10^{0}	1	0.00×10^{0}	1	8.50×10^{-2}	8	0.00×10^{0}	1	0.00×10^{0}	1	0.00×10^{0}	1
f_2	6.20×10^{6}	8	5.52×10^{4}	1	6.08×10^{6}	7	3.38×10^{5}	2	5.85×10^{5}	3	8.92×10^{5}	6	8.71×10^{5}	4	8.80×10^{5}	5
f_3	5.74×10^{8}	7	2.16×10^{6}	1	6.63×10^{8}	8	2.88×10^{8}	6	1.16×10^{8}	3	1.26×10^{8}	5	1.23×10^{8}	4	8.04×10^{7}	2
f_4	8.75×10^{4}	7	1.32×10^{-1}	1	1.03×10^{5}	8	3.86×10^{4}	6	1.22×10^{0}	2	1.14×10^{1}	4	1.04×10^{1}	3	2.01×10^{3}	5
f_5	0.00×10^{0}	1	2.48×10^{-3}	7	0.00×10^{0}	2	5.42×10^{-4}	3	8.05×10^{-2}	8	6.00×10^{-4}	5	5.51×10^{-4}	4	7.41×10^{-4}	6
f_6	1.46×10^{1}	2	7.82×10^{0}	1	2.52×10^{1}	4	3.79×10^{1}	8	3.22×10^{1}	7	2.99×10^{1}	5	3.01×10^{1}	6	2.47×10^{1}	3
f_7	1.25×10^{2}	7	4.89×10^{1}	1	1.13×10^{2}	6	8.79×10^{1}	2	1.44×10^{2}	8	9.19×10^{1}	4	9.99×10^{1}	5	8.99×10^{1}	3
f_8	2.09×10^{1}	6	2.09×10^{1}	2	2.10×10^{1}	7	2.09×10^{1}	5	2.10×10^{1}	8	2.09×10^{1}	4	2.09×10^{1}	3	2.09×10^{1}	1
f_9	3.01×10^{1}	8	1.59×10^{1}	1	2.93×10^{1}	6	2.88×10^{1}	5	2.98×10^{1}	7	2.48×10^{1}	4	2.41×10^{1}	3	2.40×10^{1}	2
f_{10}	2.27×10^{-1}	5	3.24×10^{-2}	1	2.38×10^{-1}	6	3.40×10^{-1}	7	8.48×10^{-1}	8	4.73×10^{-2}	3	4.81×10^{-2}	4	4.10×10^{-2}	2
f_{11}	0.00×10^{0}	1	7.88×10^{1}	3	6.26×10^{1}	2	1.05×10^{2}	7	2.79×10^{2}	8	1.05×10^{2}	6	1.04×10^{2}	5	9.90×10^{1}	4
f_{12}	3.19×10^{2}	7	8.14×10^{1}	1	1.15×10^{2}	3	1.04×10^{2}	2	4.06×10^{2}	8	1.52×10^{2}	5	1.58×10^{2}	6	1.40×10^{2}	4
f_{13}	3.29×10^{2}	7	1.61×10^{2}	1	1.79×10^{2}	2	1.94×10^{2}	3	3.51×10^{2}	8	2.36×10^{2}	4	2.54×10^{2}	6	2.50×10^{2}	5
f_{14}	3.58×10^{-1}	1	2.38×10^{3}	3	1.59×10^{3}	2	3.99×10^{3}	7	4.02×10^{3}	8	2.97×10^{3}	5	3.02×10^{3}	6	2.70×10^{3}	4
f_{15}	3.88×10^{3}	4	5.19×10^{3}	8	4.31×10^{3}	7	3.81×10^{3}	3	4.28×10^{3}	6	3.81×10^{3}	2	3.92×10^{3}	5	3.37×10^{3}	1
f_{16}	1.07×10^{0}	5	1.97×10^{0}	8	1.27×10^{0}	6	1.31×10^{0}	7	5.75×10^{-1}	3	4.97×10^{-1}	2	5.80×10^{-1}	4	4.56×10^{-1}	1
f_{17}	3.04×10^{1}	1	9.29×10^{1}	2	9.98×10^{1}	3	1.16×10^{2}	5	2.17×10^{2}	8	1.45×10^{2}	7	1.43×10^{2}	6	1.10×10^{2}	4
f_{18}	3.04×10^{2}	8	2.34×10^{2}	7	1.80×10^{2}	4	1.21×10^{2}	1	1.72×10^{2}	2	1.75×10^{2}	3	1.88×10^{2}	6	1.80×10^{2}	5
f_{19}	2.62×10^{-1}	1	4.51×10^{0}	2	6.48×10^{0}	3	9.51×10^{0}	7	1.24×10^{1}	8	6.92×10^{0}	5	7.26×10^{0}	6	6.51×10^{0}	4

续表

测试函数	ABC		DE		SPSO2007		SPSO2011		EFWA		AFWA		dynFWA		CoFFWA	
	平均适应度值	排名	平均适应度值	排名	平均适应度值	排名	平均适应度值	排名	平均适应度值	排名	平均适应度值	排名	平均适应度值	排名	平均适应度值	排名
f_{20}	1.44×10^1	6	1.43×10^1	5	1.50×10^1	8	1.35×10^1	4	1.45×10^1	7	1.30×10^1	1	1.33×10^1	3	1.32×10^1	2
f_{21}	1.65×10^2	1	3.20×10^2	6	3.35×10^2	8	3.09×10^2	3	3.28×10^2	7	3.16×10^2	5	3.10×10^2	4	2.06×10^2	2
f_{22}	2.41×10^1	1	1.72×10^3	2	2.98×10^3	3	4.30×10^3	7	5.15×10^3	8	3.45×10^3	6	3.33×10^3	5	3.32×10^3	4
f_{23}	4.95×10^3	5	5.28×10^3	6	6.97×10^3	8	4.83×10^3	4	5.73×10^3	7	4.70×10^3	2	4.75×10^3	3	4.47×10^3	1
f_{24}	2.90×10^2	7	2.47×10^2	1	2.90×10^2	6	2.67×10^2	2	3.05×10^2	8	2.70×10^2	4	2.73×10^2	5	2.68×10^2	3
f_{25}	3.06×10^2	6	2.80×10^2	1	3.10×10^2	7	2.99×10^2	5	3.38×10^2	8	2.99×10^2	4	2.97×10^2	3	2.94×10^2	2
f_{26}	2.01×10^2	1	2.52×10^2	3	2.57×10^2	4	2.86×10^2	7	3.02×10^2	8	2.73×10^2	6	2.61×10^2	5	2.13×10^2	2
f_{27}	4.16×10^2	1	7.64×10^2	2	8.16×10^2	3	1.00×10^3	7	1.22×10^3	8	9.72×10^2	5	9.80×10^2	6	8.71×10^2	4
f_{28}	2.58×10^2	1	4.02×10^2	5	6.92×10^2	7	4.01×10^2	4	1.23×10^3	8	4.37×10^2	6	2.96×10^2	3	2.84×10^2	2
—	—	4.14 (AR)	—	3.18 (AR)	—	5.04 (AR)	—	4.64 (AR)	—	6.79 (AR)	—	4.25 (AR)	—	4.43 (AR)	—	3.00 (AR)

注：“(AR)”表示平均排名。

表 10.3 Wilcoxon 符号秩检验结果

测试函数	p 值	假设检验结果	测试函数	p 值	假设检验结果
f_1	0.000000	0	f_{15}	0.000089	1
f_2	0.646019	0	f_{16}	0.115316	0
f_3	0.932769	0	f_{17}	0.000003	1
f_4	0.000000	−1	f_{18}	0.414791	0
f_5	0.000000	−1	f_{19}	0.256715	0
f_6	0.398886	0	f_{20}	0.625961	0
f_7	0.078034	0	f_{21}	0.000001	1
f_8	0.707706	0	f_{22}	0.851293	0
f_9	0.985043	0	f_{23}	0.119709	0
f_{10}	0.298129	0	f_{24}	0.252805	0
f_{11}	0.241324	0	f_{25}	0.378261	0
f_{12}	0.079630	0	f_{26}	0.002316	1
f_{13}	0.586675	0	f_{27}	0.005528	1
f_{14}	0.008676	1	f_{28}	0.001594	1

10.5 小结

由于传统烟花算法框架下的爆炸操作与高斯变异操作的协同性能较差，为了提升烟花群体的协同搜索能力，本章提出了烟花算法协同框架。该框架可将每个烟花的启发式信息传递给下一代，并且可以使烟花相互协作、避免拥挤，从而提升烟花算法的全局搜索能力。

第 11 章　引导式烟花算法

本书第 6 章提出了 IUR 这个度量指标，并给出了一系列关于元启发式算法的理论。这些理论可以指导算法的研究与改进。本章分析烟花算法的 IUR，并以 IUR 为指导提出一种新的烟花算法变体，称为引导式烟花算法（GFWA）。该算法的思想是利用爆炸火花获得的目标函数的信息，构造一个更有潜力的方向和自适应长度的引导向量（GV），并通过将引导向量添加到烟花的位置来生成一个称为引导火花（GS）的精英解。实验结果表明，引导火花对烟花算法的探索和开采都有很大的贡献，因此 GFWA 具有更高的 IUR，在基准测试集上的表现也更好。

11.1　算法简介

GFWA 基于 dynFWA 实现，它的思路非常简单，而且运行稳定。本节简要回顾一下 dynFWA 的框架和算子，以便让读者更好地理解 GFWA。

dynFWA 通过从烟花中产生火花和在火花中选择烟花来不断迭代并寻找更好的解。每次迭代包括以下 3 个步骤。

（1）爆炸算子：每个烟花在一定范围内（用爆炸半径度量）爆炸，产生一定数量的爆炸火花。爆炸火花数和爆炸半径根据烟花的质量计算。计算的原则是：较好的烟花在较小的范围内产生更多的火花，以便进行开采；较差的烟花在较大的范围内产生较少的火花，以便进行探索。

（2）选择算子：从包括当前烟花和火花在内的候选个体中选出新一代烟花。在 dynFWA 中，首先选择所有候选个体中最好的个体作为下一代烟花，其余的烟花则从其余个体中均匀、随机选择。

（3）映射规则：如果要解决的优化问题是约束问题，则需要有一个映射规划将越界火花映射回搜索空间。

下面详细介绍 dynFWA 中的核心算子，也就是爆炸算子。

对于每个烟花 $\boldsymbol{X}_i$，其爆炸产生的火花数为

$$\lambda_i = \hat{\lambda}\frac{\max\limits_j\left(f\left(\boldsymbol{X}_j\right)\right) - f\left(\boldsymbol{X}_i\right)}{\sum\limits_j\left(\max\limits_k\left(f\left(\boldsymbol{X}_k\right)\right) - f\left(\boldsymbol{X}_j\right)\right)} \tag{11.1}$$

其中，$\hat{\lambda}$ 是一个参数，用于控制每一代中产生火花的数量。在迭代过程中，适应度值最好的烟花称为核心烟花（CF），即

$$\boldsymbol{X}_{\mathrm{CF}} = \arg\min_{\boldsymbol{X}_i}\left(f\left(\boldsymbol{X}_i\right)\right) \tag{11.2}$$

在 dynFWA 中，烟花（核心烟花除外）的爆炸半径的计算方式与原始烟花算法相同，即

$$A_i = \hat{A}\frac{f\left(\boldsymbol{X}_i\right) - f\left(\boldsymbol{X}_{\mathrm{CF}}\right)}{\sum\limits_j\left(f\left(\boldsymbol{X}_j\right) - f\left(\boldsymbol{X}_{\mathrm{CF}}\right)\right)} \tag{11.3}$$

其中，$\hat{A}$ 是一个常参数，用于控制每一代烟花的爆炸半径。

但是在核心烟花中，其爆炸半径需要根据上一代爆炸的结果来确定，即

$$A_{\mathrm{CF}}(t)=\begin{cases}A_{\mathrm{CF}}(1) & t=1\\ C_{\mathrm{r}}A_{\mathrm{CF}}(t-1) & f\left(\boldsymbol{X}_{\mathrm{CF}}(t)\right)=f\left(\boldsymbol{X}_{\mathrm{CF}}(t-1)\right)\\ C_{\mathrm{a}}A_{\mathrm{CF}}(t-1) & f\left(\boldsymbol{X}_{\mathrm{CF}}(t)\right)<f\left(\boldsymbol{X}_{\mathrm{CF}}(t-1)\right)\end{cases} \tag{11.4}$$

其中，$A_{\mathrm{CF}}(t)$ 是核心烟花在第 t 代的爆炸半径。

算法初始的时候，核心烟花是所有随机初始化烟花中适应度值最好的烟花，其爆炸范围通常设定为搜索空间的一半。在之后的迭代过程中，如果算法在上一代（第 $t-2$ 代）为烟花找到了一个更好的解，那么第 $t-1$ 代核心烟花的爆炸半径会乘一个放大系数 $C_{\mathrm{a}}>1$，否则，爆炸半径会乘一个缩减系数 $C_{\mathrm{r}}<1$。在第 $t-1$ 代最好的烟花会被选择成为第 t 代的核心烟花，所以式 (11.4) 中的条件指示了最好的解在这一代中有没有提升。

这种动态爆炸半径的核心思想可以这样理解：如果在一次迭代中没有找到更好的解决方案，则意味着爆炸半径太大，因此需要减小爆炸半径以增加找到更好的解的概率。反之，则说明爆炸半径可能太小而无法取得最大进展，因此需要放大。通过动态控制爆炸半径，算法可以保持适合搜索的步长，即核心烟花的动态爆炸半径在进行探索的早期阶段较长，在进行开采的后期阶段较短。

算法 11.1 展示了每个烟花是如何爆炸并产生火花的。对于烟花群体中的个体，爆炸时其火花在烟花周围的超立方体内均匀分布。此外，爆炸算子中还有维度选择机制，只有大约一半的爆炸火花维度与烟花不同。

算法 11.1 烟花 $\boldsymbol{X}_i$ 爆炸并产生火花

Require: $\boldsymbol{X}_i$，A_i 和 λ_i。

1: **for** j=1 to λ_i **do**
2:     **for** 每一个维度 $k=1,2,\cdots,d$ **do**
3:         从分布 $\mathrm{rand}(0,1)$ 中采样 κ；
4:         **if** $\kappa<0.5$ **then**
5:             从分布 $\mathrm{rand}(-1,1)$ 中采样 η；
6:             $s_{ij}^{(k)}\leftarrow X_i^{(k)}+\eta A_i$；
7:         **else**
8:             $s_{ij}^{(k)}\leftarrow X_i^{(k)}$；
9: **return** 所有 $\boldsymbol{s}_{ij}$。

dynFWA 并没有一个优秀的变异机制来增加群体的多样性。当烟花爆炸产生许多火花时，火花的位置和适应度值包含很多有关目标函数的信息，但在之前的烟花算法版本中并没有得到充分利用。本章提出的一种烟花算法变体，能够利用爆炸算子提供的丰富信息来提高性能。在每一代中，为每个烟花生成一个引导火花。引导火花是通过在烟花的位置上添加一个称为引导向量的特定向量来生成的。要计算引导向量，需要从这些爆炸火花中学习两件事：有希望的方向，以及沿该方向的适当步长。

下面通过计算两组爆炸火花 [分别为适应度值好的火花（顶部火花）和适应度值差的火花（底部火花）] 的质心之差来学习它们。

烟花 $\boldsymbol{X}_i$ 的引导火花 $\boldsymbol{G}_i$ 的计算方式如算法 11.2 所示。

算法 11.2　烟花 $\boldsymbol{X}_i$ 产生引导火花

Require: $\boldsymbol{X}_i$，$\boldsymbol{s}_{ij}$，$f(\boldsymbol{s}_{ij})$，λ_i 和 σ。

1: 根据每个火花的适应度值 $f(\boldsymbol{s}_{ij})$ 对所有火花进行排序；

2: $\boldsymbol{\Delta}_i \leftarrow \dfrac{1}{\sigma\lambda_i}\left(\sum_{j=1}^{\sigma\lambda_i} \boldsymbol{s}_{ij} - \sum_{j=\lambda_i-\sigma\lambda_i+1}^{\lambda_i} \boldsymbol{s}_{ij}\right)$；

3: $\boldsymbol{G}_i \leftarrow \boldsymbol{X}_i + \boldsymbol{\Delta}_i$；

4: 　　**return** $\boldsymbol{G}_i$。

这里，有以下 3 点值得注意。

（1）每一个烟花只会生成一个引导火花。

（2）每一个烟花只会利用自己的火花计算引导火花。

（3）如果 $\sigma\lambda_i$ 不是整数，那么使用 $\lceil\sigma\lambda_i\rceil$ 来代替，其中 $\lceil\cdot\rceil$ 是向上取整。

事实上，对于算法 11.2 中的步骤 1，是不需要对所有的火花进行排序的，因为算法只用到了顶部与底部的 $\sigma\lambda_i$ 个火花。尤其是当 λ_i 非常大时，全排序需要消耗较多的性能。因此，可以使用快速排序算法 [98] 找到顶部与底部的火花。在这种情况下，算法只需要线性的时间复杂度 $O(\lambda_i d)$。

在算法 11.2 中，引导向量 $\boldsymbol{\Delta}_i$ 是顶部前 $\sigma\lambda_i$ 个火花中心与底部后 $\sigma\lambda_i$ 个火花中心的差向量。此外，引导向量也可以看作 $\sigma\lambda_i$ 个向量的平均值：

$$\boldsymbol{\Delta}_i = \frac{1}{\sigma\lambda_i}\sum_{j=1}^{\sigma\lambda_i}\left(\boldsymbol{s}_{ij} - \boldsymbol{s}_{i,\lambda_i-j+1}\right) \tag{11.5}$$

这些向量中的每一个都从一个较差的解指向一个较好的解。如果爆炸半径很小，即爆炸火花聚集在烟花周围，则引导向量可以看作（负）梯度的估计量，尽管目标函数不需要是可微的。而如果爆炸半径很大，则预计引导向量会指向搜索空间的有希望找到更优解的区域。

该算法使用爆炸火花的顶部火花和底部火花，而不是仅使用最优火花和最差火花，是有一些原因的。第一，通过使用顶部和底部群体，它们的不相关值将被抵消。最好的爆炸火花的维度大部分都是质量好的，但其余维度的质量就不够好，这意味着向唯一最好的个体学习，不仅会学习到其表现好的部分，还会学习到其解质量较差的部分。而从优秀群体中学习则是另一回事，因为算法只学习它们的共同特性，除此之外的其他信息都可以视为随机噪声。这一点也适用于不良的爆炸火花。第二，如果目标函数的极小点在烟花的爆炸范围之外，则该算法应该产生可以引导火花并加速搜索过程的精英火花；而如果极小点已经在爆炸范围内，则步长不应该太长，否则它对搜索来讲没有贡献。所以，步长应该根据与极值点的距离来调节。本节将证明：通过使用总体信息，步长确实会随着距离自动变化。

在实践中，使用顶部群体和底部种群体计算引导火花比仅使用最优火花和最差火花的性能更好。GFWA 的框架如算法 11.3 所示。

在每次迭代中，在生成引导火花之后，下一代烟花的候选集包括 3 种个体：当前烟花、爆炸火花、引导火花。除了最佳烟花之外，其他烟花的选取仍然是随机的。

下面，通过一个具体的例子来研究引导向量的特性，并对 GFWA 进行理论分析。为方便理论分析，本节后续不考虑维度选择机制（算法 11.1 中的第 3 行、第 4 行，以及第 7 行 ~ 第 9 行）（实际上将在实验中从 GFWA 中删除）。它不会改变下面给出的命题，因为考虑到维度选择，所有边界只会乘以一些常数。

算法 11.3 GFWA

1: 在搜索空间中随机初始化 μ 个烟花；
2: 评估每个烟花的适应度值；
3: **repeat**
4: 根据式 (11.1) 计算火花数 λ_i；
5: 根据式 (11.2) 和式 (11.3) 计算爆炸半径 A_i；
6: 对于群体中的每一个烟花，根据算法 11.1，烟花爆炸产生火花；
7: 对于群体中的每一个烟花，根据算法 11.2生成引导火花；
8: 评估每个火花的适应度值；
9: 选择所有火花中适应度值最好的作为下一代的烟花；
10: 随机从剩下的群体中选出 $\mu-1$ 个火花作为烟花；
11: **until** 满足停机条件；
return 最优的解及其适应度值。

假设[①] $f(\boldsymbol{x})=x_1^2$，该算法只采用一个烟花 $\boldsymbol{X}$（因此省略了下标 i）且 $X^{(1)}>0$。也就是说，在烟花的位置，目标函数的值在方向 $[-1,0,0,\cdots]$（负梯度方向）上下降得最快，在方向 $[0,\cdots]$ 上则不发生改变。定理 11.1 表明，不相关方向上的噪声将被抵消。

定理 11.1

（不相关方向的误差界限）假设 $f(\boldsymbol{x})=x_1^2$，$\boldsymbol{s}_j$ 是由算法 11.1 计算得到的火花，$\boldsymbol{\Delta}$ 由算法 11.2 计算得出，则有

$$\left|\Delta^{(k)}\right| \leqslant \sqrt{\frac{2}{3\sigma\lambda\delta}}A \tag{11.6}$$

在任意 $k\neq 1$ 的情况下，成立的概率至少为 $1-\delta$。

证明 因为 $f(\boldsymbol{x})=x_1^2$，第 k 维上的火花值对其适应度值没有影响，所以 $s_j^{(k)}\sim \mathrm{rand}(-A,A)$，同时它们的协方差为 0。于是，有

$$E\left[\Delta^{(k)}\right]=0 \tag{11.7}$$

$$\mathrm{Var}\left[\Delta^{(k)}\right]=\frac{2A^2}{3\sigma\lambda} \tag{11.8}$$

使用切比雪夫（Chebysheo）不等式，有

$$\Pr\left\{\left|\Delta^{(k)}-0\right|\geqslant l\right\}\leqslant\frac{2A^2}{3\sigma\lambda l^2} \tag{11.9}$$

对于任意 $l>0$ 均成立。令 $\delta=2A^2/(3\sigma\lambda l^2)$，上面的定理成立。

随着 σ 和 λ 的增大，不敏感维度上顶部火花和底部火花的平均位置都逐渐集中到 0 。

这些维度上的噪声相互抵消，使 $\boldsymbol{\Delta}$ 更接近真实的负梯度。如图 11.1 所示，引导火花始终位于负梯度方向附近。噪声被抵消了，但有用的方向被保留了。实际上，这是大数定律的一个应用和例子。只有拥有群体的信息，算法才能找到准确的方向。

① 这里 x_1 代表解 $\boldsymbol{x}$ 的第一维。但是对于算法中的符号，如 $\boldsymbol{X}$ 和 $\boldsymbol{\Delta}$，无括号的下标表示烟花的序号，带有括号的上标或下标则表示解的不同维度。

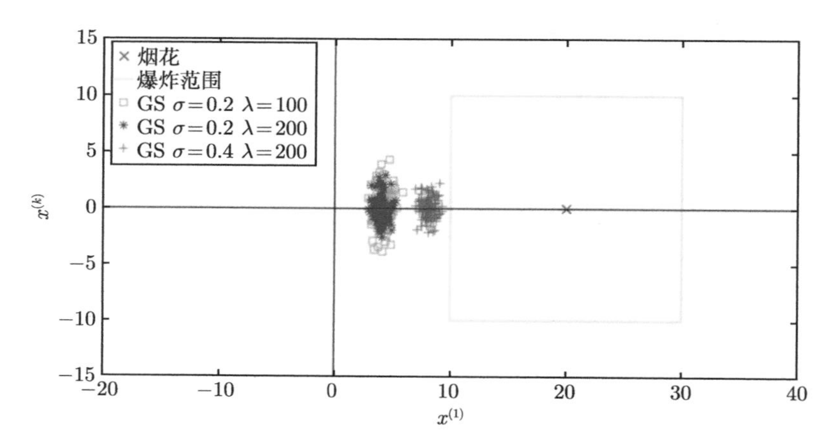

图 11.1　$f(x)=x_1^2$、$X^{(1)}=20$、$A=10$，对每组参数重复 100 次实验，引导火花始终位于 $\boldsymbol{X}_1$ 轴附近

接下来，具体分析 $\boldsymbol{\Delta}$ 在最敏感方向上的持续时间，有两种情况：$X^{(1)}>A>0$（极小值点在爆炸范围外），$A>X^{(1)}>0$（极小值点在爆炸范围内）。

当极小值点在烟花的爆炸范围之外时，引导火花应该沿着有希望的方向探索，这是我们所希望的。在这种情况下，顶部火花最接近有希望的区域，而底部火花距离有希望的区域最远。所以，它们的质心之间的距离就是引导向量的长度。这个长度很长，能够使引导火花脱离爆炸范围，探索有希望的区域。这可以大大提高多模态函数的性能以及单模态函数的收敛速度。定理 11.2 表明，引导向量在有希望的方向上的长度很长。

定理 11.2

（探索的步长）假设 $f(\boldsymbol{x})=x_1^2$，$\boldsymbol{s}_j$ 是由算法 11.1 计算得到的火花，$\boldsymbol{\Delta}$ 由算法 11.2 计算得出。在 $X^{(1)}\geqslant A>0$、$\sigma\leqslant 0.5$，以及 λ 足够大的情况下，式 (11.10) 成立的概率至少为 $1-\delta$。

$$\left|\Delta^{(1)}\right|>\left[2(1-\sigma)^{1-\sigma}\sigma^{\sigma}\delta^{\frac{1}{\lambda}}-1\right]A \tag{11.10}$$

在证明定理 11.2 之前，首先要给出引理 11.1。

引理 11.1

（次序统计）假设 $V_1,V_2,\cdots,V_n\sim \mathrm{rand}(0,1)$，$V_{(1)},V_{(2)},\cdots,V_{(n)}$ 则是升序排序的随机变量，有

$$\Pr\left\{V_{(k)}<x\right\}=I_x(k,n+1-k) \tag{11.11}$$

其中

$$I_x(a,b)=\sum_{j=a}^{a+b-1}\frac{(a+b-1)!}{j!(a+b-1-j)!}x^j(1-x)^{a+b-1-j} \tag{11.12}$$

是贝塔（Beta）分布的累积分布函数。

引理 11.1 的证明可以在文献 [99] 中找到。现在证明定理 11.2。

证明　因为 $f(\boldsymbol{x})=x_1^2$ 及 $X^{(1)}\geqslant A>0$，所以所有顶部火花位于其他火花的左侧，所有底部火花位于其他火花的右侧。对于任意的 $0<l<A$，有

$$
\begin{aligned}
\Pr\left\{\Delta^{(1)} < -l\right\} &\geqslant \Pr\left\{\frac{1}{\sigma\lambda}\sum_{j=1}^{\sigma\lambda} s_j^{(1)} - X^{(1)} < -l\right\} \\
&\geqslant \Pr\left\{s_{\sigma\lambda}^{(1)} - X^{(1)} < -l\right\} \\
&= 1 - I_{0.5+\frac{l}{2A}}(\lambda - \sigma\lambda + 1, \sigma\lambda)
\end{aligned} \tag{11.13}
$$

令 $x = 0.5 + [l/(2A)] \in (0.5, 1)$，则有

$$
\begin{aligned}
\Pr\left\{\Delta^{(1)} < -l\right\} &\geqslant 1 - \sum_{j=\lambda-\sigma\lambda+1}^{\lambda} \frac{\lambda!}{j!(\lambda-j)!} x^j (1-x)^{\lambda-j} \\
&\geqslant 1 - \sigma\lambda \frac{\lambda!}{(\lambda-\sigma\lambda+1)!(\sigma\lambda-1)!} x^{\lambda}
\end{aligned} \tag{11.14}
$$

令 $\delta = \sigma\lambda[\lambda!/((\lambda-\sigma\lambda+1)!(\sigma\lambda-1)!)]x^{\lambda}$，则有

$$
x = \sqrt[\lambda]{\frac{\delta(\lambda-\sigma\lambda+1)!(\sigma\lambda-1)!}{\sigma\lambda\lambda!}} \tag{11.15}
$$

当 λ 足够大时，使用斯特林近似（Stirling's Approximation）方法 [100] 可得

$$
\begin{aligned}
x &\approx \frac{(\lambda-\sigma\lambda+1)^{\frac{\lambda-\sigma\lambda+1}{\lambda}}(\sigma\lambda-1)^{\frac{\sigma\lambda-1}{\lambda}}\delta^{\frac{1}{\lambda}}}{\lambda} \\
&\approx (1-\sigma)^{1-\sigma}\sigma^{\sigma}\delta^{\frac{1}{\lambda}}
\end{aligned} \tag{11.16}
$$

当 λ 增加或 σ 减小时，下界增加，但对于正常置信度 δ，λ 的影响是可以忽略的。注意，只要极小值点在爆炸范围之外（$X^{(1)} > A$），$\Delta^{(1)}$ 的分布与到极小值点（$X^{(1)}$）的距离无关。

图 11.2 展示了引导火花如何在单模态函数上引导火花群体来加速搜索。图 11.3 则展示了引导火花如何帮助火花群体从多模态函数上的局部最小值中逃脱。

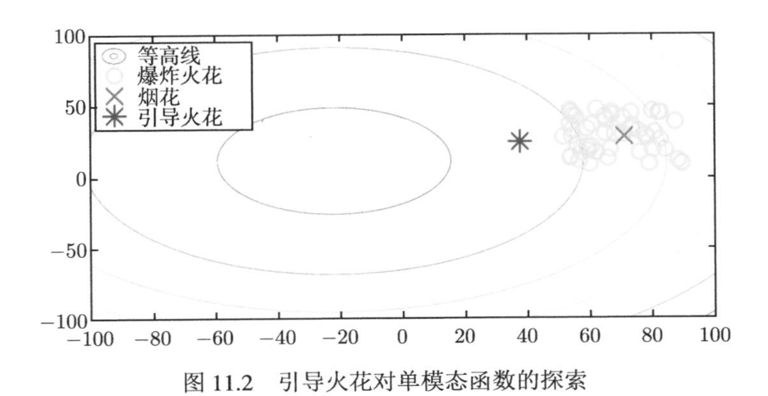

图 11.2 引导火花对单模态函数的探索

当极小值点在烟花的爆炸范围内时，引导向量的长度逐渐缩短，同时仍保持方向准确，与其他爆炸火花一起进行更精确的搜索。

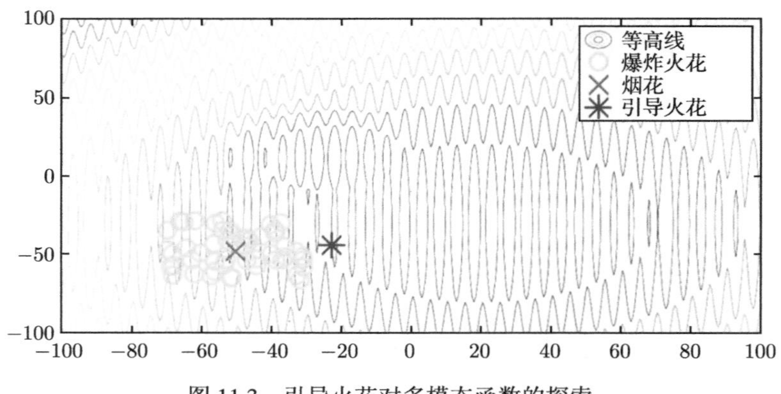

图 11.3　引导火花对多模态函数的探索

当 $A > X^{(1)} > 0$ 时，很明显 $\Delta^{(1)}$ 没有前一种情况那么长，这是因为顶部火花不位于爆炸范围的一端附近，并且最差火花可能位于两端附近，因此相互抵消。也可以从极限情况推断：当 $X^{(1)} \to 0$ 时，$\Delta^{(1)}$ 也会收敛到 0，见定理 11.3。

定理 11.3

（步长与距离的收敛性）假设 $f(\boldsymbol{x}) = x_1^2$，$\boldsymbol{s}_j$ 是由算法 11.1 计算得到的火花，$\boldsymbol{\Delta}$ 由算法 11.2 计算得出。如果 $X^{(1)} = 0$，则式 (11.17) 成立的概率至少为 $1 - \delta$。

$$\left|\Delta^{(1)}\right| \leqslant \sqrt{\frac{4}{3\sigma\lambda\delta}} A \tag{11.17}$$

同样，为了证明定理 11.3，这里先给出引理 11.2。

引理 11.2

（对称分布）如果 X 和 Y 是两个随机变量且满足 $E(X) = E(Y) = 0$、$\Pr(X = x \mid Y = y) = \Pr(X = -x \mid Y = y)$ 对任意 y 均成立，以及 $\Pr(Y = y \mid X = x) = \Pr(Y = -y \mid X = x)$ 对任意 x 均成立，则 $\mathrm{Cov}[X, Y] = 0$。

首先，证明引理 11.2。

证明　联合概率密度函数是偶函数，即

$$\Pr(X = x, Y = y) \triangleq p(x, y) = p(-x, y) \tag{11.18}$$

则有

$$\mathrm{Cov}[X, Y] = E[XY] = \int_{-\infty}^{+\infty} \int_{-\infty}^{+\infty} p(x, y) xy \mathrm{d}x \mathrm{d}y = 0 \tag{11.19}$$

然后，证明定理 11.3。

证明　令 $\widehat{\boldsymbol{\Delta}} \triangleq \dfrac{1}{\sigma\lambda}\left(\sum\limits_{j=1}^{\sigma\lambda} \boldsymbol{s}_j\right)$、　$\breve{\boldsymbol{\Delta}} \triangleq \dfrac{1}{\sigma\lambda}\left(\sum\limits_{j=\lambda-\sigma\lambda+1}^{\lambda} \boldsymbol{s}_j\right)$，则有

$$\boldsymbol{\Delta} = \widehat{\boldsymbol{\Delta}} - \breve{\boldsymbol{\Delta}} \tag{11.20}$$

显然

$$E\left[\widehat{\Delta}^{(1)}\right]=E\left[\breve{\Delta}^{(1)}\right]=0 \tag{11.21}$$

由于顶部火花是最接近原点的火花，因此它们的方差小于均匀分布的方差，即

$$\operatorname{Var}\left[\widehat{\Delta}^{(1)}\right]\leqslant\frac{A^2}{3\sigma\lambda} \tag{11.22}$$

底部火花是离原点最远的，所以只有 $\operatorname{Var}\left[s_j^{(1)}\right]\leqslant A^2$。根据引理 11.2，它们的协方差为 0，所以有

$$\begin{aligned}\operatorname{Var}\left[\breve{\Delta}^{(1)}\right]&=\operatorname{Var}\left[\frac{1}{\sigma\lambda}\sum_{j=\lambda-\sigma\lambda+1}^{\lambda}s_j^{(1)}\right]\\&=\left(\frac{1}{\sigma\lambda}\right)^2\operatorname{Var}\left[\sum_{j=\lambda-\sigma\lambda+1}^{\lambda}s_j^{(1)}\right]\\&\leqslant\frac{A^2}{\sigma\lambda}\end{aligned} \tag{11.23}$$

由于 $f(\boldsymbol{x})=x_1^2=|x_1|^2$，所有的火花都按它们的绝对值排序。因此 $\widehat{\Delta}^{(1)}$、$\breve{\Delta}^{(1)}$ 的分布及其条件分布关于原点对称，即

$$\operatorname{Cov}\left[\widehat{\Delta}^{(1)},\breve{\Delta}^{(1)}\right]=0 \tag{11.24}$$

因此，可得

$$\begin{aligned}\operatorname{Var}\left[\Delta^{(1)}\right]&=\operatorname{Var}\left[\widehat{\Delta}^{(1)}-\breve{\Delta}^{(1)}\right]\\&=\operatorname{Var}\left[\widehat{\Delta}^{(1)}\right]+\operatorname{Var}\left[\breve{\Delta}^{(1)}\right]-2\operatorname{Cov}\left[\widehat{\Delta}^{(1)},\breve{\Delta}^{(1)}\right]\\&\leqslant\frac{4A^2}{3\sigma\lambda}\end{aligned} \tag{11.25}$$

根据切比雪夫不等式可得

$$\Pr\left\{\left|\Delta^{(1)}-0\right|\geqslant l\right\}\leqslant\frac{4A^2}{3\sigma\lambda l^2} \tag{11.26}$$

对于任意的 $l>0$ 均成立。

定理 11.3 意味着，$\left|X^{(1)}\right|/A$ 递减，且随着 $\sigma\lambda$ 的增大，$\Delta^{(1)}$ 的长度逐渐减小到 0。

如图 11.4 所示，当 $X^{(1)}>A$ 时，步长 $\Delta^{(1)}$ 不受距离影响，且步长较大，但当 $X^{(1)}<A$ 时步长会逐渐收敛到 0。当爆炸范围的边缘接近极小值点时，引导向量会感应到这种情况，并通过减小步长来做出反应。

理想情况是：即使在 $X^{(1)}>A$ 的情况下，$\Delta^{(1)}$ 也随着 $X^{(1)}$ 的增加而增加。因为在这种情况下，算法可以尽可能快地接近极小值点，但事实并非如此。尽管 $\boldsymbol{\Delta}$ 的方向已经被证明是非常准确的，但它只在小范围内准确，因为几乎没有目标函数在任何地方都有相同的梯度。更糟糕的是，如果步长过大，方向带来的误差会被极大地放大。注意，探索中的引导火花可以认为是一种已知情况下的推断，其准确性始终受步长的影响。

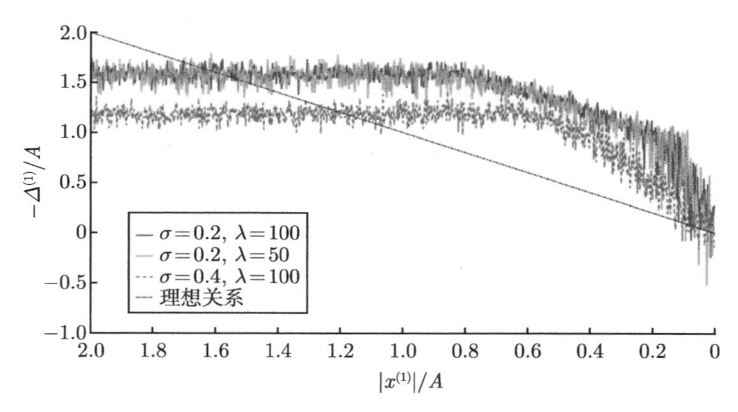

图 11.4　到最优点的距离与步长的关系

从图 11.4 也可以看出，λ 本身对步长的期望几乎没有影响，但是步长的稳定性随着 λ 的增加而增加。而较大的 σ 会导致更短的步长及更好的稳定性。至于方向，直到距离 $\left|X^{(1)}\right|/A$ 非常接近 0，算法走错方向（$\Delta^{(1)}>0$ ）的可能性是非常小的。

图 11.5 展示了引导火花是如何帮助算法进行局部搜索以增强对单模态函数的开采。当极小值点在烟花的爆炸范围内时，烟花已经接近最优点（虽然算法不知道它到底在哪里）。在这种情况下，顶部火花群体和底部火花群体都位于最优点附近（尽管它们与最优点的距离不同），并且两个质心之间的距离很短。引导火花极有可能位于烟花爆炸范围内，大致指向最优点的方向，同时引导向量的长度将缩短。在这种情况下，引导火花像爆炸火花一样工作，但引导火花的预期贡献可能略大于爆炸火花的平均值，引导向量在不相关方向上的收敛速度比在相关方向上的收敛速度更快 [比较式 (11.6) 和式 (11.17)]，所以它更有可能位于正确的方向上。

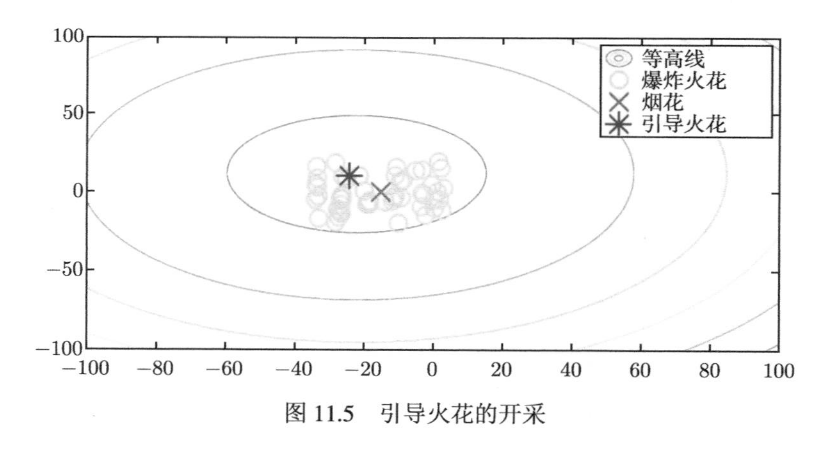

图 11.5　引导火花的开采

接下来，讨论如何选择一个合适的 σ。一般来说，任何 $0<\sigma<1$ 都是可以选择的，但不建议取 $\sigma>0.5$，因为这样的话一些顶部火花和底部火花会相互抵消。较大的 σ 擅长学习梯度的方向，而较小的 σ 可能会导致方向相对不准确。然而，较小的 σ 能够使引导火花移动得更快，因为这样设定会使得算法不去考虑不太好（坏）的爆炸火花。例如，在上述情况下，当 $X^{(1)}>A>0$ 时，如果 $\sigma\to 0.5$，则有 $\left|E\left(\Delta^{(1)}\right)\right|\to A$，并且引导火花几乎没有机会位于爆炸范围之外。

对这些因素进行加权，并根据实验结果（参见第 11.2 节）和经验可知，大多数情况下建议

使用 $\sigma = 0.2$。

GFWA 既是一种基于群体的算法，也是一种基于信息的算法。一般来说，算法采用的爆炸火花越多，效果越好。对引导向量进行理论分析，可证明以下 3 个性质。

（1）不相关方向上的噪声在 $\sigma\lambda$ 足够大的情况下被抵消，因此引导向量的方向是有希望的、准确的和稳定的。

（2）如果极小值点在烟花的爆炸范围外，那么引导向量将在有希望的方向上增加其长度，从而能够为探索做出贡献。

（3）如果极小值点在爆炸范围内，则引导向量将在有希望的方向上变短，从而能够有助于开采。

与之前版本的烟花算法相比，GFWA 更彻底地利用了目标函数的信息。

有几个典型的算法与 GFWA 有一些相似之处，下面简要介绍 GFWA 与这几个典型算法的区别与联系。

PSO 算法[101]是最著名的群体智能优化算法之一。通常，在 PSO 算法中，每个粒子都被一个全局/局部最优位置（全部/部分群体的最优已知位置）和个体最优位置（该粒子的最优已知位置）吸引，这在某种程度上与 GFWA 的相似——向优秀的个体学习，朝着有希望的方向前进。但是，它们的区别是很大的，具体如下。

（1）烟花算法和 PSO 算法的结构框架截然不同。在 PSO 算法中，粒子的数量是固定的，或者换句话说，存在一代又一代的双向映射。而在烟花算法中，烟花会产生不同数量的火花，从中选出下一代烟花，并且没有一代又一代的双向映射。因此，烟花的位置主要通过爆炸算子和选择算子来改变，而 PSO 算法中的粒子通过将速度向量添加到它们的当前位置来做出改变。

（2）引导向量可以提供比 PSO 算法中 3 个向量（惯性分量、社会分量和自我认知分量）的线性组合更准确的方向，因为它集成了烟花周围无数爆炸火花的信息。第 11.2 节中的实验表明，仅使用最好的一两个火花个体不足以构建可靠的引导向量。此外，生成引导火花的算法是确定性的，而粒子在 PSO 算法中的位置是随机的，这意味着引导向量的方向更加稳定。PSO 算法的稳定性是基于粒子之间的合作。

（3）虽然 PSO 算法中的步长也会随着搜索阶段的不同而发生变化，但如果不仔细选择参数，它可能不会收敛[102]。相反，烟花算法通常会收敛[102]，引导向量的长度也会收敛（见定理 11.3）。

作为 PSO 算法的一种变体，Swarm and Queen 算法[103]也使用质心来加速收敛，这一点与 GFWA 相似，但它们的原则是不同的。在 Swarm and Queen 算法中，质心本身作为精英解引入算法中，而在 GFWA 中，两个质心用于计算一个向量，该向量将添加到烟花的位置以生成精英解并引导群体。质心通常位于对探索的贡献有限的群体中间。因此，Swarm and Queen 算法中存在重启机制，而引导火花能够根据群体信息进行探索和开采。

DE 算法[20]是一种著名且效果卓越的进化算法，它与 GFWA 也有一些相似之处。这两种算法都采用了向个体添加向量以产生新的后代的方法。但是，它们的具体机制完全不同，具体如下。

（1）在 DE 算法中，向量是两个（或更多）随机选择的个体之间的差。这种向量的方向是不可预测的。而在 GFWA 中，向量是两个质心的差值（或从差位置指向好位置的几个向量的平均值），因此具有更明确的指向性目的。

（2）在 DE 算法中，向量的长度随着群体接近最优点而收敛，因为整个群体收敛。而在 GFWA 中，只要群体接近最优点，即使爆炸范围非常大，引导向量的长度也会收敛。因此，引导火花能够比 DE 算法中的个体更早地进行开采操作。

ABC 算法[19]是另一种著名的群体智能优化算法。ABC 算法中的资源分配（主要由侦察蜂执行）在某种程度上与烟花算法相似，但其中对适应度值好的位置进行了更彻底的搜索。但是，蜜蜂个体在 ABC 算法中的移动方式与 DE 算法相似。由于它们都是基于随机游走的算法，并且位置的更新公式是相似的[104]，因此可以在 GFWA 和 ABC 算法之间进行与 DE 算法相似的比较。

CMA-ES[21] 是一种高效的进化算法。CMA-ES 中采用了相当多的机制来控制方向和步长。CMA-ES 中的搜索方向也是由较好解的子集引导的，CMA-ES 和 GFWA 中的步长机制特别相似：如果几个向量的方向统一，那么这次搜索的步长会很长。但是，烟花算法和 CMA-ES 的框架是不同的。烟花算法是一种群体智能优化算法，其框架允许多个烟花群体（连同它们的火花）交互。目前，研究人员已经开展了许多工作来增强烟花之间的合作[14,17,105]。虽然 CMA-ES 是一种进化算法，但通常算法中只包含一个群体。对于 CMA-ES，目前有很多研究集中在为群体设计重启机制上[106-108]。此外，CMA-ES 和 GFWA 之间还有以下不同点。

（1）CMA-ES 群体是没有中心的，但 GFWA 中有烟花作为小群体的中心（在其周围产生火花）。因此，CMA-ES 的采样选择方案是使用较好的解的加权平均值，而 GFWA 的选择方案则是选出最好的解作为下一代烟花。

（2）爆炸火花在烟花周围的有限范围（爆炸范围）内产生。虽然 CMA-ES 中的解是通过分布生成的，但解的生成是在无限范围内（尽管超过 3σ 的概率非常低）。这就是引导火花的开采能力在 GFWA 中非常重要的原因。

（3）CMA-ES 能感知到有希望的方向，但高斯分布是对称的，因此它的搜索方向是双向的，所以可能造成搜索资源的浪费。而引导火花只搜索有希望的方向。

（4）GFWA 运行得更快。普通 CMA-ES 的时间复杂度是二次的[109]，而 GFWA 的时间复杂度是线性的。

11.2　单目标优化实验与分析

为了验证 GFWA 的性能，这里使用 CEC2013 单目标优化基准测试集[8]进行一组实验。该基准测试集包括单模态函数、多模态函数和组合函数。在以下实验中，这些函数的维数为 $D = 30$。所有算法对每个函数运行 51 次，每次运行的最大评估次数为 $10000D$。

对于控制爆炸半径的两个参数，这里选择 dynFWA[16] 所建议的 $C_{\mathrm{r}} = 0.9$ 和 $C_{\mathrm{a}} = 1.2$。除此之外，还有 μ、$\hat{\lambda}$ 和 σ 这 3 个参数需要设定。

在调整这些参数之前，有必要首先测试 GFWA 中是否需要维度选择机制（见算法 11.1），因为生成随机数会花费一些额外的时间，并且这种机制可能会在引导向量的方向上产生一些问题（每个维度中的样本数减半）。有维度选择机制的 GFWA 记为 GFWA-DS，没有维度选择机制的 GFWA 记为 GFWA。在本实验中，$\mu = 1$、$\hat{\lambda} = 200$、$\sigma = 0.2$。均值（Mean）、标准偏差（Std.）和 p 值如表 11.2 所示。同时，本实验还进行了成对 Wilcoxon 秩和检验，以研究它们的差异是否显著（置信度至少为 95%）。表 11.1 中突出标示了明显更好的结果。

表 11.1 GFWA-DS 与 GFWA 的对比

测试函数	GFWA-DS		GFWA		p 值
	Mean	Std.	Mean	Std.	
f_1	0.00×10^0	0.00×10^0	0.00×10^0	0.00×10^0	NaN
f_2	7.04×10^5	3.15×10^5	6.96×10^5	2.66×10^5	9.68×10^{-1}
f_3	4.85×10^7	1.06×10^8	3.74×10^7	8.65×10^7	1.94×10^{-1}
f_4	4.99×10^{-5}	7.39×10^{-5}	5.02×10^{-5}	6.17×10^{-5}	8.67×10^{-1}
f_5	$\mathbf{1.26 \times 10^{-4}}$	$\mathbf{2.62 \times 10^{-5}}$	1.55×10^{-3}	1.82×10^{-4}	3.29×10^{-18}
f_6	2.92×10^1	2.43×10^1	3.49×10^1	2.74×10^1	2.50×10^{-1}
f_7	7.21×10^1	2.69×10^1	7.58×10^1	2.98×10^1	3.88×10^{-1}
f_8	2.09×10^1	7.03×10^{-2}	2.09×10^1	9.11×10^{-2}	7.68×10^{-1}
f_9	1.84×10^1	4.11×10^0	1.83×10^1	4.61×10^0	9.36×10^{-1}
f_{10}	6.15×10^{-2}	2.90×10^{-2}	6.08×10^{-2}	3.36×10^{-2}	7.15×10^{-1}
f_{11}	8.70×10^1	2.51×10^1	$\mathbf{7.50 \times 10^1}$	$\mathbf{2.59 \times 10^1}$	5.77×10^{-3}
f_{12}	1.10×10^2	3.29×10^1	$\mathbf{9.41 \times 10^1}$	$\mathbf{3.28 \times 10^1}$	1.23×10^{-2}
f_{13}	1.93×10^2	4.18×10^1	$\mathbf{1.61 \times 10^2}$	$\mathbf{4.74 \times 10^1}$	2.39×10^{-4}
f_{14}	$\mathbf{2.74 \times 10^3}$	$\mathbf{5.58 \times 10^2}$	3.49×10^3	8.30×10^2	1.77×10^{-6}
f_{15}	3.73×10^3	6.52×10^2	3.67×10^3	6.35×10^2	7.28×10^{-1}
f_{16}	1.19×10^{-1}	8.63×10^{-2}	1.00×10^{-1}	7.13×10^{-2}	2.16×10^{-1}
f_{17}	1.12×10^2	2.11×10^1	$\mathbf{8.49 \times 10^1}$	$\mathbf{2.10 \times 10^1}$	7.40×10^{-10}
f_{18}	1.11×10^2	3.77×10^1	$\mathbf{8.60 \times 10^1}$	$\mathbf{2.33 \times 10^1}$	1.04×10^{-4}
f_{19}	5.58×10^0	1.27×10^0	5.08×10^0	1.88×10^0	5.15×10^{-2}
f_{20}	1.38×10^1	1.41×10^0	$\mathbf{1.31 \times 10^1}$	$\mathbf{1.09 \times 10^0}$	5.43×10^{-3}
f_{21}	3.28×10^2	9.81×10^1	$\mathbf{2.59 \times 10^2}$	$\mathbf{8.58 \times 10^1}$	2.21×10^{-4}
f_{22}	$\mathbf{3.16 \times 10^3}$	$\mathbf{5.27 \times 10^2}$	4.27×10^3	8.90×10^2	6.52×10^{-10}
f_{23}	4.41×10^3	9.23×10^2	4.32×10^3	7.69×10^2	7.79×10^{-1}
f_{24}	2.59×10^2	1.14×10^1	2.56×10^2	1.75×10^1	3.45×10^{-1}
f_{25}	$\mathbf{2.81 \times 10^2}$	$\mathbf{9.35 \times 10^0}$	2.89×10^2	1.34×10^1	3.30×10^{-3}
f_{26}	2.29×10^2	5.91×10^1	$\mathbf{2.05 \times 10^2}$	$\mathbf{2.71 \times 10^1}$	6.85×10^{-3}
f_{27}	8.38×10^2	9.91×10^1	8.15×10^2	1.22×10^2	5.34×10^{-1}
f_{28}	3.21×10^2	1.51×10^2	3.60×10^2	2.60×10^2	6.42×10^{-1}

从表 11.1 可以看出，在大部分测试函数上，没有维度选择的 GFWA 表现更好。因此，在接下来的实验中，维度选择机制将从 GFWA 中移除。

然后，μ 将基于 CEC2013 进行调整。使用不同 μ 的均值和标准偏差如表 11.2 所示。表中加粗标示了每个函数的最小均值。如果在某个测试函数上，一组结果的表现明显优于另一组，则获得一分。所以，每个 μ 的最大总分是 $28 \times (4-1) = 84$。每个 μ 的总分也记录在表 11.2 中。

在这些测试函数中，$\mu = 1$ 时 GFWA 的表现最好。因此在接下来的实验中，使用 $\mu = 1$。

最后，基于 CEC2013 进行一组实验以调整 $\hat{\lambda}$ 和 σ 的值。为了选择性能最好的 $\hat{\lambda}$ 和 σ 的值，这里同样进行成对的 Wilcoxon 秩和检验。如果在某个测试函数上，一组参数的性能明显优于另一组，它会得到一分。所以，每组 $\hat{\lambda}$ 和 σ 的最大总和得分为 $28 \times (12-1) = 308$。得分如图 11.6 所示。

表 11.2　在 CEC2013 上使用不同 μ 时 GFWA 的性能

测试函数	μ=1		μ=3		μ=5		μ=7	
	Mean	Std.	Mean	Std.	Mean	Std.	Mean	Std.
f_1	$\mathbf{0.00 \times 10^{0}}$	$\mathbf{0.00 \times 10^{0}}$	$\mathbf{0.00 \times 10^{0}}$	$\mathbf{0.00 \times 10^{0}}$	$\mathbf{0.00 \times 10^{0}}$	$\mathbf{0.00 \times 10^{0}}$	$\mathbf{0.00 \times 10^{0}}$	$\mathbf{0.00 \times 10^{0}}$
f_2	6.96×10^{5}	2.66×10^{5}	$\mathbf{6.31 \times 10^{5}}$	$\mathbf{2.24 \times 10^{5}}$	1.08×10^{6}	4.65×10^{5}	1.32×10^{6}	7.24×10^{5}
f_3	$\mathbf{3.74 \times 10^{7}}$	$\mathbf{8.65 \times 10^{7}}$	8.16×10^{7}	1.90×10^{8}	6.05×10^{7}	7.24×10^{7}	1.24×10^{8}	2.21×10^{8}
f_4	$\mathbf{5.02 \times 10^{-5}}$	$\mathbf{6.17 \times 10^{-5}}$	1.02×10^{-1}	7.93×10^{-2}	9.87×10^{0}	5.21×10^{0}	8.95×10^{1}	4.31×10^{1}
f_5	1.55×10^{-3}	1.82×10^{-4}	$\mathbf{1.46 \times 10^{-3}}$	$\mathbf{1.47 \times 10^{-4}}$	2.01×10^{-3}	2.38×10^{-4}	2.15×10^{-3}	2.99×10^{-4}
f_6	$\mathbf{3.49 \times 10^{1}}$	$\mathbf{2.74 \times 10^{1}}$	4.17×10^{1}	2.61×10^{1}	4.74×10^{1}	2.83×10^{1}	4.62×10^{1}	2.95×10^{1}
f_7	$\mathbf{7.58 \times 10^{1}}$	$\mathbf{2.98 \times 10^{1}}$	8.33×10^{1}	2.47×10^{1}	9.99×10^{1}	2.84×10^{1}	9.90×10^{1}	3.24×10^{1}
f_8	2.09×10^{1}	9.11×10^{-2}	$\mathbf{2.09 \times 10^{1}}$	$\mathbf{7.91 \times 10^{-2}}$	2.09×10^{1}	7.54×10^{-2}	2.09×10^{1}	7.43×10^{-2}
f_9	$\mathbf{1.83 \times 10^{1}}$	$\mathbf{4.61 \times 10^{0}}$	1.92×10^{1}	4.05×10^{0}	1.94×10^{1}	4.46×10^{0}	2.15×10^{1}	3.77×10^{0}
f_{10}	6.08×10^{-2}	3.36×10^{-2}	$\mathbf{5.80 \times 10^{-2}}$	$\mathbf{2.68 \times 10^{-2}}$	5.90×10^{-2}	3.32×10^{-2}	7.40×10^{-2}	3.93×10^{-2}
f_{11}	$\mathbf{7.50 \times 10^{1}}$	$\mathbf{2.59 \times 10^{1}}$	9.40×10^{1}	2.75×10^{1}	1.04×10^{2}	4.68×10^{1}	1.38×10^{2}	6.11×10^{1}
f_{12}	$\mathbf{9.41 \times 10^{1}}$	$\mathbf{3.28 \times 10^{1}}$	1.02×10^{2}	4.00×10^{1}	9.54×10^{1}	3.01×10^{1}	1.16×10^{2}	4.49×10^{1}
f_{13}	$\mathbf{1.61 \times 10^{2}}$	$\mathbf{4.74 \times 10^{1}}$	1.79×10^{2}	5.38×10^{1}	1.70×10^{2}	4.96×10^{1}	1.96×10^{2}	5.14×10^{1}
f_{14}	3.49×10^{3}	8.30×10^{2}	$\mathbf{3.39 \times 10^{3}}$	$\mathbf{6.70 \times 10^{2}}$	3.58×10^{3}	8.35×10^{2}	3.52×10^{3}	6.40×10^{2}
f_{15}	$\mathbf{3.67 \times 10^{3}}$	$\mathbf{6.35 \times 10^{2}}$	3.68×10^{3}	6.93×10^{2}	3.81×10^{3}	7.74×10^{2}	3.70×10^{3}	6.10×10^{2}
f_{16}	$\mathbf{1.00 \times 10^{-1}}$	$\mathbf{7.13 \times 10^{-2}}$	1.76×10^{-1}	1.31×10^{-1}	2.45×10^{-1}	2.27×10^{-1}	2.35×10^{-1}	1.61×10^{-1}
f_{17}	$\mathbf{8.49 \times 10^{1}}$	$\mathbf{2.10 \times 10^{1}}$	8.85×10^{1}	3.01×10^{1}	8.97×10^{1}	2.26×10^{1}	9.73×10^{1}	2.57×10^{1}
f_{18}	$\mathbf{8.60 \times 10^{1}}$	$\mathbf{2.33 \times 10^{1}}$	8.93×10^{1}	1.91×10^{1}	8.55×10^{1}	1.97×10^{1}	9.67×10^{1}	2.97×10^{1}
f_{19}	$\mathbf{5.08 \times 10^{0}}$	$\mathbf{1.88 \times 10^{0}}$	5.67×10^{0}	2.15×10^{0}	6.06×10^{0}	2.32×10^{0}	5.90×10^{0}	2.19×10^{0}
f_{20}	1.31×10^{1}	1.09×10^{0}	1.33×10^{1}	9.91×10^{-1}	$\mathbf{1.28 \times 10^{1}}$	$\mathbf{1.05 \times 10^{0}}$	1.33×10^{1}	1.02×10^{0}
f_{21}	$\mathbf{2.59 \times 10^{2}}$	$\mathbf{8.58 \times 10^{1}}$	3.05×10^{2}	9.24×10^{1}	3.16×10^{2}	9.96×10^{1}	3.02×10^{2}	9.78×10^{1}
f_{22}	$\mathbf{4.27 \times 10^{3}}$	$\mathbf{8.90 \times 10^{2}}$	4.41×10^{3}	9.10×10^{2}	4.48×10^{3}	1.05×10^{3}	4.79×10^{3}	9.65×10^{2}
f_{23}	$\mathbf{4.32 \times 10^{3}}$	$\mathbf{7.69 \times 10^{2}}$	4.63×10^{3}	6.68×10^{2}	4.48×10^{3}	8.03×10^{2}	4.71×10^{3}	9.07×10^{2}
f_{24}	$\mathbf{2.56 \times 10^{2}}$	$\mathbf{1.75 \times 10^{1}}$	2.60×10^{2}	1.84×10^{1}	2.66×10^{2}	1.90×10^{1}	2.68×10^{2}	1.58×10^{1}
f_{25}	2.89×10^{2}	1.34×10^{1}	$\mathbf{2.88 \times 10^{2}}$	$\mathbf{1.24 \times 10^{1}}$	2.96×10^{2}	1.39×10^{1}	3.00×10^{2}	1.28×10^{1}
f_{26}	2.05×10^{2}	2.71×10^{1}	$\mathbf{2.03 \times 10^{2}}$	$\mathbf{2.25 \times 10^{1}}$	2.06×10^{2}	2.96×10^{1}	2.17×10^{2}	5.14×10^{1}
f_{27}	$\mathbf{8.15 \times 10^{2}}$	$\mathbf{1.22 \times 10^{2}}$	8.57×10^{2}	1.18×10^{2}	8.86×10^{2}	1.18×10^{2}	9.15×10^{2}	1.29×10^{2}
f_{28}	3.60×10^{2}	2.60×10^{2}	3.22×10^{2}	1.56×10^{2}	$\mathbf{3.09 \times 10^{2}}$	$\mathbf{1.60 \times 10^{2}}$	3.93×10^{2}	3.22×10^{2}
平均排名	**40**		22		10		1	

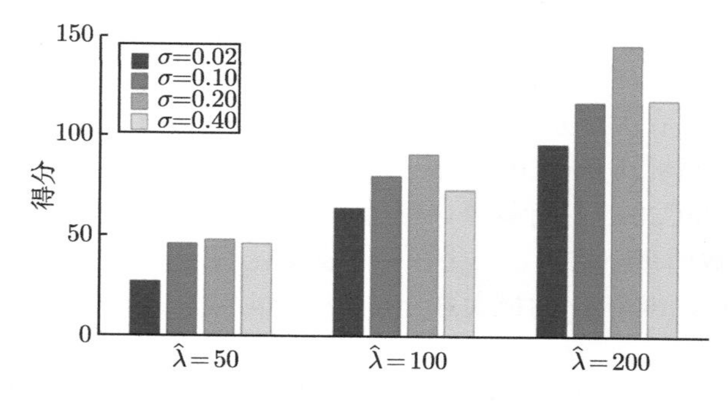

图 11.6　12 组参数的得分

一般来说，算法的性能会随着 $\hat{\lambda}$ 变大而提升①，但不会随着 $\hat{\lambda}$ 的变化而有太大波动。在实际

① 实际上，直到 $\hat{\lambda}$ 达到 1000 左右的时候，性能才会受到影响。但这是因为最大评估次数很大，并且在这个基准套件中多模态函数比单模态函数多。$\hat{\lambda}$ 大于 200 可能会导致迭代太少而无法在正常应用中找到最小点。

应用中，如果维度不是这么高或者最大评估次数非常有限，可以将 $\hat{\lambda}$ 设置为更小的值，GFWA 仍然可以稳定工作。

至于 σ，0.2 通常是最好的选择，不管 $\hat{\lambda}$ 的值如何。相较而言，$\sigma = 0.02$ 时通常表现最差，这是由方向不准确和步长过于激进导致的。使用爆炸火花的顶部火花群体和底部火花群体产生引导火花是比仅使用最优爆炸火花和最差爆炸火花更好的选择。

因此在下面的实验中，参数设定为 $\hat{\lambda} = 200$ 和 $\sigma = 0.2$。为了衡量 GFWA 的相对性能，本实验在 CEC2013 上对 GFWA、其他烟花算法，以及典型的群体智能优化和进化算法进行了比较。参与比较的算法主要有 ABC 算法[19]、PSO 算法[18]、DE 算法[20]、CMA-ES[21]、EFWA[14]、AFWA[15]、dynFWA。

本实验比较了这 8 种算法在 CEC2013 上的均值，并在表 11.2 中列出。此外，这些算法根据它们在每个函数上的均值进行排名。表 11.2 底部展示了 28 个函数的平均排名，最小均值被加粗标示①。

ABC 算法在 10 个测试函数上击败了其他算法（但有些差异并不显著），在所有算法中是最多的，但该算法在其他测试函数上表现不佳。CMA-ES 在单模态函数上表现得非常好，但在一些复杂函数上存在过早收敛的问题。在平均排名方面，GFWA 因其稳定性在这 8 种算法中表现最好，DE 算法位居第二。ABC 算法、AFWA 和 dynFWA 的性能相当。

由于数据不完整，GFWA 与除 DE 算法之外的其他算法均进行了成对的 Wilcoxon 秩和检验，结果如图 11.7 所示，图中记录了 GFWA 获得明显更好的结果的测试函数数量（用“win”表示）和获得明显更差的结果（用“lose”表示）的测试函数数量。在所有这些成对比较中，GFWA 均比它的对手更胜一筹，尤其是在多模态函数和复合函数上，这证明了 GFWA 是一种强大的全局优化算法。

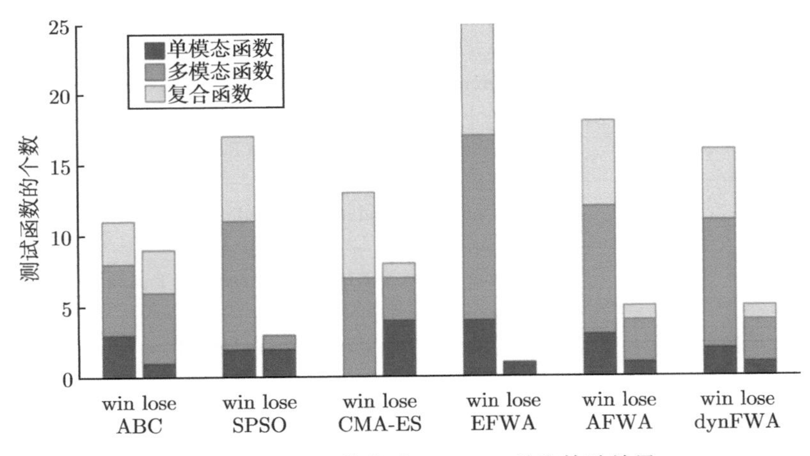

图 11.7 GFWA 的成对 Wilcoxon 秩和检验结果

11.3 大规模优化问题实验与分析

如今，许多应用程序需要用算法来处理大规模优化问题。GFWA 的计算复杂度、维数与群体规模呈线性关系，便于大规模优化。本节在大规模全局优化基准测试集 CEC2010[110] 上对 GFWA

① DE 的数据精度不足以计算一些排名。例如，在 f_8 上，DE 的均值可能不是最小的。

进行测试。其中，测试函数数量为 20 个（见表 11.3），维度 $D=1000$，分组大小 $m=50$。

本测试中，与 GFWA 进行比较的是两种先进的大规模优化算法，分别为基于差分进化的协同进化自适应邻域搜索（Differential Evolution with Cooperative Coevolution with Grouping and Adaptive Weighting，DECC-G）算法 [111] 和多级协同进化（Multilevel Cooperative Coevolution，MLCC）算法 [112]，它们专门用于解决大规模优化问题。

测试时，每个算法对 CEC2010 中的测试函数运行 25 次，每次运行的最大评估次数为 3.0×10^6。均值（Mean）、标准偏差（Std.）和平均排名见表 11.4。表 11.4 中加粗标示了这 3 种算法在各测试函数上最优结果。

表 11.3　CEC2010 中的测试函数

类别	编号	名称
可分函数	1	Shifted Elliptic Function
	2	Shifted Rastrigin's Function
	3	Shifted Ackley's Function
单组 m 不可分函数	4	Single-group Shifted and m-rotated Elliptic Function
	5	Single-group Shifted and m-rotated Rastrigin's Function
	6	Single-group Shifted and m-rotated Ackley's Function
	7	Single-group Shifted m-dimensional Schwefel's Problem 1.2
	8	Single-group Shifted m-dimensional Rosenbrock's Function
$\frac{D}{2m}$-群 m-不可分函数	9	$\frac{D}{2m}$-group Shifted and m-rotated Elliptic Function
	10	$\frac{D}{2m}$-group Shifted and m-rotated Rastrigin's Function
	11	$\frac{D}{2m}$-group Shifted and m-rotated Ackley's Function
	12	$\frac{D}{2m}$-group Shifted m-dimensional Schwefel's Problem 1.2
	13	$\frac{D}{2m}$-group Shifted m-dimensional Rosenbrock's Function
$\frac{D}{m}$-群 m-不可分函数	14	$\frac{D}{m}$-group Shifted and m-rotated Elliptic Function
	15	$\frac{D}{m}$-group Shifted and m-rotated Rastrigin's Function
	16	$\frac{D}{m}$-group Shifted and m-rotated Ackley's Function
	17	$\frac{D}{m}$-group Shifted m-dimensional Schwefel's Problem 1.2
	18	$\frac{D}{m}$-group Shifted m-dimensional Rosenbrock's Function
不可分函数	19	Shifted Schwefel's Problem 1.2
	20	Shifted Rosenbrock's Function

GFWA 不使用测试函数的任何先验知识（可分/不可分、分组大小等），完全将其视为黑盒问题，但其结果仍可与其他两种算法的结果媲美。GFWA 在部分不可分的测试函数上表现良好，在两个完全不可分的测试函数上都优于 DECC-G 算法和 MLCC 算法，这表明它是一种强大的通用优化算法，提供了一种替代工具来处理大规模优化。然而，对于大规模优化问题，GFWA 还可以通过一些改进来进一步地提升性能。

表 11.4 CEC2010 的各测试函数上 3 种算法的均值、标准偏差和平均排名

测试函数	DECC-G		MLCC		GFWA	
	Mean	Std.	Mean	Std.	Mean	Std.
f_1	2.93×10^{-7}	8.62×10^{-8}	$\mathbf{1.53 \times 10^{-27}}$	$\mathbf{7.66 \times 10^{-27}}$	4.22×10^{7}	3.40×10^{6}
f_2	1.31×10^{3}	3.26×10^{1}	$\mathbf{5.57 \times 10^{-1}}$	$\mathbf{2.21 \times 10^{0}}$	4.74×10^{3}	7.79×10^{2}
f_3	1.39×10^{0}	9.73×10^{-2}	$\mathbf{9.88 \times 10^{-13}}$	$\mathbf{3.70 \times 10^{-12}}$	1.31×10^{1}	7.31×10^{0}
f_4	1.70×10^{13}	5.37×10^{12}	9.61×10^{12}	3.43×10^{12}	$\mathbf{5.70 \times 10^{11}}$	$\mathbf{9.49 \times 10^{10}}$
f_5	2.63×10^{8}	8.44×10^{7}	3.84×10^{8}	6.93×10^{7}	$\mathbf{1.48 \times 10^{8}}$	$\mathbf{3.34 \times 10^{7}}$
f_6	4.96×10^{6}	8.02×10^{5}	1.62×10^{7}	4.97×10^{6}	$\mathbf{2.15 \times 10^{1}}$	$\mathbf{4.01 \times 10^{-2}}$
f_7	1.63×10^{8}	1.37×10^{8}	$\mathbf{6.89 \times 10^{5}}$	$\mathbf{7.37 \times 10^{5}}$	4.73×10^{6}	1.43×10^{5}
f_8	6.44×10^{7}	2.89×10^{7}	$\mathbf{4.38 \times 10^{7}}$	$\mathbf{3.45 \times 10^{7}}$	5.52×10^{7}	1.63×10^{8}
f_9	3.21×10^{8}	3.38×10^{7}	$\mathbf{1.23 \times 10^{8}}$	$\mathbf{1.33 \times 10^{7}}$	1.72×10^{8}	1.65×10^{7}
f_{10}	1.06×10^{4}	2.95×10^{2}	$\mathbf{3.43 \times 10^{3}}$	$\mathbf{8.72 \times 10^{2}}$	4.62×10^{3}	6.12×10^{2}
f_{11}	$\mathbf{2.34 \times 10^{1}}$	$\mathbf{1.78 \times 10^{0}}$	1.98×10^{2}	6.98×10^{-1}	1.09×10^{2}	3.76×10^{1}
f_{12}	8.93×10^{4}	6.87×10^{3}	3.49×10^{4}	4.92×10^{3}	$\mathbf{4.75 \times 10^{3}}$	$\mathbf{8.08 \times 10^{2}}$
f_{13}	5.12×10^{3}	3.95×10^{3}	$\mathbf{2.08 \times 10^{3}}$	$\mathbf{7.27 \times 10^{2}}$	9.66×10^{5}	2.60×10^{5}
f_{14}	8.08×10^{8}	6.07×10^{7}	3.16×10^{8}	2.77×10^{7}	$\mathbf{2.17 \times 10^{8}}$	$\mathbf{2.53 \times 10^{7}}$
f_{15}	1.22×10^{4}	8.97×10^{2}	7.11×10^{3}	1.34×10^{3}	$\mathbf{4.83 \times 10^{3}}$	$\mathbf{6.20 \times 10^{2}}$
f_{16}	$\mathbf{7.66 \times 10^{1}}$	$\mathbf{8.14 \times 10^{0}}$	3.76×10^{2}	4.71×10^{1}	2.86×10^{2}	9.78×10^{1}
f_{17}	2.87×10^{5}	1.98×10^{4}	1.59×10^{5}	1.43×10^{4}	$\mathbf{5.93 \times 10^{4}}$	$\mathbf{1.30 \times 10^{4}}$
f_{18}	2.46×10^{4}	1.05×10^{4}	$\mathbf{7.09 \times 10^{3}}$	$\mathbf{4.77 \times 10^{3}}$	4.11×10^{4}	1.56×10^{4}
f_{19}	1.11×10^{6}	5.15×10^{4}	1.36×10^{6}	7.35×10^{4}	$\mathbf{8.06 \times 10^{5}}$	$\mathbf{4.74 \times 10^{4}}$
f_{20}	4.06×10^{3}	3.66×10^{2}	2.05×10^{3}	1.80×10^{2}	$\mathbf{9.82 \times 10^{2}}$	$\mathbf{2.76 \times 10^{1}}$
平均排名	2.4		**1.8**		**1.8**	

11.4 小结

本章向烟花算法中引入了一种新的引导火花作为变异的个体，以增加烟花算法的 IUR 与性能。引导火花的位置是通过在烟花的位置加上一个引导向量来计算的，即好的爆炸火花质心与差的爆炸火花质心之间的差。理论和实验都表明，这种添加引导向量的方向是有前途的、准确的和稳定的，并且它的长度是根据距搜索空间中最优点的距离自适应的。在 GFWA 中，这些爆炸火花获得的目标函数信息得到了更彻底的利用。实验结果表明，引导火花对单模态函数和多模态函数的贡献远大于爆炸火花。GFWA 还与其他典型的元启发式算法进行了比较，在平均性能和成对比较方面，它在各种测试函数上的表现都最优。此外，实验还表明，GFWA 是一种用于大规模全局优化的有效算法。GFWA 的计算复杂度是线性的，这使得它可以用于各种现实世界的应用。GFWA 的原理非常简单，可以很容易地适用于其他基于群体的算法。

第 12 章　败者淘汰锦标赛烟花算法

本章介绍一种败者淘汰锦标赛烟花算法（LoTFWA），它可用来解决多模态优化问题。传统烟花算法的搜索方式是基于多个烟花的协作。而 LoTFWA 采用竞争作为一种新的交互方式，其中烟花不仅根据它们的当前状态，还根据它们的进步速度相互比较。如果某个烟花的适应度不能以目前的进度赶上最优的烟花，则被认为是比赛中的失败者。失败者将被淘汰并重启，因为继续它们的搜索过程是徒劳的。重启这些烟花将大大降低算法陷入局部最小值的可能性。实验结果表明，该算法在优化多模态函数方面非常强大。它不仅优于以前版本的烟花算法，而且优于几种著名的进化算法。

12.1　算法的基本机制

1. 爆炸算子

爆炸操作是烟花算法中的关键操作。在一定的爆炸范围内，每一代烟花周围都会产生一定数量的爆炸火花。在以前的大多数烟花算法版本中[14,15,53]，每个烟花的爆炸火花数由式 (12.1) 计算：

$$\lambda_i = \hat{\lambda} \frac{\max\limits_j \{f(\boldsymbol{X}_j)\} - f(\boldsymbol{X}_i)}{\sum\limits_k \left(\max\limits_j \{f(\boldsymbol{X}_j)\} - f(\boldsymbol{X}_k) \right)} \tag{12.1}$$

其中，$\boldsymbol{X}_i$ 是第 i 个烟花的位置；$\hat{\lambda}$ 是一个常数参数，它控制着一代中爆炸火花的总数。式 (12.1) 背后的想法是让适应性更好的烟花有更多的爆炸火花，以更彻底地搜索局部区域。但是，该式存在以下 3 个问题。

（1）一项研究[113] 的实验表明，爆炸火花数在不同的迭代中并不稳定。适应度值随着不同的目标函数和搜索空间中的不同位置而剧烈波动。因此，根据式 (12.1) 计算得出的爆炸火花的数量没有规律。

（2）同样的，最好的烟花产生的爆炸火花数也是无法控制的。最好的烟花是搜索过程中最重要的烟花，因为它会产生最多的爆炸火花并对最有希望的区域进行开采，以确保算法找到的解决方案是可接受的。然而，这种爆炸方式的设计并不稳定。

命题 12.1

如果 μ 是烟花数量，λ_i 是根据式 (12.1) 计算的爆炸火花数，那么有

$$\frac{\hat{\lambda}}{\mu - 1} \leqslant \max_i \{\lambda_i\} \leqslant \hat{\lambda} \tag{12.2}$$

由式 (12.2) 得到的数量下界和上界都很紧。假设这些烟花中最差的适应度 $\max\limits_j \{f(\boldsymbol{X}_j)\}$ 很大，那么最好的烟花的资源是在最坏的情况下，只有 $\dfrac{1}{\mu-1}$ 的总资源。如果 $\min\limits_j \{f(\boldsymbol{X}_j)\}$ 很小，那么最好的烟花可能会占用几乎所有资源。

（3）适应性最差的烟花火花数为 0。这在原始论文[53]中通过设置阈值得到了修复，但这样做并不优雅。这样的现象暴露了式 (12.2) 的不合理性。

因此，在作者看来，每个烟花的爆炸火花数应该取决于其适应度值的排名，而不是适应度值本身。本章采用在自然界和人类社会中很简单且非常普遍的幂律分布[114]来确定每个烟花的火花数。著名的 80-20 规则[100]暗示幂律分布是一种自然而有效的资源分配方式。该分布为

$$\lambda_r = \hat{\lambda} \frac{r^{-\alpha}}{\sum\limits_{r=1}^{\mu} r^{-\alpha}} \tag{12.3}$$

其中，r 是这个烟花的适应度值排名，μ 是烟花的总数，α 是控制分布形状的参数。α 越大，好的烟花产生的爆炸火花就越多。图 12.1 展示了 α 的取值对爆炸火花分布的影响。

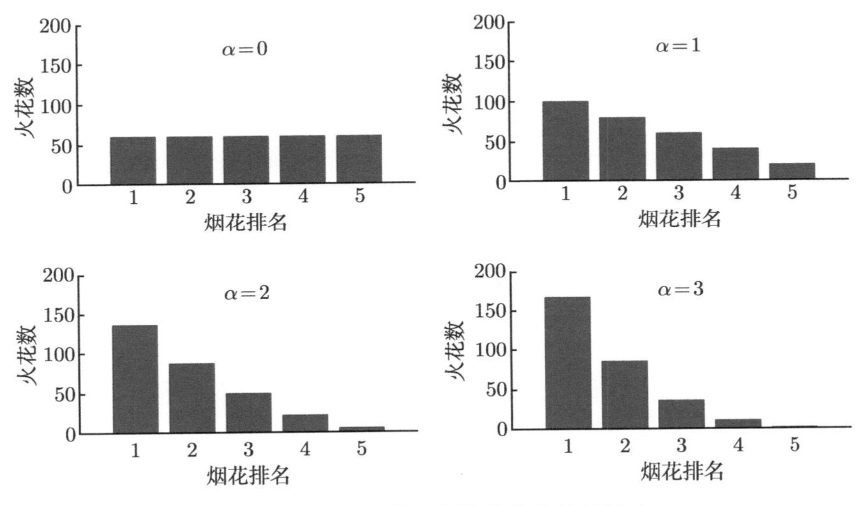

图 12.1 α 的取值对爆炸火花分布的影响

参数 α 对性能有着显著的影响。一般来说，对于单模态函数，α 应该更大（精英主义），而对于多模态函数，α 应该更小（平等主义）。

此外，在以前的版本的烟花算法中[16,17]，只有最好的烟花爆炸半径是动态控制的。在 LoT-FWA 中，所有烟花的爆炸半径都以动态方式控制，即

$$A_i^g = \begin{cases} A_i^1 & g = 1 \\ C_{\mathrm{r}} A_i^{g-1} & f\left(\boldsymbol{X}_i^g\right) \geqslant f\left(\boldsymbol{X}_i^{g-1}\right) \\ C_{\mathrm{a}} A_i^{g-1} & f\left(\boldsymbol{X}_i^g\right) < f\left(\boldsymbol{X}_i^{g-1}\right) \end{cases} \tag{12.4}$$

其中，A_i^g 是第 g 代中第 i 个烟花的爆炸半径。在第一代中，爆炸半径被预设为一个常数，通常是搜索空间的直径。之后，如果在第 $g-1$ 代中，一个烟花找到了比第 $g-2$ 代中最优解决方案更好的解决方案，则爆炸半径将乘以放大系数 $C_{\mathrm{a}} > 1$，否则将乘以缩减系数 $C_{\mathrm{r}} < 1$。第 $g-1$ 代中的最优解决方案总是被选入第 g 代作为新的烟花，因此式 (12.4) 中的条件表示这一代找到的最优解与上一代相比是否得到改进。

这种动态爆炸半径的核心思想是：如果在一代中没有找到更优的解决方案，则意味着爆炸半径太大（策略过于激进），因此需要缩短爆炸半径以增加找到更优解决方案的概率；否则，爆炸半径可能太小（策略过于保守），不能取得较大的进步，因此需要放大。通过动态控制爆炸半径，算法能够保持适合搜索的范围。动态爆炸半径策略会使算法在执行探索的早期爆炸半径较大，而在开采的后期爆炸半径较小。

算法 12.1 展示了每个烟花如何产生爆炸火花（其中省略了代表迭代次数的上标 g），与之前的烟花算法版本[14,53] 相比，该算法的爆炸过程得到了简化①。

爆炸火花在超立方体内均匀产生。超立方体的半径是爆炸半径，超立方体的中心是烟花的位置。

算法 12.1　烟花 $\boldsymbol{X}_i$ 产生爆炸火花的过程

Require: $\boldsymbol{X}_i$，A_i 和 λ_i。

1: **for** j=1 to λ_i **do**

2: 　　**for** 每一个维度 $k=1,2,\cdots,d$ **do**

3: 　　　　从分布 rand(0, 1) 中采样 η；

4: 　　　　$s_{ij}^{(k)} \leftarrow X_i^{(k)} + \eta A_i$；

5: **return** 所有的 $\boldsymbol{s}_{ij}$。

---

2. 变异算子

变异操作在烟花算法中是可选的，其中烟花的位置发生一定的变换以产生变异火花。之前的烟花算法版本中提出了几种不同类型的变异算子[14,83,105,115] 来增强群体的多样性。这里，我们采用一种简单但高效的变异火花，称为引导火花[66]。它有助于探索和开采最优解。

算法 12.2 展示了烟花产生引导火花的过程。

算法 12.2　烟花 $\boldsymbol{X}_i$ 产生引导火花的过程

Require: $\boldsymbol{X}_i$，$\boldsymbol{s}_{ij}$，$f(\boldsymbol{s}_{ij})$，λ_i 和 σ。

1: 根据每个火花的适应度值 $f(\boldsymbol{s}_{ij})$ 对所有火花进行排序；

2: $\Delta_i \leftarrow \dfrac{1}{\sigma\lambda_i}\left(\sum_{j=1}^{\sigma\lambda_i} \boldsymbol{s}_{ij} - \sum_{j=\lambda_i-\sigma\lambda_i+1}^{\lambda_i} \boldsymbol{s}_{ij}\right)$；

3: $\boldsymbol{G}_i \leftarrow \boldsymbol{X}_i + \Delta_i$；

4: 　　**return** $\boldsymbol{G}_i$。

产生引导火花需要通过爆炸火花获得信息（σ 是控制所采用的爆炸火花比例的参数），且每个烟花只会产生一个引导火花。

对于有约束的优化问题，需要将超出边界的火花映射到可行空间中。LoTFWA 遵循 EFWA[14] 中引入的均匀随机映射算子，即如果火花位于边界之外，它将被一个从可行空间中均匀随机选择的新火花替换。实验表明，如果最优点位于边界附近，这种映射算子可能会降低收敛速度。但是，它是有利于探索的。

对于下一代的选择方式，LoTFWA 使用独立选择框架。在该框架中，下一代的每个烟花都是从自己的候选池中选出的，候选池中只包括自己的后代火花。因此，每个烟花及其火花形成

① 爆炸操作中存在维度选择机制，但由于效果不佳且生成随机数需要额外的时间[11,66]，因此此处将其去除。

一个单独的群体。候选池中个体之间的距离可以比较远。该算法中的每个群体以相同的方式独立搜索，除非有其他交互机制。选择下一代烟花的方法有很多种[14,53,105]。LoTFWA 遵循精英选择机制[17]，即在每个群体中选择最优秀的个体作为下一代的烟花（适者生存）：

$$\boldsymbol{X}_i^{g+1} = \arg\min\left\{f\left(\boldsymbol{X}_i^g\right), f\left(\boldsymbol{s}_{ij}\right), f\left(\boldsymbol{M}_i\right)\right\} \tag{12.5}$$

虽然烟花算法最初被设计为群体智能优化算法，但也遵循相同的进化算法框架。与典型的群体智能优化算法（如 PSO 算法或 ACO 算法）相比，烟花算法中的选择算子使群体以完全不同的方式继承和利用信息。烟花算法和分布算法估计[45]之间的主要区别是前者采用隐式采样分布，它更灵活但理论上较模糊。与典型的进化算法（如 ES 算法或 GA）相比，烟花算法的框架允许烟花之间的交互行为，这将在本章后文介绍。

12.2 算法的淘汰机制

多模态优化的关键是在开采和探索之间取得平衡[116]。然而，“平衡”一词在某种意义上讲可能具有误导性：开采和探索不仅仅是对立的关系。有时它们可以同时实现，有时它们甚至可以互相帮助。促进开采并不一定会损害探索，反之亦然。

如果采用有效的交互机制，就可以利用多个群体而不是单个群体的信息加强探索。交互机制大致可分为合作和竞争[117]。就人工算法而言，合作与竞争之间并没有本质区别，区别只是概念上的。

个人层面的合作和竞争都是自然启发式算法的常用方法。大多数群体智能优化算法更喜欢合作策略[101,118]，该策略不需要集中控制。进化算法更频繁地使用竞争策略[119,120]，因为选择是最自然的竞争方式。此外，一些算法还提出将这两种策略结合起来[20,121,122]。

群体层面的合作和竞争更加复杂，并且很少用于自然启发式的启发式方法。在自然界中，不同物种之间的关系通常被称为共同进化[123]。在同一物种的不同群体中，竞争通常比合作更普遍，否则这些群体可能会合并为一个更大的群体。多群体间合作的现象已应用于 PSO 算法[124]、GA[125]、文化算法（Cultural Algorithm，CA）[126]等。多群体间竞争的现象已应用于 ABC 算法[127]、GA[125]、文化基因算法（Memetic Algorithm，MA）[128]等。

战争作为最激烈的竞争方式一直以残酷著称。战争中的失败者通常被流放或者直接被消灭。然而，战争的积极影响在于：被击败的群体可能会在新的环境中重新开始；可以节省资源（土地、食物等），以供新的群体发展和进化。

这些影响在自然进化进程中很重要。因此，我们相信这样的机制也有助于多模态优化的探索。与其他群体智能优化算法不同，烟花算法中自然存在多个群体，因为每个烟花和它自己的火花在地理位置上都很接近，因此具有相似的属性。基于这样的框架，可以实现竞争交互机制。机制的设计过程中主要有两个问题：如何设计群体之间的竞争机制，以及如何根据竞争结果改进探索方式。

自然界中最简单的竞争方式之一被称为单人战斗[129]，这种方式指两军中的两名战士之间的决斗，也就是“单挑”。这两名战士通常是双方的冠军。一场单人战斗有时可以减少战争的伤亡，并且节省双方的时间。在设计优化算法时，计算量很大，而且没有必要令这些群体中的所有个体都进行比较，因为在优化过程结束时，我们通常只关心找到的最优解。

在烟花算法中，烟花代表群体中最好的个体 [见式 (12.5)]。因此，LoTFWA 中的竞争机制是基于烟花之间的适应度值进行比较。不过，当前质量较差的烟花，未来未必会一直差。我们需要从比较中获得的信息不是烟花当前位置的适应度值，而是局部区域的质量。因此，该算法在优化过程结束时通过烟花的适应度值来预测该烟花未来的质量。这种预期反映了这些烟花是否在将来的搜索过程中有希望找到更优的解。如果某个烟花的预期比当前最佳烟花的适应性差，则认为该烟花是失败者。

同时，在自然界中，比赛中的失败者通常会被流放或淘汰。为了保持算法的探索能力，消除所有的失败者不是一种好的策略，因为群体的数量会很快地减少到一个。在败者淘汰锦标赛策略中，失败者被迫从当前位置移除。对于失败者来说，这实际上也是一个对其有利的机制，因为它们可能会在不同的地方发展和进化，而不会受到来自胜利者的直接威胁。在自然界和人类社会中，某个群体在被流放后重新夺回其领土或取得巨大成功的情况非常普遍。败者淘汰锦标赛策略可以被认为是自然界中“避免局部最优”和“保持多样性”的一种机制。

对于多模态优化，可以通过重启来进行败者淘汰锦标赛策略。也就是说，重新随机选择烟花的位置并重置其所有参数，以开始一个新的搜索过程。这种方式可以提高找到全局最优值的概率。例如，如果单次实验的概率为 0.1，则 10 次独立实验的概率为 $1-(1-0.1)^{10} \approx 0.65$。

当然，如何设置竞争机制，以及如何处理结果等问题是要一起考虑的。如果竞争过于频繁，败者淘汰锦标赛策略可能对探索没有帮助，反而会严重损伤探索过程，因为失败者烟花的局部搜索可能被错误地中断。

下面详细介绍败者淘汰锦标赛策略。预测烟花的最终适应度值可以被认为是时间序列预测的问题[130]。解决这个问题的方法有很多，这些方法虽然可以做出较好的预测，但是对每一代中的每个烟花进行预测可能会很耗时。关于预测，我们不能对序列做出强有力的假设，也就是说，我们不需要极端准确的预测。此外，在这个特定的任务中，低估的风险远大于高估的风险。换句话说，我们宁愿给烟花更多的时间，在它当前的区域周围搜索，也不会因为一些资源已经被用于搜索该区域而任意流放它。综上所述可以发现，线性预测适合解决这个问题。

将第 i 次烟花 $\boldsymbol{X}_i^g$ 在第 g 代中的改进值定义为

$$\delta_i^g = f\left(\boldsymbol{X}_i^{g-1}\right) - f\left(\boldsymbol{X}_i^g\right) \geqslant 0 \tag{12.6}$$

其中，δ_i^g 表示这个群体的改善程度。它是这一代产生的最佳个体与上一代产生的最佳个体之间的适应度值差异。如果它很大，则意味着群体数正在迅速改善，并且该区域仍然具有很大的潜力。当群体逐渐接近局部最优时，它会变得比较小。

根据第 g 代的适应度值，可预测其在最后一代 $g_{\max}$ 中的适应度值：

$$f\left(\widehat{\boldsymbol{X}_i^{g_{\max}}}\right) = f\left(\boldsymbol{X}_i^g\right) - \left(g_{\max} - g\right)\delta_i^g \tag{12.7}$$

如果由式 (12.7) 得到的预测值比当前最好的烟花更差，即 $f\left(\widehat{\boldsymbol{X}_i^{g_{\max}}}\right) > \min\limits_j\left\{f\left(\boldsymbol{X}_j^g\right)\right\}$，则可以认为第 i 个烟花是失败者，该烟花会被重启。重启的意思是该烟花的位置将在搜索空间中随机选择，并且其爆炸半径被设置为初始值。

算法 12.3 展示了败者淘汰锦标赛策略在每一代的迭代中是如何生效的。

算法 12.3 败者淘汰锦标赛策略

Require: 最大迭代次数 $g_{\max}$，烟花数 μ。

1: **for** $i=1$ to μ **do**

2: **if** $f\left(\boldsymbol{X}_i^g\right)<f\left(\boldsymbol{X}_i^{g-1}\right)$ **then**

3: $\delta_i^g \leftarrow f\left(\boldsymbol{X}_i^{g-1}\right)-f\left(\boldsymbol{X}_i^g\right)$;

4: **if** $\delta_i^g\left(g_{\max}-g\right)<f\left(\boldsymbol{X}_i^g\right)-\min\limits_j\left\{f\left(\boldsymbol{X}_j^g\right)\right\}$ **then**

5: 重启第 i 个烟花。

注意，如果 $f\left(\boldsymbol{X}_i^g\right)=f\left(\boldsymbol{X}_i^{g-1}\right)$，即第 g 代烟花没有任何改进，那么算法不会触发这个机制。如果删除算法 12.3 第 2 行中的条件，那么由于动态爆炸半径和精英选择的属性，烟花将过于频繁地重启，因为 $f\left(\boldsymbol{X}_i^g\right)=f\left(\boldsymbol{X}_i^{g-1}\right)$ 是搜索过程中的常规事件。对于动态爆炸半径，改进的频率几乎是一个常数，这基本与目标函数的性质无关。要观察到这一点，可考虑 t 代的时间段，即 $(g+1)\sim(g+t)$。假设这个时期的平均改善频率为 p，则根据式 (12.4)，有

$$A^{g+t}=C_{\mathrm{a}}^{tp} C_{\mathrm{r}}^{t(1-p)} A^{g+1} \tag{12.8}$$

当 t 很大时，有

$$C_{\mathrm{a}}^{p} C_{\mathrm{r}}^{1-p}=\sqrt[t]{\frac{A^{g+t}}{A^{g+1}}} \approx 1 \tag{12.9}$$

因此，有

$$p \approx \frac{\lg C_{\mathrm{r}}}{\lg C_{\mathrm{r}}-\lg C_{\mathrm{a}}} \tag{12.10}$$

这意味着，动态爆炸半径通常会自行调整以保持改进频率稳定。p 的不动点仅取决于 C_{r} 和 C_{a} 这两个参数。因此，单次失败并不意味着该局部区域没有希望，因为它经常发生。

当其他元启发式算法采用败者淘汰锦标赛策略时，如果启发式策略不能保证每次迭代的适应度值改进，则算法 12.3 中的第 2 行和第 4 行是必要的。

接下来，说明为什么重启条件是安全的。如果某个烟花永远无法超越最好的烟花，那么重启它是正确且有效的。相反，如果这个烟花在不重启的情况下可以超过最好的烟花，即 $f\left(\widetilde{\boldsymbol{X}_i^{g_{\max}}}\right)<\min\limits_j\left\{f\left(\boldsymbol{X}_j^{g_{\max}}\right)\right\}$（其中，$\widetilde{\boldsymbol{X}_i^{g_{\max}}}$ 就是不重启的情况下这个烟花可以取得的适应度值），那么重启它不仅无效，还对搜索过程有害。但是，当它满足算法 12.3 中的条件时，条件概率

$$\operatorname{Pr}\left[f\left(\widetilde{\boldsymbol{X}_i^{g_{\max}}}\right)<\min_j\left(f\left(\boldsymbol{X}_j^{g_{\max}}\right)\right) \mid f(\widehat{\boldsymbol{X}_i^{g_{\max}}})>\min_j\left(f\left(\boldsymbol{X}_j^g\right)\right)\right] \tag{12.11}$$

会变得很小，原因如下。

（1）烟花的适应度值并不是每一次迭代都能改善的。如前文所述，改进的频率 p 几乎是一个常数。在接下来的 $g_{\max}-g$ 代中，改进只发生在大约 $\left(g_{\max}-g\right)p$ 代中。在其他几次迭代中，适应度值没有改善。但是，本章假设它在每一代都有改进 [见式 (12.7)]，这是一个强假设。

（2）最佳烟花的适应度值永远不会受到影响，甚至还可以被改善。

命题 12.2

$$\min_j \left\{f\left(\boldsymbol{X}_j^{g_{\max}}\right)\right\} \leqslant \min_j \left\{f\left(\boldsymbol{X}_j^g\right)\right\}$$

♠

证明　记 $k_g = \arg\min_j \left\{f\left(\boldsymbol{X}_j^g\right)\right\}$。如果 $k_{g+1} = k_g$，由于精英选择机制 [见式 (12.5)]，烟花的适应度值是单调不增的，即 $f\left(\boldsymbol{X}_{k_g}^{g+1}\right) \leqslant f\left(\boldsymbol{X}_{k_g}^g\right)$。如果 $k_{g+1} \neq k_g$，由 k_{g+1} 的定义，有 $f\left(\boldsymbol{X}_{k_{g+1}}^{g+1}\right) \leqslant f\left(\boldsymbol{X}_{k_g}^{g+1}\right) \leqslant f\left(\boldsymbol{X}_{k_g}^g\right)$。根据数学归纳法可知，$\min_j \left\{f\left(\boldsymbol{X}_j^{g_{\max}}\right)\right\} = f\left(\boldsymbol{X}_{k_{g_{\max}}}^{g_{\max}}\right) \leqslant f\left(\boldsymbol{X}_{k_g}^g\right) = \min_j \left\{f\left(\boldsymbol{X}_j^g\right)\right\}$。

（3）这种改进的幅度通常会随着搜索过程的深入而减小。如果承认步长与改进幅度之间存在正相关关系，那么改进幅度通常会减小，因为爆炸半径减小了。对于第 i 个烟花，令 $C = [\boldsymbol{X}_1^g - A^g, \boldsymbol{X}_1^g + A^g] \times \cdots \times [\boldsymbol{X}_d^g - A^g, \boldsymbol{X}_d^g + A^g]$、$B = \left\{\boldsymbol{x} \in \mathbb{R}^d \mid f(\boldsymbol{x}) < f\left(\boldsymbol{X}^g\right)\right\}$（其中，$i$ 被省略，下标表示维数），那么有

$$p \approx \Pr\left\{f\left(\boldsymbol{X}^{g+1}\right) < f\left(\boldsymbol{X}^g\right)\right\} = \frac{|C \cap B|}{|C|} \tag{12.12}$$

由于烟花的适应度值是单调不增加的，因此 $|B|$ 随着搜索过程的深入而减小，$|C \cap B| \leqslant |B|$ 也随之减小。同时，因为 p 可以被认为是一个常数，所以 $|C|$=$(2A^g)^d$ 也会随着搜索过程的深入而减小。因此，A 会随着搜索过程的深入而减小（尽管速度很慢）。也就是说，为了保持改进的频率，改进的幅度会减小。

虽然可能性比较小，但实际上正在搜索有希望的区域的烟花仍然可能由于运气不佳而被错误地重启。这被认为是一种可承受的风险，因为群体智能优化算法的稳健性是基于所有个体的贡献实现的。

败者淘汰锦标赛策略是有效的，因为它不需要烟花的实际最终适应度值。一旦一个烟花被认为没有希望，它会立即被重启，这让这些烟花可以多次重试。例如，如果一个烟花不幸与最佳烟花位于同一区域，它就不需要进一步搜索这个区域，因为这个烟花永远赶不上最佳烟花的可能性很大。

在算法运行早期，烟花的改进幅度比较大，不会频繁被重启，可以在局部区域更深入地开采。而在算法运行后期，烟花的改进幅度变得相对较小，剩余的迭代次数变得更少，因此如果当前的一个烟花被这个策略认为没有希望，它将被重启，以寻找新的区域。这样，该算法不仅能够避免在同一区域搜索多个烟花，还能避免因搜索没有希望的区域而造成的资源浪费。

败者淘汰锦标赛策略是为多个群体的框架设计的，下面分析它对迭代单个群体的优势。考虑一个理想化模型，假设有 m 个局部最优值，其中只有一个是全局最优值。仅迭代单个群体并通过精确的 k 次实验找到全局最优值的概率是 $\left(\frac{m-1}{m}\right)^{k-1}\frac{1}{m}$。那么，期望的实验次数是

$$\sum_{k=1}^{\infty} k\left(\frac{m-1}{m}\right)^{k-1}\frac{1}{m} = m \tag{12.13}$$

败者淘汰锦标赛策略可以避免多次访问同一个局部最优值。因此，通过精确的 k 次实验找

到全局最优值的概率为

$$\frac{m-1}{m}\frac{m-2}{m-1}\cdots\frac{m-k+1}{m-k+2}\frac{1}{m-k+1}=\frac{1}{m} \tag{12.14}$$

那么，期望的实验次数是

$$\sum_{k=1}^{m}\frac{k}{m}=\frac{m+1}{2} \tag{12.15}$$

实际的优化问题比这个模型更复杂。有时甚至不可能在时间限制内找到一个局部最优值，因为所谓的局部搜索有时是非常复杂的。在这种情况下，败者淘汰锦标赛策略的优势对于多模态优化可能会变得更加明显。如果只有一个群体，则该群体在接近局部最优之前不会被重启。而在败者淘汰锦标赛策略中，其他群体不需要等待最佳群体在精细搜索时耗尽所有资源。相反，它们可以探索其他局部区域，同时最佳群体仍在最佳位置周围搜索，直到找到更好的局部区域。

算法 12.4 展示了 LoTFWA。在初始化阶段，烟花的位置在整个可行空间中随机设置，爆炸半径被设置为搜索空间的直径。迭代阶段有两个部分：在第一部分，每个烟花产生火花，且每个烟花的位置根据选择算子更新；在第二部分，烟花与最佳烟花展开竞争，失败的烟花被重启。迭代会一直持续到满足终止标准（运行时间、精度、评估次数等）为止。

算法 12.4 LoTFWA

1: 在搜索空间中随机初始化 μ 个烟花；
2: 评估每个烟花的适应度值。
3: **repeat**
4:     **for** $i=1$ to μ **do**
5:         根据式 (12.3) 计算爆炸火花数；
6:         根据式 (12.4) 计算爆炸半径；
7:         根据算法 12.1生成爆炸火花；
8:         根据算法 12.2生成引导火花；
9:         评估上面所有火花的适应度值；
10:         选择最好的个体（包括第 i 个烟花的爆炸火花和引导火花）作为下一代的烟花；
11:     根据算法 12.3 执行败者淘汰锦标赛策略；
12: **until** 满足停机条件；
        return 最优解的位置及其适应度值。

12.3 实验与分析

本节通过实验证明 LoTFWA 的有效性。该算法的主要参数包括：烟花数 μ、爆炸火花总数 λ、动态爆炸半径系数 C_{a} 和 C_{r}、变异参数 σ，以及幂律分布参数 α。

理论上，较小的 μ 会使该算法擅长开采，因为每个烟花可以迭代更多次，产生更多的火花。虽然较大的 μ 能够使该算法探索更多区域，但在这种情况下，每个烟花产生的火花更少，迭代的次数也更少。本实验按照文献 [53] 中的建议设置 $\mu=5$。

C_{a} 和 C_{r} 是动态爆炸半径控制的两个重要参数。C_{a} 和 C_{r} 越大，该算法的探索能力越强。本实验按照文献 [14] 中的建议设置 $C_{\mathrm{a}}=1.2$ 和 $C_{\mathrm{r}}=0.9$。

变异参数 σ 对该算法的影响是复杂的。较大的 σ 会使引导向量的方向准确，但也会使步长较保守。根据文献 [66] 中的实验结果，$\sigma = 0.2$ 通常是最好的选择。

接下来，通过实验说明参数 α 和参数 λ 对该算法的影响以及选择方法。选择 16 组参数，即 $\{\alpha, \lambda\} \in \{0, 1, 2, 3\} \times \{100, 200, 300, 400\}$，并在 CEC2013 上对它们进行评估，测试函数包括 5 个单模态函数和 23 个多模态函数。这些测试函数的维数 $D = 30$。根据 CEC2013 的说明，所有算法对每个测试函数运行 51 次，每次运行的最大评估次数为 $10000D$。对 16 组参数的平均误差进行排名，并在 28 个测试函数上对排名取平均值，结果如图 12.2 所示（越低越好）。

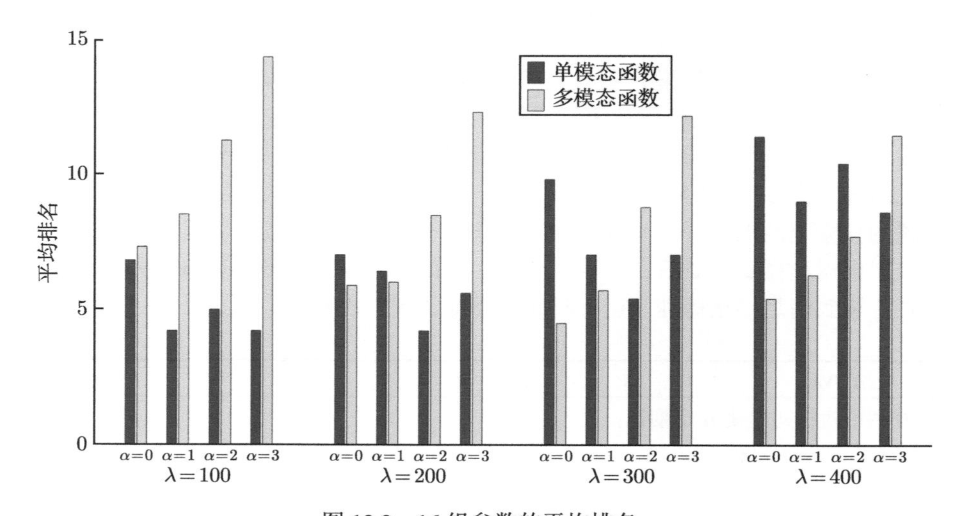

图 12.2　16 组参数的平均排名

根据实验结果，可以得到下面 4 个结论。

（1）对于单模态函数，λ 应该选择较小的值。这意味着对于单模态函数，迭代次数比群体规模更重要。较小的爆炸火花数和较大的迭代次数有利于单模态函数的优化。

（2）对于单模态函数，α 应该选择较大的值（1、2 和 3 的性能相当）。这意味着对于单模态函数，资源应集中在精英烟花上。其他烟花的目的是探索，这对于单模态函数并不重要。

（3）对于多模态函数，α 应该很小。对于多模态函数来说，平等主义是最好的策略，因为它会平均分配资源并使所有群体都能有效地搜索。

（4）对于多模态函数，$\alpha = 0$、$\lambda = 300$ 表现得最好。所以对于多模态函数，群体规模和迭代次数都很重要，应根据最大评估次数和问题的复杂性来平衡它们。对于 CEC2013，最大评估次数是比较充足的（维度的 10000 倍），所以总体规模可以很大。对于实际应用，建议使用较小的 λ。

LoTFWA 采用了一种基于竞争交互的重启策略。为了说明该策略的重要性，必须明确以下两个问题。

（1）LoTFWA 在没有重启策略的情况下是否优于烟花算法？

（2）LoTFWA 是否通过简单的重启策略优于烟花算法？

下面将有重启策略的烟花算法记为 LoTFWA，没有重启策略的烟花算法记为 NRS，有简单重启策略的烟花算法记为 SRS。在 SRS 中，所有烟花设置了相同的重启标准，适应度值改进幅度连续 5 次以上小于 1×10^{-10} 的烟花会被重新初始化。上述 3 种算法的参数均设置为 $\mu = 5$、

$\lambda = 300$、$C_{\rm a} = 1.2$、$C_{\rm r} = 0.9$、$\sigma = 0.2$ 和 $\alpha = 0$。

这 3 种算法在 28 个测试函数上的平均误差及排名见表 12.1。每种算法在所有测试函数上的平均排名在表 12.1 的最后一行列出。注意，根据中心极限定理，平均排名 $\text{AR}\sim\mathcal{N}\left(\dfrac{k+1}{2}, \dfrac{k^2-1}{12N}\right)$，其中 k 是算法的数量，N 是测试函数的数量。这里 $k=3$、$N=28$，因此 $\text{AR}\sim\mathcal{N}\left(2, 0.15^2\right)$。与之前的标准偏差 0.15 和（2−1.5=）0.5 相比，SRS 和 LoTFWA 的平均排名相差非常大。

表 12.1 3 种算法在 28 个测试函数上的平均误差及排名

测试函数	NRS	SRS	LoTFWA	LoTFWA vs. NRS	LoTFWA vs. SRS
f_1	$\mathbf{0.00 \times 10^0}$	$\mathbf{0.00 \times 10^0}$	$\mathbf{0.00 \times 10^0}$	0	0
f_2	$\mathbf{1.08 \times 10^6}$	1.13×10^6	1.19×10^6	0	0
f_3	$\mathbf{1.43 \times 10^7}$	1.94×10^7	2.23×10^7	0	−1
f_4	1.73×10^3	$\mathbf{1.67 \times 10^3}$	2.13×10^3	−1	−1
f_5	$\mathbf{3.23 \times 10^{-3}}$	3.24×10^{-3}	3.55×10^{-3}	−1	−1
f_6	1.60×10^1	$\mathbf{1.33 \times 10^1}$	1.45×10^1	0	0
f_7	6.75×10^1	6.51×10^1	$\mathbf{5.05 \times 10^1}$	1	1
f_8	2.09×10^1	2.09×10^1	$\mathbf{2.09 \times 10^1}$	1	1
f_9	1.66×10^1	1.68×10^1	$\mathbf{1.45 \times 10^1}$	1	1
f_{10}	2.69×10^{-2}	$\mathbf{2.59 \times 10^{-2}}$	4.52×10^{-2}	−1	−1
f_{11}	8.17×10^1	7.14×10^1	$\mathbf{6.39 \times 10^1}$	1	1
f_{12}	8.43×10^1	7.70×10^1	$\mathbf{6.82 \times 10^1}$	1	1
f_{13}	1.71×10^2	1.46×10^2	$\mathbf{1.36 \times 10^2}$	0	1
f_{14}	2.89×10^3	2.84×10^3	$\mathbf{2.38 \times 10^3}$	1	1
f_{15}	3.15×10^3	3.02×10^3	$\mathbf{2.58 \times 10^3}$	1	1
f_{16}	8.82×10^{-2}	7.05×10^{-2}	$\mathbf{5.74 \times 10^{-2}}$	1	1
f_{17}	7.12×10^1	7.39×10^1	$\mathbf{6.20 \times 10^1}$	1	1
f_{18}	7.32×10^1	7.40×10^1	$\mathbf{6.12 \times 10^1}$	1	1
f_{19}	3.55×10^0	3.66×10^0	$\mathbf{3.05 \times 10^0}$	1	1
f_{20}	1.31×10^1	$\mathbf{1.24 \times 10^1}$	1.33×10^1	−1	0
f_{21}	2.14×10^2	2.04×10^2	$\mathbf{2.00 \times 10^2}$	0	0
f_{22}	3.56×10^3	3.46×10^3	$\mathbf{3.12 \times 10^3}$	1	1
f_{23}	3.79×10^3	3.74×10^3	$\mathbf{3.11 \times 10^3}$	1	1
f_{24}	2.45×10^2	2.48×10^2	$\mathbf{2.37 \times 10^2}$	1	1
f_{25}	2.83×10^2	2.83×10^2	$\mathbf{2.71 \times 10^2}$	1	1
f_{26}	2.00×10^2	$\mathbf{2.00 \times 10^2}$	2.00×10^2	0	0
f_{27}	7.90×10^2	7.85×10^2	$\mathbf{6.84 \times 10^2}$	1	1
f_{28}	2.80×10^2	2.84×10^2	$\mathbf{2.65 \times 10^2}$	0	0
平均排名	2.39	2.00	**1.50**	16:4	17:4

一方面，LoTFWA 在单模态函数上的性能比 NRS 和 SRS 略差，因为在这种情况下重启烟花不仅没有意义，还会浪费搜索资源。在败者淘汰锦标赛策略中，基本上只有一个烟花在进行局部搜索，而其他烟花会不断地重启。虽然使用 5 个烟花搜索同一个局部区域的效率不高，但它们可以比只使用一个烟花更快地找到局部最优值。

另一方面，从多模态函数和组合函数的表现来看，败者淘汰锦标赛策略大大提升了探索能力。与 NRS 相比，SRS 也是有效的，但不如 LoTFWA 效果好。在 SRS 中，每个烟花只使用自己的信息。因此，它只能检测是否已接近局部最优，而无法获得有关该局部区域相对质量的信息。相反，LoTFWA 使烟花能够从其他个体那里获取信息并立即放弃搜索没有希望的区域。因此，LoTFWA 能够更彻底地探索整个搜索空间，而不是陷入糟糕的局部区域。

图 12.3 展示了 LoTFWA 中的烟花在测试函数上的适应度值曲线。一开始烟花 3 在所有烟花中找到了最好的局部区域，其他烟花因为适应度值赶不上烟花 3 而被重启。好在重启之后，烟花 4 找到了更好的局部区域。这时，烟花 3 立即放弃了自己的当前位置，开始在搜索空间中搜索其他区域。自此之后，其他烟花不断地被重启，因为它们找不到更好的局部区域。

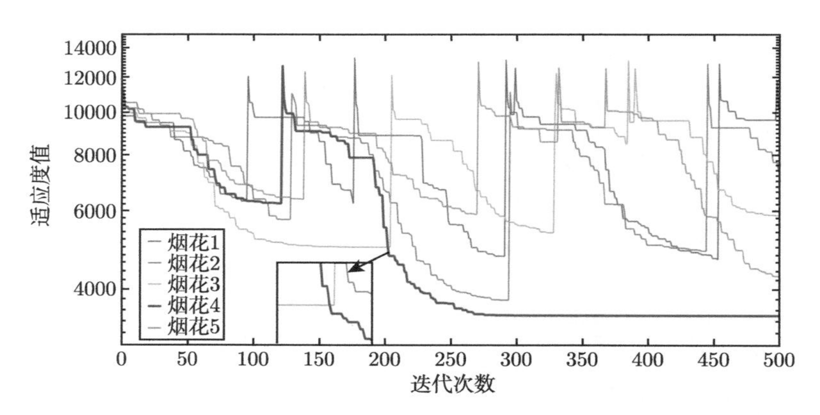

图 12.3　LoTFWA 中的烟花在测试函数上的适应度值曲线

下面比较 LoTFWA 与其他烟花算法的性能差异，参与比较的算法包括 EFWA[14]、AFWA[15]、dynFWA[16]、CoFFWA[17] 和 GFWA[66]。这些算法的参数设置为其原始论文中的建议值。上述算法都在 CEC2013 上使用与 LoTFWA 相同的条件进行测试。它们的均值和标准偏差见表 12.2。单模态函数（$f_1 \sim f_5$）和多模态函数（$f_6 \sim f_{28}$）上各算法的平均排名也分别放在表 12.2 中（单模态函数上平均排名的先验标准偏差为 0.76，而多模态函数上为 0.36）。同时，表 12.2 中加粗标示了每个测试函数上的最小均值。从平均排名可以看出，GFWA 是用于单模态优化的最佳版本，而 LoTFWA 是迄今为止用于多模态优化的最佳版本。

此外，在 LoTFWA 和其他烟花算法之间进行成对 Wilcoxon 秩和检验（置信度为 95%）。LoTFWA 明显更好和对手明显更好的结果的数量如图 12.4 所示。可以看出，LoTFWA 在多模态函数的优化问题上拥有巨大优势。

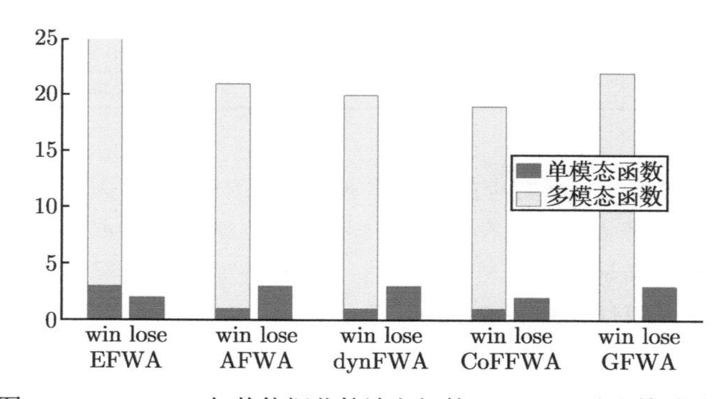

图 12.4　LoTFWA 与其他烟花算法之间的 Wilcoxon 秩和检验结果

LoTFWA 可以看作 GFWA 的扩展算法。在 GFWA 中，资源仅集中在单个烟花上，因此开采能力较强。在此基础上，LoTFWA 通过引入多个烟花和这些烟花之间的高效交互机制，实现了更强大的探索能力。

上面的比较还表明，CoFFWA 中避免拥挤的重启策略不如 LoTFWA 有效。实际上，避免拥挤的重启策略只是 LoTFWA 的一种特殊情况，即存在一个烟花与最佳烟花位于同一个局部区域。此外，在避免拥挤的重启策略中，随着最佳烟花爆炸半径的减小，触发判据的概率趋向减小。但是，LoTFWA 可以被触发，即使它们之间的位置距离非常远。此外，LoTFWA 可以是无参数的，而避免拥挤的重启策略中需要一个预设参数。从表 12.1 和图 12.4 可以看出，LoTFWA 通过牺牲部分开采能力获得了更强大的探索能力，在多模态函数上的性能有着显著提升。

接下来，比较 LoTFWA 与其他元启发式算法的性能。参与比较的算法有 ABC 算法 [19]、SPSO2011[18]、群体规模递增的重启 CMA-ES（IPOP-CMA-ES，图表中用 CMAES 表示）[106]，以及 DE 算法 [20]。上述算法都在与 LoTFWA 相同的条件下进行测试，且实验中选取的参数均与它们的原始论文一致。均值和标准偏差见表 12.3，表中加粗显示了每个测试函数的最小均值。这 5 种算法的平均排名分别在单模态函数和多模态函数上进行统计。除了 DE 算法的统计信息外（缺乏数据），其他 4 种的统计信息如图 12.5 所示。

在单模态函数上，IPOP-CMA-ES 的性能是目前为止的元启发式算法中最好的，而其他 4 种算法的性能十分接近。在多模态函数和组合函数上，LoTFWA 的平均排名表现最好。ABC 算法和 DE 算法的平均排名相当，均优于 SPSO2011。ABC 算法、LoTFWA 和 IPOP-CMA-ES 在多模态函数和组合函数上分别实现了 8 个、8 个和 7 个最小均值，而 SPSO2011 和 DE 算法则没有最小的均值。尽管 ABC 算法在 8 个测试函数上的表现非常出色，但其平均排名意味着它在其他测试函数上的排名较低。

CMA-ES 是一种非常强大的进化算法，且在单模态函数优化上的表现优异，但其容易遇到过早收敛的问题，所以不一定在多模态函数上表现良好 [66]。因此，可以向 CMA-ES 中引入重启机制，以提高其在多模态函数优化中找到全局最优值的概率。CMA-ES 中的群体实际上有很多机会重启，因为它的收敛速度非常快。尽管烟花算法的开采能力一般（与 ABC 算法、PSO 算法和 DE 算法相差不多），但 IPOP-CMA-ES 在多模态功能上的表现并不优于 LoTFWA。特别是在局部搜索更困难的组合函数上，LoTFWA 的表现更好（见图 12.5 中的 f_{21}、f_{24}、f_{25}、f_{26}、f_{27} 和 f_{28}）。基于这些实验结果可知，使用多个群体之间的竞争交互可能是比重启单个群体更有效的多模态函数优化方法。事实上，LoTFWA 几乎可以移植到任何基于群体的算法中。

12.4 小结

本章介绍了一种基于败者淘汰锦标赛策略的烟花算法（LoTFWA）。在 CEC2013 上的实验结果表明，该算法在多模态函数优化方面的能力强大，尽管其局部搜索能力并不突出。因此，这种框架和交互机制对于多模态函数的优化是有效的。此外，败者淘汰锦标赛策略可以很容易地嵌入其他基于群体的算法中。LoTFWA 应被视为开发烟花算法的新基准。但是，该算法的局部搜索能力还需要进一步提升。此外，其他类型的交互机制也值得进一步研究。

表 12.2　LoTFWA 与多种烟花算法的比较

测试函数	EFWA		AFWA		dynFWA		CoFFWA		GFWA		LoTFWA	
	Mean	Std.	Mean	Std.	Mean	Std.	Mean	Std.	Mean	Std.	Mean	Std.
f_1	7.82×10^{-2}	1.31×10^{-2}	$\mathbf{0.00 \times 10^{0}}$	$\mathbf{0.00 \times 10^{0}}$	$\mathbf{0.00 \times 10^{0}}$	$\mathbf{0.00 \times 10^{0}}$	$\mathbf{0.00 \times 10^{0}}$	$\mathbf{0.00 \times 10^{0}}$	$\mathbf{0.00 \times 10^{0}}$	$\mathbf{0.00 \times 10^{0}}$	$\mathbf{0.00 \times 10^{0}}$	$\mathbf{0.00 \times 10^{0}}$
f_2	$\mathbf{5.43 \times 10^{5}}$	$\mathbf{2.04 \times 10^{5}}$	8.92×10^{5}	3.92×10^{5}	7.87×10^{5}	3.56×10^{5}	8.80×10^{5}	4.18×10^{5}	6.96×10^{5}	2.66×10^{5}	1.19×10^{6}	4.27×10^{5}
f_3	1.26×10^{8}	2.15×10^{8}	1.26×10^{8}	1.54×10^{8}	1.57×10^{8}	2.21×10^{8}	8.04×10^{7}	8.88×10^{7}	3.74×10^{7}	8.65×10^{7}	$\mathbf{2.23 \times 10^{7}}$	$\mathbf{1.91 \times 10^{7}}$
f_4	1.09×10^{0}	3.53×10^{-1}	1.14×10^{1}	6.83×10^{0}	1.28×10^{1}	8.06×10^{0}	2.01×10^{3}	1.37×10^{3}	$\mathbf{5.00 \times 10^{-5}}$	$\mathbf{6.17 \times 10^{-5}}$	2.13×10^{3}	8.11×10^{2}
f_5	7.90×10^{-2}	1.01×10^{-2}	6.04×10^{-4}	9.24×10^{-5}	$\mathbf{5.42 \times 10^{-4}}$	$\mathbf{7.98 \times 10^{-5}}$	7.41×10^{-4}	9.82×10^{-5}	1.55×10^{-3}	1.82×10^{-4}	3.55×10^{-3}	5.01×10^{-4}
平均排名	4.00		3.00		3.00		3.20		**2.00**		3.80	
f_6	3.49×10^{1}	2.71×10^{1}	2.99×10^{1}	2.63×10^{1}	3.15×10^{1}	2.62×10^{1}	2.47×10^{1}	2.08×10^{1}	3.49×10^{1}	2.74×10^{1}	$\mathbf{1.45 \times 10^{1}}$	$\mathbf{6.84 \times 10^{0}}$
f_7	1.33×10^{2}	4.34×10^{1}	9.19×10^{1}	2.63×10^{1}	1.03×10^{2}	2.95×10^{1}	8.99×10^{1}	1.78×10^{1}	7.58×10^{1}	2.98×10^{1}	$\mathbf{5.05 \times 10^{1}}$	$\mathbf{9.69 \times 10^{0}}$
f_8	2.10×10^{1}	4.82×10^{-2}	2.09×10^{1}	7.85×10^{-2}	2.09×10^{1}	7.59×10^{-2}	2.09×10^{1}	9.79×10^{-2}	2.09×10^{1}	9.11×10^{-2}	$\mathbf{2.09 \times 10^{1}}$	$\mathbf{6.14 \times 10^{-2}}$
f_{10}	8.29×10^{-1}	8.42×10^{-2}	4.73×10^{-2}	3.44×10^{-2}	4.20×10^{-2}	2.76×10^{-2}	$\mathbf{4.10 \times 10^{-2}}$	$\mathbf{2.69 \times 10^{-2}}$	6.08×10^{-2}	3.36×10^{-2}	4.52×10^{-2}	2.47×10^{-2}
f_{11}	4.22×10^{2}	9.26×10^{1}	1.05×10^{2}	3.43×10^{1}	1.07×10^{2}	3.23×10^{1}	9.90×10^{1}	2.36×10^{1}	7.50×10^{1}	2.59×10^{1}	$\mathbf{6.39 \times 10^{1}}$	$\mathbf{1.04 \times 10^{1}}$
f_{12}	6.33×10^{2}	1.38×10^{2}	1.52×10^{2}	4.43×10^{1}	1.56×10^{2}	5.57×10^{1}	1.40×10^{2}	4.06×10^{1}	9.41×10^{1}	3.28×10^{1}	$\mathbf{6.82 \times 10^{1}}$	$\mathbf{1.45 \times 10^{1}}$
f_{13}	4.51×10^{2}	7.45×10^{1}	2.36×10^{2}	6.06×10^{1}	2.44×10^{2}	5.35×10^{1}	2.50×10^{2}	5.93×10^{1}	1.61×10^{2}	4.74×10^{1}	$\mathbf{1.36 \times 10^{2}}$	$\mathbf{2.30 \times 10^{1}}$
f_{14}	4.16×10^{3}	6.16×10^{2}	2.97×10^{3}	5.70×10^{2}	2.95×10^{3}	5.51×10^{2}	2.70×10^{3}	4.95×10^{2}	3.49×10^{3}	8.30×10^{2}	$\mathbf{2.38 \times 10^{3}}$	$\mathbf{3.13 \times 10^{2}}$
f_{15}	4.13×10^{3}	5.61×10^{2}	3.81×10^{3}	5.03×10^{2}	3.71×10^{3}	7.57×10^{2}	3.37×10^{3}	5.01×10^{2}	3.67×10^{3}	6.35×10^{2}	$\mathbf{2.58 \times 10^{3}}$	$\mathbf{3.83 \times 10^{2}}$
f_{16}	5.92×10^{-1}	2.30×10^{-1}	4.97×10^{-1}	2.56×10^{-1}	4.77×10^{-1}	3.34×10^{-1}	4.56×10^{-1}	3.15×10^{-1}	1.00×10^{-1}	7.13×10^{-2}	$\mathbf{5.74 \times 10^{-2}}$	$\mathbf{2.13 \times 10^{-1}}$
f_{17}	3.10×10^{2}	6.52×10^{1}	1.45×10^{2}	2.55×10^{1}	1.48×10^{2}	3.74×10^{1}	1.10×10^{2}	2.16×10^{1}	8.49×10^{1}	2.10×10^{1}	$\mathbf{6.20 \times 10^{1}}$	$\mathbf{9.45 \times 10^{0}}$
f_{18}	1.75×10^{2}	3.81×10^{1}	1.75×10^{2}	4.92×10^{1}	1.89×10^{2}	6.04×10^{1}	1.80×10^{2}	4.04×10^{1}	8.60×10^{1}	2.33×10^{1}	$\mathbf{6.12 \times 10^{1}}$	$\mathbf{9.56 \times 10^{0}}$
f_{19}	1.23×10^{1}	3.68×10^{0}	6.92×10^{0}	2.37×10^{0}	6.87×10^{0}	1.93×10^{0}	6.51×10^{0}	2.08×10^{0}	5.08×10^{0}	1.88×10^{0}	$\mathbf{3.05 \times 10^{0}}$	$\mathbf{6.43 \times 10^{-1}}$
f_{20}	1.46×10^{1}	1.73×10^{-1}	$\mathbf{1.30 \times 10^{1}}$	$\mathbf{9.72 \times 10^{-1}}$	1.30×10^{1}	1.01×10^{0}	1.32×10^{1}	1.01×10^{0}	1.31×10^{1}	1.09×10^{0}	1.33×10^{1}	1.02×10^{0}
f_{21}	3.24×10^{2}	9.67×10^{1}	3.16×10^{2}	9.33×10^{1}	2.92×10^{2}	8.39×10^{1}	2.06×10^{2}	6.14×10^{1}	2.59×10^{2}	8.58×10^{1}	$\mathbf{2.00 \times 10^{2}}$	$\mathbf{2.80 \times 10^{3}}$
f_{22}	5.75×10^{3}	1.08×10^{3}	3.45×10^{3}	7.44×10^{2}	3.41×10^{3}	5.82×10^{2}	3.32×10^{3}	6.31×10^{2}	4.27×10^{3}	8.90×10^{2}	$\mathbf{3.12 \times 10^{3}}$	$\mathbf{3.79 \times 10^{2}}$
f_{23}	5.74×10^{3}	7.59×10^{2}	4.70×10^{3}	8.98×10^{2}	4.55×10^{3}	8.63×10^{2}	4.47×10^{3}	7.90×10^{2}	4.32×10^{3}	7.69×10^{2}	$\mathbf{3.11 \times 10^{3}}$	$\mathbf{5.16 \times 10^{2}}$
f_{24}	3.37×10^{2}	7.33×10^{1}	2.70×10^{2}	1.31×10^{1}	2.72×10^{2}	1.29×10^{1}	2.68×10^{2}	2.19×10^{1}	2.56×10^{2}	1.75×10^{1}	$\mathbf{2.37 \times 10^{2}}$	$\mathbf{1.20 \times 10^{1}}$
f_{25}	3.56×10^{2}	2.80×10^{1}	2.99×10^{2}	1.24×10^{1}	2.97×10^{2}	1.07×10^{1}	2.94×10^{2}	1.28×10^{1}	2.89×10^{2}	1.34×10^{1}	$\mathbf{2.71 \times 10^{2}}$	$\mathbf{1.97 \times 10^{1}}$
f_{26}	3.21×10^{2}	9.04×10^{1}	2.73×10^{2}	8.51×10^{1}	2.62×10^{2}	8.11×10^{1}	2.13×10^{2}	4.16×10^{1}	2.05×10^{2}	2.71×10^{1}	$\mathbf{2.00 \times 10^{2}}$	$\mathbf{1.76 \times 10^{-2}}$
f_{27}	1.28×10^{3}	1.10×10^{2}	9.72×10^{2}	1.33×10^{2}	9.92×10^{2}	1.22×10^{2}	8.71×10^{2}	2.10×10^{2}	8.15×10^{2}	1.22×10^{2}	$\mathbf{6.84 \times 10^{2}}$	$\mathbf{9.77 \times 10^{1}}$
f_{28}	4.34×10^{3}	2.08×10^{3}	4.37×10^{2}	4.67×10^{2}	3.40×10^{2}	2.43×10^{2}	2.84×10^{2}	5.41×10^{1}	3.60×10^{2}	2.60×10^{2}	$\mathbf{2.65 \times 10^{2}}$	$\mathbf{7.58 \times 10^{1}}$
平均排名	5.87		4.13		4.04		2.83		2.87		1.26	

表 12.3 5 种元启发式算法的均值、标准偏差和平均排名

测试函数	ABC		SPSO2011		CMAES		DE		LoTFWA	
	Mean	Std.	Mean	Std.	Mean	Std.	Mean	Std.	Mean	Std.
f_1	$\mathbf{0.00 \times 10^{0}}$	$\mathbf{0.00 \times 10^{0}}$	$\mathbf{0.00 \times 10^{0}}$	$\mathbf{1.88 \times 10^{-13}}$	$\mathbf{0.00 \times 10^{0}}$	$\mathbf{0.00 \times 10^{0}}$	1.89×10^{-3}	4.65×10^{-4}	$\mathbf{0.00 \times 10^{0}}$	$\mathbf{0.00 \times 10^{0}}$
f_2	6.20×10^{6}	1.62×10^{6}	3.38×10^{5}	1.67×10^{5}	$\mathbf{0.00 \times 10^{0}}$	$\mathbf{0.00 \times 10^{0}}$	5.52×10^{4}	2.70×10^{4}	1.19×10^{6}	4.27×10^{5}
f_3	5.74×10^{8}	3.89×10^{8}	2.88×10^{8}	5.24×10^{8}	$\mathbf{1.73 \times 10^{0}}$	$\mathbf{9.30 \times 10^{0}}$	2.16×10^{6}	5.19×10^{6}	2.23×10^{7}	1.91×10^{7}
f_4	8.75×10^{4}	1.17×10^{4}	3.86×10^{4}	6.70×10^{3}	$\mathbf{0.00 \times 10^{0}}$	$\mathbf{0.00 \times 10^{0}}$	1.32×10^{-1}	1.02×10^{-1}	2.13×10^{3}	8.11×10^{2}
f_5	$\mathbf{0.00 \times 10^{0}}$	$\mathbf{0.00 \times 10^{0}}$	5.42×10^{-4}	4.91×10^{-5}	$\mathbf{0.00 \times 10^{0}}$	$\mathbf{0.00 \times 10^{0}}$	2.48×10^{-3}	8.16×10^{-4}	3.55×10^{-3}	5.01×10^{-4}
平均排名	3.4		3		**1**		3.2		3	
f_6	1.46×10^{1}	4.39×10^{0}	3.79×10^{1}	2.83×10^{1}	$\mathbf{0.00 \times 10^{0}}$	$\mathbf{0.00 \times 10^{0}}$	7.82×10^{0}	1.65×10^{1}	1.45×10^{1}	6.84×10^{0}
f_7	1.25×10^{2}	1.15×10^{1}	8.79×10^{1}	2.11×10^{1}	$\mathbf{1.68 \times 10^{1}}$	$\mathbf{1.96 \times 10^{1}}$	4.89×10^{1}	2.37×10^{1}	5.05×10^{1}	9.69×10^{0}
f_8	2.09×10^{1}	4.97×10^{-2}	2.09×10^{1}	5.89×10^{-2}	2.09×10^{1}	5.90×10^{-2}	2.09×10^{1}	5.65×10^{-2}	$\mathbf{2.09 \times 10^{1}}$	$\mathbf{6.14 \times 10^{-2}}$
f_9	3.01×10^{1}	2.02×10^{0}	2.88×10^{1}	4.43×10^{0}	2.45×10^{1}	1.61×10^{1}	1.59×10^{1}	2.69×10^{0}	$\mathbf{1.45 \times 10^{1}}$	$\mathbf{2.07 \times 10^{0}}$
f_{10}	2.27×10^{-1}	6.75×10^{-2}	3.40×10^{-1}	1.48×10^{-1}	$\mathbf{0.00 \times 10^{0}}$	$\mathbf{0.00 \times 10^{0}}$	3.24×10^{-2}	1.97×10^{-2}	4.52×10^{-2}	2.47×10^{-2}
f_{11}	$\mathbf{0.00 \times 10^{0}}$	$\mathbf{0.00 \times 10^{0}}$	1.05×10^{2}	2.74×10^{1}	2.29×10^{0}	1.45×10^{0}	7.88×10^{1}	2.51×10^{1}	6.39×10^{1}	1.04×10^{1}
f_{12}	3.19×10^{2}	5.23×10^{1}	1.04×10^{2}	3.54×10^{1}	$\mathbf{1.85 \times 10^{0}}$	$\mathbf{1.16 \times 10^{0}}$	8.14×10^{1}	3.00×10^{1}	6.82×10^{1}	1.45×10^{1}
f_{13}	3.29×10^{2}	3.91×10^{1}	1.94×10^{2}	3.86×10^{1}	$\mathbf{2.41 \times 10^{0}}$	$\mathbf{2.27 \times 10^{0}}$	1.61×10^{2}	3.50×10^{1}	1.36×10^{2}	2.30×10^{1}
f_{14}	$\mathbf{3.58 \times 10^{-1}}$	$\mathbf{3.91 \times 10^{-1}}$	3.99×10^{3}	6.19×10^{2}	2.87×10^{2}	2.72×10^{2}	2.38×10^{3}	1.42×10^{3}	2.38×10^{3}	3.13×10^{2}
f_{15}	3.88×10^{3}	3.41×10^{2}	3.81×10^{3}	6.94×10^{2}	$\mathbf{3.38 \times 10^{2}}$	$\mathbf{2.42 \times 10^{2}}$	5.19×10^{3}	5.16×10^{2}	2.58×10^{3}	3.83×10^{2}
f_{16}	1.07×10^{0}	1.96×10^{-1}	1.31×10^{0}	3.59×10^{-1}	2.53×10^{0}	2.73×10^{-1}	1.97×10^{0}	2.59×10^{-1}	$\mathbf{5.74 \times 10^{-2}}$	$\mathbf{2.13 \times 10^{-2}}$
f_{17}	$\mathbf{3.04 \times 10^{1}}$	$\mathbf{5.15 \times 10^{-3}}$	1.16×10^{2}	2.02×10^{1}	3.41×10^{1}	1.36×10^{0}	9.29×10^{1}	1.57×10^{1}	6.20×10^{1}	9.45×10^{0}
f_{18}	3.04×10^{2}	3.52×10^{1}	1.21×10^{2}	2.46×10^{1}	8.17×10^{1}	6.13×10^{1}	2.34×10^{2}	2.56×10^{1}	$\mathbf{6.12 \times 10^{1}}$	$\mathbf{9.56 \times 10^{0}}$
f_{19}	$\mathbf{2.62 \times 10^{-1}}$	$\mathbf{5.99 \times 10^{-2}}$	9.51×10^{0}	4.42×10^{0}	2.48×10^{0}	4.02×10^{-1}	4.51×10^{0}	1.30×10^{0}	3.05×10^{0}	6.43×10^{-1}
f_{20}	1.44×10^{1}	4.60×10^{-1}	1.35×10^{1}	1.11×10^{0}	1.46×10^{1}	3.49×10^{-1}	1.43×10^{1}	1.19×10^{0}	$\mathbf{1.33 \times 10^{1}}$	$\mathbf{1.02 \times 10^{0}}$
f_{21}	$\mathbf{1.65 \times 10^{2}}$	$\mathbf{3.97 \times 10^{1}}$	3.09×10^{2}	6.80×10^{1}	2.55×10^{2}	5.03×10^{1}	3.20×10^{2}	8.55×10^{1}	2.00×10^{2}	2.80×10^{-3}
f_{22}	$\mathbf{2.41 \times 10^{1}}$	$\mathbf{2.81 \times 10^{1}}$	4.30×10^{3}	7.67×10^{2}	5.02×10^{2}	3.09×10^{2}	1.72×10^{3}	7.06×10^{2}	3.12×10^{3}	3.79×10^{2}
f_{23}	4.95×10^{3}	5.13×10^{2}	4.83×10^{3}	8.23×10^{2}	$\mathbf{5.76 \times 10^{2}}$	$\mathbf{3.50 \times 10^{2}}$	5.28×10^{3}	6.14×10^{2}	3.11×10^{3}	5.16×10^{2}
f_{24}	2.90×10^{2}	4.42×10^{0}	2.67×10^{2}	1.25×10^{1}	2.86×10^{2}	3.02×10^{1}	2.47×10^{2}	1.54×10^{1}	$\mathbf{2.37 \times 10^{2}}$	$\mathbf{1.20 \times 10^{1}}$
f_{25}	3.06×10^{2}	6.49×10^{0}	2.99×10^{2}	1.05×10^{1}	2.87×10^{2}	2.85×10^{1}	2.80×10^{2}	1.57×10^{1}	$\mathbf{2.71 \times 10^{2}}$	$\mathbf{1.97 \times 10^{1}}$
f_{26}	2.01×10^{2}	1.93×10^{-1}	2.86×10^{2}	8.24×10^{1}	3.15×10^{2}	8.14×10^{1}	2.52×10^{2}	6.83×10^{1}	$\mathbf{2.00 \times 10^{2}}$	$\mathbf{1.76 \times 10^{-2}}$
f_{27}	$\mathbf{4.16 \times 10^{2}}$	$\mathbf{1.07 \times 10^{2}}$	1.00×10^{3}	1.12×10^{2}	1.14×10^{3}	2.90×10^{2}	7.64×10^{2}	1.00×10^{2}	6.84×10^{2}	9.77×10^{1}
f_{28}	$\mathbf{2.58 \times 10^{2}}$	$\mathbf{7.78 \times 10^{1}}$	4.01×10^{2}	4.76×10^{2}	3.00×10^{2}	0.00×10^{0}	4.02×10^{2}	3.90×10^{2}	2.65×10^{2}	7.58×10^{1}
平均排名	3.13		3.96		2.57		3.30		**2.04**	

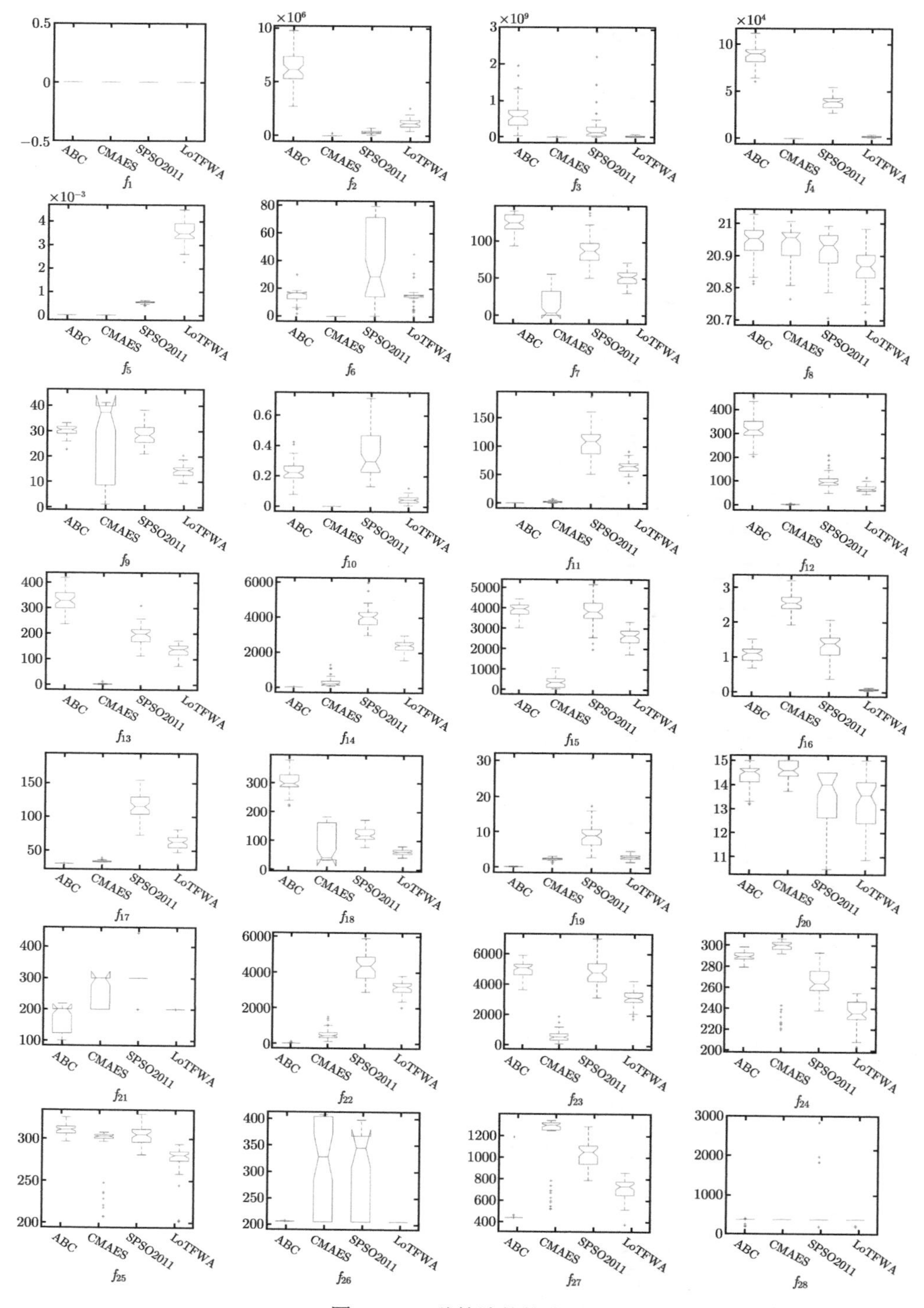

图 12.5　4 种算法的箱线图

第 13 章　多尺度协同烟花算法

本章介绍多尺度协同烟花算法（MSCFWA），它可以帮助烟花在相互协同的尺度上进行搜索。由于搜索尺度的协同是通过重启或调整局部搜索中没有取得有意义进展的烟花来完成的，因此 MSCFWA 中的烟花不仅可以独立地开采不同的局部区域，还可以在同一个局部区域内以不同的搜索尺度进行协作。实验结果表明，该策略提高了烟花算法在 CEC2013 上的整体优化性能。与典型的群体智能优化算法和进化算法相比，MSCFWA 表现出了卓越的效率与性能。

13.1　算法细节

第 12 章介绍的 LoTFWA 中的败者淘汰锦标赛策略大大增强了烟花算法的全局探索能力，但由于每个烟花的局部搜索是完全独立的，所以该机制对每个烟花的局部开采能力是没有帮助的。为了让不同烟花协同地工作，作者借鉴了多尺度优化的思想：与 LoTFWA 相比，在局部搜索之间引入了更多可能的烟花之间的相互关系。在优化过程中，烟花不仅可以探索不同的局部区域，还可以以不同的尺度探索同一个区域。

多尺度协同的基本原则是：一个烟花应该在可能的情况下进行高效、独立的搜索，否则将对其进行调整以帮助另一个烟花进行更大规模的搜索。为了使搜索尺度多样化，烟花是根据它们的适应度值来组织和调整的。当本地搜索烟花进展不佳时，会参考较好的烟花进行搜索位置的调整。

MSCFWA 中的独立局部优化策略与 LoTFWA 相同，如果可能，它应该不受干扰地进行。该算法应用动态爆炸半径策略来最大化局部开采的效率。换句话说，在迭代过程中，烟花的适应度值如果被改进，则下一代烟花的爆炸半径乘以放大系数 C_{a}，反之，如果烟花的适应度值没有被改进，则其爆炸半径会乘以缩减系数 C_{r}（$0 < C_{\mathrm{r}} < 1 < C_{\mathrm{a}}$）。

变异算子在烟花算法中是可选的，其中烟花的位置发生一定的变换以产生变异火花。MSCFWA 采用了简单而高效的引导火花[66]。它有助于探索和开采最优解。

算法 13.1 展示了算法生成引导火花的过程。

算法 13.1　烟花 $\boldsymbol{X}_i$ 产生引导火花的过程

Require: $\boldsymbol{X}_i$，$\boldsymbol{s}_{ij}$，$f(\boldsymbol{s}_{ij})$，λ_i 和 σ。

1: 根据每个火花的适应度值 $f(\boldsymbol{s}_{ij})$ 对所有火花进行排序；

2: $\Delta_i \leftarrow \dfrac{1}{\sigma\lambda_i}\left(\sum\limits_{j=1}^{\sigma\lambda_i}\boldsymbol{s}_{ij} - \sum\limits_{j=\lambda_i-\sigma\lambda_i+1}^{\lambda_i}\boldsymbol{s}_{ij}\right)$

3: $\boldsymbol{G}_i \leftarrow \boldsymbol{X}_i + \Delta_i$

4: 　**return** $\boldsymbol{G}_i$

产生引导火花需要通过爆炸火花获得信息（σ 是控制所采用的爆炸火花比例的参数），且每个烟花只会产生一个引导火花。

在每次迭代中，烟花都会产生火花，并根据上述局部优化策略进行自我调整。根据火花的适应度值，可以评估局部搜索的进度。烟花根据其当前的适应度值进行排序，并从最佳到最差进行访问。在以下两种情况下，算法会协调非最佳烟花独立地进行局部搜索。

（1）应该停止局部优化的情况：与 LoTFWA 的重启机制一致，即局部优化的提升速度不够快，不足以超过当前最佳个体。为了重启烟花，从搜索空间中随机采样一个位置，并将爆炸半径设置为 α 与前一个烟花的距离的乘积，其中 $\alpha > 1$。这个爆炸半径不会像 LoTFWA 那样太大，也有助于重启的烟花更好地配合之前的烟花的局部优化。

（2）需要调整局部优化的情况：当烟花经过多次迭代没有改进，并且与之前的烟花的搜索进度严重不匹配的情况。当烟花幸运地位于一个非常好的位置时，其适应度值可能很难在经过多次迭代后仍然存在改进。在这种情况下，它的爆炸半径会迅速减小，导致搜索规模变得非常小，最终影响它之后迭代的进度。而且由于烟花没有改进，我们无法通过以前的策略重启它。

所以，当烟花 $\boldsymbol{X}_i^g$ 的适应度值在数次迭代中仍没有进步（经过局部搜索的新烟花应该为 $\boldsymbol{X}_i^{g+1}$，但是因为适应度值没有进步，所以有 $\boldsymbol{X}_i^g = \boldsymbol{X}_i^{g+1}$）时，可以检查它是否比以前的烟花中最差的火花更好。如果有 $f\left(\boldsymbol{X}_i^{g+1}\right) < \max\limits_j \{f(\boldsymbol{s}_{i-1,j})\}$，可以根据前一个烟花当前的爆炸半径和位置，使得当前烟花靠近前一个烟花，调整的方法如式 (13.1) 和式 (13.2) 所示：

$$A_i^{g+1} = (1-\beta)A_i^g + \beta d\left(\boldsymbol{X}_i^g, \boldsymbol{X}_{i-1}^g\right) \tag{13.1}$$

$$\boldsymbol{X}_i^{g+1} = \boldsymbol{X}_i^g + \beta\left(\boldsymbol{X}_{i-1}^{g+1} - \boldsymbol{X}_i^{g+1}\right) \tag{13.2}$$

算法 13.2 描述了 MSCFWA 的流程的烟花算法。

这里，g 是迭代次数，最大的迭代次数限定为 $g_{\max}$；下标 $i = 0, 1, \cdots, n-1$，标识了 n 个烟花。$\boldsymbol{X}_i^{g+1}$ 是从爆炸火花、引导火花及烟花自身中选择的适应度值最好的一个。在每次迭代中发生爆炸和变异后，每一个烟花都通过败者淘汰锦标赛策略和多尺度协同策略进行检查。如果这两个策略未被应用，则烟花的爆炸半径会根据动态调整策略更新。

下面对多尺度协同策略进行分析。当烟花 $\boldsymbol{X}_2$ 激活了该策略且 $\boldsymbol{X}_1$ 是较好的烟花时，考虑 $\boldsymbol{X}_2$ 的爆炸区域与 $\boldsymbol{X}_1$ 的位置之间的关系，有两种可能的情况。

如果 $\boldsymbol{X}_1$ 在 $\boldsymbol{X}_2$ 的爆炸区域内，那么很大的概率是 $\boldsymbol{X}_2$ 的规模与 $\boldsymbol{X}_1$ 相比大很多。否则，$\boldsymbol{X}_2$ 的火花很可能会落入 $\boldsymbol{X}_1$ 的爆炸区域，并且比 $\boldsymbol{X}_1$ 的最差火花要好。在这种情况下，多尺度协同策略会缩小 $\boldsymbol{X}_2$ 的爆炸范围，并可以引导它在 $\boldsymbol{X}_1$ 附近搜索。这种情况如图 13.1（a）所示。

如果 $\boldsymbol{X}_1$ 不在 $\boldsymbol{X}_2$ 的爆炸区域内，通过同上分析可知，$\boldsymbol{X}_1$ 和 $\boldsymbol{X}_2$ 的爆炸区域重叠，重叠部分只占非常有限的部分。在大多数情况下，$\boldsymbol{X}_1$ 和 $\boldsymbol{X}_2$ 是在不同的局部区域进行搜索，但是 $\boldsymbol{X}_2$ 的优化过程与 $\boldsymbol{X}_1$ 相比并没有十分有效的进步。在这种情况下，多尺度协同策略将扩大 $\boldsymbol{X}_2$ 的搜索规模，并迫使其在 $\boldsymbol{X}_1$ 附近进行探索。这种情况如图 13.1（b）所示。$\boldsymbol{X}_2$ 的爆炸区域仅在 $\boldsymbol{X}_1$ 的爆炸区域内占很小的一部分，多尺度协同策略也扩大了 $\boldsymbol{X}_2$ 的规模，因此它可以协助 $\boldsymbol{X}_1$ 进行本地搜索。这样的烟花很可能会被重启策略阻止，因为 $\boldsymbol{X}_2$ 很难赶上 $\boldsymbol{X}_1$，它的适应度值更差、搜索规模更小。

总的来说，多尺度协同策略有助于在以下 3 个方面进行优化。

（1）该策略不会损害烟花的局部开采能力。在大多数情况下，每个烟花都会根据其局部信息进行有效的局部优化。在文献 [69] 中，败者淘汰锦标赛策略已被证明可能会损害局部搜索能力。多尺度协同策略仅在 k 次迭代中烟花没有改进的情况下应用，这意味着烟花在当前尺度上似乎不可能进步。第二个条件是 $f\left(\boldsymbol{X}_i^{g+1}\right) < \max\limits_j \{f(\boldsymbol{s}_{i-1,j})\}$，该条件也意味着烟花不可能超过之前的烟花，因为它的适应度值更差、搜索规模更小。因此，调整后的烟花潜力非常有限。

算法 13.2 MSCFWA 的流程

1: 初始化 $g=0$、$A_i=0$、$\lambda_i=M$，随机初始化烟花 $\boldsymbol{X}_i^0$ 并且评估烟花的适应度值 $f\left(\boldsymbol{X}_i^0\right)$。
2: **repeat**
3:     **for** 每个烟花 $\boldsymbol{X}_i^g$ **do**
4:         //使用烟花爆炸、产生变异火花的方式进行局部搜索
5:         爆炸产生火花 $\boldsymbol{s}_{ij}$，评估得到其适应度值 $f(\boldsymbol{s}_{ij})$，$j=1,\cdots,\lambda_i$；
6:         根据规则产生变异火花 $\boldsymbol{M}_i$ 及其适应度值 $f(\boldsymbol{M}_i)$；
7:         选择下一代烟花 $\boldsymbol{X}_i^{g+1}=\arg\min\{f(\boldsymbol{X}_i^g), f(\boldsymbol{s}_{ij}), f(\boldsymbol{M}_i)\}$；
8:     根据烟花的适应度值 $f(\boldsymbol{X}_i^g)$ 对烟花进行排序；
9:     **for** 每个烟花 $\boldsymbol{X}_i^g$ **do**
10:         **if** $f\left(\boldsymbol{X}_i^{g+1}\right) < f(\boldsymbol{X}_i^g)$ **then**
11:             //败者淘汰锦标赛策略
12:             $I_i=f(\boldsymbol{X}_i^g)-f\left(\boldsymbol{X}_i^{g+1}\right)$
13:             **if** $I_i=0$ 或 $I_i(g_{\max}-g-1) > f\left(\boldsymbol{X}_i^{g+1}\right)-\min\limits_j\left\{f\left(\boldsymbol{X}_j^{g+1}\right)\right\}$ **then**
14:                 $A_i^{g+1}=C_{\mathrm{a}}A_i^g$；
15:             **else**
16:                 随机采样烟花 $\boldsymbol{X}_i^{g+1}$，计算其适应度值 $f\left(\boldsymbol{X}_i^{g+1}\right)$；
17:                 $A_i^{g+1}=\alpha d\left(\boldsymbol{X}_i^{g+1}, \boldsymbol{X}_{i-1}^{g+1}\right)$；
18:         **else**
19:             //多尺度协同策略
20:             **if** $i=0$ 或 $f\left(\boldsymbol{X}_i^{g+1}\right) < \max\limits_j\{f(\boldsymbol{s}_{i-1,j})\}$ 或 $\boldsymbol{X}_i$ 在 k 次迭代中取得了进步 **then**
21:                 $A_i^{g+1}=C_{\mathrm{r}}A_i^g$；
22:             **else**
23:                 根据式 (13.1) 计算爆炸半径 A_i^{g+1}；
24:                 根据式 (13.2) 计算 $\boldsymbol{X}_i^{g+1}$；
25:     $g=g+1$；
26: **until** 满足停机条件。

（2）新的策略使得烟花在不同的尺度上更趋向贴近。这是因为在重启或调整烟花时，该策略需要确保将之前的烟花覆盖到其爆炸区域内，而调整后的烟花向着前一个方向移动。尽管我们没有强制较差的火花具有更大的爆炸半径，但这些策略仍然有助于爆炸半径与适应度值相关联，因为每个烟花的爆炸半径都是参考较好的烟花进行调整的。适度的收敛能力对于具有足够全局趋势的目标函数非常有帮助，这类问题更容易在实际优化问题中出现。

（3）当烟花位于局部最优的同一个区域时，该策略可以显著提高效率。当烟花距离太近时，独立局部搜索算法的效率会受到影响，因为它们是在同一个区域进行搜索，但是获得的信息不能相互充分交换。然而，在 MSCFWA 中，烟花通常具有不同的优化尺度，因此即使它们位于相同的位置，也不会重复本地搜索，资源得到了更有效的利用。如果烟花在同一个区域但无法合作，则很可能触发重启策略或多尺度协同策略，从而使它们的搜索规模得到合理的调整。

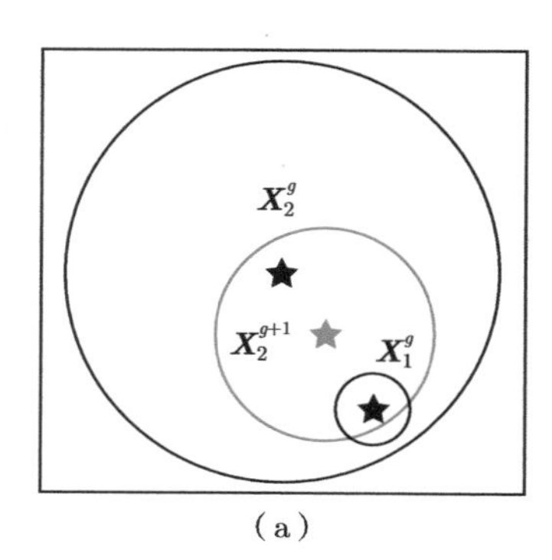

(a)

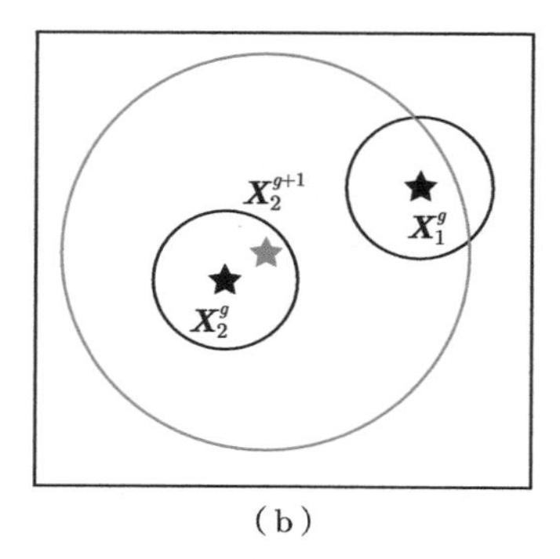

(b)

图 13.1　不同情况下的多尺度协同策略

13.2　实验与分析

本节对 MSCFWA 在 CEC2013 上进行实验。测试函数的详细信息可在文献 [8] 中找到。这里选择 CEC2013 作为测试集，是因为 LoTFWA 是针对这些功能提出和调整的，所以可以方便比较。

参数设定方面，由于 MSCFWA 是基于 LoTFWA 设计的，所以本实验根据文献 [69] 设置两种算法中出现的主要参数。在这种情况下，LoTFWA 可以在 CEC2013 上达到其最好的效果，因此 MSCFWA 的改进效果可以通过对比来展示。同时，MSCFWA 中引入的新参数是通过分析和实验确定的。

在 LoTFWA 中，算法控制 5 个烟花并在爆炸中产生 300 个火花；动态爆炸半径系数为 $C_{\mathrm{r}} = 0.9$ 和 $C_{\mathrm{a}} = 1.2$；引导火花变异的参数为 $\sigma = 0.2$。

MSCFWA 中有 3 个新参数需要确定，分别是 K、α 及 β。参数 K 是局部搜索中允许连续失败的最大次数。由于动态爆炸半径的性质，烟花在稳定优化期间倾向重复改进和非改进，所以 K 不能太小。较大的 K 意味着对局部搜索的不稳定性有更好的容忍度。本实验选择 $K = 10$，以获得更好的性能。

参数 α 决定重启烟花的爆炸半径。当 $\alpha \geqslant 1$ 时，重启烟花的爆炸覆盖了用作参考的更好的烟花。α 越大，全局探索能力越强。α 越接近 1，重新开始的搜索就越专注开采之前的烟花，因此局部开采能力更强。实验证明，选择 $\alpha = 1.2$ 可以获得更好的性能。

$\beta \in [0, 1]$ 是 MSCFWA 中最重要的参数，它控制着烟花协作的速度，也就是烟花朝着更好的方向发展的速度。使用较大的 β 可以使烟花的优化区域快速重叠，能够增强开采能力。而在较小的 β 下，烟花可以继续进行更多次迭代，从而保证全局探索能力。本实验选择 $\beta = 0.1$。一方面，实验中该值可以使算法拥有更好的优化性能。另一方面，与烟花未能改善时振幅的收缩速度一致。

本节只展示 CEC2013 的 30 维问题的实验结果。每个测试函数进行 50 次重复，每个测试函数的最大评估次数为 300000 次。由于评估部分被认为是处理黑盒优化问题最耗时的部分，因此每种算法的评估成本可以认为是一致的。在实际计算中，每种算法的耗时基本相同。

本实验还进行了 Wilcoxon 秩和检验，以比较 LoTFWA 和 MSCFWA 的性能差异，见表 13.1。表中加粗标示了明显更好的结果（置信度为 95%）。

与 LoTFWA 相比，MSCFWA 在 10 个测试函数上获得了明显更好的结果，包括 3 个单模态函数、5 个多模态函数和 2 个组合函数。且仅在一个测试函数上，MSCFWA 的性能明显低于 LoTFWA。这表明，MSCFWA 稳定、有效地提高了烟花算法在各类测试函数上的搜索效率。

本实验还将 MSCFWA 与一些经典的群体智能优化算法和进化算法进行了比较，包括 ABC 算法[127]、SPSO2011[18]、DE 算法[20] 和 CMA-ES[21]，结果见表 13.2。可以看出，MSCFWA 的平均排名为 2.42，是参与比较的所有算法中最好的。这些算法结果的箱线图如图 13.2 所示。

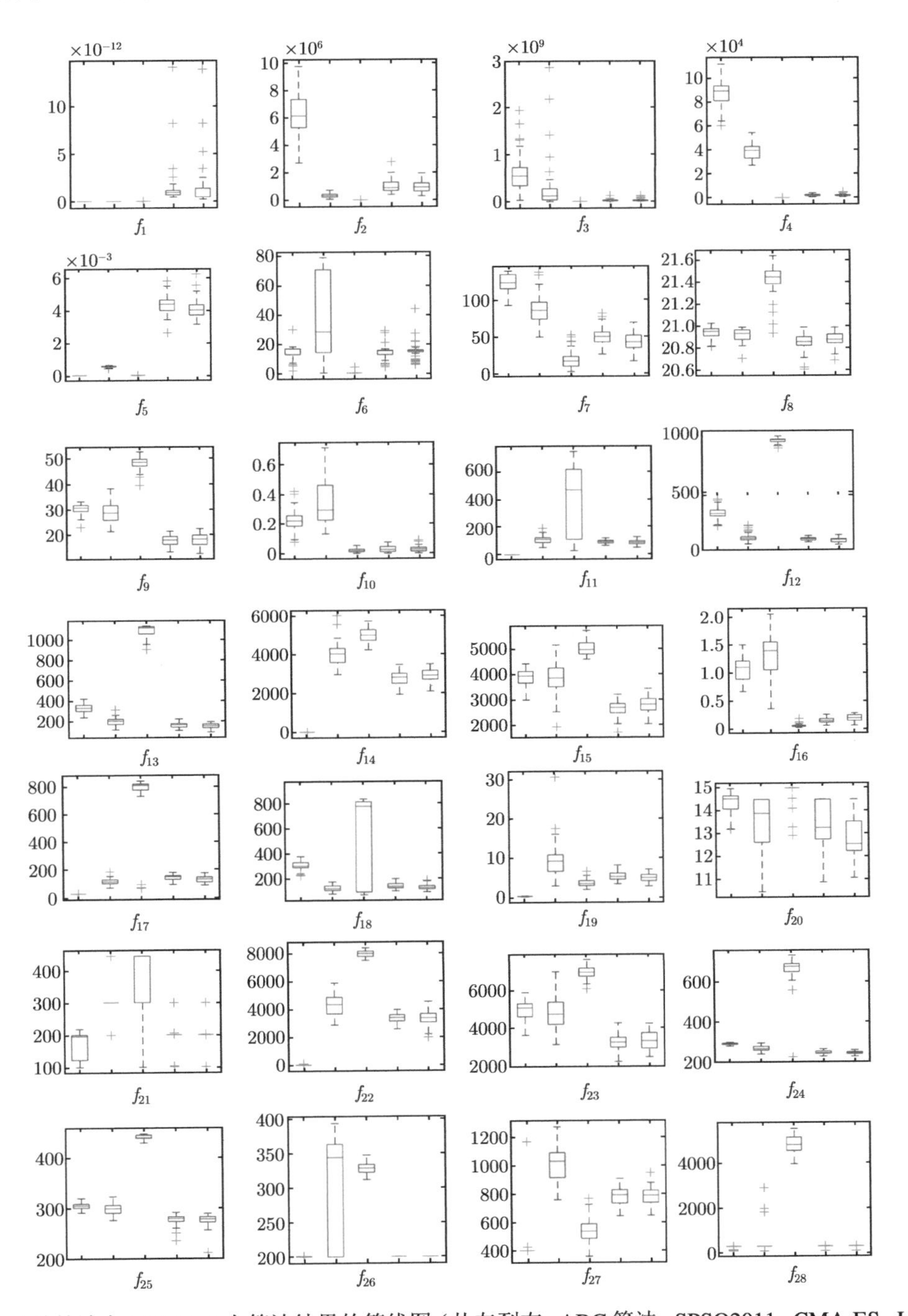

图 13.2 5 种算法在 CEC2013 上算法结果的箱线图（从左到右：ABC 算法、SPSO2011、CMA-ES、LoTFWA 和 MSCFWA）

13.3 小结

本章介绍了一种多尺度协同烟花算法（MSCFWA），该算法通过将不同的烟花分配到不同的优化尺度来增强烟花之间的协作能力。我们对 MSCFWA 进行了清晰的描述，并对其在不同情况下的工作方式进行了详细的分析和讨论。在 CEC2013 上的实验结果表明，MSCFWA 在单模态函数和多模态函数上都要比 LoTFWA 效果好。与典型的进化算法和群体智能优化算法相比，它也具有优异的性能。

表 13.1 LoTFWA 与 MSCFWA 的比较

测试函数	LoTFWA					MSCFWA					p 值
	Mean	Min	Median	Max	Std.	Mean	Min	Median	Max	Std.	
f_1	1.137×10^{-12}	2.274×10^{-13}	4.547×10^{-13}	1.387×10^{-11}	8.40×10^{-13}	**6.821×10^{-13}**	**2.274×10^{-13}**	**4.547×10^{-13}**	**1.387×10^{-11}**	**6.07×10^{-13}**	0
f_2	1.038×10^{6}	2.920×10^{5}	9.164×10^{5}	1.950×10^{6}	4.29×10^{5}	9.756×10^{5}	2.920×10^{5}	9.164×10^{5}	1.950×10^{6}	4.93×10^{5}	0.14
f_3	2.512×10^{7}	7.258×10^{5}	1.147×10^{7}	1.283×10^{8}	2.48×10^{7}	**1.803×10^{7}**	**7.258×10^{5}**	**1.147×10^{7}**	**1.283×10^{8}**	**2.03×10^{7}**	0.05
f_4	2.033×10^{3}	7.013×10^{2}	1.791×10^{3}	4.744×10^{3}	8.18×10^{2}	1.888×10^{3}	7.013×10^{2}	1.791×10^{3}	4.744×10^{3}	7.09×10^{2}	0.26
f_5	4.243×10^{-3}	3.133×10^{-3}	4.005×10^{-3}	6.226×10^{-3}	6.18×10^{-4}	**4.004×10^{-3}**	**3.133×10^{-3}**	**4.005×10^{-3}**	**6.226×10^{-3}**	**6.19×10^{-4}**	0.02
f_5	4.243×10^{-3}	3.133×10^{-3}	4.005×10^{-3}	6.226×10^{-3}	6.18×10^{-4}	**4.004×10^{-3}**	**3.133×10^{-3}**	**4.005×10^{-3}**	**6.226×10^{-3}**	**6.19×10^{-4}**	0.02
f_6	1.479×10^{1}	5.614×10^{0}	1.523×10^{1}	4.384×10^{1}	5.81×10^{0}	1.515×10^{1}	5.614×10^{0}	1.523×10^{1}	4.384×10^{1}	5.89×10^{0}	0.15
f_7	5.186×10^{1}	1.695×10^{1}	4.294×10^{1}	6.988×10^{1}	1.22×10^{1}	**4.078×10^{1}**	**1.695×10^{1}**	**4.294×10^{1}**	**6.988×10^{1}**	**1.27×10^{1}**	0
f_8	**2.085×10^{1}**	**2.069×10^{1}**	**2.088×10^{1}**	**2.099×10^{1}**	**5.93×10^{-2}**	2.088×10^{1}	2.069×10^{1}	2.088×10^{1}	2.099×10^{1}	5.14×10^{-2}	0.02
f_9	1.733×10^{1}	1.237×10^{1}	1.792×10^{1}	2.210×10^{1}	1.94×10^{0}	1.695×10^{1}	1.237×10^{1}	1.792×10^{1}	2.210×10^{1}	1.82×10^{0}	0.17
f_{10}	3.355×10^{-2}	2.389×10^{-7}	2.464×10^{-2}	8.381×10^{-2}	2.47×10^{-2}	3.494×10^{-2}	2.389×10^{-7}	2.464×10^{-2}	8.381×10^{-2}	2.31×10^{-2}	0.26
f_{11}	9.287×10^{1}	4.996×10^{1}	8.557×10^{1}	1.254×10^{2}	1.57×10^{1}	**8.228×10^{1}**	**4.996×10^{1}**	**8.557×10^{1}**	**1.254×10^{2}**	**1.62×10^{1}**	0
f_{12}	8.787×10^{1}	4.179×10^{1}	8.209×10^{1}	1.244×10^{2}	1.47×10^{1}	**7.840×10^{1}**	**4.179×10^{1}**	**8.209×10^{1}**	**1.244×10^{2}**	**1.52×10^{1}**	0
f_{13}	1.585×10^{2}	8.731×10^{1}	1.484×10^{2}	1.887×10^{2}	2.25×10^{1}	**1.461×10^{2}**	**8.731×10^{1}**	**1.484×10^{2}**	**1.887×10^{2}**	**2.79×10^{1}**	0.01
f_{14}	2.709×10^{3}	2.076×10^{3}	2.887×10^{3}	3.476×10^{3}	3.19×10^{2}	2.761×10^{3}	2.076×10^{3}	2.887×10^{3}	3.476×10^{3}	3.24×10^{2}	0.19
f_{15}	2.716×10^{3}	2.046×10^{3}	2.812×10^{3}	3.433×10^{3}	3.08×10^{2}	2.749×10^{3}	2.046×10^{3}	2.812×10^{3}	3.433×10^{3}	3.22×10^{2}	0.27
f_{16}	1.740×10^{-1}	6.079×10^{-2}	1.889×10^{-1}	2.824×10^{-1}	5.98×10^{-2}	1.870×10^{-1}	6.079×10^{-2}	1.889×10^{-1}	2.824×10^{-1}	7.19×10^{-2}	0.24
f_{16}	1.740×10^{-1}	6.079×10^{-2}	1.889×10^{-1}	2.824×10^{-1}	5.98×10^{-2}	1.870×10^{-1}	6.079×10^{-2}	1.889×10^{-1}	2.824×10^{-1}	7.19×10^{-2}	0.24
f_{17}	1.367×10^{2}	8.973×10^{1}	1.316×10^{2}	1.771×10^{2}	1.62×10^{1}	1.344×10^{2}	8.973×10^{1}	1.316×10^{2}	1.771×10^{2}	2.01×10^{1}	0.12
f_{18}	1.398×10^{2}	8.926×10^{1}	1.202×10^{2}	1.805×10^{2}	2.04×10^{1}	1.366×10^{2}	8.926×10^{1}	1.202×10^{2}	1.805×10^{2}	1.78×10^{1}	0.17
f_{19}	4.632×10^{0}	2.742×10^{0}	4.807×10^{0}	6.991×10^{0}	1.08×10^{0}	5.028×10^{0}	2.742×10^{0}	4.807×10^{0}	6.991×10^{0}	1.14×10^{0}	0.11
f_{20}	1.307×10^{1}	1.105×10^{1}	1.253×10^{1}	1.451×10^{1}	1.02×10^{0}	**1.268×10^{1}**	**1.105×10^{1}**	**1.253×10^{1}**	**1.451×10^{1}**	**1.03×10^{0}**	0.05
f_{21}	2.076×10^{2}	1.001×10^{2}	2.000×10^{2}	3.000×10^{2}	5.19×10^{1}	2.184×10^{2}	1.001×10^{2}	2.000×10^{2}	3.000×10^{2}	3.83×10^{1}	0.09
f_{22}	3.296×10^{3}	1.948×10^{3}	3.358×10^{3}	4.545×10^{3}	3.93×10^{2}	3.396×10^{3}	1.948×10^{3}	3.358×10^{3}	4.545×10^{3}	4.62×10^{2}	0.21
f_{23}	3.340×10^{3}	2.453×10^{3}	3.294×10^{3}	4.231×10^{3}	4.55×10^{2}	3.417×10^{3}	2.453×10^{3}	3.294×10^{3}	4.231×10^{3}	4.07×10^{2}	0.20
f_{24}	2.472×10^{2}	2.251×10^{2}	2.416×10^{2}	2.573×10^{2}	8.27×10^{0}	**2.440×10^{2}**	**2.251×10^{2}**	**2.416×10^{2}**	**2.573×10^{2}**	**8.73×10^{0}**	0.04
f_{25}	2.762×10^{2}	2.115×10^{2}	2.786×10^{2}	2.900×10^{2}	7.21×10^{0}	2.782×10^{2}	2.115×10^{2}	2.786×10^{2}	2.900×10^{2}	6.35×10^{0}	0.08
f_{26}	2.001×10^{2}	2.000×10^{2}	2.000×10^{2}	2.001×10^{2}	2.11×10^{-2}	**2.001×10^{2}**	**2.000×10^{2}**	**2.000E+02**	**2.001×10^{2}**	**2.06×10^{-2}**	0.02
f_{27}	7.829×10^{2}	6.470×10^{2}	7.868×10^{2}	9.494×10^{2}	5.67×10^{1}	7.954×10^{2}	6.470×10^{2}	7.868×10^{2}	9.494×10^{2}	5.23×10^{1}	0.20
f_{28}	2.682×10^{2}	1.000×10^{2}	3.000×10^{2}	3.000×10^{2}	7.30×10^{1}	2.800×10^{2}	1.000×10^{2}	3.000×10^{2}	3.000×10^{2}	5.99×10^{1}	0.17

表 13.2　MSCFWA 与经典群体智能优化算法和进化算法的比较

测试函数	ABC		SPSO2011		DE		CMA-ES		MSCFWA	
	Mean	Std.	Mean	Std.	Mean	Std.	Mean	Std.	Mean	Std.
f_1	**0.00×10^{0}**	**0.00×10^{0}**	**0.00×10^{0}**	**0.00×10^{0}**	1.89×10^{-3}	4.65×10^{-4}	**0.00×10^{0}**	**0.00×10^{0}**	6.82×10^{-13}	6.07×10^{-13}
f_2	6.20×10^{6}	1.62×10^{6}	3.38×10^{5}	1.67×10^{5}	5.52×10^{4}	2.70×10^{4}	**0.00×10^{0}**	**0.00×10^{0}**	9.76×10^{5}	4.93×10^{5}
f_3	5.74×10^{8}	3.89×10^{8}	2.88×10^{8}	5.24×10^{8}	2.16×10^{6}	5.19×10^{6}	**1.41×10^{1}**	**9.96×10^{1}**	1.80×10^{7}	2.03×10^{7}
f_4	8.75×10^{4}	1.17×10^{4}	3.86×10^{4}	6.70×10^{3}	1.32×10^{-1}	1.02×10^{-1}	**0.00×10^{0}**	**0.00×10^{0}**	1.89×10^{3}	7.09×10^{2}
f_5	**0.00×10^{0}**	**0.00×10^{0}**	5.42×10^{-4}	4.91×10^{-5}	2.48×10^{-3}	8.16×10^{-4}	**0.00×10^{0}**	**0.00×10^{0}**	4.00×10^{-3}	6.19×10^{-4}
f_6	1.46×10^{1}	4.39×10^{0}	3.79×10^{1}	2.83×10^{1}	7.82×10^{0}	1.65×10^{1}	**7.82×10^{-2}**	**5.58×10^{-1}**	1.52×10^{1}	5.89×10^{0}
f_7	1.25×10^{2}	1.15×10^{1}	8.79×10^{1}	2.11×10^{1}	4.89×10^{1}	2.37×10^{1}	**1.91×10^{1}**	**1.18×10^{1}**	4.08×10^{1}	1.27×10^{1}
f_8	**2.09×10^{1}**	**4.97×10^{-2}**	2.09×10^{1}	5.89×10^{-2}	2.09×10^{1}	5.65×10^{-2}	2.14×10^{1}	1.35×10^{-1}	2.09×10^{1}	5.14×10^{-2}
f_9	3.01×10^{1}	2.02×10^{0}	2.88×10^{1}	4.43×10^{0}	**1.59×10^{1}**	**2.69×10^{0}**	4.81×10^{1}	2.48×10^{0}	1.70×10^{1}	1.82×10^{0}
f_{10}	2.27×10^{-1}	6.75×10^{-2}	3.40×10^{-1}	1.48×10^{-1}	3.24×10^{-2}	1.97×10^{-2}	**1.78×10^{-2}**	**1.11×10^{-2}**	3.49×10^{-2}	2.31×10^{-2}
f_{11}	**0.00×10^{0}**	0.00×10^{0}	1.05×10^{2}	2.74×10^{1}	7.88×10^{1}	2.51×10^{1}	4.00×10^{2}	2.49×10^{2}	8.23×10^{1}	1.62×10^{1}
f_{12}	3.19×10^{2}	5.23×10^{1}	1.04×10^{2}	3.54×10^{1}	8.14×10^{1}	3.00×10^{1}	9.42×10^{2}	2.33×10^{1}	**7.84×10^{1}**	**1.52×10^{1}**
f_{13}	3.29×10^{2}	3.91×10^{1}	1.94×10^{2}	3.86×10^{1}	1.61×10^{2}	3.50×10^{1}	1.08×10^{3}	6.28×10^{1}	**1.46×10^{2}**	**2.78×10^{1}**
f_{14}	**3.58×10^{-1}**	**3.91×10^{-1}**	3.99×10^{3}	6.19×10^{2}	2.38×10^{3}	1.42×10^{3}	4.94×10^{3}	3.66×10^{2}	2.76×10^{3}	3.24×10^{2}
f_{15}	3.88×10^{3}	3.41×10^{2}	3.81×10^{3}	6.94×10^{2}	5.19×10^{3}	5.16×10^{2}	5.02×10^{3}	2.61×10^{2}	**2.75×10^{3}**	**3.22×10^{2}**
f_{16}	1.07×10^{0}	1.96×10^{-1}	1.31×10^{0}	3.59×10^{-1}	1.97×10^{0}	2.59×10^{-1}	**5.42×10^{-2}**	**2.81×10^{-2}**	1.87×10^{-1}	7.19×10^{-2}
f_{17}	**3.04×10^{1}**	**5.15×10^{-3}**	1.16×10^{2}	2.02×10^{1}	9.29×10^{1}	1.57×10^{1}	7.44×10^{2}	1.96×10^{2}	1.34×10^{2}	2.01×10^{1}
f_{18}	3.04×10^{2}	3.52×10^{1}	**1.21×10^{2}**	**2.46×10^{1}**	2.34×10^{2}	2.56×10^{1}	5.17×10^{2}	3.52×10^{2}	1.37×10^{2}	1.78×10^{1}
f_{19}	**2.62×10^{-1}**	**5.99×10^{-2}**	9.51×10^{0}	4.42×10^{0}	4.51×10^{0}	1.30×10^{0}	3.54×10^{0}	9.12×10^{-1}	5.03×10^{0}	1.14×10^{0}
f_{20}	1.44×10^{1}	4.60×10^{-1}	1.35×10^{1}	1.11×10^{0}	1.43×10^{1}	1.19×10^{0}	1.49×10^{1}	3.96×10^{-1}	**1.27×10^{1}**	**1.03×10^{0}**
f_{21}	**1.65×10^{2}**	**3.97×10^{1}**	3.09×10^{2}	6.80×10^{1}	3.20×10^{2}	8.55×10^{1}	3.44×10^{2}	7.64×10^{1}	2.18×10^{2}	3.83×10^{1}
f_{22}	**2.41×10^{1}**	**2.81×10^{1}**	4.30×10^{3}	7.67×10^{2}	1.72×10^{3}	7.06×10^{2}	7.97×10^{3}	2.19×10^{2}	3.40×10^{3}	4.62×10^{2}
f_{23}	4.95×10^{3}	5.13×10^{2}	4.83×10^{3}	8.23×10^{2}	5.28×10^{3}	6.14×10^{2}	6.95×10^{3}	3.27×10^{2}	**3.42×10^{3}**	**4.07×10^{2}**
f_{24}	2.90×10^{2}	4.42×10^{0}	2.67×10^{2}	1.25×10^{1}	2.47×10^{2}	1.54×10^{1}	6.62×10^{2}	7.20×10^{1}	**2.44×10^{2}**	**8.73×10^{0}**
f_{25}	3.06×10^{2}	6.49×10^{0}	2.99×10^{2}	1.05×10^{1}	2.80×10^{2}	1.57×10^{1}	4.41×10^{2}	4.00×10^{0}	**2.78×10^{2}**	**6.35×10^{0}**
f_{26}	2.01×10^{2}	1.93×10^{-1}	2.86×10^{2}	8.24×10^{1}	2.52×10^{2}	6.83×10^{1}	3.29×10^{2}	8.24×10^{0}	**2.00×10^{2}**	**2.06×10^{-2}**
f_{27}	**4.16×10^{2}**	**1.07×10^{2}**	1.00×10^{3}	1.12×10^{2}	7.64×10^{2}	1.00×10^{2}	5.39×10^{2}	7.64×10^{1}	7.95×10^{2}	5.23×10^{1}
f_{28}	**2.58×10^{2}**	**7.78×10^{1}**	4.01×10^{2}	4.76×10^{2}	4.02×10^{2}	3.90×10^{2}	4.78×10^{3}	3.79×10^{2}	2.80×10^{2}	5.99×10^{1}
平均排名	2.88		3.36		2.80		3.54		2.42	

第 14 章　基于搜索空间划分的烟花算法

本书第 13 章介绍了 MSCFWA。尽管取得了一定的效率提升，但该算法仍基于规则设计，缺乏理论基础，效率也有所限制。

烟花算法的基本思想是在多个不同局部区域同时进行烟花个体搜索，此时烟花间的协作需要在保持个体搜索效率的同时避免两个问题。第一个问题是烟花搜索范围重叠导致的资源浪费。由于随机初始化和目标函数的整体趋势，各烟花的独立搜索非常容易在部分位置重叠。在缺乏额外协同策略的情况下，各烟花需要在重叠范围内重复采样、分别评估，这会导致优化资源的浪费。第二个问题是各烟花的搜索范围无法保证有效覆盖整个搜索空间。尽管一些烟花算法从全局开始各烟花的搜索，却无法避免它们快速移动、收敛到目标函数的一部分区域，忽视了其他位置的搜索。这个问题限制了烟花算法的全局优化能力。

要避免出现上述两个问题，各烟花的搜索范围理论上应当形成整个优化空间的划分。假设目标函数的搜索空间为 S，各烟花的搜索范围为 S_i。$\{S_i\}_{i=1}^{n}$ 构成 S 的划分，定义在如 (14.1) 所示。其中，两项条件与上述的两个问题直接对应。

$$(S_i \cap S_j = \varnothing, i \neq j) \quad \text{且} \quad \bigcup_{i=1}^{n} S_i = S \tag{14.1}$$

因此，这里将目标问题按照烟花当前分布情况划分为多个局部区域内的子优化问题，每个烟花分别负责单个局部区域内的优化。每个烟花通过与其相邻的烟花交互，在协同策略下尽量维持空间划分关系。一个直观的例子是二维空间中的沃罗诺依（Voronoi）图或狄利克雷（Dirichlet）镶嵌，如图 14.1 所示。该方法在有限点集的基础上构建空间划分。为了更灵活地控制各烟花的火花分布，这里将其调整为多元高斯分布。

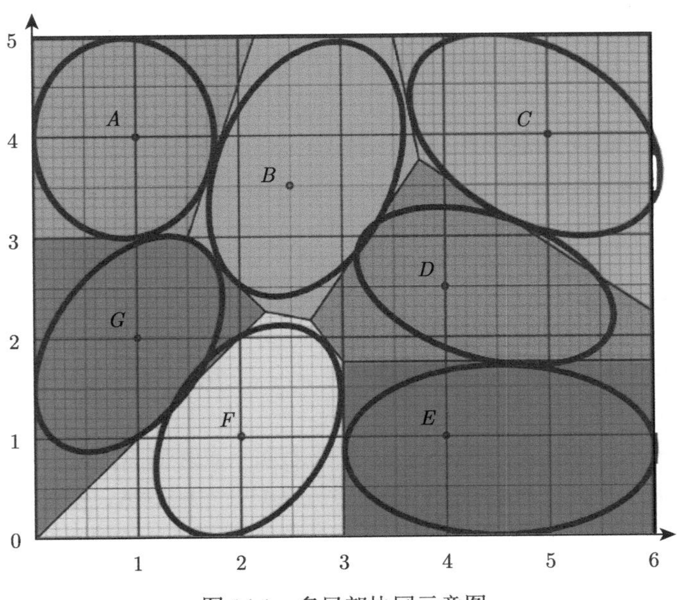

图 14.1　多局部协同示意图

14.1 算法实现

以上述理论模型为指导，本章介绍一种基于搜索空间划分的烟花算法（Fireworks Algorithm based on Search Space Partition，FWASSP）。在个体搜索中，FWASSP 使用 CMA-ES 大幅提升局部优化效率；在整体协同中，FWASSP 采用一种成对协同的方式近似搜索空间划分。此外，考虑到烟花数对算法性质的显著影响，本章介绍一种在 FWASSP 的基础上实现的群体规模递增机制，称为 IPOP-FWASSP。

在 FWASSP 中，烟花不再对应实际样本个体，而是对应火花群体的分布。这里使用多元高斯分布对火花分布建模，每个烟花表示为 $\boldsymbol{F}(\boldsymbol{m},\boldsymbol{C},\sigma,\theta)$。其中，$\boldsymbol{m}$ 是高斯分布的均值向量，$\boldsymbol{C}$ 是协方差矩阵，σ 是分布的整体尺度，θ 包含烟花的其他参数，如群体规模 λ 或演化路径 $\boldsymbol{p}_\sigma$。该算法使用高斯分布概率密度的等高线确定烟花的搜索边界 $B_{\boldsymbol{F}}$，其定义见式 (14.2)。

$$B_{\boldsymbol{F}}=\left\{\boldsymbol{x}|\left\|\frac{\boldsymbol{C}^{-\frac{1}{2}}(\boldsymbol{x}-\boldsymbol{m})}{\sigma}\right\|=d_B\right\} \tag{14.2}$$

同时，$B_{\boldsymbol{F}}$ 的闭包对应烟花的搜索范围：

$$S_{\boldsymbol{F}}=\overline{B_{\boldsymbol{F}}}=\left\{\boldsymbol{x}\left\|\frac{\boldsymbol{C}^{-\frac{1}{2}}(\boldsymbol{x}-\boldsymbol{m})}{\sigma}\right\|\leqslant d_B\right\} \tag{14.3}$$

其中，正实数 d_B 定义了标准正态分布中边界到分布均值的距离，其具体设置在后文介绍。

为了表述的简洁性，本章中烟花 $\boldsymbol{F}_i$ 的搜索边界 $B_{\boldsymbol{F}_i}$ 与搜索范围 $S_{\boldsymbol{F}_i}$ 分别简写为 B_i 和 S_i。

14.1.1 群体初始化

在群体初始化中，各烟花的初始均值位置 $\boldsymbol{m}_i^{(0)}$ 均匀地分布在可行空间中；初始协方差矩阵采用单位矩阵 $\boldsymbol{C}_i^{(0)}=\boldsymbol{I}$；分布尺度 $\sigma_i^{(0)}=(\mathrm{ub}-\mathrm{lb})/n$，其中 ub 和 lb 为搜索范围各维度的上下界，n 为烟花数。火花数 N 在烟花间均匀分配（$\lambda_i=\lfloor N/n\rfloor$）；初始的演化路径 $\boldsymbol{p}_{c,i}^{(0)}$ 和共轭演化路径 $\boldsymbol{p}_{\sigma,i}^{(0)}$ 皆为零向量，它们的定义在第 14.1.2 小节中介绍。

14.1.2 个体搜索策略

在本阶段中，各烟花 $\boldsymbol{F}_i$ 独立地生成爆炸火花 $\boldsymbol{x}_{i,1:\lambda_i}$，并根据其适应度值获得局部适应后的参数 $\boldsymbol{m}_i^{(l)}$、$\boldsymbol{C}_i^{(l)}$ 和 $\sigma_i^{(l)}$ 等。

FWASSP 的个体搜索策略采用 CMA-ES，其中有两个重要原因：第一个是 CMA-ES 具有公认的优秀局部搜索能力；第二个是它维护服从多元高斯分布的群体，能够定义直观而灵活的群体分布范围并直接进行协同。考虑到算法的并行效率，烟花在个体搜索过程中需要将各自生成的火花组合起来一起评估。变异算子由于需要单独评估少量的火花，并行效率极差，在 FWASSP 中被舍弃。

1. 火花生成与评估

烟花个体搜索的第一步是生成爆炸火花 $\boldsymbol{x}_{i,1:\lambda_i}$。对于烟花 $\boldsymbol{F}_i$，其火花从 $\mathcal{N}(\boldsymbol{m}_i,\boldsymbol{C}_i)$ 中采样并以 $\boldsymbol{m}_i$ 为中心调整整体尺度 σ_i。具体采样方法见式 (14.4)。

$$\boldsymbol{x}_{i,1:\lambda_i}\sim\boldsymbol{m}_i+\sigma_i\mathcal{N}(\boldsymbol{0},\boldsymbol{C}_i) \tag{14.4}$$

为了保持烟花中火花分布的局部性质，对超出搜索边界 S 的火花使用镜像映射，使其返回到附近位置，其计算方法见式 (14.5)。其中，ub_k 和 lb_k 分别为各维度搜索范围的上界和下界。

$$\boldsymbol{x}_{i,j,k}=\begin{cases}2\mathrm{lb}_k-\boldsymbol{x}_{i,j,k} & \boldsymbol{x}_{i,j,k}<\mathrm{lb}_k\\ \boldsymbol{x}_{i,j,k} & \mathrm{lb}_k\leqslant\boldsymbol{x}_{i,j,k}\leqslant\mathrm{ub}_k\\ 2\mathrm{ub}_k-\boldsymbol{x}_{i,j,k} & \boldsymbol{x}_{i,j,k}>\mathrm{ub}_k\end{cases} \tag{14.5}$$

如前所述，所有烟花的火花 $\boldsymbol{x}_{1:n,1:\lambda}$ 需要整合起来一同评估以最大化并行效率，得到适应度值 $\boldsymbol{y}_{ij}=f(\boldsymbol{x}_{ij})$。

2. 均值更新

对烟花 $\boldsymbol{F}_i$，新的均值由其最优的部分火花加权平均得到。假设火花按照从好到差的顺序排列，均值更新方法见式 (14.6)。

$$\boldsymbol{m}_i^{(l)}=\boldsymbol{m}_i+c_m\sum_{j=1}^{\mu_i}w_{ij}(\boldsymbol{x}_{ij}-\boldsymbol{m}_i) \tag{14.6}$$

其中，c_m 为均值更新的学习率，μ_i 是选出的优秀火花数，$\sum_{j=1}^{\mu_i}w_{ij}=1$（$w_{ij}\geqslant 0$）则是这些火花的重组权重。通常选取一半的优秀烟花 $\mu_i=\lceil 0.5\lambda_i\rceil$ 以及对数关系的权重 $w_{ij}\propto\lg(\lambda_i+1)-\lg(2j)$，以保证较高的局部搜索速度。

3. 协方差更新

协方差矩阵 $\boldsymbol{C}$ 的更新包括 rank-1 更新和 rank-μ 更新两个部分，具体的计算见式 (14.7)。

$$\boldsymbol{C}_i^{(l)}=\left(1-c_1-c_\mu\sum_{j=1}^{\mu_i}w_{ij}\right)\boldsymbol{C}_i+c_\mu\sum_{j=1}^{\lambda_i}w_{ij}\boldsymbol{y}_{ij}\boldsymbol{y}_{ij}^{\mathrm{T}}+c_1\boldsymbol{p}_{c,i}\boldsymbol{p}_{c,i}^{\mathrm{T}} \tag{14.7}$$

式 (14.7) 中等号右侧的第二项对应 rank-μ 更新部分，它根据火花分布及其对应的适应度值更新协方差矩阵。其中，$c_\mu\in[0,1]$ 为学习率，$\boldsymbol{y}_{ij}=(\boldsymbol{x}_{ij}-\boldsymbol{m}_i)/\sigma_i$ 则是火花样本到分布均值除去整体尺度 σ_i 后的偏移量。

式 (14.7) 中等号右侧的第三项对应 rank-1 更新部分，它根据烟花的历史移动记录更新协方差矩阵。其中，$c_\mu\in[0,1]$ 为学习率；$\boldsymbol{p}_{c,i}$ 为演化路径，记录了烟花均值位置移动的历史。$\boldsymbol{p}_{c,i}$ 的更新方式见式 (14.8)。

$$\boldsymbol{p}_{c,i}\leftarrow(1-c_c)\boldsymbol{p}_{c,i}+\sqrt{c_c(2-c_c)\mu_{\mathrm{eff}}}\,\frac{\boldsymbol{m}_i^{(l)}-\boldsymbol{m}_i}{\sigma_i} \tag{14.8}$$

在式 (14.8) 中，$c_c\in[0,1]$ 为演化路径的学习率；$\mu_{\mathrm{eff}}=(\|w\|_1/\|w\|_2)^2$ 为权重的方差效用选择量，衡量了权重的分散程度。

4. 整体尺度更新

烟花分布的整体尺度 σ_i 根据烟花的均值变化程度进行调整。为此，烟花维护了与分布形态（协方差）无关的共轭演化路径 $\boldsymbol{p}_{\sigma,i}$。其更新方式与演化路径类似，见式 (14.9)。

$$\boldsymbol{p}_{\sigma,i} \leftarrow (1-c_\sigma)\boldsymbol{p}_{\sigma,i} + \sqrt{c_\sigma(2-c_\sigma)\mu_{\text{eff}}}\,\boldsymbol{C}_i^{-\frac{1}{2}}\frac{\boldsymbol{m}_i^{(l)}-\boldsymbol{m}_i}{\sigma_i} \tag{14.9}$$

其中，$c_\sigma \in [0,1]$ 为共轭演化路径的学习率。共轭演化路径的长度超过标准多元高斯分布中样本到原点的期望距离时，说明烟花持续在相同方向上以较长的距离移动，因此火花分布的整体尺度应当扩大；当共轭演化路径的长度较短时，说明烟花的移动距离较短或方向不稳定，此时火花分布的整体尺度应当缩小。尺度 σ_i 的调整方法见式 (14.10)。

$$\ln\sigma_i^{(l)} = \ln\sigma_i + \alpha_\sigma\frac{c_\sigma}{d_\sigma}\left(\frac{\|\boldsymbol{p}_{\sigma,i}^{\text{new}}\|}{E\|\mathcal{N}(\boldsymbol{0},\boldsymbol{I})\|}-1\right) \tag{14.10}$$

其中，c_σ 是共轭演化路径的学习率；d_σ 是阻尼系数，控制着整体尺度 σ_i 的变化幅度；α_σ 是 FWASSP 引入的额外参数，以便在原 CMA-ES 的基础上提供额外控制。

5. 个体搜索策略

烟花的个体搜索策略总结在算法 14.1 中。

算法 14.1　烟花的个体搜索策略

Require: 烟花 $\boldsymbol{F}_i(\boldsymbol{m}_i,\boldsymbol{C}_i,\sigma_i)$，以及其火花数 λ_i、演化路径 $\boldsymbol{p}_{c,i}$、共轭演化路径 $\boldsymbol{p}_{\sigma,i}$ 等。
Ensure: 烟花个体搜索后更新的参数 $\boldsymbol{m}_i^{(l)}$、$\boldsymbol{C}_i^{(l)}$、$\sigma_i^{(l)}$ 等。
1: **for** 烟花 $\boldsymbol{F}_i$ **do**
2: 　　根据式 (14.4) 生成爆炸火花 $\boldsymbol{x}_{i,1:\lambda_i}$；
3: 收集全部火花并评估 $\boldsymbol{y}_{ij}=f(\boldsymbol{x}_{ij})$，$i=1,\cdots,n$，$j=1,\cdots,\lambda_i$；
4: **for** 烟花 $\boldsymbol{F}_i$ **do**
5: 　　根据式 (14.6) 更新均值位置 $\boldsymbol{m}_i^{(l)}$；
6: 　　根据式 (14.7) 更新协方差矩阵 $\boldsymbol{C}_i^{(l)}$；
7: 　　根据式 (14.10) 更新尺度 $\sigma_i^{(l)}$。

14.1.3　烟花重启

在实际问题中，并不需要无限制地追求搜索精度。通过及时终止达到目标精度的烟花，能够回收优化资源、提升整体效率。FWASSP 根据以下 4 个条件考察继续优化烟花的价值。

（1）**适应值收敛**：$\text{var}\left[\boldsymbol{y}_{i,1:\lambda_i}\right] \leqslant \epsilon_v$。

（2）**火花分布收敛**：$\sigma_i\|\boldsymbol{C}_i\|_2 \leqslant \epsilon_p$。

（3）**搜索停滞**：烟花 $\boldsymbol{F}_i$ 连续 ϵ_l 次迭代没有取得进步。

（4）**被优秀烟花覆盖**：$\boldsymbol{F}_i$ 差于 $\boldsymbol{F}_j$ 且 $S_i \subset S_j$。

其中，前 3 项都通过统计烟花个体信息进行判断。第 4 项中，烟花的对比通过当代火花均值判定，子集关系通过判断 $\boldsymbol{F}_i$ 的火花与 S_j 的关系确定。当 $\boldsymbol{F}_i$ 的火花超过 85% 位于 S_j 内部，就模糊地判定 $S_i \subset S_j$。

当烟花重启时，它在全局范围内按照群体重启策略中的参数重置。

14.1.4 整体协同策略

烟花的整体协同以 FWASSP 理论模型为指导。这里认为各烟花有相近的搜索潜力，重点考虑它们搜索范围的控制。值得一提的是，这里不考虑将烟花与搜索空间边界直接协同，而是在当前分布的基础上相互形成配合。因此，整个群体的分布只是搜索空间的一部分，各烟花在该部分内部形成划分。

每一次迭代中整体协同策略对个体搜索后更新的参数进行一定调整，使得烟花搜索范围趋向构成空间划分关系。由于每个烟花的边界都是 n 维空间中的椭圆形球壳，计算调整方向具有较高的难度。该算法借鉴 Voronoi 图的计算方法，成对地分析烟花间搜索范围的边界点，并将各烟花的搜索边界拟合到这些边界上。同时，通过对比烟花间的搜索状态调整各自的变化幅度，让优化顺利的烟花减少干扰、继续搜索，优化不顺利的烟花则偏向协同配合其他烟花。

图 14.2 展示了基于搜索空间划分的协同思路。在协同时，每个烟花需要先在与其相邻的连线（图中的蓝色线段）上找到搜索范围的分界位置（图中的红色五角星），接着将自身的搜索边界（图中的黑色椭圆）拟合到分界点位置上。实际优化中，各烟花不能直接大幅调整到完全协同的状态下。优秀的烟花应当尽量保持自身搜索状态，而较差的烟花需要在协同中做出更大的让步。因此，整体协同策略的执行包含烟花搜索对比、计算分界点、选取特征点、搜索边界拟合这 4 个步骤。它们的具体作用与实现方法在下面分别进行详细描述。

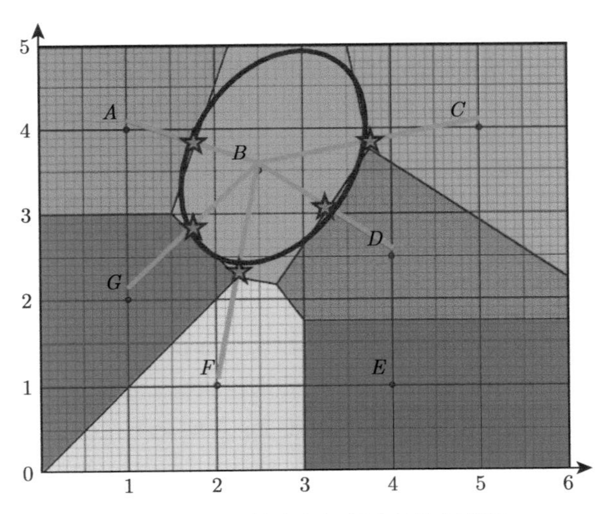

图 14.2 基于搜索空间划分的协同思路

1. 烟花搜索对比

FWASSP 使用一种模糊对比策略对烟花的搜索进度进行比较。该策略与 MSCFWA 中多尺度协同策略的判断条件相似，可以分析某烟花的搜索过程与另一个烟花相比是否已经显著落后。通常，若某烟花的搜索已显著落后，则对其进行大幅调整而另一个烟花保持不变；若两个烟花的搜索进度接近，则可以同时进行一定调整。

在个体搜索结束后，刚被重启的烟花需要完全配合其他烟花的搜索，因此在对比中总是判断为落后。若参与对比的两个烟花都并非刚重启，对比策略通过它们的火花适应度值分析搜索进度：若烟花 $\boldsymbol{F}_i$ 的最优火花比 $\boldsymbol{F}_j$ 的最差火花还差，则说明其搜索显著落后，反之亦然。否则，对比策略判断二者的搜索进度接近。该模糊对比策略的具体算法见算法 14.2。

算法 14.2　烟花搜索进度模糊对比

Require: 一对烟花 $\boldsymbol{F}_i$ 和 $\boldsymbol{F}_j$。

1: **if** 烟花 $\boldsymbol{F}_i$ 和 $\boldsymbol{F}_j$ 都刚被重启 **then return** $\boldsymbol{F}_i$ 和 $\boldsymbol{F}_j$ 的搜索进度接近；
2: **else if** $\boldsymbol{F}_i$ 刚被重启 **then return** $\boldsymbol{F}_i$ 的搜索落后于 $\boldsymbol{F}_j$；
3: **else if** $\boldsymbol{F}_j$ 刚被重启 **then return** $\boldsymbol{F}_i$ 的搜索领先于 $\boldsymbol{F}_i$；
4: **else**
5: 　**if** $\min\limits_{1\leqslant k\leqslant\lambda_i}(\boldsymbol{y}_{i,k}) \geqslant \max\limits_{1\leqslant k\leqslant\lambda_j}(\boldsymbol{y}_{j,k})$ **then return** $\boldsymbol{F}_i$ 的搜索落后于 $\boldsymbol{F}_j$；
6: 　**if** $\max\limits_{1\leqslant k\leqslant\lambda_i}(\boldsymbol{y}_{i,k}) \leqslant \min\limits_{1\leqslant k\leqslant\lambda_j}(\boldsymbol{y}_{j,k})$ **then return** $\boldsymbol{F}_i$ 的搜索领先于 $\boldsymbol{F}_j$；
7: 　**return** $\boldsymbol{F}_i$ 和 $\boldsymbol{F}_j$ 的搜索进度接近。

2. 计算分界点

对烟花 $\boldsymbol{F}_i$ 和 $\boldsymbol{F}_j$ 的搜索进度进行对比后，协同策略在二者的连线中寻找一点刻画完全协同下二者搜索范围的分界点 $\boldsymbol{d}_{ij}$。这里使用一种共同调整的思路进行计算：同时以一定幅度对烟花 $\boldsymbol{F}_i$ 和 $\boldsymbol{F}_j$ 在它们连线上的搜索范围进行扩大或缩小，直到两者刚好相切。相切点就是要寻找的分界点。

FWASSP 计算协同需要的基本信息。烟花间的距离记为 $d_{ij} = \|\boldsymbol{m}_i - \boldsymbol{m}_j\|_2$。直线 $\boldsymbol{m}_i\boldsymbol{m}_j$ 与烟花边界 B_i 的交点到 $\boldsymbol{m}_i$ 的距离 r_{ij}，就是该方向上 $\boldsymbol{F}_i$ 的半径。其具体数值的计算见式 (14.11)。

$$r_{ij} = d_{ij}\frac{d_B\sigma_i}{\sqrt{(\boldsymbol{m}_i^{(l)} - \boldsymbol{m}_j^{(l)})^{\mathrm{T}}(\boldsymbol{C}_i^{(l)})^{-1}(\boldsymbol{m}_i^{(l)} - \boldsymbol{m}_j^{(l)})}} \tag{14.11}$$

上面描述的分界点计算过程可以使用式 (14.12) 表示。

$$r_{ij}\mathrm{e}^{a_{ij}w} + r_{ji}\mathrm{e}^{a_{ji}w} = d_{ij} \tag{14.12}$$

其中，$\mathrm{e}^{a_{ij}w}$ 和 $\mathrm{e}^{a_{ji}w}$ 为两个烟花在该方向上搜索半径的变化比例。参数 a_{ij} 和 a_{ji} 控制着两个烟花的相对变化幅度。在 FWASSP 的协同策略中，若烟花的搜索进度存在显著差异（假设 $\boldsymbol{F}_i$ 显著优于 $\boldsymbol{F}_j$），则 $a_{ij} = 0$ 且 $a_{ji} = 1$，即烟花 $\boldsymbol{F}_i$ 保持不变；若烟花不存在显著差异，则 $a_{ij} = a_{ji} = 1$，即两个烟花以相同幅度变化。

不管在上述哪种情况下，式 (14.12) 都可以直接求解。如果 w 有实数解，两个烟花之间可以取得唯一分界点：

$$\boldsymbol{d}_{ij} = \boldsymbol{d}_{ji} = R_{ij}\boldsymbol{m}_i^{(l)} + R_{ji}\boldsymbol{m}_j^{(l)} \tag{14.13}$$

其中

$$R_{ij} = r_{ij}\mathrm{e}^{a_{ij}w}/(r_{ij}\mathrm{e}^{a_{ij}w} + r_{ij}\mathrm{e}^{a_{ij}w}) \tag{14.14}$$

$$R_{ji} = r_{ji}\mathrm{e}^{a_{ji}w}/(r_{ij}\mathrm{e}^{a_{ij}w} + r_{ij}\mathrm{e}^{a_{ij}w}) \tag{14.15}$$

此时，烟花在完全协同下的分界点和完全协同结果如图 14.3 所示。此处只展示了二者搜索进度相似的情况。图中，实线椭圆为烟花当前搜索边界，虚线为协同后的搜索边界，$\boldsymbol{d}_{ij}$ 是它们的分界点。

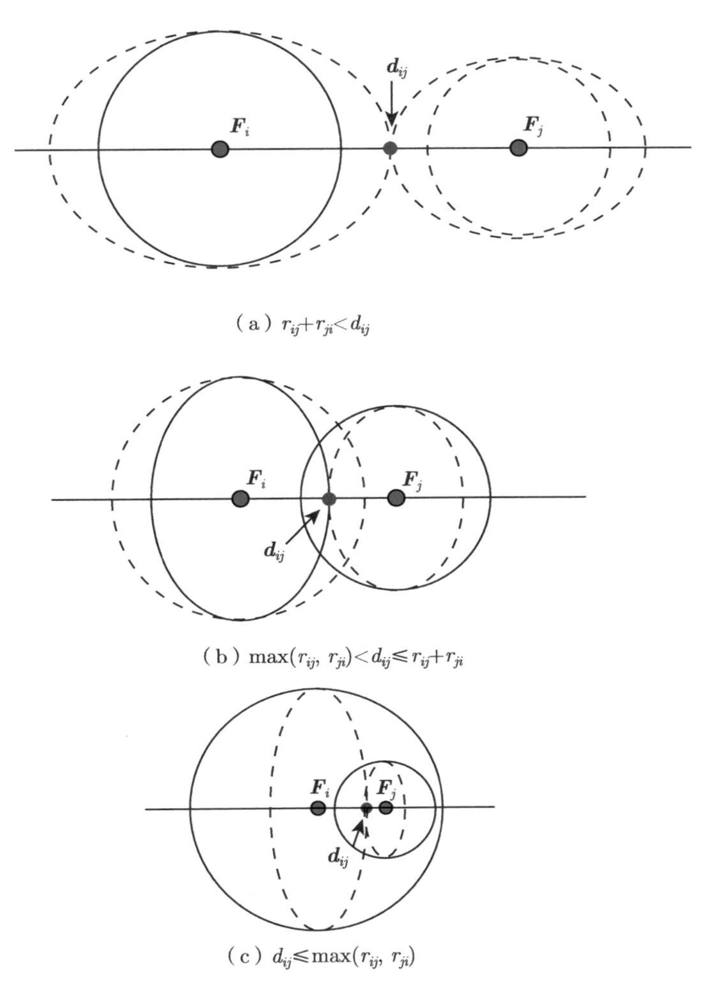

图 14.3 式 (14.12) 有解时烟花在完全协同下的分界点和完全协同结果

当且仅当烟花间的搜索进度有显著差异，且其中较优烟花的搜索范围包含较差烟花时，式 (14.12) 无解。不失一般性，假设 $\boldsymbol{F}_i$ 显著优于 $\boldsymbol{F}_j$，则 $d_{ij} < r_{ij}$ 时方程无解。从几何角度考虑，这是由于 $\boldsymbol{F}_j$ 无论如何调整搜索范围都无法与 $\boldsymbol{F}_i$ 在外部相切。

在这种情况下，FWASSP 强制分别为 $\boldsymbol{F}_i$ 和 $\boldsymbol{F}_j$ 分配不同的分界点，此时分界点实际反映的是烟花爆炸边界的调整方向。由于烟花 $\boldsymbol{F}_i$ 显著更优，其边界应当不变化，因此分界点 $\boldsymbol{d}_{ij}$ 位于射线 $\boldsymbol{m}_i\boldsymbol{m}_j$ 与 B_i 的交点。烟花 $\boldsymbol{F}_j$ 由于陷入 $\boldsymbol{F}_i$ 内部，应当向其远离方向调整，因此分界点 $\boldsymbol{d}_{ji}$ 通过将 $\boldsymbol{m}_j$ 向 $\boldsymbol{m}_i$ 移动极小距离获得。这种情况在图 14.4 中展示。

3. 选取特征点

成对烟花间获取的分界点集合 $\{\boldsymbol{d}_{ij}\}_{i\neq j}$ 反映了烟花两两完全协同时搜索范围的分界位置。但在实际优化中，烟花一方面不需要与所有烟花进行交互，另一方面还需要在个体搜索与全局协同间平衡。在本部分中，WASSP 通过为每个烟花从分界点中计算特征点集 $\{\boldsymbol{f}_{ik}\}_{k=1}^{\tau}$ 来刻画搜索边界的拟合目标。

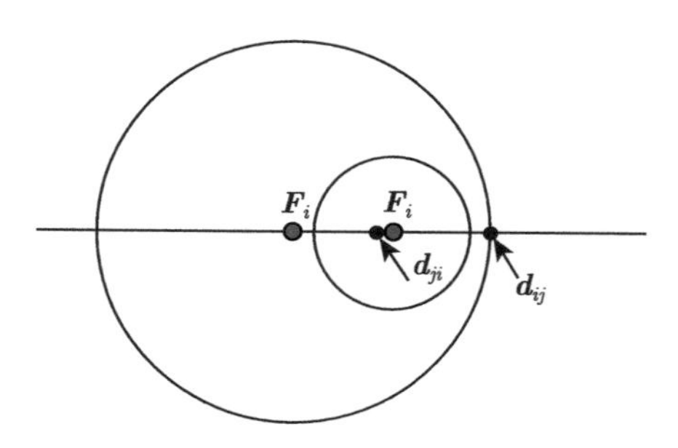

图 14.4　式 (14.12) 无解时的分界点选择

显然，各烟花的实际交互对象应当是与它直接相接的烟花。在 n 维空间中，由于各烟花的分布都呈现椭球形，它们的实际几何邻接关系判断十分复杂。考虑到在协同中，距离烟花越近的分界点对其形态的影响越显著，因此 WASSP 采取 K 近邻方式近似真实的邻域关系。由于 WASSP 能够在多代交互中逐渐调整烟花分布，这种近似与真实邻域关系的作用较接近，并且能够选取较小的特征点数。在 WASSP 中，烟花 $\boldsymbol{F}_i$ 从集合 $\{\boldsymbol{d}_{ij}\}_{i\neq j}$ 中选择与 $\boldsymbol{m}_i$ 的距离最近的 $\tau=2$ 个分界点作为特征点的候选集。

接下来，各烟花需要对其候选特征点进行调整，以避免幅度过大的分布变化。对分界点 $\boldsymbol{d}_{ij}$，协同算法将它到烟花均值位置 $\boldsymbol{m}_i$ 的距离调整在 $[\alpha_l r_{ij}, \alpha_u r_{ij}]$ 内。其中，参数 $0\leqslant\alpha_l\leqslant 1\leqslant\alpha_u$ 限制了单一方向上搜索边界变化比例的上下界。具体的特征点调整见式 (14.16)。

$$\boldsymbol{f}_{ik}=\boldsymbol{m}_i^{(l)}+d_{ik}^{(\text{clip})}\frac{\boldsymbol{d}_{ik}-\boldsymbol{m}_i^{(l)}}{\left\|\boldsymbol{d}_{ik}-\boldsymbol{m}_i^{(l)}\right\|}\tag{14.16}$$

其中，$d_{ik}^{(\text{clip})}$ 由式 (14.17) 确定。

$$d_{ik}^{(\text{clip})}=\begin{cases}\alpha_l r_{ij} & \left\|\boldsymbol{d}_{ik}-\boldsymbol{m}_i^{(l)}\right\|<\alpha_l r_{ij}\\ \alpha_u r_{ij} & \left\|\boldsymbol{d}_{ik}-\boldsymbol{m}_i^{(l)}\right\|<\alpha_u r_{ij}\\ \left\|\boldsymbol{d}_{ik}-\boldsymbol{m}_i^{(l)}\right\| & \text{其他}\end{cases}\tag{14.17}$$

4. 搜索边界拟合

确定了烟花 $\boldsymbol{F}_i$ 的特征值集合 $\{\boldsymbol{f}_{ik}\}_{k=1}^{\tau}$ 后，FWASSP 将其搜索范围的边界 B_i 拟合到这些特征点上。

（1）FWASSP 调整 $\boldsymbol{m}_i^{(i)}$ 的位置，使各特征点到 B_i 的距离缩短。这有助于降低火花分布的形态变化，使得协方差矩阵 $\boldsymbol{C}_i$ 的条件数较小。各特征点 $\boldsymbol{f}_{ik}$ 对矩阵的移动向量将边界 B_i 在 $\boldsymbol{m}_i\boldsymbol{f}_{ik}$ 方向上移动到特征点上，各特征点的作用平均后得到均值的移动向量 $\mathbf{mv}_i$。与特征点的选取相似，均值的移动距离被限制在 $[0,\alpha]$ 内。均值位置的更新见式 (14.18)，而其长度调整见式 (14.19)。

$$\mathbf{mv}_i = \frac{1}{\tau_i}\sum_{j=1}^{\tau}(\boldsymbol{f}_{ij} - \boldsymbol{q}_{ij}) \tag{14.18}$$

$$\boldsymbol{m}_i^{(g)} = \boldsymbol{m}_i^{(l)} + \mathbf{mv}_i \min\left\{1, \frac{\alpha_m r_i}{\|\mathbf{mv}_i\|}\right\} \tag{14.19}$$

其中，r_i 是烟花 $\boldsymbol{F}_i$ 在 $\mathbf{mv}_i$ 方向上的半径，计算方式与式 (14.11) 一致；$\boldsymbol{q}_{ij}$ 是射线 $\boldsymbol{m}_i\boldsymbol{f}_{ik}$ 与烟花搜索边界的交点。图 14.5 简单地展示了各特征点对烟花均值移动的作用。

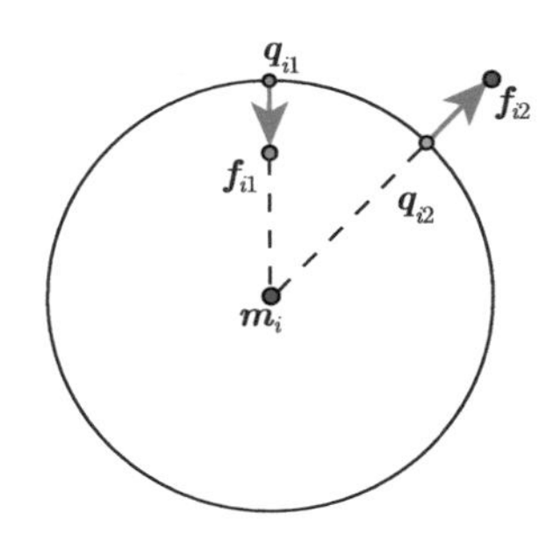

图 14.5 各特征点对烟花均值移动的作用

（2）FWASSP 修改协方差矩阵，将各特征点拟合到烟花的搜索边界上。与成对协同的思路相似，FWASSP 首先将单点拟合到边界上，接着对各特征点的作用取平均。在拟合单个特征点时，本书提出定理 14.1。

定理 14.1

对特征点 $\boldsymbol{f}$ 和整体尺度为 σ 的多元高斯分布 $\mathcal{N}(\boldsymbol{m},\boldsymbol{C})$，将协方差矩阵 $\boldsymbol{C}$ 更新为 $\boldsymbol{C}'$，使得特征点 $\boldsymbol{f}$ 落在式 (14.2) 定义的搜索边界上，而在与其共轭的方向上搜索范围的半径不变。$\boldsymbol{C}'$ 的计算公式见式 (14.20)：

$$C' = C + \frac{\lambda}{\sigma^2}(\boldsymbol{f} - \boldsymbol{m})(\boldsymbol{f} - \boldsymbol{m})^{\mathrm{T}} \tag{14.20}$$

其中，

$$\lambda = \frac{1}{d_B^2} - \frac{1}{\boldsymbol{z}^{\mathrm{T}}\boldsymbol{z}} \tag{14.21}$$

以及

$$\boldsymbol{z} = \boldsymbol{C}^{-\frac{1}{2}}\frac{\boldsymbol{f} - \boldsymbol{m}}{\sigma} \tag{14.22}$$

♡

因此，烟花 $\boldsymbol{F}_i$ 拟合了全部特征点 $\{\boldsymbol{f}_{ik}\}_{k=1}^{\tau}$ 后的协方差矩阵见式 (14.23)：

$$\boldsymbol{C}_i^{(g)} = \boldsymbol{C}_i^{(l)} + \frac{1}{\tau}\sum_{k=1}^{\tau}\frac{\lambda_{ik}}{\sigma_i^2}(\boldsymbol{f}_{ik} - \boldsymbol{m}_i^{(g)})(\boldsymbol{f}_{ik} - \boldsymbol{m}_i^{(g)})^{\mathrm{T}} \tag{14.23}$$

（3）由于分布的尺度变化已经反映在协方差矩阵中，协同中不再额外调整参数 σ_i：

$$\sigma_i^{(g)} = \sigma_i^{(l)} \tag{14.24}$$

FWASSP 的基于搜索空间划分的协同策略总结在算法 14.3 中。

算法 14.3　基于搜索空间划分的协同策略

1: **for all** 成对的烟花 $\boldsymbol{F}_i$ 与 $\boldsymbol{F}_j$ **do**
2: 　计算烟花距离 d_{ij} 与相应方向上的烟花半径 r_{ij} 和 r_{ji} [见式 (14.11)]；
3: 　根据算法 14.2对比烟花搜索进度；
4: 　求解式 (14.12)，计算烟花的分界点 $\boldsymbol{d}_{ij}$ 与 $\boldsymbol{d}_{ji}$；
5: **for all** 烟花 $\boldsymbol{F}_i$ **do**
6: 　选择距离分布中心最近的 τ 个分界点 $\{\boldsymbol{d}_{ik}\}_{k=1}^{\tau}$；
7: 　根据式 (14.16) 获取特征点 $\{\boldsymbol{f}_{ik}\}_{k=1}^{\tau}$；
8: 　根据式 (14.19) 计算协同后的均值位置 $\boldsymbol{m}_i^{(g)}$；
9: 　根据式 (14.23) 计算协同后的协方差矩阵 $\boldsymbol{C}_i^{(g)}$。

14.1.5　群体规模递增框架

根据基于搜索空间划分的协同策略，烟花数对算法的表现具有显著影响。一方面，在保持火花群体规模不变的情况下，烟花群体规模越大，各烟花具有的火花数越少。通常，较小的火花群体规模会导致烟花的局部搜索随机性较高甚至难以进步。另一方面，烟花群体规模越小，则协同的难度越大，可能只有一个最优烟花的火花群体能够收敛，其他烟花全部辅助探索剩余区域。因此，谨慎选择烟花群体规模对算法性能有着显著的影响。

这个特点为FWASSP的应用带来了优势，可以通过不断调整烟花群体规模，来结合不同算法性质的优势。相对于传统进化算法或群体智能优化算法中的群体调整方法，如IPOP-CMA-ES[131]和 LSHADE[132]，在烟花算法中控制烟花群体规模，并不会改变同一代中评估的样本数（火花群体规模）。在并行计算中，保持每一代的评估规模一致有着显著的效率优势。

算法 14.4　FWASSP 和 IPOP-FWASSP 的整体流程

1: 初始化烟花群体 $\{\boldsymbol{F}_i\}_{i=1}^{n}$；
2: **while** 未满足终止条件 **do**
3: 　根据算法 14.1 计算烟花局部搜索的状态；
4: 　**for all** 满足任意重启条件的烟花 $\boldsymbol{F}_i$ **do**
5: 　　在搜索空间中随机初始化 $\boldsymbol{F}_i$；
6: 　根据算法 14.3 计算烟花整体协同的状态；
7: 　根据协同结果更新各烟花；
8: 　**if** 最优解在 ϵ_A 次迭代中未进步 **then**
9: 　　增加烟花群体规模 $n \leftarrow n+1$；
10: 　　**if** $n > F_{\max}$ **then**
11: 　　　$n = F_{\min}$；
12: 　　重启整体烟花群体 $\{\boldsymbol{F}_i\}_{i=1}^{n}$；
13: 返回算法评估过的最优值。

FWASSP 的群体递增框架称为 IPOP-FWASSP，它为该算法设置额外的全局重启条件：当该

算法整体在 ϵ_A 次迭代中都无法取得进步时，会将烟花规模扩大并重启整个群体。整数 $F_{\min}$ 和 $F_{\max}$ 定义了烟花的最小规模和最大规模，若烟花规模超过 $F_{\max}$，则被重置为 $F_{\min}$。当 $\epsilon_A=\infty$，IPOP-FWASSP 退化为群体规模不变的 FWASSP 算法框架。

FWASSP 和 IPOP-FWASSP 的整体流程总结在算法 14.4 中。

14.2 实验与分析

14.2.1 实验环境

本实验选取 2020 年 IEEE 进化计算大会（Congress on Evolutionary Computation，CEC）中单目标优化竞赛[133] 使用的标准测试函数集作为实验问题，简称为 CEC2020。CEC 系列测试函数在 2017 年进行了一定调整，CEC2017[134] 与 CEC2013 相比提供的测试函数更加困难，而 CEC2020 选取了 CEC2017 中区分度相对较高的 10 个测试函数。此外，在之前的测试函数设置中，最大评估次数与问题维度为正比关系，与实际的优化难度并不相符。CEC2020 大幅增加了高维度问题的最大评估次数，其支持的维度为 5、10、15、20。CEC2020 包含的测试函数列举在表 14.1 中。

表 14.1 CEC2020 包含的测试函数

函数类别	编号	函数名称	$F_i^*=F_i(x^*)$
单模态函数	1	Shifted and Rotated Bent Cigar Function	100
多模态函数	2	Shifted and Rotated Schwefel's Function	1100
	3	Shifted and Rotated Lunacek Bi_Rastrigin Function	700
	4	Expanded Rosenbrock's Plus Griewangk's Function	1900
组合函数	5	Hybrid Function 1 （$n=3$）	1700
	6	Hybrid Function 2 （$n=4$）	1600
	7	Hybrid Function 3 （$n=5$）	2100
复合函数	8	Composition Function 1 （$n=3$）	2200
	9	Composition Function 2 （$n=4$）	2400
	10	Composition Function 3 （$n=5$）	2500

注：搜索范围为 $[-100,100]^D$。

全部实验在 Ubuntu18.04 系统中执行，计算硬件为 Intel Xeon® CPU E5-2675 v3@1.80GHz。由于在实验中观察到低维度的结果缺乏区分度，而较高维度的结果完全一致。因此，本实验只展示了 20 维、最大 10000000 次评估的结果。每种算法总是重复 30 次，结果通过 Wilcoxon 秩和检验比较显著性差异。

14.2.2 参数设置

与本书前文的思路类似，FWASSP 中各参数尽可能与其基础算法（局部借鉴的 CMA-ES 和整体框架的基础 LoTFWA）保持一致。这些参数的选取都使得原算法取得最优效率。而新提出的参数尽可能依据分析给出独立于测试函数的参数选择，以保证应用到一般问题中的效率。

在基础参数方面，FWASSP 与 LoTFWA 的参数一致。基本的烟花群体包括 5 个烟花个体和规模为 300 的火花群体，火花被均匀地分配给各烟花。

在个体搜索阶段，烟花个体搜索中的各项参数采用 CMA-ES[135] 中的基本设置。其中，各参数都基于不同维度问题的统一分析得出，同样与具体问题无关。由于 CMA-ES 与烟花算法中个体搜索的目标并非完全一致，在整体尺度的调整中，FWASSP 引入了额外控制参数 α_σ。经过实验，$\alpha_\sigma = 0.5$ 可使算法取得相对较优的结果，其详细讨论在后续的具体实验中提供。

在烟花重启阶段，FWASSP 引入了多个控制参数以判断烟花个体搜索的作用。适应度值 ϵ_v 和分布精度 ϵ_p 均设置为最大值，即 $\epsilon_v = \epsilon_p = 10^{-5}$。烟花的最大连续失败次数设置为 $\epsilon_I = 100$，通常足够 CEC2020 问题中烟花完成个体搜索。

在整体协同阶段，FWASSP 引入了较多的新参数。首先，正实数 d_B 控制着烟花搜索边界与样本分布的关系：d_B 越大，定义的搜索范围包含的样本越多，烟花间的协同结果就越分散；d_B 越小，定义的搜索范围包含的样本越少，烟花间的协同结果就越紧凑。经过测试，在 FWASSP 中采用式 (14.25) 中的 d_B 值，可以取得最好的优化效率。

$$d_B = \text{mean}(\chi_D) + 0.5\text{std}(\chi_D) \tag{14.25}$$

在均值移动中，α_m 限制着移动距离占该方向搜索半径的比例。由于烟花的搜索通常集中在均值位置附近，FWASSP 采用较小值（$\alpha_m = 0.1$）以尽可能地保证局部搜索的效率。此外，第 14.1 节已经分析了特征点数量的选择为 $\tau = 2$。

在群体递增框架中，FWASSP 的整体重启次数设置为 $\epsilon = 200$ 次连续无法改进最优值。烟花规模的变化幅度在后续实验中进行了详细测试。

14.2.3　协同参数实验

定义烟花搜索范围的参数 d_B 与控制烟花个体幅度变化的参数 α_σ 对 FWASSP 的协同行为有着显著的影响。前者控制着烟花完全协同下群体分布间的关系；后者影响着烟花个体搜索的速度，对协同的作用间接形成影响。二者的作用相对较复杂，无法直接分析取值，此处对它们进行进一步分析和实验。

边界距离参数 d_B 定义了标准高斯分布的边界到其均值位置的距离。由于标准高斯分布的样本到均值位置的距离服从自由度为 D 的 Chi 分布（卡方分布的根号），即 $\|\boldsymbol{x}\|_2 \sim \chi_D$。因此，用式 (14.26) 控制 d_B 有助于保持不同维度 D 下定义的搜索范围内部样本占全部样本的比例。

$$d_B = \text{mean}(\chi_D) + \alpha_b\text{std}(\chi_D) \tag{14.26}$$

控制参数 $\alpha_b = 0$ 时，搜索范围 S_i 期望包含烟花 $\boldsymbol{F}_i$ 的一半火花；$\alpha_b = 2$ 时，搜索范围将包含大部分火花。α_b 较大时，烟花在协同后分离得较远；α_b 较小时，烟花在协同后更加紧凑。其最优取值可能与问题和烟花数有较大关联。

尺度更新参数 α_σ 用于控制烟花局部搜索中搜索尺度 σ 的幅度。若采用较大的 α_σ，烟花的局部搜索促使它的火花分布快速扩大或收缩，可能远超协同所起的作用。FWASSP 需要通过调整 α_σ 来对局部搜索和全局搜索的作用进行平衡。

这里通过一组网格搜索实验分析上述两个参数的作用。二者取值范围分别为 $\alpha_b \in [0.0, 0.5, 1.0]$ 和 $\alpha_\sigma \in [0.1, 0.3, 0.5, 0.7, 1.0]$。本实验中，每组参数在 CEC2020 上重复运行 30 次，对各问题的平均优化结果进行排序，并对各问题的排序结果求平均。每组参数的平均排名结果见表 14.2。

由表 14.2 可见，α_b 和 α_σ 具有高度关联性。当 $\alpha_\sigma > 0.5$ 时，算法的整体表现随着 α_b 的变小而提升；当 $\alpha_\sigma < 0.5$ 时，算法的整体表现随着 α_b 的变大而提升。这说明，当局部搜索速度不被显著衰减时，烟花需要较紧凑的协同关系来提升优化效率；而当局部搜索速度被大幅度限制

时，烟花则需要偏分散的协同关系。另外，α_σ 的最优取值随着 α_b 的增加由 0.5 逐渐移动到 0.3。在后续实验中，基于均衡和效率两方面考虑，FWASSP 选择 $\alpha_b = 0.5$ 和 $\alpha_\sigma = 0.5$。

表 14.2 参数 α_b 与 α_σ 各组取值的平均排名

α_b	α_σ				
	0.1	0.3	0.5	0.7	1.0
0	10.8	6.3	5.1	6.0	9.3
0.5	10.1	4.6	3.8	7.0	9.5
1.0	8.5	4.1	5.1	7.2	10.8

14.2.4 纵向对比测试

为了验证 FWASSP 的有效性，这里将其与一系列烟花算法实现进行对比。其中，LoTFWA 是目前最为成功的烟花算法，也是本文算法框架的基础。协方差矩阵自适应烟花算法（Covariance Matrix Adaptation Fireworks Algorithm，CMA-FWA）是一种用于参考的中间算法：它以 LoTFWA 为基本框架，个体搜索采用 CMA-ES，与 FWASSP 相比仅缺少了协同策略部分。

各算法在 CEC2020 的 20 维问题中重复测试 30 次。实验结果以置信度 $\alpha = 0.05$ 进行 Wilcoxon 秩和检验判断结果差异的显著性，见表 14.3。其中，“+”说明优化结果显著差于 FWASSP，“−”说明优化结果显著优于 FWASSP，“=”则说明优化结果没有显著差异。表格最后一行为各算法在 10 个测试函数中的平均排名。

表 14.3 各算法纵向对比实验结果

测试函数	LoTFWA			CMA-FWA			FWASSP	
	Mean	Std.	对比结果	Mean	Std.	对比结果	Mean	Std.
f_1	1.625×10^6	4.048×10^5	+	$\mathbf{0.000 \times 10^0}$	0.000×10^0	−	1.238×10^{-5}	3.640×10^{-6}
f_2	1.531×10^3	4.151×10^2	+	2.647×10^2	1.215×10^2	+	$\mathbf{3.151 \times 10^0}$	3.827×10^0
f_3	6.873×10^1	9.701×10^0	+	2.437×10^1	8.288×10^{-1}	+	$\mathbf{3.573 \times 10^0}$	1.258×10^0
f_4	1.074×10^1	1.604×10^0	+	1.421×10^0	3.200×10^{-1}	+	$\mathbf{7.779 \times 10^{-1}}$	1.194×10^{-1}
f_5	2.692×10^5	1.768×10^5	+	1.230×10^3	3.018×10^2	+	$\mathbf{6.306 \times 10^2}$	2.207×10^2
f_6	4.579×10^2	2.063×10^2	+	7.375×10^0	7.963×10^0	+	$\mathbf{1.794 \times 10^0}$	3.642×10^{-1}
f_7	6.508×10^4	5.798×10^4	+	4.565×10^2	2.158×10^2	+	$\mathbf{3.005 \times 10^2}$	1.172×10^2
f_8	1.084×10^2	1.010×10^1	+	4.589×10^2	1.463×10^2	+	$\mathbf{4.547 \times 10^0}$	1.830×10^1
f_9	4.505×10^2	1.856×10^1	+	4.049×10^2	1.659×10^0	+	$\mathbf{9.667 \times 10^1}$	1.795×10^1
f_{10}	4.185×10^2	1.358×10^1	+	$\mathbf{4.063 \times 10^2}$	5.418×10^{-3}	−	4.073×10^2	4.620×10^0
平均排名	2.90			1.90			1.20	

由表 14.3 可见，FWASSP 在绝大多数测试函数中取得了显著最优的优化结果。由于 CMA-FWA 具有不受干扰的快速局部开采能力，它在单模态函数的最后一个复合函数上取得了最优的优化结果。FWASSP 则在全部其他测试函数上取得了最优的优化结果。在 f_1 上，FWASSP 已经达到设计的最高优化精度（10^{-5}）附近。在 f_{10} 上，FWASSP 与 CMA-FWA 的优化结果接近，但结果方差较大。

上述 3 种算法在 CEC2020 的 20 维问题上的适应度值曲线如图 14.6 所示，可作为参考。

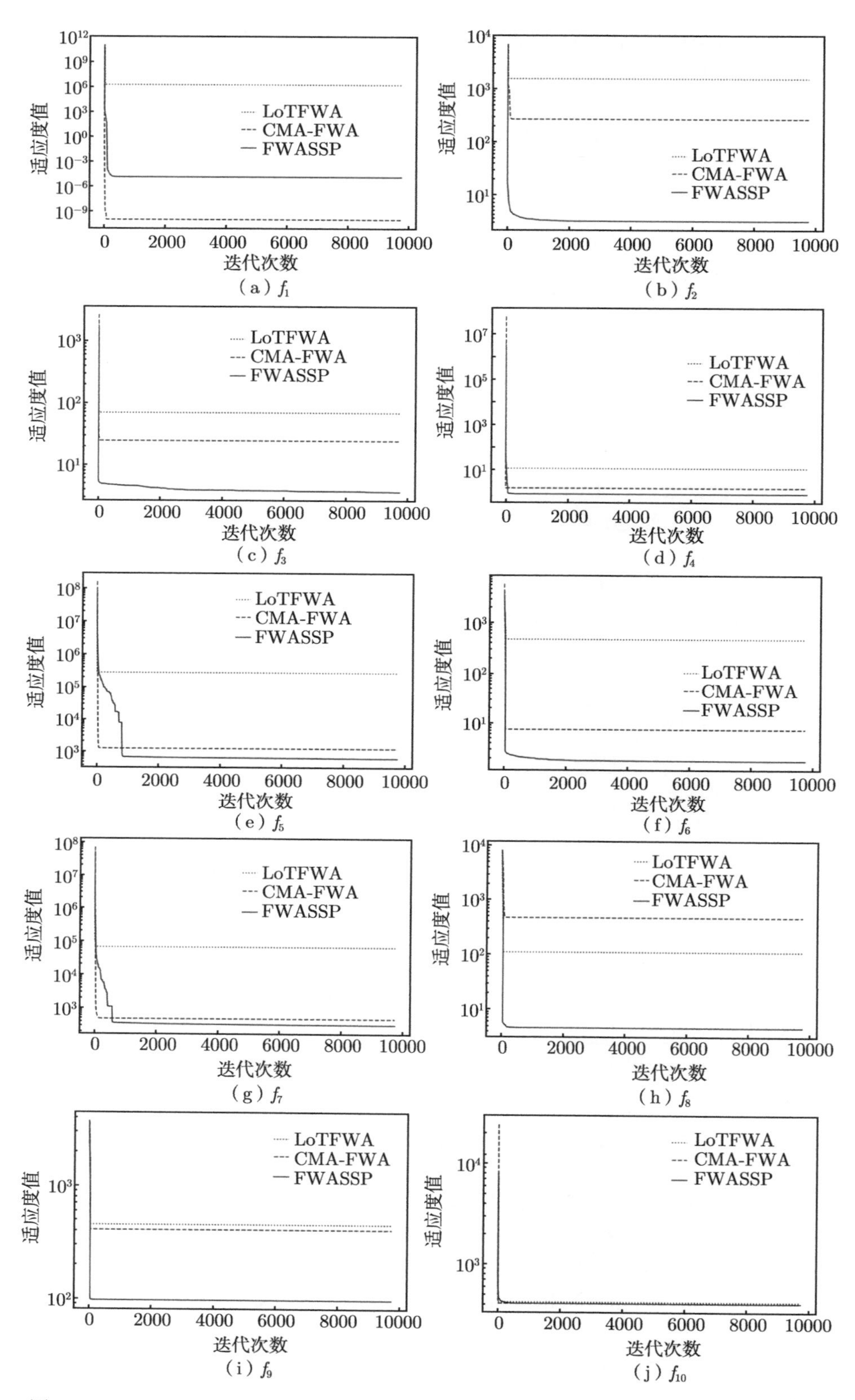

图 14.6　LoTFWA、CMA-FWA 和 FWASSP 在 CEC2020 的 20 维问题上的适应度值曲线

14.2.5 群体递增框架实验

本小节对带群体递增框架的算法 IPOP-FWASSP 进行实验。在实验中，设置 IPOP-FWASSP 的初始烟花数为 $F_{\min}=2$，最大群体规模为 $F_{\max}\in[5,10,15]$，采用与第 14.2.5 小节相同的实验方法，其结果展示在表 14.4 中。

可以看到，当烟花数在 $[2,5]$ 内变化时，IPOP-FWASSP 的表现略差于保持 5 个烟花的 FWASSP。当最大烟花数进一步扩大时，IPOP-FWASSP 的表现则能够超过 FWASSP。另外，当烟花数相对较少时，IPOP-FWASSP 在较基础的单模态函数和多模态函数上表现较好。而当烟花数扩大时，IPOP-FWASSP 在组合函数和复合函数上的表现则得到改进。

如前文所述，IPOP-FWASSP 由于不改变每代评估的样本数，具有较好的并行计算性质。但由于算法中各烟花需要维护独立的 CMA-ES 搜索，而其搜索中涉及复杂度较高的矩阵逆运算，所以烟花数过大会导致算法串行计算效率下降。同时，考虑到群体规模有限，IPOP-FWASSP 的烟花数不宜过大。

14.2.6 横向对比实验

本小节将 FWASSP 与最大烟花数为 10 的 IPOP-FWASSP，以及其他重要的进化算法和群体智能优化算法进行横向对比。参与对比的 LoTFWA、IPOP-CMA-ES[131] 和 SHADE[136] 都是目前非常重要且表现较优秀的优化算法。实验结果见表 14.5。

由表 14.5 可见，FWASSP 和 IPOP-FWASSP 能够实现与 SHADE 相当的优化效率。特别地，FWASSP 和 IPOP-FWASSP 在较复杂的复合函数上取得了显著较优的结果，说明它在全局优化方面具有优势。目前，SHADE 的相关变体在 CEC2020 竞赛中占据了大部分靠前的排名，但其中大部分针对 CEC2020 进行了分阶段搜索等专门的参数设计，并且部分采用了额外算法进行辅助。而本实验几乎未针对 CEC2020 进行参数适配。实验证明，FWASSP 和 IPOP-FWASSP 达到了与这些算法较接近的水平，并且在某些问题上具有显著优势。

14.3 小结

本章基于目标函数不同局部区域的分解，介绍了 FWASSP 和 IPOP-FWASSP。各烟花依据其当前分布的空间几何关系组织，相邻的烟花通过协同调整搜索范围。基于搜索空间划分思路，协同策略将烟花的搜索范围朝向部分可行域的划分调整，既能够避免搜索范围重叠，也能够防止遗漏有价值的区域。该策略通过主动牺牲落后烟花的个体搜索效率，大幅提升了算法整体的全局优化能力。

本章还以搜索空间划分思路为基础，为烟花算法框架下的多群体协同搜索建立了理论模型，并对相关算法进行了分析。该模型指导了算法的设计与实现。FWASSP 利用 CMA-ES 大幅提升了烟花的个体搜索效率，通过成对协同近似地实现了烟花朝向空间划分关系调整的整体协同。此外，本章还介绍了群体规模递增框架，以充分利用烟花数量变化导致的算法性能多样性。本章在 CEC2020 上对 FWASSP 进行了全面的实验对比和统计检验，验证了相关策略的有效性和高效性。

表 14.4　群体递增框架对比实验结果

测试函数	FWASSP		IPOP-FWASSP（$F_{\max}=5$）			IPOP-FWASSP（$F_{\max}=10$）			IPOP-FWASSP（$F_{\max}=15$）		
	Mean	Std.	Mean	Std.	对比结果	Mean	Std.	对比结果	Mean	Std.	对比结果
f_1	1.238×10^{-5}	1.918×10^{-6}	$\mathbf{0.000\times10^{0}}$	0.000×10^{0}	–	$\mathbf{0.000\times10^{0}}$	0.000×10^{0}	–	$\mathbf{0.000\times10^{0}}$	0.000×10^{0}	–
f_2	$\mathbf{3.151\times10^{0}}$	3.827×10^{0}	3.100×10^{1}	4.430×10^{1}	+	4.759×10^{1}	5.486×10^{1}	+	7.082×10^{1}	5.572×10^{1}	+
f_3	3.573×10^{0}	1.258×10^{0}	$\mathbf{2.752\times10^{0}}$	1.445×10^{0}	–	4.094×10^{0}	1.828×10^{0}	=	4.958×10^{0}	2.698×10^{0}	+
f_4	$\mathbf{7.779\times10^{-1}}$	1.194×10^{-1}	9.687×10^{-1}	2.303×10^{-1}	+	9.376×10^{-1}	2.295×10^{-1}	+	9.194×10^{-1}	1.997×10^{-1}	+
f_5	6.306×10^{2}	2.207×10^{2}	5.835×10^{2}	1.968×10^{2}	=	$\mathbf{4.530\times10^{2}}$	1.228×10^{2}	–	4.651×10^{2}	1.424×10^{2}	–
f_6	1.794×10^{0}	3.642×10^{-1}	2.061×10^{0}	1.884×10^{-1}	+	1.714×10^{0}	1.994×10^{-1}	–	$\mathbf{1.621\times10^{0}}$	1.973×10^{-1}	–
f_7	3.005×10^{2}	1.172×10^{2}	2.854×10^{2}	7.989×10^{1}	=	$\mathbf{2.610\times10^{2}}$	8.852×10^{1}	=	2.904×10^{2}	7.373×10^{1}	–
f_8	4.547×10^{0}	1.830×10^{1}	1.609×10^{1}	3.392×10^{1}	=	$\mathbf{1.579\times10^{0}}$	5.959×10^{0}	=	1.382×10^{1}	2.283×10^{1}	=
f_9	9.667×10^{1}	1.795×10^{1}	1.404×10^{2}	9.124×10^{1}	=	$\mathbf{9.000\times10^{1}}$	3.000×10^{1}	–	9.000×10^{1}	3.000×10^{1}	–
f_{10}	4.073×10^{2}	4.620×10^{0}	4.070×10^{2}	4.931×10^{0}	=	4.057×10^{2}	5.295×10^{0}	=	$\mathbf{4.007\times10^{2}}$	3.677×10^{0}	–
平均排名	2.5		2.7			1.8			2.2		

表 14.5 横向对比实验结果

测试函数	LoTFWA		IPOP-CMA-ES		SHADE		FWASSP		IPOP-FWASSP	
	Mean	Std.	Mean	Std.	Mean	Std.	Mean	Std.	Mean	Std.
f_1	1.63×10^{6}	4.05×10^{5}	$\mathbf{0.00 \times 10^{0}}$	0.00×10^{0}	$\mathbf{0.00 \times 10^{0}}$	0.00×10^{0}	1.24×10^{-5}	3.64×10^{-6}	1.97×10^{-6}	2.38×10^{-6}
f_2	1.53×10^{3}	4.15×10^{2}	2.16×10^{3}	2.41×10^{1}	2.16×10^{1}	9.14×10^{0}	$\mathbf{3.15 \times 10^{0}}$	3.83×10^{0}	4.76×10^{1}	5.49×10^{1}
f_3	6.87×10^{1}	9.70×10^{0}	5.43×10^{1}	7.97×10^{0}	2.08×10^{1}	2.20×10^{-1}	$\mathbf{3.57 \times 10^{0}}$	1.26×10^{0}	4.09×10^{0}	1.83×10^{0}
f_4	1.07×10^{1}	1.60×10^{0}	2.32×10^{0}	2.78×10^{-1}	$\mathbf{6.48 \times 10^{-1}}$	6.49×10^{-2}	7.78×10^{-1}	1.19×10^{-1}	9.38×10^{-1}	2.30×10^{-1}
f_5	2.69×10^{5}	1.77×10^{5}	1.23×10^{3}	2.83×10^{2}	$\mathbf{4.37 \times 10^{1}}$	3.89×10^{1}	6.31×10^{2}	2.21×10^{2}	4.53×10^{2}	1.23×10^{2}
f_6	4.58×10^{2}	2.06×10^{2}	4.91×10^{2}	2.19×10^{0}	2.07×10^{0}	2.12×10^{-1}	1.79×10^{0}	3.64×10^{-1}	$\mathbf{1.71 \times 10^{0}}$	1.99×10^{-1}
f_7	6.51×10^{4}	5.80×10^{4}	7.18×10^{2}	2.10×10^{2}	$\mathbf{1.50 \times 10^{0}}$	9.57×10^{-1}	3.01×10^{2}	1.17×10^{2}	2.61×10^{2}	8.85×10^{1}
f_8	1.08×10^{2}	1.01×10^{1}	2.48×10^{3}	1.85×10^{2}	1.00×10^{2}	0.00×10^{0}	4.55×10^{0}	1.83×10^{1}	$\mathbf{1.58 \times 10^{0}}$	5.96×10^{0}
f_9	4.51×10^{2}	1.86×10^{1}	4.32×10^{2}	1.48×10^{0}	4.07×10^{2}	2.19×10^{0}	9.67×10^{0}	1.80×10^{1}	$\mathbf{9.00 \times 10^{1}}$	3.00×10^{1}
f_{10}	4.19×10^{2}	1.36×10^{1}	4.30×10^{2}	4.55×10^{-1}	4.06×10^{2}	6.97×10^{-3}	4.07×10^{2}	4.62×10^{0}	$\mathbf{4.06 \times 10^{2}}$	5.30×10^{0}
平均排名	4.6		4.1		2.0		2.3		1.9	

第 15 章　层次协同的烟花算法

本书第 13 章和第 14 章介绍的两种烟花算法的相关研究工作成功地从理论和算法角度推动了烟花算法的发展，其中的多尺度协同和多局部协同都取得了很好的效果。自然地，我们希望将这两种策略结合起来，用一种统一的模型描述它们的原理，并设计统一的策略实现。

从算法效率的角度来看，多尺度协同和多局部协同也有明显的互补作用。MSCFWA 缺乏对不同局部位置搜索的烟花间的协同控制；在 FWASSP 中，烟花只能观察到目标函数的局部信息，局部区域间反映的全局趋势信息则被忽略。将两种策略结合，显然有利于算法效率的进一步提升。

此外，深入分析 FWASSP 可以发现，它存在以下 3 个细节问题。

（1）在理论模型方面，基于搜索空间划分的协同模型以从实际采样分布到理论最优采样分布的距离为分析基础。然而在许多进化算法或群体智能优化算法中，同一代生成的样本之间存在显著的相关性，并不能使用独立同分布的样本来解释。

（2）在个体搜索方面，FWASSP 直接采用了 CMA-ES。然而作为一种单群体的进化算法，CMA-ES 的部分性质作为烟花算法的个体搜索并不合理。这导致了烟花搜索范围在搜索初期过于显著地扩大，以及烟花在搜索过程中位移过大等问题。

（3）在群体协同方面，FWASSP 无法对群体的整体分布进行有效控制。在 FWASSP 中，各烟花基于个体搜索原因不断缩小火花分布范围，而整体协同策略将各烟花的搜索范围拼接，进而导致群体的整体收敛。然而，这一收敛过程的速度无法在全局进行有效控制，进而导致算法的整体探索与开采平衡难以控制。

基于上述原因，本章利用层次化的烟花群体结构，结合多尺度协同与多局部协同搜索策略，对烟花算法的理论与算法实现进行改进。

15.1　算法实现

本章介绍基于层次协同模型和 FWASSP 实现的层次协同的烟花算法（Hierarchical Collaborated Fireworks Algorithm，HCFWA）。该算法同样分为个体搜索和整体协同两个阶段执行。尽管 HCFWA 中包含全局烟花和局部烟花两类子群体，但上述两个阶段都设计了统一的算法实现，保证了整体的简洁性。

15.1.1　个体搜索策略

HCFWA 的个体搜索策略基于 CMA-ES，并对算法中多处细节进行了更加仔细的分析，从而以相同的框架、不同的参数实现全局烟花和局部烟花需求的优化特性。本小节首先介绍统一的个体搜索算法实现，接着对两类烟花的参数设置进行分析。

与 FWASSP 一致，这里将烟花状态定义为 $\boldsymbol{F}_i(\boldsymbol{m}_i, \boldsymbol{C}_i, \sigma_i, \theta_i)$。其中，$\boldsymbol{m}_i$、$\boldsymbol{C}_i$、$\sigma_i$、$\theta_i$ 分别为多元高斯分布的均值、协方差矩阵、整体尺度和其他状态（包括火花数、演化路径、共轭演化路径等）。

1. 火花生成与评估

烟花 $\boldsymbol{F}_i$ 的火花 $\boldsymbol{x}_{i,1:\lambda_i}$ 从它的多元高斯分布中随机独立采样得到，计算见式 (15.1)。

$$\boldsymbol{x}_{i,1:\lambda_i} \sim \boldsymbol{m}_i + \sigma_i \mathcal{N}(\boldsymbol{0}, \boldsymbol{C}_i) \tag{15.1}$$

超出搜索边界的火花维度使用镜像映射回到搜索空间 S 内，以保证分布的局部性，其计算见式 (15.2)。其中，ub_k 和 lb_k 分别为维度 k 中目标函数搜索范围 S 的上下界。

$$\boldsymbol{x}_{i,j,k} = \begin{cases} 2\text{lb}_k - \boldsymbol{x}_{i,j,k} & \boldsymbol{x}_{i,j,k} < \text{lb}_k \\ \boldsymbol{x}_{i,j,k} & \text{lb}_k \leqslant \boldsymbol{x}_{i,j,k} \leqslant \text{ub}_k \\ 2\text{ub}_k - \boldsymbol{x}_{i,j,k} & \boldsymbol{x}_{i,j,k} > \text{ub}_k \end{cases} \tag{15.2}$$

将全部火花收集在一起，并进行适应度值评估，得到 $\boldsymbol{y}_{ij} = f(\boldsymbol{x}_{ij})$。

2. 均值更新

个体搜索的新均值 $\boldsymbol{m}_i^{(l)}$ 通过从原均值位置向着优秀火花位置移动得到，其计算见式 (15.3)。

$$\boldsymbol{m}_i^{(l)} = \boldsymbol{m}_i + c_m \sum_{j=1}^{\lambda_i} w_{ij}(\boldsymbol{x}_{ij} - \boldsymbol{m}_i) \tag{15.3}$$

其中，$c_m \in [0,1]$ 是均值更新的学习率，重组权重满足 $w_{ij} \geqslant 0$ 且 $\sum_{j=1}^{\lambda_i} w_{ij} = 1$。通常，优秀的个体有更高的权重，其具体设置对全局烟花和局部烟花有一点差异，将在后文具体介绍。

3. 协方差矩阵更新

协方差矩阵的更新包含 rank-μ 更新部分和 rank-1 更新部分，其计算见式 (15.4)。

$$\boldsymbol{C}_i^{(l)} = (1 - c_\mu - c_1)\boldsymbol{C}_i + c_\mu \sum_{j=1}^{\lambda_i} w_{ij}\boldsymbol{y}_{ij}\boldsymbol{y}_{ij}^{\mathrm{T}} + c_1 \boldsymbol{p}_{c,i}\boldsymbol{p}_{c,i}^{\mathrm{T}} \tag{15.4}$$

式 (15.4) 中等号右侧的第二项为 rank-μ 更新部分，c_μ 为学习率。与传统的 CMA-ES 不同，此处样本偏移量的计算修改为 $\boldsymbol{y}_{ij} - \boldsymbol{m}_i^{(r)}$。其中，$\boldsymbol{m}_i^{(r)}$ 为参考均值，用于平衡 rank-μ 更新的探索与开采。$\boldsymbol{m}_i^{(r)}$ 在当前均值位置 $\boldsymbol{m}_i$ 和更新后均值位置 $\boldsymbol{m}_i^{(l)}$ 之间选择，计算见式 (15.5)。

$$\boldsymbol{m}_i^{(r)} = (1 - c_r)\boldsymbol{m}_i + c_r \boldsymbol{m}_i^{(l)} \tag{15.5}$$

式 (15.4) 中等号右侧的第三项为 rank-1 更新部分，c_1 为学习率。其中，烟花路径收集了烟花的历史移动轨迹信息，其更新公式为

$$\boldsymbol{p}_{c,i} \leftarrow (1 - c_c)\boldsymbol{p}_{c,i} + \sqrt{c_c(2 - c_c)\mu_{\text{eff}}}\frac{\boldsymbol{m}_i^{(l)} - \boldsymbol{m}_i}{\sigma_i} \tag{15.6}$$

其中，c_c 是演化路径的学习率；$\mu_{\text{eff}} = (\|w\|_1/\|w\|_2)^2$，为方差效用选择量，反映了火花重组权重的分布差异性。

4. 尺度更新

整体尺度 σ_i 根据烟花个体的搜索状态进行更新，具体的状态通过共轭演化路径 $\boldsymbol{p}_\sigma$ 的长度反映。它的更新按照式 (15.7) 进行。

$$\boldsymbol{p}_{\sigma,i} \leftarrow (1-c_\sigma)\boldsymbol{p}_{\sigma,i} + \sqrt{c_\sigma(2-c_\sigma)\mu_{\text{eff}}}\boldsymbol{C}_i^{-\frac{1}{2}}\frac{\boldsymbol{m}_i^{(l)}-\boldsymbol{m}_i}{\sigma_i} \tag{15.7}$$

其中，c_σ 是它的学习率。由于均值移动量被除去了全局尺度和协方差矩阵的作用，$\boldsymbol{p}_{\sigma,i}$ 的长度与标准高斯分布的样本长度分布一致。当 $\boldsymbol{p}_{\sigma,i}$ 的长度超过标准高斯分布的样本长度均值时，说明烟花持续在相同方向以较大距离移动，应当扩大搜索尺度；当 $\boldsymbol{p}_{\sigma,i}$ 的长度小于标准高斯分布的样本长度均值时，说明烟花的连续移动距离不大，可以处于振荡或停滞状态，因此需要缩小搜索尺度。

$$\ln\sigma_i^{(l)} = \ln\sigma_i + \frac{c_\sigma}{d_\sigma}\left(\frac{\|\boldsymbol{p}_{\sigma,i}\|}{E\|\mathcal{N}(\boldsymbol{0},\boldsymbol{I})\|}-1\right) \tag{15.8}$$

式 (15.8) 展示了尺度更新的过程。其中，c_σ 是更新学习率；d_σ 是阻尼系数，控制着 σ 的变化幅度。

5. 重启条件

HCFWA 使用多个重启条件判断何时终止并重启烟花的个体搜索。重启条件包括以下 5 项。

（1）**适应度值收敛**：$\text{std}[y_{i,1:\lambda_i}] \leqslant \epsilon_v$。

（2）**分布收敛**：$\sigma_i\|\boldsymbol{C}_i\|_2 \leqslant \epsilon_p$。

（3）**搜索停滞**：烟花连续 ϵ_l 次迭代未进步。

（4）**均值收敛**：烟花到优秀烟花的距离过短，即 $\|\boldsymbol{m}_i-\boldsymbol{m}_j\| < \epsilon_p$。

（5）**被优秀烟花覆盖**:烟花的搜索范围 S_i 被包含在优秀烟花的搜索范围 S_j 内部,即 $S_i \subset S_j$。

其中，前 3 项根据烟花自身的搜索状态进行判断，而后 2 项需要对当前烟花与优秀烟花进行对比分析。均值收敛的判断主要终止的是收敛到相同局部极值附近时较差烟花的搜索。烟花的覆盖按照火花样本模糊判断：当 $\boldsymbol{F}_i$ 的火花 $\boldsymbol{x}_{i,1:\lambda_i}$ 中有超过 90% 的样本位于 S_j 内时，认为烟花 $\boldsymbol{F}_i$ 被 $\boldsymbol{F}_j$ 的搜索范围覆盖。

6. 参数选择

这里根据全局烟花与局部烟花的搜索需求为它们分配不同的个体搜索参数。通常而言，局部烟花需要在限定的局部区域附近选择较优秀区域进行高效的开采，而全局烟花需要从全局开始稳定地排除较差区域，并逐步完成稳定的收敛。下面逐一介绍两类烟花的参数。

（1）初始化。为了保证各烟花的搜索效率，算法总是平均地分配火花，即 $\lambda_i = \lfloor\lambda/(n+1)\rfloor$。全局烟花为了在优化开始阶段覆盖整个搜索空间，其均值位置选择在 S 的中心（原点）附近以较小量扰动，搜索尺度较大，见式 (15.9)。

$$\sigma_{\text{global}} = \frac{\text{ub}-\text{lb}}{2E\|\mathcal{N}(\boldsymbol{0},\boldsymbol{I})\|} \tag{15.9}$$

其中，$\text{ub}=\max(\text{ub}_k)$，$\text{lb}=\max(\text{lb}_k)$，分别为各维度取值的上界和下界。

局部烟花从均匀采样的随机位置开始搜索，初始尺度为 $\sigma_{\text{local}}=\sigma_{\text{global}}/N$。所有烟花的初始协方差矩阵都是单位矩阵，演化路径与共轭演化路径为零向量。

（2）重组权重。重组权重 w_j 控制着优秀火花和较差火花对新均值位置的贡献占比。局部烟花需要适应度值排名不同的火花具有显著差异，因此选择一半的优秀火花（$\mu = \lfloor \lambda/2 \rfloor$），并且赋予与序数的对数成正比关系的权重。对排名第 j 位的火花，其重组权重见式 (15.10)。

$$w_j \propto \min\left(0, \lg(\mu + 0.5) - \lg j\right) \tag{15.10}$$

对于全局烟花，仅有 5% 最差的火花被排除（$\mu = 0.95\lambda$），并且剩余烟花使用均匀的权重。

（3）rank-μ 更新。参考均值 $\boldsymbol{m}_i^{(r)}$ 受到参数 $c_r \in [0,1]$ 的控制，影响着 rank-μ 更新的性质：当 c_r 接近 1、$\boldsymbol{m}_i^{(r)}$ 接近更新后的均值位置 $\boldsymbol{m}_i^{(l)}$ 时，拟合结果能够以最大概率重建优秀火花样本，但分布会快速收敛；当 c_r 接近 0、$\boldsymbol{m}_i^{(r)}$ 接近原均值位置 $\boldsymbol{m}_i$ 时，为 CMA-ES 使用的策略，拟合结果具有较高的探索性。在 HCFWA 中，局部烟花希望削弱一定的个体搜索探索性，更加稳定地在局部区域搜索，因此取 $c_r = 0.5$；全局烟花仅需要稳定地收缩分布范围，倾向完全的局部开采性，因此取 $c_r = 1.0$。

（4）rank-1 更新。rank-1 更新利用烟花均值的历史移动轨迹进一步调整协方差矩阵，对局部烟花的搜索有加速作用，但对全局烟花并没有价值，因而被舍弃。

（5）尺度更新。尺度更新的阻尼系数 d_σ 控制着尺度更新的幅度。CMA-ES 的尺度更新幅度需求要远大于烟花算法中的个体搜索，因此局部烟花将尺度更新幅度减缓至原来的 1/2。全局烟花通过不断剔除火花样本逐步减小搜索范围，不使用共轭演化路径调整尺度。

（6）重启条件。算法适应度值和分布的需求精度设置为 $\epsilon_v = \epsilon_p = 10^{-5}$。局部烟花在 $\epsilon_l = 100$ 次迭代无法进步时被重启，而全局烟花容许最多 $N\epsilon_l$ 次迭代的失败。

（7）个体搜索学习率。尽管全局烟花以仅每代 5% 的速度排除最差的火花，但其缩减速度与全局烟花的稳定搜索需求相比仍然太快。因此，HCFWA 为全局烟花的个体搜索额外增加了整体学习率 c_g，以便进行控制，$c_g = 1/n$。在全局烟花的个体搜索完成后，c_g 按照式 (15.11) 对参数进一步更新。

$$\begin{aligned}
\boldsymbol{m}_0^{(l)} &\leftarrow c_g \boldsymbol{m}_0^{(l)} + (1 - c_g) \times \boldsymbol{m}_0 \\
\boldsymbol{C}_0^{(l)} &\leftarrow c_g \boldsymbol{C}_0^{(l)} + (1 - c_g) \times \boldsymbol{C}_0 \\
\sigma_0^{(l)} &\leftarrow c_g \sigma_0^{(l)} + (1 - c_g) \times \sigma_0
\end{aligned} \tag{15.11}$$

HCFWA 的个体搜索框架如算法 15.1 所示。

算法 15.1 个体搜索框架

1: **for all** 烟花 $\boldsymbol{F}_i$ **do**
2: 　　根据式 (15.1) 生成爆炸火花 $\boldsymbol{x}_{ij}$；
3: 收集并评估火花适应度值 $\boldsymbol{y}_{ij} = f(\boldsymbol{x}_{ij})$；
4: **for all** 烟花 $\boldsymbol{F}_i$ **do**
5: 　　根据式 (15.3) 计算新的均值 $\boldsymbol{m}_i^{(l)}$；
6: 　　根据式 (15.6) 更新烟花路径 $\boldsymbol{p}_{c,i}$；
7: 　　根据式 (15.4) 更新协方差矩阵 $\boldsymbol{C}_i^{(l)}$；
8: 　　根据式 (15.7) 更新共轭烟花路径 $\boldsymbol{p}_{\sigma,i}$；
9: 　　根据式 (15.8) 计算分布尺度 $\sigma_i^{(l)}$；
10: 对全局烟花按式 (15.11) 进一步调整。

此外，局部烟花与全局烟花在统一个体搜索框架、不同参数设置下的搜索行为如图 15.1 所示（在二维空间内使用斜坡函数对这两种策略进行了简单示例）。图中，实线与虚线分别为个体搜索前后的搜索范围边界，圆点为火花。

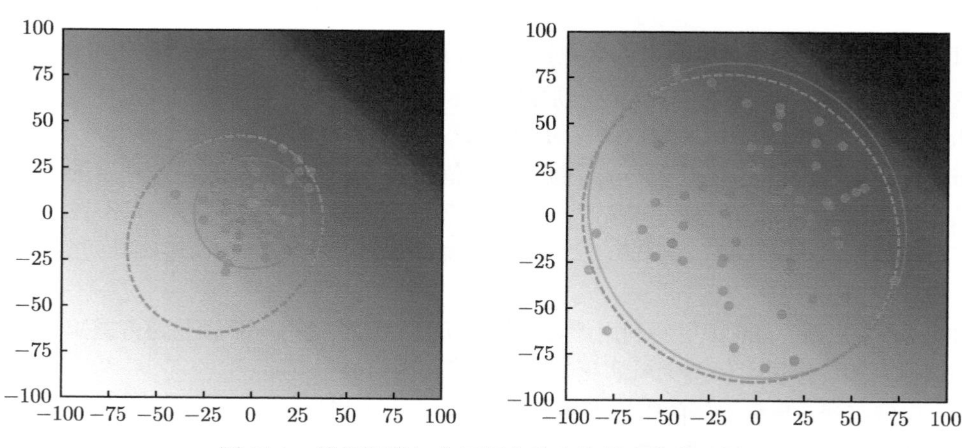

图 15.1 局部烟花与全局烟花的个体搜索行为示例

15.1.2 整体协同策略

由理论分析可知，HCFWA 的烟花整体协同就是需要调整搜索范围以趋向构成划分关系。

1. 烟花搜索范围的定义

协同的第一步是定义烟花的搜索范围，由于各烟花的火花服从多元高斯分布，这里以其概率密度的等高线作为搜索范围边界。烟花搜索范围的定义见式 (15.12)。

$$B_{\boldsymbol{F}} = \left\{ \boldsymbol{x} \left| \left\| \frac{\boldsymbol{C}^{-\frac{1}{2}}(\boldsymbol{x}-\boldsymbol{m})}{\sigma} \right\| = d_B \right. \right\} \tag{15.12}$$

相应地，烟花 $\boldsymbol{F}$ 的搜索范围 $S_{\boldsymbol{F}}$ 就是 $B_{\boldsymbol{F}}$ 的内部，或它的闭包 $\overline{B}_{\boldsymbol{F}}$。

$$S_{\boldsymbol{F}} = \overline{B}_{\boldsymbol{F}} = \left\{ \boldsymbol{x} \left| \left\| \frac{\boldsymbol{C}^{-\frac{1}{2}}(\boldsymbol{x}-\boldsymbol{m})}{\sigma} \right\| \leqslant d_B \right. \right\} \tag{15.13}$$

为了简洁，本小节使用 S_i 和 B_i 分别作为烟花 $\boldsymbol{F}_i$ 的搜索范围 $S_{\boldsymbol{F}_i}$ 与边界 $B_{\boldsymbol{F}_i}$ 的简写形式。由于 D 维空间中标准高斯分布的样本长度服从 χ_D 分布，控制范围大小的参数 d_B 使用式 (15.14) 确定。

$$d_B = \text{mean}(\chi_D) + \alpha_B \text{std}(\chi_D) \tag{15.14}$$

在 HCFWA 中，所有烟花都选择 $\alpha_B = 0.5$ 作为较适中的分布边界定义，它能够包含约 70% 的火花。

2. 计算分界点

对任意一对烟花 $\boldsymbol{F}_i$ 与 $\boldsymbol{F}_j$，整体协同策略在它们的连线上寻找一点作为在完全协同下二者搜索边界相交的位置。首先，算法需要明确在该方向上烟花的距离与分布。记烟花距离 $d_{ij} =$

$\|\boldsymbol{m}_i\boldsymbol{m}_j\|$。在直线 $\boldsymbol{m}_i\boldsymbol{m}_j$ 上，烟花 $\boldsymbol{F}_i$ 与 $\boldsymbol{F}_j$ 的搜索范围半径分别为 r_{ij} 和 r_{ji}。它们的计算方法见式 (15.15)。

$$r_{ij} = d_{ij}\frac{d_B\sigma_i}{\sqrt{(\boldsymbol{m}_i^{(l)} - \boldsymbol{m}_j^{(l)})^{\mathrm{T}}(\boldsymbol{C}_i^{(l)})^{-1}(\boldsymbol{m}_i^{(l)} - \boldsymbol{m}_j^{(l)})}} \tag{15.15}$$

算法同步调整 r_{ij} 和 r_{ji}，直到搜索边界在分界点相切。

对两个局部烟花，分界点应当位于二者之间，使得搜索范围在外部相切。这对应于求解式 (15.16)。

$$r_{ij}\mathrm{e}^{a_{ij}w} + r_{ji}\mathrm{e}^{a_{ji}w} = d_{ij} \tag{15.16}$$

其中，$\mathrm{e}^{a_{ij}w}$ 和 $\mathrm{e}^{a_{ji}w}$ 分别对应 r_{ij} 和 r_{ji} 的变化比例；参数 a_{ij} 和 a_{ji} 反映了两个烟花在协同中的“敏感度”，衡量了二者的相对变化幅度。

局部烟花的协同作用与分界点如图 15.2 所示。

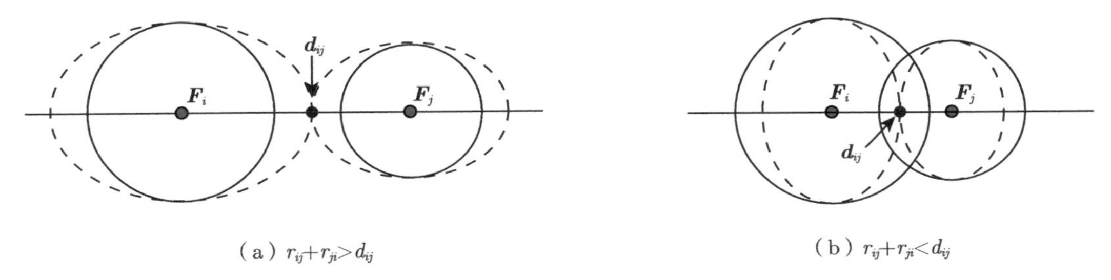

（a）$r_{ij}+r_{ji}>d_{ij}$ （b）$r_{ij}+r_{ji}<d_{ij}$

图 15.2 局部烟花的协同作用与分界点

对全局烟花 $\boldsymbol{F}_i$ 和局部烟花 $\boldsymbol{F}_j$，分界点应当位于射线 $\overrightarrow{\boldsymbol{m}_i\boldsymbol{m}_j}$ 上，使得 S_j 在 S_i 的内部与之相切。这对应于求解式 (15.17)。

$$r_{ij}\mathrm{e}^{-a_{ij}w} - r_{ji}\mathrm{e}^{a_{ji}w} = d_{ij} \tag{15.17}$$

全局烟花与局部烟花的协同作用与分界点如图 15.3 所示。

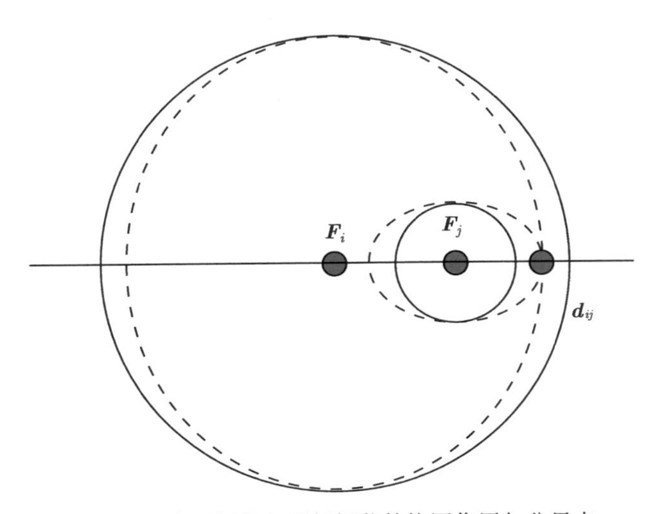

图 15.3 全局烟花与局部烟花的协同作用与分界点

烟花的相对敏感度 a_{ij} 影响着其搜索范围在协同中的变化程度，其取值对算法效率非常重要。计算过程包括下面 3 个步骤。

（1）HCFWA 使用模糊对比方法比较两个烟花的搜索进度：若烟花刚被重启，其搜索进度一定落后于其他全部烟花；若烟花 $\boldsymbol{F}_i$ 的最优火花比 $\boldsymbol{F}_j$ 的最差火花还差，则 $\boldsymbol{F}_i$ 显著落后于 $\boldsymbol{F}_j$；其他情况下，认为烟花的搜索进度相近。当 $\boldsymbol{F}_i$ 的搜索进度优于 $\boldsymbol{F}_j$ 时，取 $a_{ij}=1$、$a_{ji}=0$；当二者搜索进度相近时，取 $a_{ij}=a_{ji}=1$。

（2）HCFWA 分析烟花的搜索进度，当搜索进度较顺利时，将其敏感度修正为 0，以保持个体搜索效率。此处的判定方法为：$\boldsymbol{F}_i$ 在最近的 5 次迭代中取得了进步。

（3）全局烟花在搜索中主要起到控制全局分布的作用。它在全局搜索中做出更大的让步，因此敏感度应当比局部烟花高。整体协同策略使用实数 $c_\alpha>1$ 对全局烟花进行增幅。在 HCFWA 中，取 $c_\alpha=5$。

当 a_{ij} 和 a_{ji} 都为正实数时，式 (15.16) 和式 (15.17) 的等号左侧都是单调函数，因此它们的解 w 都能够快速近似得到。由于半径调整后分界点落在边界上，有 $r_{ij}\mathrm{e}^{a_{ij}w}=\|\boldsymbol{m}_i\boldsymbol{d}_{ij}\|$，以此可以计算得到 $\boldsymbol{d}_{ij}$ 的位置。

当 a_{ij} 和 a_{ji} 其一为 0 时（不妨假设 $a_{ij}=0$），$\boldsymbol{F}_i$ 的特征点应当位于直线 $\boldsymbol{m}_i\boldsymbol{m}_j$ 与 B_i 的某个交点上。需要在 $\mathrm{e}^{a_{ji}w}\in[\alpha_l,\alpha_u]$ 的范围内求式 (15.16) 或式 (15.17) 等号两侧最接近的解，并同上计算分界点 $\boldsymbol{d}_{ji}$ 的位置。

当 a_{ij} 和 a_{ji} 都为 0 时，二者的分界点都在各自的搜索范围边界上取得。

3. 特征点获取

各烟花从它的分界点中选取一部分特征点，并进行适当调整，将其作为搜索边界的拟合目标。

首先，为了近似获得烟花间的几何邻域关系，整体协同策略使用 K 近邻方法，为每个烟花选择 $\tau=2$ 个最关键的分界点 $\{\boldsymbol{d}_{ik}\}_{k=1}^{\tau}$。对局部烟花而言，需要选取高斯分布概率密度最大的，也就是与 $\boldsymbol{m}_i$ 的相对距离最短的 τ 个分界点。对全局烟花而言，需要选取高斯分布概率密度最小的，也是与 $\boldsymbol{m}_i$ 的相对距离最长的 τ 个分界点。

然后，$\{\boldsymbol{d}_{ik}\}_{k=1}^{\tau}$ 中各点到 $\boldsymbol{m}_i$ 的距离需要被限制在该方向搜索范围半径的一定比例之内，以避免造成烟花 $\boldsymbol{F}_i$ 的分布变化幅度过大。根据烟花个体搜索的变化幅度，该比例的上下界取 $[\alpha_l,\alpha_u]=[0.85,1.20]$。经过距离调整获得特征点 $\boldsymbol{f}_{ik}$ 的过程见式 (15.18)。

$$\boldsymbol{f}_{ik}=\boldsymbol{m}_i^{(l)}+d_{ik}^{(\text{clip})}\frac{\boldsymbol{d}_{ik}-\boldsymbol{m}_i^{(l)}}{\left\|\boldsymbol{d}_{ik}-\boldsymbol{m}_i^{(l)}\right\|} \tag{15.18}$$

其中，$d_{ik}^{(\text{clip})}$ 是 $\boldsymbol{m}_i^{(l)}$ 到 $\boldsymbol{f}_{ik}$ 的距离：

$$d_{ik}^{(\text{clip})}=\begin{cases}\alpha_l r_{ij} & \left\|\boldsymbol{f}_{ik}-\boldsymbol{m}_i^{(l)}\right\|<0.85r_{ij}\\ \alpha_u r_{ij} & \left\|\boldsymbol{f}_{ik}-\boldsymbol{m}_i^{(l)}\right\|<1.20r_{ij}\\ \left\|\boldsymbol{f}_{ik}-\boldsymbol{m}_i^{(l)}\right\| & \text{其他}\end{cases} \tag{15.19}$$

4. 特征点拟合

在本部分，算法分别更新各烟花参数，以调整火花分布。对烟花 $\boldsymbol{F}_i$，整体协同策略将特征点集合 $\{\boldsymbol{f}_{ik}\}_{k=1}^{\tau}$ 分别拟合到它的搜索边界上。

首先，烟花的均值位置进行一定移动，使得各特征点更加接近当前搜索边界，以降低特征点拟合中分布的形变程度。对特征点 $\boldsymbol{f}_{ik}$，假设射线 $\overrightarrow{\boldsymbol{m}_i\boldsymbol{f}_{ik}}$ 与烟花当前搜索边界的交点为 $\boldsymbol{q}_{ik}$，那么 $\overrightarrow{\boldsymbol{q}_{ik}\boldsymbol{f}_{ik}}$ 是将搜索边界移动到 $\boldsymbol{f}_{ik}$ 的最短向量。烟花在协同中的均值移动为所有特征点对应向量的均值，见式 (15.20)。

$$\mathbf{mv}_i = \frac{1}{\tau}\sum_{k=1}^{\tau}(\boldsymbol{f}_{ik} - \boldsymbol{q}_{ik}) \tag{15.20}$$

烟花的均值位置是火花分布最密集处，对局部搜索有显著影响。因此，均值移动距离需要限制在一定范围内。对局部烟花，均值移动的最大距离为该方向搜索范围半径的 20%；对全局烟花，均值移动的最大距离为搜索半径的 5%。其截断计算见式 (15.21)。

$$\boldsymbol{m}_i^{(g)} = \boldsymbol{m}_i^{(l)} + \mathbf{mv}_i \min\left\{1, \frac{\alpha_m r_i}{\|\mathbf{mv}_i\|}\right\} \tag{15.21}$$

然后，算法通过调整协方差矩阵 $\boldsymbol{C}_i^{(l)}$ 将特征点 $\{\boldsymbol{f}_{ik}\}_{k=1}^{\tau}$ 拟合到分布边界上。对于多个特征点，算法先根据定理 15.1 将各点分别拟合，再取拟合结果的均值。

定理 15.1

对整体尺度为 $\sigma^{(l)}$ 的多元高斯分布 $\mathcal{N}(\boldsymbol{m}^{(g)}, \boldsymbol{C}^{(l)})$ 以及单个特征点 $\boldsymbol{f}$，协方差矩阵 $\boldsymbol{C}_{\boldsymbol{f}}^{(g)}$ 使得 $\boldsymbol{f}$ 被更新到搜索边界上，而其他共轭方向上搜索范围半径不变。

$$\boldsymbol{C}_{\boldsymbol{f}}^{(g)} = \boldsymbol{C}^{(l)} + \frac{\lambda}{\sigma^2}(\boldsymbol{f} - \boldsymbol{m}^{(g)})(\boldsymbol{f} - \boldsymbol{m}^{(g)})^{\mathrm{T}} \tag{15.22}$$

其中

$$\lambda = \frac{1}{d_B^2} - \frac{1}{\boldsymbol{z}^{\mathrm{T}}\boldsymbol{z}} \tag{15.23}$$

并且

$$\boldsymbol{z} = \left(\boldsymbol{C}^{(l)}\right)^{-\frac{1}{2}} \frac{\boldsymbol{f} - \boldsymbol{m}^{(g)}}{\sigma^{(l)}} \tag{15.24}$$

♡

基于式 (15.22)，全部特征点对协方差矩阵的更新结果见式 (15.25)。

$$\boldsymbol{C}_i^{(g)} = \boldsymbol{C}_i^{(l)} + \frac{1}{\tau}\sum_{k=1}^{\tau}\frac{\lambda_{ik}}{\sigma_i^2}(\boldsymbol{f}_{ik} - \boldsymbol{m}_i^{(g)})(\boldsymbol{f}_{ik} - \boldsymbol{m}_i^{(g)})^{\mathrm{T}} \tag{15.25}$$

烟花分布的尺度随着协方差矩阵一同变化，因此不需要对 σ_i 进行额外调整：

$$\sigma_i^{(g)} = \sigma_i^{(l)} \tag{15.26}$$

15.1.3 层次协同的烟花算法框架

HCFWA 的流程总结在算法 15.2 中。若整个算法超过 100 次迭代没有进步，则将被整体重启。

算法 15.2　HCFWA 的流程

1: **while** 未满足终止条件 **do**
2: 　初始化局部烟花 $\{\boldsymbol{F}_i\}_{i=1}^{n}$；
3: 　初始化全局烟花 $\boldsymbol{F}_0$；
4: 　**while** 群体在 M 次迭代中没有进步 **do**
5: 　　// 个体搜索阶段
6: 　　**for all** 烟花 $\boldsymbol{F}_i$，$i=0,1,\cdots,n$ **do**
7: 　　　根据式 (15.1) 生成火花 $\boldsymbol{x}_{ij}$；
8: 　　收集并计算全部火花的适应度值 $\boldsymbol{y}_{ij}=f(\boldsymbol{x}_{ij})$；
9: 　　**for all** 烟花 $\boldsymbol{F}_i$，$i=0,1,\cdots,n$ **do**
10: 　　　更新 $\boldsymbol{m}_i^{(l)}$、$\boldsymbol{C}_i^{(l)}$、$\sigma_i^{(l)}$ 等烟花参数；
11: 　　　**if** 任何终止条件满足时 **then**
12: 　　　　随机重启烟花 F_i；
13: 　　// 整体协同阶段
14: 　　**for all** 成对烟花 $\boldsymbol{F}_i$ 和 $\boldsymbol{F}_j$ **do**
15: 　　　分情况计算分界点 $\boldsymbol{d}_{ij}$ 和 $\boldsymbol{d}_{ji}$；
16: 　　**for all** 烟花 $\boldsymbol{F}_i$ **do**
17: 　　　根据式 (15.18) 选择并调整特征点 $\{\boldsymbol{f}_{ik}\}_{k=1}^{\tau}$；
18: 　　　更新 $\boldsymbol{m}_i^{(g)}$、$\boldsymbol{C}_i^{(g)}$、$\sigma_i^{(g)}$；
19: 　　　更新火花状态 $\boldsymbol{m}_i\leftarrow\boldsymbol{m}_i^{(g)}$、$\boldsymbol{C}_i\leftarrow\boldsymbol{C}_i^{(g)}$、$\sigma_i\leftarrow\sigma_i^{(g)}$；
20: 返回评估过的最优值。

15.2 实验与分析

15.2.1 实验环境与参数选择

本实验使用 CEC2020 标准测试函数集作为对比优化算法效率的工具，在 10 维、15 维、20 维的问题维度中进行了测试。由于对比结果一致，本节仅展示了 20 维的评估结果。每种算法重复测试 30 次，每次执行 10000000 次适应度值评估，实验结果通过 Wilcoxon 秩和检验进行统计分析。本节介绍的全部实验在 Ubuntu 18.04 系统中执行，计算平台的硬件配置为 Intel Xeon® CPU E5-2675 v3@1.80GHz。

HCFWA 的全部参数已在第 15.1 节中进行了介绍。其中，FWASSP 中已存在的参数取值与其被发表时的工作一致。其他各算法的参数选择其被发表时的设置。

15.2.2 效率验证实验

本小节通过纵向和横向对比实验验证 HCFWA 的效率。

在纵向对比实验中，HCFWA 与 LoTFWA、CMA-FWA 和 FWASSP 进行了对比。其中，LoTFWA 是目前最著名、最重要的烟花算法实现之一，具有较强的全局探索能力。CMA-FWA 是将 LoTFWA 中的烟花个体搜索替换为 CMA-ES 的对比算法。FWASSP 是本章介绍的算法（HCFWA）的基础，与 HCFWA 相比缺少了全局烟花的协同作用，其他机制较接近。

3 种烟花算法与 HCFWA 的纵向对比实验结果见表 15.1，置信度为 5%。“–”表示算法比 HCFWA 显著更优，“+”表示算法显著更差，而“=”表示两者没有显著差异。每个测试函数的最优结果均被加粗标示。HCFWA 在 5 个测试函数中取得了最优结果，并且是整体表现最优的算法。CMA-FWA 具有较强的局部搜索能力，因而在单模态函数（f_1）和具有较高局部搜索难度的多模态函数（f_2）上具有最优的表现。而 FWASSP 和 HCFWA 在全部其他函数上取得了最优结果，这说明了多局部协同的作用。它们在 f_1 上表现相对不佳的主要原因是已经达到了设置的最高搜索精度。HCFWA 与 FWASSP 相比在 5 个测试函数上显著更优，而在 2 个测试函数上显著更差。

在横向对比实验中，HCFWA 与 IPOP-CMA-ES[131]、SHADE[136]、LoTFWA 进行了比较，结果见表 15.2。其中，IPOP-CMA-ES 和 SHADE 是两种非常经典的高效进化算法，SHADE 的部分改进方法在 CEC2020 竞赛中占据了排名前列的多个位置。HCFWA 实现了与 SHADE 相近的优化效率，二者各在 4 个测试函数中显著更优。相较而言，HCFWA 在复合函数上表现出较突出的优化效率，而在基础多模态函数上的表现相对较差。

如前所述，HCFWA 关注大量局部极值和一定整体趋势的问题。在 CEC2020 中，f_2、f_3、f_8 具有这样的特征。其中，f_2 在局部区域具有极高的条件数，非常不利于经典烟花爆炸搜索或 CMA-ES 中的协方差拟合。在 f_3 和 f_8 上，HCFWA 取得的结果显著更优，优于 CEC2020 竞赛中排名前列的多个算法。

15.3 小结

本章基于层次结构的烟花群体，利用单个全局烟花与多个局部烟花同时建立了多尺度协同与多局部协同的关系，并将这两种协同策略结合了起来。

基于熵搜索的信息论思路，本章将基于搜索空间划分的烟花算法理论模型进行了拓展，统一解释了多尺度协同与多局部协同的烟花算法框架。基于该理论框架，本章使用统一的策略实现了烟花的个体搜索与整体协同。在保持算法简单性的同时，结合了上述两种协同策略的优势。实验结果表明，本章介绍的 HCFWA 具有优秀的优化性能，且成功融合了传统进化算法或群体智能优化算法与烟花算法的优秀性质。

本章内容是基于目标问题分解的烟花算法协同策略研究的综合，提出了比较完善的理论模型。尽管实现比较基础，但 HCFWA 已经实现了很高的优化效率，并且仍有较大的进步空间。因此，该算法对烟花算法的理论发展有着一定的启发价值。

表 15.1　纵向对比实验结果

测试函数	LoTFWA			CMA-FWA			FWASSP			HCFWA	
	Mean	Std.	对比结果	Mean	Std.	对比结果	Mean	Std.	对比结果	Mean	Std.
f_1	1.625×10^6	4.048×10^5	+	$\mathbf{0.000 \times 10^0}$	0.000×10^0	−	1.238×10^{-5}	3.640×10^{-6}	=	1.751×10^{-5}	1.929×10^{-6}
f_2	1.531×10^3	4.151×10^2	+	$\mathbf{2.647 \times 10^2}$	1.215×10^2	−	4.299×10^2	1.681×10^2	=	6.815×10^2	2.293×10^2
f_3	6.873×10^1	9.701×10^0	+	2.437×10^1	8.288×10^{-1}	+	6.181×10^2	2.962×10^1	+	$\mathbf{1.721 \times 10^1}$	8.254×10^0
f_4	1.074×10^1	1.604×10^0	+	1.421×10^0	3.200×10^{-1}	+	1.867×10^0	6.521×10^{-1}	+	$\mathbf{6.636 \times 10^{-1}}$	1.049×10^{-1}
f_5	2.692×10^5	1.768×10^5	+	1.230×10^3	3.018×10^2	+	$\mathbf{1.891 \times 10^2}$	4.939×10^1	−	3.757×10^2	1.054×10^2
f_6	4.579×10^2	2.063×10^2	+	7.375×10^0	7.963×10^0	+	1.594×10^2	5.865×10^1	+	$\mathbf{1.632 \times 10^0}$	2.585×10^{-1}
f_7	6.508×10^4	5.798×10^4	+	4.565×10^2	2.158×10^2	+	$\mathbf{1.005 \times 10^2}$	4.884×10^1	−	2.374×10^2	8.577×10^1
f_8	1.084×10^2	1.010×10^1	+	4.589×10^2	1.463×10^2	+	1.000×10^2	2.272×10^{-7}	+	$\mathbf{7.201 \times 10^1}$	4.043×10^1
f_9	4.505×10^2	1.856×10^1	+	4.049×10^2	1.659×10^0	+	2.112×10^2	9.651×10^1	+	$\mathbf{1.067 \times 10^2}$	2.494×10^1
f_{10}	4.185×10^2	1.358×10^1	+	4.063×10^2	5.418×10^{-3}	−	$\mathbf{4.024 \times 10^2}$	5.840×10^0	=	4.028×10^2	5.095×10^0
平均排名	3.80			2.40			2.10			**1.70**	

表 15.2　横向对比结果

测试函数	LoTFWA			IPOP-CMA-ES			SHADE			HCFWA	
	Mean	Std.	对比结果	Mean	Std.	对比结果	Mean	Std.	对比结果	Mean	Std.
f_1	1.63×10^6	4.05×10^5	+	$\mathbf{0.00 \times 10^0}$	0.00×10^0	–	$\mathbf{0.00 \times 10^0}$	0.00×10^0	–	1.75×10^{-5}	1.93×10^{-6}
f_2	1.53×10^3	4.15×10^2	+	2.16×10^3	2.41×10^1	+	$\mathbf{2.16 \times 10^1}$	9.14×10^0	–	6.82×10^2	2.29×10^2
f_3	6.87×10^1	9.70×10^0	+	5.43×10^1	7.97×10^0	+	2.08×10^1	2.20×10^{-1}	=	$\mathbf{1.72 \times 10^1}$	8.25×10^0
f_4	1.07×10^1	1.60×10^0	+	2.32×10^0	2.78×10^{-1}	+	$\mathbf{6.48 \times 10^{-1}}$	6.49×10^{-2}	=	6.64×10^{-1}	1.05×10^{-1}
f_5	2.69×10^5	1.77×10^5	+	1.23×10^3	2.83×10^2	+	$\mathbf{4.37 \times 10^1}$	3.89×10^1	–	3.76×10^2	1.05×10^2
f_6	4.58×10^2	2.06×10^2	+	4.91×10^2	2.19×10^0	+	2.07×10^0	2.12×10^{-1}	+	$\mathbf{1.63 \times 10^0}$	2.59×10^{-1}
f_7	6.51×10^4	5.80×10^4	+	7.18×10^2	2.10×10^2	+	$\mathbf{1.50 \times 10^0}$	9.57×10^{-1}	–	2.37×10^2	8.58×10^1
f_8	1.08×10^2	1.01×10^1	+	2.48×10^3	1.85×10^2	+	1.00×10^2	0.00×10^0	+	$\mathbf{7.20 \times 10^1}$	4.04×10^1
f_9	4.51×10^2	1.86×10^1	+	4.32×10^2	1.48×10^0	+	4.07×10^2	2.19×10^0	+	$\mathbf{1.07 \times 10^2}$	2.49×10^1
f_{10}	4.19×10^2	1.36×10^1	+	4.30×10^2	4.55×10^{-1}	+	4.06×10^2	6.97×10^{-3}	+	$\mathbf{4.03 \times 10^2}$	5.10×10^0
平均排名	3.60			3.25			**1.55**			1.60	

第 16 章　连续爆炸的烟花算法

烟花算法中，烟花通过一次爆炸在其周围的搜索空间中产生火花，以搜索其周围的区域。这种爆炸方式需要大量的火花以更好的覆盖周围区域，会产生比较多的资源浪费。本章介绍两种烟花算法的新型爆炸方式。这两种方式摒弃了一次爆炸的方式，采用连续爆炸的方法来进行更细致的搜索，可以节约搜索资源、提升搜索效率。

16.1　多层爆炸烟花算法

在文献 [76] 中，Yu 等人提出了一种多层爆炸策略，其灵感来自真实烟花的各种爆炸模式，可以加速烟花算法。该策略中，每个烟花都会进行多层爆炸以仔细探索局部区域，而不是像传统烟花算法一样使用单层爆炸。在他们提出的算法中，每个烟花个体首先进行第一层爆炸并随机产生少量火花，然后产生的火花进行第二层爆炸，以产生新的多样化火花。这些新的火花重复上述操作，直到本次迭代的次数达到预定义的最大层数。

16.1.1　多层爆炸策略

随着烟花制作技术的发展，人们已经能够使烟花在爆炸时产生各种精美的形状。常见的烟花爆炸方式有心形爆炸、多层爆炸和特定区域爆炸等。受到各种爆炸方式和形状的启发，Yu 等人首先提出了一种有别于传统烟花算法的爆炸模型——多层爆炸，以增强对局部区域的开采能力。图 16.1 展示了多层爆炸策略生成火花的过程。图 16.1（a）和图 16.1（b）分别是第一次爆炸和第二次爆炸，其中黑色五角星代表烟花个体，四角星和各种颜色的实心圆点分别代表第一层产生的火花和第二层产生的火花，虚线圆圈表示烟花个体和火花个体的搜索半径。为了简化模型，图 16.1 中烟花爆炸的层数为 2，但是理论上烟花爆炸的层数可以设置为任意正整数。

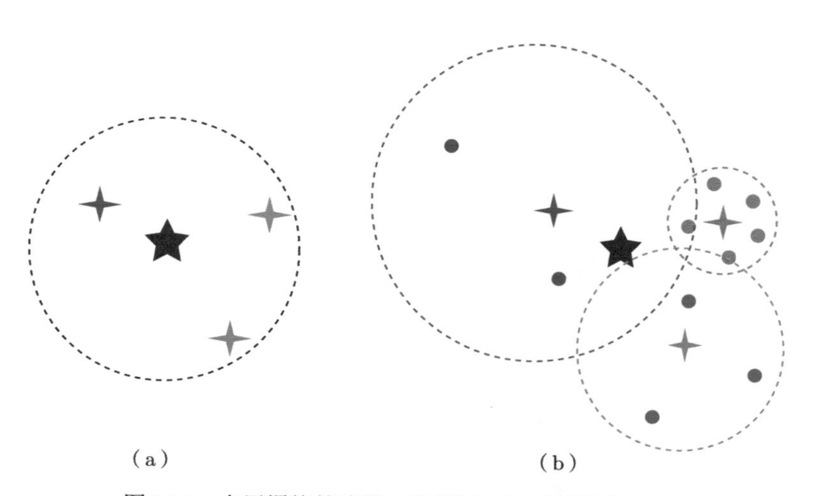

图 16.1　多层爆炸策略的一般框架（以两层爆炸为例）

1. 第一层爆炸

烟花的爆炸由两个因素决定：火花的数量和爆炸半径。每个烟花单独确定自己可以产生多少个火花个体及其搜索半径（爆炸半径）。在第一层爆炸中，每个烟花根据其适应度自适应地确定其搜索半径，这与传统烟花算法相同；算法会平等地对待每个烟花，所有烟花都会产生相同数量的火花个体，以调查其自身搜索范围内的适应度情况。这些在第一层爆炸中生成的火花个体使用目标函数进行评估，并用于确定第二层爆炸的形状和第二层爆炸中火花个体的分配。第一层爆炸中每个烟花产生的火花个体的数量是根据其适应度自适应地决定的。

2. 后续层爆炸

为了更好地解释多层爆炸，定义 N 是烟花个体的数量，$\boldsymbol{f}_i$ 是第 i 个烟花个体，m 是火花总数，l 是最大爆炸层数，m_i 是 $\boldsymbol{f}_i$ 下所有层爆炸的火花总数；$m_i^{(k)}$ 是第 k 个爆炸层的火花数，$\boldsymbol{s}_{i,j}^{(k)}$ 是 f_i 在第 k 层爆炸下产生的第 j 个火花个体 f_j（$j=1\sim m_i^{(k)}$）。它们之间的关系是 $m=\sum\limits_{i=1}^{N}m_i$ 和 $m_i=\sum\limits_{k=1}^{i}m_i^{(k)}$。第 i 个子群体由第 i 个烟花个体 $\boldsymbol{f}_i$ 及其所有火花 $\boldsymbol{s}_{i,j}^{(k)}$ 组成。由于每个爆炸层中的搜索参数是在每个爆炸层中独立确定子群体，因此下面解释第 i 个子群体的多重爆炸过程。

第一个关键问题是如何分配剩余的火花，也就是将火花分配到剩余的爆炸层（$m_i-Nm_i^{(1)}$）。后续爆炸层的火花总数为 $m_i-m_i^1=\sum\limits_{k=2}^{l}m_i^{(k)}$。他们只是将相同数量的火花分配给每一层，即 $(m_i-m_i^{(1)})/(l-1)$。在所有烟花个体完成第一层爆炸后，第二层爆炸不是由烟花个体触发，而是由它们产生的火花个体 $\boldsymbol{s}_{i,j}^{(1)}$ 触发。第二个关键问题是如何确定 $\boldsymbol{s}_{i,j}^{(k)}$ 的搜索半径，以及如何划分 $(m_i-m_i^{(1)})/(l-1)$ 个爆炸火花到每个爆炸层中的每个 $\boldsymbol{s}_{i,j}^{(k)}$。这两个参数是由 $\boldsymbol{s}_{i,j}^{(k)}$ 根据其适应度值自适应地决定的。重复此层爆炸，直到爆炸结束。

算法 16.1 展示了多层爆炸策略。

算法 16.1 多层爆炸策略

```
1: for i = 1 to n do
2:     确定每个烟花在第一层中生成的火花数 m_i^(1)；
3:     根据适应度值确定第 i 个烟花的搜索半径；
4:     对每个烟花进行第一层爆炸；
5:     while 爆炸次数未达到预定义的最大层数 do
6:         for j = 1 to m_i^(k) do
7:             确定上一层中第 j 个火花产生的火花数；
8:             确定上一层中第 j 个火花的搜索半径；
9:         为上一层中的每个火花生成下一个爆炸火花。
```

多层爆炸策略将爆炸火花划分到多层中，根据每一层爆炸中火花的适应度值逐层将搜索区域扩展到更好的方向。需要注意的是，多层爆炸策略只是改变了爆炸的层而不改变任何其他操作（生成火花个体和变异操作）。与其他版本的烟花算法结合使用时，只替换其对应的爆炸操作即可。

16.1.2　实验

本小节使用 CEC2013 测试集[137] 中的 28 个测试函数来评估多层爆炸烟花算法的性能。该算法的框架以 EFWA 为基础，并在其中集成了多层爆炸策略。本实验将其与原始 EFWA 和其他几种先进的进化算法进行了比较。表 16.1 展示了本实验使用的 EFWA 参数及设定值。表 16.2 展示了本实验中使用的 PSO 算法的参数及设定值。

表 16.1　EFWA 的参数及设定值

参数	设定值
2-D、10-D、30-D 问题下的烟花数	5
每个烟花产生的火花数 m	60
每个烟花产生的高斯变异火花数	5
常数参数	$a = 0.04$、$b = 0.8$
最大爆炸半径 $A_{\max}$	40
2-D、10-D、30-D 问题下的停止准则（最大迭代次数）	1000、10000、40000

表 16.2　PSO 算法的参数及设定值

参数	设定值
2-D、10-D、30-D 问题下的群体数	70
惯性权重系数 w	1
常数 C_1、C_2	1.49445
最大速度 $V_{\max}$ 和最小速度 $V_{\min}$	2.0、−2.0
2-D、10-D、30-D 问题下的停止准则（最大迭代次数）	1000、10000、40000

为了公平评估，本实验根据函数调用次数而不是迭代次数来评估收敛，并分别在 3 个不同的维度空间 [2 维（2-D）、10 维（10-D）和 30 维（30-D）] 中通过 30 次试运行来测试算法。为了评估多层爆炸策略的有效性，本实验包含两组控制实验。第一组实验比较了原始 EFWA 和加入了多层爆炸策略的 EFWA（用 proposal 表示），并且使用了最大适应度计算次数的 Wilcoxon 符号秩检验来检验显著性差异。第二组实验对 proposal、PSO 算法和引导式烟花算法（用 GFWA 表示）进行了比较。其中，GFWA 是烟花算法最具竞争力的变体之一。Kruskal-Wallis 检验和霍姆（Holm）多重比较检验用于检查这 3 种算法在停止条件下是否存在差异。表 16.3 和表 16.4 分别展示了这两组实验的结果统计。

下面讨论多层爆炸策略的优越性。原始的烟花算法及其几个强大的变体版本，很少关注使用局部适应度信息来高效、合理地生成火花个体。此外，它们仅使用少量烟花个体来探索周围区域并产生大量火花个体。虽然它们可以在烟花个体周围实现精细的局部搜索，但许多生成的火花个体仅用于选择操作后就被销毁。这导致许多火花个体实际上并没有得到充分利用，仅从少数烟花中产生大量火花是有风险的。

多层爆炸策略可以在不增加任何额外适应度值计算的情况下克服上述缺陷。在相同数量的适应度值计算下，多层爆炸策略可以更有效地探索和使用局部适应度值的特征。在第一层爆炸中，每个烟花个体产生几个火花个体，以进一步仔细探索局部区域，而原始的烟花算法仅使用一个烟花个体来实现。第一层爆炸的目的是通过多个试探性的烟花个体和第一层中的火花个体来增强对局部适应度区域的搜索。随后，根据上一层爆炸的结果自适应地进行下一层爆炸。同时，爆炸的中心从烟花个体转移到上一层爆炸生成的火花个体，可以增加生成火花个体的多样性，实现更精细的局部搜索。爆炸的目标是根据局部适应度的特征，更合理地生成多样化和潜在的火花个体。总而言之，多层爆炸策略可以根据局部适应度值的特征自动实现更精细的局部搜索，而不会增加任何适应度计算成本。

表 16.3 第一组实验的结果统计

测试函数	2-D	10-D	30-D
f_1	proposal $\gg$ EFWA	EFWA $\gg$ proposal	EFWA $\gg$ proposal
f_2	proposal $\approx$ EFWA	proposal $\approx$EFWA	EFWA $>$ proposal
f_3	proposal $\approx$ EFWA	proposal $\gg$ EFWA	proposal $\approx$ EFWA
f_4	proposal $>$ EFWA	proposal $\gg$ EFWA	proposal $\gg$ EFWA
f_5	proposal $\gg$ EFWA	proposal $\gg$ EFWA	proposal $\approx$EFWA
f_6	proposal $\gg$ EFWA	proposal $\approx$EFWA	proposal $\approx$EFWA
f_7	proposal $\gg$ EFWA	proposal $\gg$ EFWA	proposal $>$ EFWA
f_8	proposal $\gg$ EFWA	proposal $\approx$ EFWA	proposal $>$ EFWA
f_9	proposal $\gg$ EFWA	proposal $\gg$ EFWA	proposal $\gg$ EFWA
f_{10}	proposal $\gg$ EFWA	proposal $\gg$ EFWA	EFWA $\gg$ proposal
f_{11}	proposal $\gg$ EFWA	proposal $\gg$EFWA	proposal $\gg$ EFWA
f_{12}	proposal $\gg$ EFWA	proposal $\gg$EFWA	proposal $\gg$ EFWA
f_{13}	proposal $\gg$ EFWA	proposal $\gg$EFWA	proposal $\gg$ EFWA
f_{14}	proposal $\approx$EFWA	proposal $\gg$EFWA	proposal $\gg$ EFWA
f_{15}	proposal $\approx$EFWA	proposal $>$EFWA	proposal $\approx$EFWA
f_{16}	proposal $\approx$ EFWA	proposal $\approx$ EFWA	proposal $\approx$ EFWA
f_{17}	proposal $\gg$ EFWA	proposal $\gg$ EFWA	proposal $\gg$ EFWA
f_{18}	proposal $\gg$ EFWA	proposal $\gg$ EFWA	proposal $\gg$EFWA
f_{19}	proposal $\gg$ EFWA	proposal $>$ EFWA	proposal $\gg$ EFWA
f_{20}	proposal $\gg$ EFWA	proposal $\gg$ EFWA	proposal $\approx$EFWA
f_{21}	proposal $\approx$EFWA	proposal $\approx$ EFWA	proposal $\approx$EFWA
f_{22}	proposal $>$EFWA	proposal $\gg$EFWA	proposal $\gg$ EFWA
f_{23}	proposal $\gg$ EFWA	proposal $\gg$ EFWA	proposal $>$ EFWA
f_{24}	proposal $\gg$ EFWA	proposal $\gg$ EFWA	proposal $\gg$ EFWA
f_{25}	proposal $\gg$ EFWA	proposal $\gg$ EFWA	proposal $\gg$ EFWA
f_{26}	proposal $\approx$EFWA	proposal $\gg$ EFWA	proposal $\gg$EFWA
f_{27}	proposal $>$ EFWA	proposal $\gg$EFWA	proposal $\gg$EFWA
f_{28}	proposal $>$EFWA	proposal $\gg$EFWA	proposal $\gg$EFWA

表 16.4 第二组实验的结果统计

测试函数	2-D	10-D	30-D
f_1	proposal $\gg$ PSO $\gg$ GEFWA	GEFWA $\gg$ proposal $\gg$ PSO	GEFWA $\gg$ proposal $\gg$ PSO
f_2	proposal $\approx$ GEFWA $>$ PSO	PSO $\gg$ proposal $\approx$ GEFWA	PSO $\approx$ GEFWA $\gg$ proposal
f_3	proposal $\gg$ PSO $\approx$ GEFWA	proposal $\approx$ PSO $\approx$ GEFWA	PSO $\gg$ proposal $\approx$ GEFWA
f_4	proposal $\approx$ GEFWA $\gg$ PSO	PSO $\gg$ proposal $\gg$ GEFWA	proposal $\gg$ PSO $>$ GEFWA
f_5	proposal $\gg$ PSO $\approx$ GEFWA	PSO $\gg$ proposal $\gg$ GEFWA	proposal $\approx$ GEFWA $\gg$ PSO
f_6	proposal $\approx$ PSO $\gg$ GEFWA	proposal $\approx$ PSO $\approx$ GEFWA	proposal $\approx$ PSO $\approx$ GEFWA
f_7	proposal $>$ PSO $>$ GEFWA	PSO $\gg$ proposal $>$ GEFWA	PSO $\gg$ proposal $\gg$ GEFWA
f_8	proposal $\approx$ PSO $\approx$ GEFWA	proposal $\approx$ PSO $\approx$ GEFWA	proposal $\approx$ PSO $\approx$ GEFWA
f_9	proposal $\approx$ PSO $\approx$ GEFWA	proposal $\approx$ PSO $\gg$ GEFWA	proposal $\approx$ PSO $\gg$ GEFWA
f_{10}	proposal $\gg$ GEFWA $\approx$ PSO	PSO $\gg$ proposal $\gg$ GEFWA	GEFWA $\gg$ proposal $\gg$ PSO
f_{11}	proposal $\gg$ PSO $\approx$ GEFWA	proposal $\gg$ PSO $\gg$ GEFWA	proposal $\gg$ PSO $\gg$ GEFWA
f_{12}	proposal $\approx$ PSO $\approx$ GEFWA	PSO $\gg$ proposal $\gg$ GEFWA	proposal $\approx$ PSO $\gg$ GEFWA

续表

测试函数	2-D	10-D	30-D
f_{13}	proposal $\gg$ PSO $\approx$ GEFWA	proposal $\approx$ PSO $\gg$ GEFWA	proposal $\gg$ PSO $\gg$ GEFWA
f_{14}	proposal $\approx$ PSO $\approx$ GEFWA	proposal $\gg$ PSO $\approx$ GEFWA	proposal $\gg$ GEFWA $>$ PSO
f_{15}	proposal $\approx$ PSO $\approx$ GEFWA	proposal $\approx$ PSO $\gg$ GEFWA	proposal $>$ GEFWA $>$ PSO
f_{16}	GEFWA $>$ proposal $\approx$ PSO	GEFWA $\approx$ proposal $\gg$ PSO	GEFWA $\approx$ proposal $\gg$ PSO
f_{17}	proposal $\gg$ PSO $\approx$ GEFWA	proposal $\approx$ PSO $\gg$ GEFWA	proposal $\gg$ PSO $\gg$ GEFWA
f_{18}	proposal $\approx$ PSO $\approx$ GEFWA	proposal $\gg$ PSO $\gg$ GEFWA	proposal $\gg$ GEFWA $>$ PSO
f_{19}	proposal $\approx$ PSO $\approx$ GEFWA	proposal $\gg$ PSO $\approx$ GEFWA	proposal $\approx$ PSO $>$ GEFWA
f_{20}	proposal $\gg$ PSO $\approx$ GEFWA	proposal $\approx$ PSO $>$ GEFWA	proposal $\approx$ GEFWA $\gg$ PSO
f_{21}	proposal $\approx$ PSO $\approx$ GEFWA	GEFWA $\gg$ proposal $\gg$ PSO	proposal $\approx$ GEFWA $\gg$ PSO
f_{22}	proposal $\approx$ PSO $\approx$ GEFWA	proposal $\approx$ PSO $\approx$ GEFWA	proposal $\approx$ PSO $\approx$ GEFWA
f_{23}	proposal $\approx$ PSO $\approx$ GEFWA	proposal $\approx$ PSO $\approx$ GEFWA	proposal $\approx$ PSO $\approx$ GEFWA
f_{24}	proposal $\approx$ PSO $\approx$ GEFWA	proposal $\approx$ PSO $\gg$ GEFWA	proposal $\approx$ PSO $\gg$ GEFWA
f_{25}	proposal $\approx$ PSO $\gg$ GEFWA	proposal $\approx$ PSO $\gg$ GEFWA	proposal $\gg$ PSO $\approx$ GEFWA
f_{26}	proposal $\approx$ PSO $>$ GEFWA	proposal $\approx$ PSO $\approx$ GEFWA	proposal $\approx$ PSO $\gg$ GEFWA
f_{27}	PSO $>$ proposal $>$ GEFWA	proposal $\approx$ PSO $\approx$ GEFWA	PSO $>$ proposal $\gg$ GEFWA
f_{28}	proposal $\approx$ PSO $>$ GEFWA	proposal $\approx$ PSO $\gg$ GEFWA	proposal $\gg$ PSO $\gg$ GEFWA

16.2 指数衰减爆炸烟花算法

本节介绍另一种多层爆炸的烟花算法——指数衰减爆炸烟花算法（Exponentially Decaying Explosion in Fireworks Algorithm，EDFWA）。该算法基于利用更多信息的原则，提出了一种新的爆炸算子，称为指数衰减爆炸算子，以增强烟花算法的局部搜索能力。EDFWA 将引导变异的思想更进一步，并将爆炸过程分解为指数衰减的引导爆炸序列。理论分析表明，EDFWA 与 GFWA 相比在 IUR 方面更加优越。实验结果表明，EDFWA 不仅在低维情况下优于 LoTFWA，而且与多个专门针对大规模问题设计的代表性优化算法相比，在 1000 维问题上表现出更强大的搜索能力。

16.2.1 算法细节

1. 指数衰减爆炸算子

GFWA 提高了烟花算法的局部搜索能力，但该算法仅利用了具有一个引导变异的采样候选者的信息。为了进一步利用群体信息，更好地适应函数的局部区域，EDFWA 采用了一种新的爆炸算子，能够以指数衰减的方式进行一系列引导爆炸。

对于第 g 代中的特定烟花 $\boldsymbol{f}$，其局部搜索样本用 S 表示。在 GFWA 中，这些样本由一组均匀的同构样本和一个附加的引导变异样本组成。均匀搜索分布产生的样本用 U 表示，引导火花记为 G，U 的爆炸中心记为 P，U 的爆炸半径记为 R，确定 U 的样本（火花）数为 M。元组 (P, R, M) 是对 U 的完整描述。

$$S(\text{GFWA}) = U + G \tag{16.1}$$

在 EDFWA 中，S 由一系列均匀的样本组成，其爆炸半径以指数形式衰减。

$$S(\text{EDFWA}) = U_0 + U_1 + \cdots + U_n \tag{16.2}$$

从式 (16.2) 中可以看出，G 项被省略了。这种设计选择是考虑到样本会在引导火花的邻域区域中搜索，因此不需要再采样另一个点。

每个 U_i（$0 < i \leqslant n$）完全由 U_{i-1} 决定。具体来说，在 U_{i-1} 均匀爆炸后，我们首先评估 U_{i-1} 中火花的适应度值，然后计算出引导向量并将其添加到 P_{i-1} 中，形成 P_i。就爆炸半径 A_i 和 M_i 而言，它们是通过将指数衰减比参数 γ 与 A_{i-1} 和 M_{i-1} 相乘得到的。重复此过程，直到 M_i 变得过小（$M_i < 2$）而无法生成未来的样本。EDFWA 的完整过程见算法 16.2。

$$
\begin{aligned}
P_{i+1} &= P_i + G_{i-1} \\
A_{i+1} &= A_i\gamma \\
M_{i+1} &= M_i\gamma
\end{aligned}
\tag{16.3}
$$

算法 16.2　EDFWA 的完整过程

输入：f、U_0、P_0、A_0、M_0、γ、σ。

1: **Let** $S = U_0$、$i = 0$;
2: **while** $M_i \geqslant 2$ **do**
3: 　根据 $f(U_i)$ 对 U_i 排序；
4: 　$N_{gm} = M_i\sigma$;
5: 　$G_i = U_i[:N_{gm}] - U_i[-N_{gm}:]$;
6: 　根据式 (16.3) 计算 P_{i+1}、A_{i+1}、M_{i+1}；
7: 　根据 P_{i+1}、A_{i+1}、M_{i+1} 采样 U_{i+1}；
8: 　$S = S + U_{i+1}$;
9: 　$i = i + 1$;
10: **return** S。

EDFWA 中烟花之间的全局协同与 LoTFWA 相同，这意味着预期最终适应度比当前最佳适应度差的烟花将被重启。

基于利用更多信息使爆炸火花更好地适应局部结构的思想，指数衰减爆炸算子被提出。EDFWA 的爆炸过程如图 16.2 所示，其中红线表示爆炸半径，蓝色四角星表示采样候选，蓝色箭头表示引导向量。图 16.3 展示了 EDFWA 与 GFWA 的采样分布，由于目标函数是多模态的，具有大量的局部最优值，可以看出，EDFWA 在一定程度上可以捕捉到全局结构，而 GFWA 只能依靠统一采样。从图 16.3 中还可以清楚地看出，EDFWA 根据函数的全局结构信息拉伸其采样分布，而 GFWA 只能在立方体区域内采样。

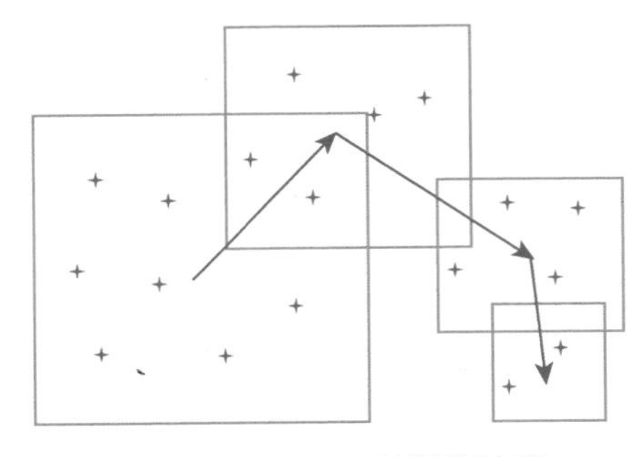

图 16.2　EDFWA 的爆炸过程

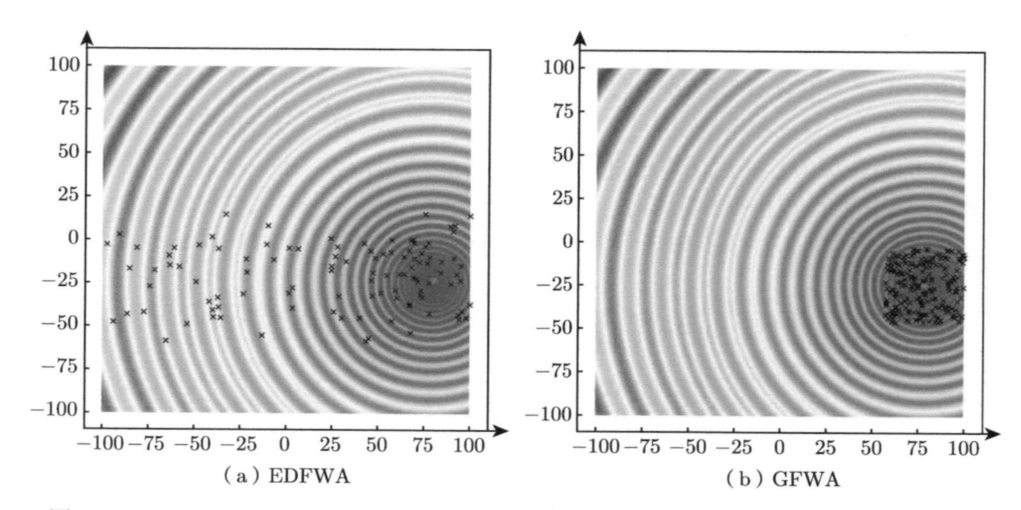

图 16.3　EDFWA 和 GFWA 在 2 维 Shifted and Rotated Schaffer 函数上单次爆炸的直接比较

2. 实验与分析

为了测试 EDFWA 的性能，本实验采用两个基准测试套件来评估 EDFWA 的不同方面。第一个基准测试套件是 CEC2017 基准测试集，其中问题维度为 30。该基准测试集用于验证 EDFWA 优于 LoTFWA。第二个基准测试套件是 CEC2013 大规模优化基准测试集，用于验证 EDFWA 在高维大规模问题上具有很强的竞争力（即使没有合作协同进化等额外机制）。在这个基准测试中，问题的规模非常大，有 1000 个维度需要优化。

实验平台为 Ubuntu 18.04，搭载 Intel Xeon® CPU E5-2675 v3。对于 CEC2017，本实验对每个维度为 30 的测试函数重复运行 51 次，最大评估数为 300000。对于 CEC2013，本实验对每个维度为 1000 的测试函数运行 25 次，最大评估数为 3000000。

对 CEC2017 上的结果进行 Wilcoxon 秩和检验，以验证 EDFWA 在 CEC2017 上与 LoTFWA 相比的性能增益。本书认为，95% 的置信度具有重要意义。由表 16.5 可见，EDFWA 整体优于 LoTFWA，并且仅在 1 个问题上弱于 LoTFWA。

在大规模优化基准测试中，情况更加复杂。本实验选择了 4 种算法作为竞争对手来测试 EDFWA 在更大规模问题上的表现。其中，最小群体搜索（Minimal Population Search，MPS）算法是最近开发的一种元启发式算法，专门用于优化高维多模态函数；DECC-G 算法是 DE 家族的变体，具有可选外部存档的自适应差分进化（Adaptive Differential Evolution with Optional External Archive，JADE）机制和协同进化机制，可以作为 DE 家族的强大基线算法；CC-CMA-ES 是一种 CMA-ES 变体，它与合作协同进化相结合，旨在将 CMA-ES 扩展到大规模问题。最后一个参与比较的算法是 GFWA，它用于测试 EDFWA 带来了多少改进。从表 16.6 可以看出，EDFWA 的平均排名是 2.47，只比 CC-CMA-ES 稍差一点。

EDFWA 作为一种没有为大规模优化专门设计任何特殊机制的算法，与那些有专门设计的算法相比，表现出非常强的性能。表 16.6 中，除了前 3 个完全可分离的测试函数（维度变量分组可以产生巨大的性能提升）外，EDFWA 的性能均更好或接近其他竞争对手；在维度之间的关系难以解码或问题完全不可分离的最后 4 个测试函数中，EDFWA 表现出了优越的性能。与 GFWA 相比，EDFWA 的性能有大幅提升。在有些测试函数上，EDFWA 的性能甚至优于 GFWA 几个数量级，这表明该算法在大规模高维情况下非常有效。

表 16.5 CEC2017 上 LoTFWA 与 EDFWA 的对比

测试函数	LoTFWA				EDFWA				对比结果
	Mean	Min	Max	Std.	Mean	Min	Max	Std.	
f_1	$\mathbf{1.65 \times 10^{2}}$	2.30×10^{-3}	2.17×10^{3}	2.65×10^{2}	2.48×10^{2}	7.63×10^{-6}	2.19×10^{3}	3.81×10^{2}	=
f_2	6.53×10^{-3}	3.57×10^{-3}	1.67×10^{-2}	1.77×10^{-3}	$\mathbf{1.17 \times 10^{-3}}$	8.09×10^{-4}	1.59×10^{-3}	1.51×10^{-4}	+
f_3	4.83×10^{-4}	0.00×10^{0}	3.72×10^{-3}	5.44×10^{-4}	$\mathbf{5.39 \times 10^{-6}}$	0.00×10^{0}	3.05×10^{-5}	1.16×10^{-5}	+
f_4	6.72×10^{1}	5.89×10^{-3}	1.18×10^{2}	3.02×10^{1}	$\mathbf{5.28 \times 10^{1}}$	2.75×10^{-4}	1.16×10^{2}	3.96×10^{1}	+
f_5	6.85×10^{1}	3.59×10^{1}	1.04×10^{2}	1.19×10^{1}	$\mathbf{4.05 \times 10^{1}}$	2.29×10^{1}	6.67×10^{1}	8.86×10^{0}	+
f_6	4.08×10^{-1}	0.00×10^{0}	9.90×10^{0}	1.01×10^{0}	$\mathbf{4.81 \times 10^{-3}}$	0.00×10^{0}	1.41×10^{-1}	2.18×10^{-2}	+
f_7	6.08×10^{1}	3.23×10^{1}	8.58×10^{1}	7.74×10^{0}	$\mathbf{6.07 \times 10^{1}}$	4.63×10^{1}	7.68×10^{1}	5.79×10^{0}	=
f_8	6.25×10^{1}	3.28×10^{1}	8.66×10^{1}	1.03×10^{1}	$\mathbf{3.49 \times 10^{1}}$	2.19×10^{1}	4.97×10^{1}	5.41×10^{0}	+
f_9	4.60×10^{1}	0.00×10^{0}	9.11×10^{2}	1.60×10^{2}	$\mathbf{0.00 \times 10^{0}}$	0.00×10^{0}	0.00×10^{0}	0.00×10^{0}	+
f_{10}	2.47×10^{3}	1.25×10^{3}	3.56×10^{3}	3.34×10^{2}	$\mathbf{1.98 \times 10^{3}}$	1.03×10^{3}	2.58×10^{3}	3.04×10^{2}	+
f_{11}	1.15×10^{2}	1.99×10^{1}	2.97×10^{2}	4.17×10^{1}	$\mathbf{9.77 \times 10^{1}}$	4.88×10^{1}	1.76×10^{2}	2.39×10^{1}	+
f_{12}	1.16×10^{6}	2.51×10^{4}	6.12×10^{7}	4.37×10^{6}	$\mathbf{1.92 \times 10^{5}}$	1.25×10^{4}	1.02×10^{6}	1.38×10^{5}	+
f_{13}	$\mathbf{2.14 \times 10^{4}}$	6.41×10^{3}	4.83×10^{4}	8.53×10^{3}	2.38×10^{4}	7.96×10^{3}	5.16×10^{4}	9.73×10^{3}	−
f_{14}	$\mathbf{8.05 \times 10^{2}}$	2.57×10^{2}	3.50×10^{3}	5.98×10^{2}	8.20×10^{2}	2.15×10^{2}	6.67×10^{3}	7.76×10^{2}	=
f_{15}	$\mathbf{1.17 \times 10^{4}}$	1.49×10^{3}	3.17×10^{4}	5.37×10^{3}	1.32×10^{4}	1.69×10^{3}	3.52×10^{4}	6.79×10^{3}	=
f_{16}	6.08×10^{2}	1.71×10^{2}	1.11×10^{3}	1.53×10^{2}	$\mathbf{5.48 \times 10^{2}}$	1.85×10^{2}	8.74×10^{2}	1.34×10^{2}	=
f_{17}	1.19×10^{2}	4.63×10^{1}	3.36×10^{2}	4.15×10^{1}	$\mathbf{1.14 \times 10^{2}}$	4.30×10^{1}	2.56×10^{2}	4.25×10^{1}	=
f_{18}	5.63×10^{4}	4.76×10^{3}	1.35×10^{5}	2.50×10^{4}	$\mathbf{4.92 \times 10^{4}}$	1.53×10^{4}	1.29×10^{5}	2.04×10^{4}	=
f_{19}	9.07×10^{4}	1.66×10^{3}	3.96×10^{5}	7.22×10^{4}	$\mathbf{3.94 \times 10^{4}}$	3.71×10^{3}	9.05×10^{4}	1.91×10^{4}	+
f_{20}	2.36×10^{2}	8.28×10^{1}	4.49×10^{2}	6.49×10^{1}	$\mathbf{1.99 \times 10^{2}}$	7.83×10^{1}	3.49×10^{2}	5.84×10^{1}	+
f_{21}	2.66×10^{2}	1.02×10^{2}	3.07×10^{2}	2.35×10^{1}	$\mathbf{2.44 \times 10^{2}}$	1.00×10^{2}	2.65×10^{2}	2.20×10^{1}	+
f_{22}	$\mathbf{1.00 \times 10^{2}}$	1.00×10^{2}	1.00×10^{2}	0.00×10^{0}	$\mathbf{1.00 \times 10^{2}}$	1.00×10^{2}	1.00×10^{2}	0.00×10^{0}	=
f_{23}	4.66×10^{2}	1.00×10^{2}	6.01×10^{2}	3.89×10^{1}	$\mathbf{4.45 \times 10^{2}}$	3.92×10^{2}	4.95×10^{2}	2.15×10^{1}	+
f_{24}	6.46×10^{2}	4.84×10^{2}	9.70×10^{2}	1.09×10^{2}	$\mathbf{5.12 \times 10^{2}}$	4.48×10^{2}	5.52×10^{2}	1.89×10^{1}	+
f_{25}	3.99×10^{2}	3.81×10^{2}	4.65×10^{2}	1.28×10^{1}	$\mathbf{3.87 \times 10^{2}}$	3.84×10^{2}	3.90×10^{2}	1.08×10^{0}	+
f_{26}	1.19×10^{3}	2.00×10^{2}	2.42×10^{3}	8.78×10^{2}	$\mathbf{1.14 \times 10^{3}}$	2.00×10^{2}	2.31×10^{3}	7.70×10^{2}	=
f_{27}	5.78×10^{2}	4.97×10^{2}	8.65×10^{2}	9.63×10^{1}	$\mathbf{5.51 \times 10^{2}}$	5.24×10^{2}	5.96×10^{2}	1.47×10^{1}	+
f_{28}	3.54×10^{2}	3.00×10^{2}	4.58×10^{2}	5.00×10^{1}	$\mathbf{3.11 \times 10^{2}}$	3.00×10^{2}	4.07×10^{2}	3.04×10^{1}	+
f_{29}	7.21×10^{2}	3.86×10^{2}	1.27×10^{3}	1.44×10^{2}	$\mathbf{6.70 \times 10^{2}}$	4.60×10^{2}	9.25×10^{2}	7.83×10^{1}	=
f_{30}	1.83×10^{5}	4.48×10^{2}	1.18×10^{6}	1.97×10^{5}	$\mathbf{1.48 \times 10^{5}}$	2.88×10^{4}	4.99×10^{5}	8.31×10^{4}	+

注：“−”表示 EDFWA 比 LoTFWA 显著更差，“+”表示 EDFWA 比 LoTFWA 显著更优，“=”表示二者没有显著差异。

表 16.6　CEC2013 上 EDFWA 与 4 种算法的对比

测试函数	MPS	DECC-G	CC-CMA-ES	GFWA	EDFWA
f_1	6.68×10^{8}	$\mathbf{0.00 \times 10^{0}}$	$\mathbf{0.00 \times 10^{0}}$	5.95×10^{7}	2.35×10^{7}
f_2	4.20×10^{3}	$\mathbf{1.31 \times 10^{3}}$	1.37×10^{3}	1.59×10^{4}	1.26×10^{4}
f_3	1.94×10^{0}	1.09×10^{0}	$\mathbf{0.00 \times 10^{0}}$	2.03×10^{1}	2.08×10^{1}
f_4	1.07×10^{11}	2.16×10^{11}	$\mathbf{2.82 \times 10^{9}}$	8.31×10^{11}	2.52×10^{10}
f_5	$\mathbf{1.20 \times 10^{6}}$	8.30×10^{6}	7.28×10^{14}	8.22×10^{6}	6.46×10^{6}
f_6	$\mathbf{6.01 \times 10^{3}}$	1.74×10^{5}	4.56×10^{5}	1.00×10^{6}	1.00×10^{6}
f_7	7.19×10^{7}	1.02×10^{9}	$\mathbf{2.26 \times 10^{6}}$	3.21×10^{13}	4.10×10^{6}
f_8	2.04×10^{14}	6.94×10^{15}	3.32×10^{14}	1.08×10^{14}	$\mathbf{6.52 \times 10^{13}}$
f_9	$\mathbf{1.66 \times 10^{8}}$	5.47×10^{8}	3.82×10^{8}	7.53×10^{8}	7.36×10^{8}
f_{10}	$\mathbf{3.53 \times 10^{6}}$	2.43×10^{7}	4.51×10^{6}	9.08×10^{7}	9.08×10^{7}
f_{11}	2.20×10^{9}	1.21×10^{11}	$\mathbf{1.24 \times 10^{8}}$	2.04×10^{15}	6.37×10^{8}
f_{12}	1.75×10^{4}	4.53×10^{3}	1.33×10^{3}	1.47×10^{12}	$\mathbf{1.31 \times 10^{3}}$
f_{13}	9.87×10^{8}	9.40×10^{9}	1.80×10^{9}	2.99×10^{15}	$\mathbf{5.83 \times 10^{7}}$
f_{14}	1.03×10^{9}	1.36×10^{11}	3.58×10^{8}	2.32×10^{15}	$\mathbf{3.17 \times 10^{8}}$
f_{15}	2.76×10^{7}	1.17×10^{7}	3.13×10^{7}	2.19×10^{12}	$\mathbf{5.93 \times 10^{6}}$
平均排名	2.60	3.07	2.27	4.53	2.47

16.3　小结

本章介绍了两种采用新型爆炸方式的烟花算法。这两种算法摒弃了一次爆炸的方式，采用连续爆炸的方式来进行更细致的搜索，可以节约搜索资源、提升搜索效率。理论分析和实验结果表明，连续爆炸方式可以大大提高烟花算法的局部搜索能力，尤其是在大规模高维情况下。未来还有很多工作要做，以进一步推动烟花算法的进步。

第 17 章　混合烟花算法

本章介绍两种混合烟花算法，即基于差分进化变异的烟花算法（Fireworks Algorithm with Differential Mutation，FWA-DM）和基于生物地理学优化的败者淘汰锦标赛烟花算法（Using Population Migration and Mutation to Improve Loser-out Tournament-based Fireworks Algorithm，ILoT-FWA）。这两种烟花算法结合了其他优秀的元启发式算法，发挥出了不同算法的优势，其性能得到了进一步提升。

17.1　基于差分进化变异的烟花算法

本节首先简要介绍差分进化（DE）算法，然后具体介绍 FWA-DM 的算法细节。FWA-DM 采用了一种新的变异方法，通过引入差分进化的方法搜索周围区域。最后，在 CEC2014 标准测试集上对该算法进行的实验表明，这种改进方法对于烟花算法的性能提升是有效的。

17.1.1　差分进化算法

DE 算法[20] 又称微分进化算法，是一种求解优化问题的进化算法。DE 算法是一种全局优化算法，简单且易实现。DE 算法中的核心算子是差分变异算子。该算子首先缩放同一群体中两个个体的差异，通过将缩放差异添加到第三个个体来产生变异体，然后将产生的变异体应用于其父代个体并生成向量。最后，DE 算法将向量与父代个体进行比较，并将更好的向量保留给下一代。DE 算法不断寻找更好的目标值，直到满足最终条件。由于 DE 算法容易使用，现已广泛应用于许多领域[138-142]。

DE 算法的优化过程与其他进化算法类似，包括群体初始化、适应度函数评估和群体迭代。算法 17.1 展示了变异策略为 DE/rand/1/bin 的 DE 算法。

DE 算法中还有一个非常重要的算子——交叉算子。交叉算子增加了群体的多样性，使得算法不易陷入局部最优值。DE 算法中有两种形式的交叉算子，包括二项式交叉算子和指数交叉算子。交叉算子通过处理突变向量 $\boldsymbol{V}_i$ 和父向量 $\boldsymbol{X}_i$ 生成试验向量 $\boldsymbol{U}_i$。交叉操作可以用式 (17.1) 表述。

$$\boldsymbol{U}_i(j)=\begin{cases}\boldsymbol{V}_i(j) & \mathrm{rand}\ (0,1)\leqslant C_{\mathrm{R}}\ \text{或}\ j==j_{\mathrm{rand}}\\ \boldsymbol{X}_i(j) & \text{其他}\end{cases}\tag{17.1}$$

其中，$\mathrm{rand}(0,1)$ 表示在 $[0,1]$ 区间均匀分布的随机数；参数 C_{R} 是交叉操作的概率；参数 j_{rand} 是一个随机选择的数字，代表维度，其取值范围为 $[0,D]$。

在使用差分变异算子和交叉算子生成子群体后，DE 算法首先通过选择操作将子群体中的个体与其对应的父个体进行比较，然后选择具有更好适应度值的个体组成下一代。选择操作可以用式 (17.2) 表述。

$$\boldsymbol{X}_i=\begin{cases}\boldsymbol{U}_i & f\left(\boldsymbol{U}_i\right)<f\left(\boldsymbol{X}_i\right)\\ \boldsymbol{X}_i & \text{其他}\end{cases}\tag{17.2}$$

其中，$f(\boldsymbol{X}_i)$ 表示个体 $\boldsymbol{X}_i$ 的适应度值。

从式 (17.2) 可以看出，更好的个体一定会进入下一代。因此，DE 算法是一种稳定的进化算法。

算法 17.1　变异策略为 DE/rand/1/bin 的 DE 算法

1: 随机生成含有 NP 个个体的初始群体；
2: 评估每个个体的适应度值。
3: **repeat**
4: 　**for** j = 1 to NP **do**
5: 　　随机生成 $r_1 \neq r_2 \neq r_3 \neq i$;
6: 　　随机选择 $j_{\text{rand}} \in [1, D]$，这里 D 是维度；
7: 　　**for** 每一个维度 $j = 1, 2, \cdots, D$ **do**
8: 　　　**if** $\text{rand}(0,1) \leqslant C_{\text{R}}$ 或 $j == j_{\text{rand}}$ **then**
9: 　　　　$\boldsymbol{U}_i(j) = \boldsymbol{X}_{r1}(j) + F\left(\boldsymbol{X}_{r2}(j) - \boldsymbol{X}_{r3}(j)\right)$;
10: 　　　**else**
11: 　　　　$\boldsymbol{U}_i(j) = \boldsymbol{X}_i(j)$;
12: 　**for** 每一个维度 $j = 1, 2, \cdots, D$ **do**
13: 　　评估新产生的 $\boldsymbol{U}_i$ 的适应度值；
14: 　　**if** $\boldsymbol{U}_i$ 的适应度值比 $\boldsymbol{X}_i$ 好 **then**
15: 　　　$\boldsymbol{X}_i = \boldsymbol{U}_i$;
16: **until** 满足停止条件。

17.1.2　算法细节

本小节详细介绍 FWA-DM。

（1）使用均匀分布随机初始化 NP 个个体。随机种子是基于时间的。这个具有 NP 个个体的群体被标记为 POP1。

（2）在每个个体周围的一定爆炸范围内产生火花。爆炸半径由烟花算法决定，同时要大于 $A_{\min}$。爆炸火花形成群体 POP2。

（3）将 POP1 中的个体与 POP2 中的相应个体进行成对比较，具有更好适应度值的个体将被保留并且形成新群体，标记为 POP3。

（4）将 DE 算法中的差分变异算子和交叉算子应用于 POP3，生成一个新的群体，标记为 POP4。

（5）将选择算子应用于 POP4，并使用选择的个体形成新的群体 POP1。

重复上述过程，直到达到函数评估的最大次数或目标函数值小于 1×10^{-8}。这样，DE 算法的差分变异算子就被应用到烟花算法上。

将差分变异算子应用于烟花算法的过程如图 17.1 所示。第一行为具有 NP 个个体的 POP1。第二行为烟花爆炸产生的个体，这些个体形成了 POP2。在将第一行中的个体与第二行中的个体进行成对比较后，选择更好的个体并在第三行中作为 POP3。接下来，将差分变异算子应用于 POP3，并在最后一行产生 POP4。选择 POP3 和 POP4 之间较好的个体进行下一次迭代，作为新的 POP1。FWA-DM 的流程见算法 17.2。

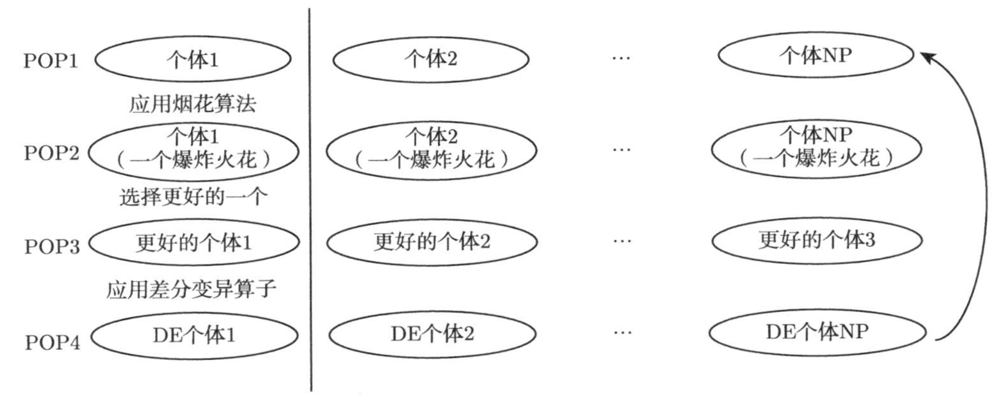

图 17.1 将差分变异算子应用于烟花算法的过程

算法 17.2 FWA-DM 的流程

1: 随机生成含有 NP 个个体的初始群体 POP1；
2: 评估每个个体的适应度值。
3: **repeat**
4: **for** $j = 1$ to NP **do**
5: 将烟花算法应用于 POP1，生成 POP2；
6: 从 POP1 和 POP2 中选出较好的个体，形成 POP3；
7: 随机生成 $r_1 \neq r_2 \neq r_3 \neq i$；
8: 随机选择 $j_{\text{rand}} \in [1, D]$，这里 D 是维度；
9: **for** 每一个维度 $j = 1, 2, \cdots, D$ **do**
10: **if** $\text{rand}(0,1) \leqslant C_{\text{R}}$ 或 $j == j_{\text{rand}}$ **then**
11: $\boldsymbol{U}_i(j) = \boldsymbol{X}_{r1}(j) + F\left(\boldsymbol{X}_{r2}(j) - \boldsymbol{X}_{r3}(j)\right)$;
12: **else**
13: $\boldsymbol{U}_i(j) = \boldsymbol{X}_i(j)$ //形成 POP4
14: **for** 每一个维度 $j = 1, 2, \cdots, D$ **do**
15: 评估新产生的 $\boldsymbol{U}_i$ 的适应度值；
16: **if** U_i 的适应度值比 $\boldsymbol{X}_i$ 好 **then**
17: $\boldsymbol{X}_i = \boldsymbol{U}_i$ //$\boldsymbol{X}_i$ 作为新的 POP1 群体；
18: **until** 满足停止条件。

17.1.3 实验

本小节使用 CEC2014 标准测试集中的函数测试 FWA-DM 的性能。CEC2014 中共包含 30 个测试函数，这 30 个测试函数的具体信息可以在文献 [143] 中找到。本实验测试了 $D = 10$、$D = 30$、$D = 50$、$D = 100$ 这 4 种情况下 FWA-DM 的测试函数表现，分别见表 17.1~ 表 17.4。

CEC2014 中的测试函数包含单模态函数、简单多模态函数、复合函数和组合函数。因此，实验结果不偏向任何类型的函数，并且是客观公正的。在优化 10 维函数时，当 FWA-DM 表现最好时，找到了 4 个测试函数的全局最优值。而且，其中一个搜索到的测试函数值低于 1×10^{-8}。最好的实验结果来自 f_3，它是一个单模态函数。对于 f_{23}，FWA-DM 找到了局部最优值，因为优化该函数的时候标准偏差（Std.）很小。当维度为 30 时，FWA-DM 在 4 个函数上找到了全局最优值。另外，应用 FWA-DM 计算 f_2、f_3、f_8 时，测试函数值均低于 1×10^{-8}。对于 f_{23}，标准偏差较小，这意味着 FWA-DM 找到了局部最优值。$D=50$ 时，FWA-DM 的实验结果比 $D=10$ 和 $D=30$ 时都差，仅在 f_7 上找到了全局最优值。此外，$D=100$ 时 FWA-DM 没有找到全局最优值。

表 17.1　$D=10$ 时 FWA-DM 的表现

测试函数	Best	Worst	Median	Mean	Std.
f_1	2.48×10^{-2}	1.12×10^{5}	2.33×10^{2}	5.01×10^{3}	1.67×10^{4}
f_2	0.00×10^{0}	6.84×10^{-3}	7.14×10^{-22}	1.34×10^{-4}	9.49×10^{-4}
f_3	0.00×10^{0}	5.94×10^{-8}	5.38×10^{-18}	1.88×10^{-9}	9.02×10^{-9}
f_4	0.00×10^{0}	4.73×10^{0}	8.41×10^{-2}	1.41×10^{0}	1.60×10^{0}
f_5	2.00×10^{1}	2.01×10^{1}	2.00×10^{1}	2.00×10^{1}	4.17×10^{-2}
f_6	3.40×10^{-3}	2.48×10^{0}	5.74×10^{-1}	7.06×10^{-1}	6.40×10^{-1}
f_7	1.72×10^{-2}	2.24×10^{-1}	8.61×10^{-2}	9.48×10^{-2}	4.92×10^{-2}
f_8	0.00×10^{0}	3.98×10^{0}	1.78×10^{-15}	2.54×10^{-1}	8.09×10^{-1}
f_9	1.99×10^{0}	1.69×10^{1}	5.97×10^{0}	6.01×10^{0}	2.45×10^{0}
f_{10}	9.09×10^{-13}	6.95×10^{0}	3.75×10^{-1}	1.59×10^{0}	2.08×10^{0}
f_{11}	3.98×10^{1}	8.13×10^{2}	3.60×10^{2}	3.72×10^{2}	1.53×10^{2}
f_{12}	3.34×10^{-6}	2.84×10^{-1}	2.82×10^{-2}	4.25×10^{-2}	4.78×10^{-2}
f_{13}	3.39×10^{-2}	2.99×10^{-1}	1.04×10^{-1}	1.21×10^{-1}	7.18×10^{-2}
f_{14}	3.87×10^{-2}	5.52×10^{-1}	1.86×10^{-1}	2.14×10^{-1}	1.20×10^{-1}
f_{15}	3.21×10^{-1}	1.47×10^{0}	7.43×10^{-1}	7.75×10^{-1}	2.63×10^{-1}
f_{16}	7.96×10^{-1}	2.82×10^{0}	1.73×10^{0}	1.76×10^{0}	4.68×10^{-1}
f_{17}	2.63×10^{0}	7.39×10^{2}	2.26×10^{2}	2.55×10^{2}	1.77×10^{2}
f_{18}	1.34×10^{0}	8.68×10^{1}	2.01×10^{1}	2.52×10^{1}	1.83×10^{1}
f_{19}	3.66×10^{-2}	3.00×10^{0}	1.11×10^{0}	1.30×10^{0}	7.75×10^{-1}
f_{20}	8.81×10^{-1}	6.52×10^{1}	9.69×10^{0}	1.34×10^{1}	1.16×10^{1}
f_{21}	4.01×10^{-1}	4.26×10^{2}	5.90×10^{1}	9.46×10^{1}	9.80×10^{1}
f_{22}	1.20×10^{-1}	1.57×10^{2}	2.05×10^{1}	3.41×10^{1}	4.40×10^{1}
f_{23}	3.29×10^{2}	3.29×10^{2}	3.29×10^{2}	3.29×10^{2}	5.59×10^{-8}
f_{24}	1.08×10^{2}	2.08×10^{2}	1.16×10^{2}	1.27×10^{2}	2.90×10^{1}
f_{25}	1.20×10^{2}	2.01×10^{2}	2.00×10^{2}	1.79×10^{2}	2.76×10^{1}
f_{26}	1.00×10^{2}	1.00×10^{2}	1.00×10^{2}	1.00×10^{2}	7.47×10^{-2}
f_{27}	1.91×10^{0}	4.19×10^{2}	3.49×10^{2}	3.21×10^{2}	1.21×10^{2}
f_{28}	3.06×10^{2}	4.13×10^{2}	3.07×10^{2}	3.47×10^{2}	4.76×10^{1}
f_{29}	2.02×10^{2}	3.39×10^{2}	2.07×10^{2}	2.12×10^{2}	2.08×10^{1}
f_{30}	2.24×10^{2}	7.08×10^{2}	3.67×10^{2}	3.94×10^{2}	1.18×10^{2}

表 17.2 $D = 30$ 时 FWA-DM 的表现

测试函数	Best	Worst	Median	Mean	Std.
f_1	3.70×10^{4}	9.94×10^{5}	2.24×10^{5}	2.76×10^{5}	1.82×10^{5}
f_2	4.74×10^{-19}	1.13×10^{-15}	3.20×10^{-17}	1.08×10^{-16}	1.87×10^{-16}
f_3	2.35×10^{-17}	2.23×10^{-15}	2.48×10^{-16}	4.42×10^{-16}	4.74×10^{-16}
f_4	1.22×10^{-3}	7.44×10^{1}	1.58×10^{1}	2.04×10^{1}	1.91×10^{1}
f_5	2.04×10^{1}	2.06×10^{1}	2.05×10^{1}	2.05×10^{1}	5.36×10^{-2}
f_6	8.12×10^{-2}	2.09×10^{1}	1.75×10^{1}	1.29×10^{1}	8.25×10^{0}
f_7	0.00×10^{0}	3.69×10^{-2}	7.40×10^{-3}	8.55×10^{-3}	9.81×10^{-3}
f_8	0.00×10^{0}	2.69×10^{-12}	1.78×10^{-15}	1.13×10^{-13}	4.51×10^{-13}
f_9	3.32×10^{1}	7.82×10^{1}	5.62×10^{1}	5.66×10^{1}	1.08×10^{1}
f_{10}	4.65×10^{0}	1.54×10^{1}	8.09×10^{0}	8.53×10^{0}	2.42×10^{0}
f_{11}	2.00×10^{3}	3.03×10^{3}	2.65×10^{3}	2.63×10^{3}	2.48×10^{2}
f_{12}	2.08×10^{-1}	5.21×10^{-1}	3.70×10^{-1}	3.71×10^{-1}	6.66×10^{-2}
f_{13}	2.88×10^{-1}	4.90×10^{-1}	4.00×10^{-1}	3.89×10^{-1}	5.51×10^{-2}
f_{14}	1.78×10^{-1}	7.40×10^{-1}	2.59×10^{-1}	2.69×10^{-1}	7.76×10^{-2}
f_{15}	5.64×10^{0}	9.05×10^{0}	7.33×10^{0}	7.37×10^{0}	8.46×10^{-1}
f_{16}	1.03×10^{1}	1.14×10^{1}	1.10×10^{1}	1.10×10^{1}	2.71×10^{-1}
f_{17}	1.08×10^{3}	2.43×10^{4}	3.30×10^{3}	6.29×10^{3}	5.95×10^{3}
f_{18}	1.17×10^{1}	1.60×10^{2}	6.65×10^{1}	7.67×10^{1}	3.66×10^{1}
f_{19}	3.88×10^{0}	1.34×10^{1}	1.03×10^{1}	9.95×10^{0}	1.93×10^{0}
f_{20}	1.30×10^{1}	1.40×10^{2}	3.16×10^{1}	4.28×10^{1}	2.61×10^{1}
f_{21}	1.09×10^{2}	5.11×10^{3}	4.48×10^{2}	7.29×10^{2}	9.49×10^{2}
f_{22}	2.72×10^{1}	3.70×10^{2}	1.53×10^{2}	1.46×10^{2}	8.83×10^{1}
f_{23}	3.14×10^{2}	3.14×10^{2}	3.14×10^{2}	3.14×10^{2}	9.28×10^{-14}
f_{24}	2.22×10^{2}	2.38×10^{2}	2.25×10^{2}	2.26×10^{2}	3.59×10^{0}
f_{25}	2.00×10^{2}	2.01×10^{2}	2.01×10^{2}	2.01×10^{2}	1.98×10^{-1}
f_{26}	1.00×10^{2}	1.01×10^{2}	1.00×10^{2}	1.00×10^{2}	5.35×10^{-2}
f_{27}	3.13×10^{2}	4.90×10^{2}	4.01×10^{2}	4.01×10^{2}	3.06×10^{1}
f_{28}	3.72×10^{2}	4.31×10^{2}	3.90×10^{2}	3.93×10^{2}	1.46×10^{1}
f_{29}	2.05×10^{2}	2.17×10^{2}	2.11×10^{2}	2.11×10^{2}	2.90×10^{0}
f_{30}	2.35×10^{2}	1.08×10^{3}	3.84×10^{2}	4.51×10^{2}	1.96×10^{2}

表 17.3　$D = 50$ 时 FWA-DM 的表现

测试函数	Best	Worst	Median	Mean	Std.
f_1	2.15×10^{6}	1.29×10^{7}	5.76×10^{6}	6.15×10^{6}	2.39×10^{6}
f_2	2.23×10^{0}	2.10×10^{4}	2.15×10^{3}	4.83×10^{3}	6.06×10^{3}
f_3	3.09×10^{1}	1.28×10^{2}	7.61×10^{1}	7.66×10^{1}	2.46×10^{1}
f_4	3.91×10^{1}	1.00×10^{2}	4.30×10^{1}	5.05×10^{1}	1.88×10^{1}
f_5	2.06×10^{1}	2.08×10^{1}	2.07×10^{1}	2.07×10^{1}	3.61×10^{-2}
f_6	3.66×10^{1}	4.81×10^{1}	4.38×10^{1}	4.39×10^{1}	2.31×10^{0}
f_7	7.22×10^{-10}	1.48×10^{-2}	9.06×10^{-9}	2.66×10^{-3}	4.25×10^{-3}
f_8	4.70×10^{0}	1.59×10^{1}	9.17×10^{0}	9.17×10^{0}	2.39×10^{0}
f_9	1.17×10^{2}	1.92×10^{2}	1.47×10^{2}	1.47×10^{2}	1.57×10^{1}
f_{10}	2.53×10^{2}	8.90×10^{2}	6.07×10^{2}	6.14×10^{2}	1.42×10^{2}
f_{11}	4.27×10^{3}	6.15×10^{3}	5.49×10^{3}	5.43×10^{3}	4.02×10^{2}
f_{12}	3.94×10^{-1}	7.92×10^{-1}	6.04×10^{-1}	6.02×10^{-1}	8.72×10^{-2}
f_{13}	3.86×10^{-1}	6.21×10^{-1}	4.82×10^{-1}	4.88×10^{-1}	4.63×10^{-2}
f_{14}	2.04×10^{-1}	7.99×10^{-1}	3.06×10^{-1}	3.30×10^{-1}	1.05×10^{-1}
f_{15}	1.74×10^{1}	2.33×10^{1}	2.06×10^{1}	2.08×10^{1}	1.45×10^{0}
f_{16}	1.92×10^{1}	2.06×10^{1}	2.00×10^{1}	2.00×10^{1}	3.21×10^{-1}
f_{17}	3.14×10^{4}	3.19×10^{5}	9.46×10^{4}	1.08×10^{5}	6.03×10^{4}
f_{18}	3.20×10^{2}	1.70×10^{4}	1.95×10^{3}	3.31×10^{3}	3.72×10^{3}
f_{19}	1.07×10^{1}	2.85×10^{1}	2.09×10^{1}	2.11×10^{1}	3.17×10^{0}
f_{20}	2.39×10^{2}	5.70×10^{2}	3.91×10^{2}	4.00×10^{2}	8.12×10^{1}
f_{21}	7.78×10^{3}	8.32×10^{4}	2.09×10^{4}	2.55×10^{4}	1.58×10^{4}
f_{22}	2.07×10^{2}	8.29×10^{2}	5.49×10^{2}	5.45×10^{2}	1.25×10^{2}
f_{23}	3.37×10^{2}	3.37×10^{2}	3.37×10^{2}	3.37×10^{2}	1.31×10^{-5}
f_{24}	2.64×10^{2}	2.77×10^{2}	2.65×10^{2}	2.66×10^{2}	3.48×10^{0}
f_{25}	2.02×10^{2}	2.11×10^{2}	2.04×10^{2}	2.05×10^{2}	2.26×10^{0}
f_{26}	1.00×10^{2}	1.01×10^{2}	1.00×10^{2}	1.00×10^{2}	5.98×10^{-2}
f_{27}	1.27×10^{3}	1.59×10^{3}	1.46×10^{3}	1.45×10^{3}	7.27×10^{1}
f_{28}	3.72×10^{2}	4.92×10^{2}	3.88×10^{2}	4.01×10^{2}	3.06×10^{1}
f_{29}	2.18×10^{2}	2.31×10^{2}	2.22×10^{2}	2.23×10^{2}	2.67×10^{0}
f_{30}	3.95×10^{2}	1.84×10^{3}	7.71×10^{2}	8.36×10^{2}	3.06×10^{2}

表 17.4 $D = 100$ 时 FWA-DM 的表现

测试函数	Best	Worst	Median	Mean	Std.
f_1	1.49×10^8	3.23×10^8	2.22×10^8	2.28×10^8	4.08×10^7
f_2	1.25×10^3	1.03×10^5	9.31×10^3	1.62×10^4	1.81×10^4
f_3	2.03×10^4	3.57×10^4	2.98×10^4	2.95×10^4	3.64×10^3
f_4	9.74×10^1	4.02×10^2	1.52×10^2	1.83×10^2	1.00×10^2
f_5	2.09×10^1	2.11×10^1	2.10×10^1	2.10×10^1	2.44×10^{-2}
f_6	1.09×10^2	1.19×10^2	1.14×10^2	1.14×10^2	2.54×10^0
f_7	7.08×10^{-2}	2.05×10^{-1}	1.23×10^{-1}	1.29×10^{-1}	3.14×10^{-2}
f_8	9.52×10^1	1.20×10^2	1.09×10^2	1.08×10^2	5.40×10^0
f_9	4.53×10^2	6.36×10^2	5.58×10^2	5.52×10^2	4.44×10^1
f_{10}	4.97×10^3	6.21×10^3	5.66×10^3	5.67×10^3	3.04×10^2
f_{11}	1.32×10^4	1.58×10^4	1.46×10^4	1.46×10^4	6.30×10^2
f_{12}	1.08×10^0	1.37×10^0	1.23×10^0	1.21×10^0	7.78×10^{-2}
f_{13}	4.68×10^{-1}	6.36×10^{-1}	5.62×10^{-1}	5.61×10^{-1}	3.61×10^{-2}
f_{14}	1.47×10^{-1}	2.28×10^{-1}	1.89×10^{-1}	1.89×10^{-1}	2.06×10^{-2}
f_{15}	7.47×10^1	9.91×10^1	8.72×10^1	8.74×10^1	5.87×10^0
f_{16}	4.24×10^1	4.43×10^1	4.35×10^1	4.35×10^1	3.75×10^{-1}
f_{17}	1.39×10^7	4.17×10^7	2.30×10^7	2.31×10^7	5.63×10^6
f_{18}	3.93×10^2	3.70×10^4	2.29×10^3	5.68×10^3	8.70×10^3
f_{19}	5.48×10^1	6.97×10^1	6.40×10^1	6.34×10^1	2.43×10^0
f_{20}	4.12×10^4	9.49×10^4	6.98×10^4	6.93×10^4	1.10×10^4
f_{21}	3.40×10^6	1.55×10^7	9.41×10^6	9.57×10^6	2.31×10^6
f_{22}	1.23×10^3	1.84×10^3	1.54×10^3	1.51×10^3	1.34×10^2
f_{23}	3.45×10^2	3.47×10^2	3.46×10^2	3.46×10^2	2.18×10^{-1}
f_{24}	3.58×10^2	3.69×10^2	3.64×10^2	3.63×10^2	2.85×10^0
f_{25}	2.62×10^2	3.28×10^2	3.10×10^2	3.03×10^2	1.74×10^1
f_{26}	1.01×10^2	2.25×10^2	2.12×10^2	1.61×10^2	5.88×10^1
f_{27}	1.32×10^3	3.44×10^3	3.21×10^3	3.14×10^3	4.13×10^2
f_{28}	1.07×10^3	2.43×10^3	1.54×10^3	1.60×10^3	3.42×10^2
f_{29}	2.59×10^2	2.85×10^2	2.69×10^2	2.70×10^2	5.23×10^0
f_{30}	9.18×10^2	5.99×10^3	1.84×10^3	2.23×10^3	1.16×10^3

本节通过将差分变异算子应用于烟花算法，提出了 FWA-DM。该算法在部分测试函数上的表现较好，可能搜索到全局最优值，但是也会在某些复杂的测试函数上陷入局部最优值。这说明，FWA-DM 仍具有一定的改进空间，可以通过引入更多的策略进一步改善实验结果。

17.2 基于生物地理学优化的败者淘汰锦标赛烟花算法

本节介绍一种新的烟花算法变体，称为基于生物地理学优化的败者淘汰锦标赛烟花算法（ILoTFWA）。出于对烟花协同的综合考虑，该算法在 LoTFWA 的基础上加入生物地理学优化（BBO）算法中的群体迁移和变异思想，改进了 LoTFWA 中的烟花协同，不仅提高了烟花的探索能力，还大大提高了它们的开采能力。实验结果表明，ILoTFWA 在单模态函数和多模态函数中的性能比先进的烟花算法都更好。

17.2.1 算法细节

BBO 算法[144] 是一种较新的优化算法，其灵感来自生物地理学，它表明具有高栖息地适宜性指数（Habitat Suitability Index，HSI，相当于良好的适应性解决方案）的栖息地往往拥有大量物种，而那些低 HSI 栖息地的物种较少。一般来说，高 HSI 栖息地具有高迁出率和低迁入率。因此，许多处于高 HSI 栖息地的物种迁移到低 HSI 栖息地。当群体 $\boldsymbol{X}_i$ 以移民率 λ 被选中时，它将被移民率为 u_j 的群体 $\boldsymbol{X}_j$ 替换。上述群体迁移[145] 可表示为

$$\boldsymbol{X}_i = \boldsymbol{X}_i + \mathrm{rand}(0,1)\left(\boldsymbol{X}_j - \boldsymbol{X}_i\right) \tag{17.3}$$

群体变异操作由物种的计数概率决定。一般来说，非常高的 HSI 解（物种丰富）和非常低的 HSI 解（物种贫乏）同样罕见。由于群体不稳定，它们可能会变异为其他的解。

受 BBO 算法中上述两种操作的启发，一种基于 ILoTFWA 中的预期适应度值改进的交互机制被提出。具有相对较高预期适应度值改进的烟花迁移到最佳烟花，而预期适应度值较低的烟花在一定范围内执行突变。下面详细介绍 ILoTFWA。

在 LoTFWA 中，如果烟花的预期适应度值的改进不能超过最佳烟花，即 $f\left(\widehat{\boldsymbol{X}_i^{g_{\max}}}\right) > \min\limits_i\left\{f\left(\boldsymbol{X}_i^g\right)\right\}$，则它会被认为是失败者并重启。虽然败者淘汰锦标赛策略提升了烟花的探索能力，但它仍需要保持一些有用的信息来增强开采能力。因此，合理划分烟花的预期适应度值改进，可以使信息得到有效的利用。为了实现这一点，当前烟花 $\boldsymbol{X}_i$ 和最佳烟花 $\min\limits_i\left\{f\left(\boldsymbol{X}_i^g\right)\right\}$ 之间的适应度值差异定义如下：

$$\Delta_i = f\left(\boldsymbol{X}_i\right) - \min_j\left\{f\left(\boldsymbol{X}_j^g\right)\right\} \tag{17.4}$$

根据 Δ_i，最后一代（$g_{\max}$）中每个烟花的预期适应度值提升 $[(g_{\max} - g)\, I_i]$ 分为 4 度：$(+\infty, \Delta_i]$，用 C_1 表示；$(\Delta_i, \Delta_i/2]$，用 C_2 表示；$(\Delta_i/2, \Delta_i/4]$，用 C_3 表示；$(\Delta_i/4, 0]$，用 C_4 表示。每个度数触发相应的机制来改变烟花的搜索模式。

最后一代烟花（对应预期适应度值改进为 $f\left(\widehat{\boldsymbol{X}_i^{g_{\max}}}\right)$）分为以下 4 种情况：

$$C_1 : \left(-\infty, \min_j\{f(\boldsymbol{X}_j^g)\}\right]$$

$$C_2 : \left(\min_j\left\{f\left(\boldsymbol{X}_j^g\right)\right\}, \min_j\left\{f\left(\boldsymbol{X}_j^g\right)\right\} + \Delta_i/2\right]$$

$$C_3:\left(\min_j\left\{f\left(\boldsymbol{X}_j^g\right)\right\}+\Delta_i/2,\ \min_j\left\{f\left(\boldsymbol{X}_j^g\right)\right\}+3\Delta_i/4\right]$$

$$C_4:\left(\min_j\left\{f\left(\boldsymbol{X}_j^g\right)\right\}+3\Delta_i/4, f\left(\boldsymbol{X}_i\right)\right] \tag{17.5}$$

如果一个具有预期适应度值改进的烟花在 C_1 中，则认为它是有希望的，应该被保留以确保烟花群体的稳定性。如果该烟花在 C_2 中，在现有用途的基础上，迁移到最好的烟花 $\boldsymbol{X}_{\mathrm{b}}$，则利用当前信息增强开采能力。迁移操作计算如下：

$$\boldsymbol{X}_i=\boldsymbol{X}_i+\operatorname{rand}(0,1)\left(\boldsymbol{X}_{\mathrm{b}}-\boldsymbol{X}_i\right) \tag{17.6}$$

同时，烟花的爆炸半径会根据 $\boldsymbol{X}_{\mathrm{b}}$ 和 $\boldsymbol{X}_i$ 之间的距离更新：

$$A_i=(1-\theta)A_i+\theta\left\|\boldsymbol{X}_{\mathrm{b}}-\boldsymbol{X}_i\right\| \tag{17.7}$$

其中，θ 是控制迁移距离对爆炸半径的影响的参数。如果烟花在 C_3 中，则它会在一定范围内变异，增强探索能力。变异操作计算如下：

$$\boldsymbol{X}_i=\frac{\operatorname{rand}(-1,1)(L-U)}{10}+\boldsymbol{X}_i \tag{17.8}$$

其中，L 和 U 代表搜索空间的下限和上限。烟花 $\boldsymbol{X}_i$ 的爆炸半径仍然保持不变。如果在 C_4 中预测到烟花，它将被重启。

算法 17.3 展示了基于群体迁移和变异思想的改进交互机制。算法 17.4 展示了 ILoTFWA 的完整流程。

算法 17.3 基于群体迁移和变异思想的改进交互机制

输入： 最大迭代次数 $g_{\max}$，当前迭代次数 g，爆炸半径参数 θ。

1: **for** 当前的每个烟花 $\boldsymbol{X}_i$ **do**
2:     **if** $f\left(\boldsymbol{X}_i^g\right)<f\left(\boldsymbol{X}_i^{g-1}\right)$ **then**
3:         $I_i^g=f\left(\boldsymbol{X}_i^{g-1}\right)-f\left(\boldsymbol{X}_i^g\right)$;
        $\Delta_i=f\left(\boldsymbol{X}_i\right)-\min_j\left\{f\left(\boldsymbol{X}_j^g\right)\right\}$;
4:     **if** $f\left(\widehat{\boldsymbol{X}_i^{g_{\max}}}\right)$ 在 C_1 中 **then**
5:         保留烟花 $\boldsymbol{X}_i$;
6:     **else if** $f\left(\widehat{\boldsymbol{X}_i^{g_{\max}}}\right)$ 在 C_2 中 **then**
7:         通过式 (17.6) 执行烟花 $\boldsymbol{X}_i$ 的迁移；
8:         根据式 (17.7) 更新烟花 $\boldsymbol{X}_i$ 的爆炸半径；
9:     **else if** $f\left(\widehat{\boldsymbol{X}_i^{g_{\max}}}\right)$ 在 C_3 中 **then**
10:         通过式 (17.8) 执行烟花 $\boldsymbol{X}_i$ 的迁移；
11:     **else** 重启烟花 $\boldsymbol{X}_i$。

算法 17.4　ILoTFWA 的完整流程

1: 在搜索空间中随机初始化 N 个烟花并评估其适应度值。
2: **while** 未达到停机条件 **do**
3: 　计算爆炸火花数；
4: 　计算烟花的爆炸半径；
5: 　**for** 当前的每个烟花 $\boldsymbol{X}_i$ **do**
6: 　　在爆炸范围内均匀地产生爆炸火花；
7: 　　产生引导火花；
8: 　　评估火花和烟花的所有适应度值；
9: 　　从自己的烟花群体中选择一个最好的，作为下一代烟花；
10: 　根据算法 17.3 执行改进的交互机制；
11: 　**return** 最佳个体的位置和适应度值。

17.2.2　实验与分析

为了测试 ILoTFWA 的性能，本小节在包括 28 个函数的 CEC2013 基准测试集[8] 和包括 15 个函数的 CEC2015 基准测试集[146] 上进行数值实验。根据基准测试集的说明，将所有测试函数重复 51 次，所有测试函数的维数设置为 $D = 30$。每次运行的最大适应度评估次数为 $10000D$。

首先，本实验在 CEC2013 上将 ILoTFWA 与两种较新的烟花算法变体进行了比较，包括 LoTFWA 与 MSCFWA[94]。实验采用 Wilcoxon 符号秩检验，以验证性能改进（置信度至少为 95%）。实验结果的均值（Mean）、标准偏差（Std.）见表 17.5。表中，更好的结果加粗标示。由表可见，ILoTFWA 在 22 个测试函数中优于 LoTFWA 与 MSCFWA。此外，ILoTFWA 仅在 28 个测试函数中的 3 个（f_{15}、f_{21}、f_{28}）上比竞争者差。总之，ILoTFWA 在单模态函数和多模态函数上都表现出了出色的性能。

然后，为了进一步验证 IoTFWA，本实验将其在 CEC2015 上与 LoTFWA 进行了比较。实验结果见表 17.5。由表可见，ILoTFWA 在 15 个测试函数中的 10 个（$f_1 \sim f_2$、$f_4 \sim f_{10}$、f_{12}）上优于 LoTFWA。

在 LoTFWA 的独立选择框架下，本章介绍的烟花交互机制是基于烟花预期适应度值改进进行划分的。当预测烟花具有相对较大的适应度值改进时，它会被迁移到最佳烟花进行开采。当预测烟花的适应度值改进较小时，它会在一定范围内发生变异，以提高探索能力。实验结果表明，ILoTFWA 在单模态函数和多模态函数中均优于目前先进的烟花算法。

为了进一步验证 ILoTFWA，我们将其在 CEC2015 基准集上与 LoTFWA 进行了比较。实验结果见表 17.6。实验结果显示，ILoTFWA 在 15 个函数中的 10 个（$f_1 \sim f_2$、$f_4 \sim f_{10}$、f_{12}）上优于 LoTFWA。

表 17.5　CEC2013 上 MSCFWA、LoTFWA 和 ILoTFWA 的比较结果

测试函数	MSCFWA		LoTFWA		ILoTFWA	
	Mean	Std.	Mean	Std.	Mean	Std.
f_1	6.82×10^{-13}	6.07×10^{-13}	$\mathbf{0.00 \times 10^{0}}$	0.00×10^{0}	$\mathbf{0.00 \times 10^{0}}$	0.00×10^{0}

续表

测试函数	MSCFWA		LoTFWA		ILoTFWA	
	Mean	Std.	Mean	Std.	Mean	Std.
f_2	9.76×10^5	4.93×10^5	1.19×10^6	4.27×10^5	$\mathbf{8.64 \times 10^5}$	5.05×10^5
f_3	1.80×10^7	2.03×10^7	2.23×10^7	1.91×10^7	$\mathbf{4.57 \times 10^6}$	5.48×10^6
f_4	1.89×10^3	7.09×10^2	2.13×10^3	8.11×10^2	$\mathbf{5.62 \times 10^2}$	1.57×10^2
f_5	4.00×10^{-3}	6.19×10^{-4}	3.55×10^{-3}	5.01×10^{-4}	$\mathbf{2.13 \times 10^{-3}}$	5.99×10^{-4}
f_6	1.52×10^1	5.89×10^0	1.45×10^1	6.84×10^0	$\mathbf{1.29 \times 10^1}$	3.40×10^0
f_7	4.08×10^1	1.27×10^1	5.05×10^1	9.69×10^0	$\mathbf{2.68 \times 10^1}$	8.85×10^0
f_8	$\mathbf{2.09 \times 10^1}$	5.14×10^{-2}	$\mathbf{2.09 \times 10^1}$	6.14×10^{-2}	$\mathbf{2.09 \times 10^1}$	6.39×10^{-2}
f_9	1.70×10^1	1.82×10^0	1.45×10^1	2.07×10^0	$\mathbf{1.08 \times 10^1}$	2.76×10^0
f_{10}	3.49×10^{-2}	2.31×10^{-2}	4.52×10^{-2}	2.47×10^{-2}	$\mathbf{2.39 \times 10^{-2}}$	1.88×10^{-2}
f_{11}	8.23×10^1	1.62×10^1	6.39×10^1	1.04×10^{-1}	$\mathbf{3.14 \times 10^1}$	9.43×10^0
f_{12}	7.84×10^1	1.52×10^1	6.82×10^1	1.45×10^1	$\mathbf{3.46 \times 10^1}$	9.86×10^0
f_{13}	1.46×10^2	2.79×10^1	1.36×10^2	2.30×10^1	$\mathbf{5.96 \times 10^1}$	1.82×10^1
f_{14}	2.76×10^3	3.24×10^2	2.38×10^3	3.13×10^2	$\mathbf{2.10 \times 10^3}$	3.81×10^2
f_{15}	2.75×10^3	3.22×10^2	$\mathbf{2.58 \times 10^3}$	3.83×10^2	2.77×10^3	2.27×10^2
f_{16}	1.87×10^{-1}	7.19×10^{-2}	5.74×10^{-2}	2.13×10^{-2}	$\mathbf{5.45 \times 10^{-2}}$	2.14×10^{-2}
f_{17}	1.34×10^2	2.01×10^1	6.20×10^1	9.45×10^0	$\mathbf{5.66 \times 10^1}$	8.77×10^0
f_{18}	1.37×10^2	1.78×10^1	6.12×10^1	9.56×10^0	$\mathbf{5.83 \times 10^1}$	6.03×10^0
f_{19}	5.03×10^0	1.14×10^0	3.05×10^0	6.43×10^{-1}	$\mathbf{2.79 \times 10^0}$	4.49×10^{-1}
f_{20}	1.27×10^1	1.03×10^0	1.33×10^1	1.02×10^0	$\mathbf{1.14 \times 10^1}$	9.89×10^{-1}
f_{21}	2.18×10^2	3.83×10^1	$\mathbf{2.00 \times 10^2}$	2.80×10^{-3}	2.20×10^2	4.22×10^1
f_{22}	3.40×10^3	4.62×10^2	3.12×10^3	3.79×10^2	$\mathbf{2.81 \times 10^3}$	3.98×10^2
f_{23}	3.42×10^3	4.07×10^2	3.11×10^3	5.16×10^2	$\mathbf{2.85 \times 10^3}$	5.00×10^2
f_{24}	2.44×10^2	8.73×10^0	2.37×10^2	1.20×10^1	$\mathbf{2.21 \times 10^2}$	1.78×10^1
f_{25}	2.78×10^2	6.35×10^0	2.71×10^2	1.97×10^1	$\mathbf{2.68 \times 10^2}$	6.82×10^0
f_{26}	$\mathbf{2.00 \times 10^2}$	2.06×10^{-2}	$\mathbf{2.00 \times 10^2}$	1.76×10^1	$\mathbf{2.00 \times 10^2}$	1.04×10^{-2}
f_{27}	7.95×10^2	5.23×10^1	6.84×10^2	9.77×10^1	$\mathbf{6.00 \times 10^2}$	1.72×10^2
f_{28}	2.80×10^2	5.99×10^1	$\mathbf{2.65 \times 10^2}$	7.58×10^1	2.80×10^2	6.32×10^1
平均排名	2.43		2.04		**1.11**	

表 17.6　CEC2015 上 LoTFWA 和 ILoTFWA 的比较结果

测试函数	LoTFWA		ILoTFWA	
	Mean	Std.	Mean	Std.
f_1	1.1097×10^6	6.2634×10^5	$\mathbf{8.7910 \times 10^5}$	3.2667×10^5
f_2	1.6949×10^3	1.7226×10^2	$\mathbf{1.5105 \times 10^3}$	1.1089×10^1
f_3	$\mathbf{1.5200 \times 10^3}$	1.9981×10^{-5}	$\mathbf{1.5200 \times 10^3}$	1.0982×10^{-4}
f_4	1.5631×10^3	1.0018×10^1	$\mathbf{1.5303 \times 10^3}$	5.9840×10^0
f_5	3.5896×10^3	2.3758×10^2	$\mathbf{3.0778 \times 10^3}$	4.6273×10^2
f_6	2.6784×10^4	1.1232×10^4	$\mathbf{2.0096 \times 10^4}$	1.0212×10^4
f_7	1.5119×10^3	1.3659×10^0	$\mathbf{1.5110 \times 10^3}$	2.4589×10^0
f_8	2.1660×10^4	1.3702×10^4	$\mathbf{1.8835 \times 10^4}$	1.1098×10^4
f_9	1.6038×10^3	2.3134×10^{-1}	$\mathbf{1.6031 \times 10^3}$	2.5798×10^{-1}
f_{10}	4.5436×10^4	2.2027×10^4	$\mathbf{2.4947 \times 10^4}$	1.1543×10^4
f_{11}	$\mathbf{1.8038 \times 10^3}$	8.5392×10^{-1}	1.8179×10^3	4.7949×10^1
f_{12}	1.6078×10^3	9.4638×10^{-1}	$\mathbf{1.6058 \times 10^3}$	7.9294×10^{-1}
f_{13}	$\mathbf{1.5001 \times 10^3}$	2.5096×10^{-2}	$\mathbf{1.5001 \times 10^3}$	3.1067×10^{-2}
f_{14}	$\mathbf{3.2932 \times 10^4}$	1.1173×10^2	3.3244×10^4	9.6429×10^2
f_{15}	$\mathbf{1.5000 \times 10^3}$	2.2201×10^{-11}	$\mathbf{1.5000 \times 10^3}$	5.6499×10^{-12}
平均排名	1.67		**1.13**	

17.3　小结

本章介绍了两种混合烟花算法，这两种烟花算法分别结合了目前性能较好的 DE 算法与 BBO 算法，发挥出了各自的优势，使得烟花算法的性能得到了进一步的提升。

第 18 章　其他改进烟花算法

18.1　精英引导的烟花算法

本章基于动态搜索烟花算法（dynFWA）提出一种烟花算法的重要改进——精英引导的烟花算法（ELFWA）。在 dynFWA 中，烟花被分为两组：核心烟花和非核心烟花。ELFWA 从非核心烟花中获取一些有益信息，以加强核心烟花的局部搜索效果。随机重启和精英引导的算子用于保持非核心烟花的多样性，在全局搜索中起着重要作用。基于 CEC2015 基准函数集的实验表明，ELFWA 的性能与目前最先进的烟花算法相比极具竞争力。

18.1.1　算法细节

在提出 ELFWA 之前，应该先介绍一下 dynFWA 中核心烟花和非核心烟花的区别。二者最大的不同是：核心烟花有更多的机会产生更好的火花并被选中进入下一次迭代，非核心烟花的主要作用是保持群体多样性并进行全局搜索。但是如果使用其他更有效的操作，全局搜索可能会更有效，如果给出更多的火花，核心烟花的效果可能会更明显。与 dynFWA 相比，ELFWA 中的核心烟花能够产生更多火花，而非核心烟花不会产生火花。作为补偿，非核心烟花将通过运行另一个操作来不断进化，以进行全局搜索。

1. 核心烟花操作

ELFWA 中核心烟花的一些操作如下。

（1）在 ELFWA 中，核心烟花表示全局最优解，即目前为止找到的最优解。

（2）与 dynFWA 不同，ELFWA 中的火花数是不可改变的。在本章中，核心烟花的火花数是一个常数，等于非核心烟花数。

（3）核心烟花爆炸半径的计算方法不变。

（4）核心烟花产生火花的方式与 dynFWA 相同。

（5）核心烟花（CF）使用当前迭代中来自非核心烟花（用 nonCF 表示）或核心烟花火花（用 SparksofCF 表示）的最佳解决方案或前一次迭代中的全局最佳解决方案进行更新，具体取决于烟花的适应度，即

$$\mathrm{CF}(t)=\arg\min\{f(\mathrm{nonCF}(t)),f(\mathrm{SparksofCF}(t)),f(\mathrm{CF}(t-1))\} \tag{18.1}$$

2. 非核心烟花操作

ELFWA 中采用了一种新的策略（用于非核心烟花），它包括两个操作，即随机重置操作和精英引导操作。随机重置操作决定是否以给定概率重置非核心烟花。如果随机数 r_1 小于给定概率，则非核心烟花将通过式 (18.2) 进行重启。

$$\mathrm{nonCF}_i^k=X_{\min}^k+\mathrm{rand}(0,1)\left(X_{\max}^k-X_{\min}^k\right) \tag{18.2}$$

其中，nonCF_i^k 表示第 i 个非核心烟花的第 k 维，$X_{\max}^k$ 和 $X_{\min}^k$ 表示第 k 维的上限和下限。

非核心烟花被重启后，当前的所有解将重新分布在搜索空间中，并且通常会变得更糟。因此，为了搜索更多更有益的区域，ELFWA 使用精英引导操作来提高非核心烟花在连续迭代中的

质量，见式 (18.3)。

$$\text{nonCF}_i(t) = \text{nonCF}_i(t-1) + \text{rand}(0,1)(\text{gBS}(t-1) - \text{lBS}(t-1)) \tag{18.3}$$

其中，$\text{gBS}(t-1)$ 表示全局最优解；$\text{lBS}(t-1)$ 表示上一次迭代的非核心烟花中的最优解，当非核心烟花被重启时，它将被更改；rand $(0,1)$ 是 0 到 1 之间的随机数。可以发现，所有非核心烟花都具有相同的方向，这是由 gBS 和 lBS 决定的。这个过程可以看作当前非核心烟花的最佳解决方案，将所有非核心烟花引导到其中最好的一个。此外，gBS 等于 CF，因此 gBS 对算法非常重要。这就是该算法被命名为精英引导的烟花算法的原因。

ELFWA 的映射算子如式 (18.4) 所示：

$$X_i^k = \begin{cases} \min\left(X_{\max}^k, 2X_{\max}^k - X_i^k\right) & X_i^k > X_{\max}^k \\ \max\left(X_{\min}^k, 2X_{\min}^k - X_i^k\right) & X_i^k < X_{\min}^k \end{cases} \tag{18.4}$$

映射操作后，ELFWA 会评估爆炸火花和非核心烟花的质量。ELFWA 的框架见算法 18.1。

算法 18.1　ELFWA 的框架

1: 将 $N/2$ 个烟花初始化为非核心烟花；
2: 评估所有非核心烟花，设定最好的烟花为核心烟花。
3: **while** 未达到停机条件 **do**
4: 　　对核心烟花计算爆炸半径；
5: 　　生成爆炸火花；
6: 　　将超出可行域的火花映射回可行域；
7: 　　**if** $r_1 < 0.05$ **then**
8: 　　　　重启非核心烟花，评估非核心烟花的质量并重置 lBS；
9: 　　更新非核心烟花；
10: 　　将超出可行域的非核心烟花映射回可行域；
11: 　　**if** $f(\text{nonCF}(t-1)) < f(\text{nonCF}(t))$ **then**
12: 　　　　更新非核心烟花的爆炸半径；
13: 　　更新核心烟花的爆炸半径；
14: 输出最后的解与适应度值。

18.1.2　实验与分析

本小节使用 CEC2015[146] 基准测试集中的 15 个测试函数来验证 ELFWA 的有效性，并与 4 种算法进行比较，包括 EFWA[14]、dynFWA[97]、dynFWACM[84] 和 eddynFWA[71]，它们都是当前表现效果较好的烟花算法变体。

上述 5 种算法的收敛曲线如图 18.1 所示。由图可见，ELFWA 采用的策略是有效的：对于 f_1、f_2、f_6、f_8、f_{10} 和 f_{12}，ELAFWA 的效果非常好；对于 f_3 和 f_5，参与对比的所有算法几乎都能找到相同的结果；对于其余函数，虽然 ELFWA 的表现不是最好的，但它可以在函数评估次数较少的情况下找到具有竞争力的解决方案。

表 18.1 展示了 4 种算法在 CEC2015 上的均值（Mean）与标准偏差（Std.）。由表可见，eddynFWA、dynFWACM 和 ELFWA 的总排名相近，其中 ELFWA 的总排名最好。在全部 15 个测试函数上，ELFWA 在其中 10 个测试函数上的性能优于 dynFWA，并且在 2 个测试函数上的

表现与 dynFWA 相同。同时，dynFWA 在其他 3 个测试函数上的表现略优于 ELFWA。此外，从表 18.1 中的标准偏差可以看出，ELFWA 的结果是比较稳健的。

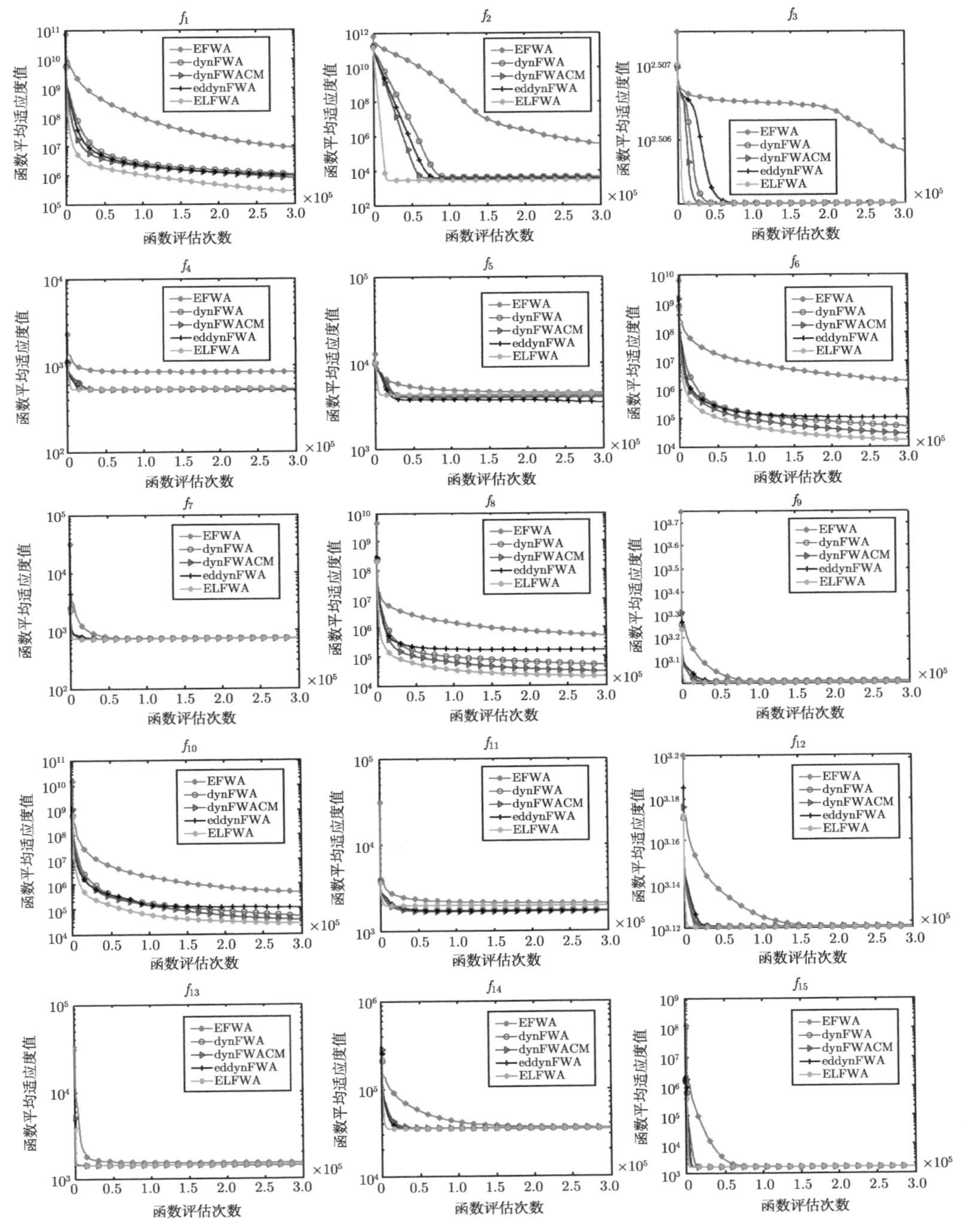

图 18.1 5 种算法的收敛曲线

表 18.1　4 种算法在 CEC2015 上的实验结果

测试函数	dynFWA			dynFWACM			eddynFWA			ELFWA	
	Mean	Std.	对比结果	Mean	Std.	对比结果	Mean	Std.	对比结果	Mean	Std.
f_1	1.03×10^6	3.23×10^5	–	7.71×10^5	4.53×10^5	–	9.52×10^5	6.34×10^5	–	$\mathbf{2.67\times10^5}$	$\mathbf{1.37\times10^5}$
f_2	4.24×10^3	3.93×10^3	–	3.78×10^3	4.02×10^3	–	3.54×10^3	4.06×10^3	–	$\mathbf{2.92\times10^3}$	$\mathbf{3.15\times10^3}$
f_3	3.20×10^2	5.87×10^{-6}	≈	3.20×10^2	1.51×10^{-5}	≈	3.20×10^2	1.88×10^{-6}	≈	$\mathbf{3.20\times10^2}$	$\mathbf{2.64\times10^{-3}}$
f_4	5.26×10^2	3.35×10^1	≈	5.23×10^2	3.51×10^1	≈	$\mathbf{3.20\times10^2}$	3.34×10^1	≈	5.30×10^2	$\mathbf{3.32\times10^1}$
f_5	4.10×10^3	7.01×10^2	≈	3.95×10^3	6.85×10^2	≈	$\mathbf{3.46\times10^3}$	$\mathbf{6.60\times10^2}$	≈	4.28×10^3	8.64×10^2
f_6	4.96×10^4	3.62×10^4	–	2.72×10^4	2.07×10^4	–	1.01×10^5	6.12×10^4	–	$\mathbf{1.63\times10^4}$	$\mathbf{1.02\times10^4}$
f_7	7.18×10^2	1.37×10^1	–	7.15×10^2	$\mathbf{4.73\times10^0}$	≈	$\mathbf{7.17\times10^2}$	1.51×10^1	≈	7.18×10^2	1.27×10^1
f_8	4.85×10^4	1.95×10^4	–	2.87×10^4	1.34×10^4	–	$\mathbf{1.59\times10^5}$	$\mathbf{1.03\times10^5}$	–	1.92×10^4	1.10×10^4
f_9	1.02×10^3	6.15×10^1	–	1.01×10^3	3.58×10^1	≈	$\mathbf{1.01\times10^3}$	3.34×10^1	≈	1.01×10^3	$\mathbf{3.97+01}$
f_{10}	4.91×10^4	1.66×10^4	–	3.45×10^4	1.36×10^4	–	1.10×10^5	$\mathbf{6.88\times10^4}$	–	$\mathbf{2.48\times10^4}$	1.22×10^4
f_{11}	1.71×10^3	2.60×10^2	≈	$\mathbf{1.66\times10^3}$	2.44×10^2	≈	1.68×10^3	$\mathbf{2.10\times10^2}$	≈	1.93×10^3	2.15×10^2
f_{12}	1.31×10^3	1.94×10^0	–	1.31×10^3	1.98×10^0	–	1.31×10^3	1.95×10^0	–	$\mathbf{1.31\times10^3}$	$\mathbf{1.71\times10^0}$
f_{13}	1.43×10^3	$\mathbf{5.79\times10^0}$	–	1.43×10^3	6.91×10^0	–	$\mathbf{1.41\times10^3}$	7.68×10^0	≈	1.43×10^3	7.44×10^0
f_{14}	3.50×10^4	1.75×10^3	–	3.55×10^4	1.86×10^3	–	$\mathbf{3.47\times10^4}$	1.43×10^3	≈	3.49×10^4	$\mathbf{1.42\times10^3}$
f_{15}	1.60×10^3	8.76×10^{-12}	–	1.60×10^3	8.52×10^{-13}	≈	1.60×10^3	4.53×10^{-13}	–	$\mathbf{1.60\times10^3}$	$\mathbf{9.23\times10^{-13}}$
总排名	3.13			2.26			2.20			2.13	

18.2 基于动态群体规模的烟花算法

本节介绍一种针对烟花算法的动态群体规模策略，它可以根据当前一代的搜索结果调整群体规模：当更新当前找到的最优个体时，激活线性递减方法以保持高效的开采速度，群体规模会减 1，并在达到最小预设群体规模后保持不变；否则，随机生成比初始群体更大的群体，并人为地扩大所有烟花个体的爆炸范围，以达到摆脱当前的局部最小值的目的。实验结果表明，动态群体规模策略不仅可以使烟花算法获得更快的收敛速度，还可以更容易地摆脱当前的局部最小值以保持更高的性能（特别是对于高维问题）。

18.2.1 算法细节

由于烟花算法是对真实烟花的爆炸进行建模以逐步提高候选解（烟花个体）的质量，这意味着需要分配大量资源（适应度值评估）到烟花产生的火花上。一般来说，火花个体的数量是烟花个体的数倍甚至十倍。假设每一代的火花数不变，则群体规模越小，每个烟花个体分配的资源越多，即产生的火花个体越多。反之，则每个烟花个体分配的资源较少，爆炸半径相对减小。由此可见，群体规模可能是影响烟花算法性能的一个重要参数。

在过去的研究中，有一些通过参数调整显著提高烟花算法性能的例子。例如，Yu 等人[61] 提出了一种通过减小烟花个体的爆炸半径来逐渐削弱探索并增强开采的策略。dynFWA 动态地增加或减小当前最佳烟花个体的爆炸半径，以在处理不同的收敛期时保持高性能[97]。然而，据作者所知，很少有人关注烟花算法的群体规模，这就是动态群体规模策略被提出的动机：通过改变群体规模来提高烟花算法的性能。

动态群体规模策略分为增加或减小群体规模两种情况。首先，使用当前最优个体是否已更新作为指标来调整群体规模。当指标更新时，这意味着当前群体很有可能找到更多潜在区域。因此，减小群体规模可以进一步提高开采能力，因为烟花个体可以更精确地搜索其附近的区域。不幸的是，当指标没有更新时，这意味着当前群体可能被困在难以逃脱的局部最优区域。通过将重点转移到探索上，增加群体规模有助于逃离当前被困的局部区域。图 18.2 展示了上述两种情况的效果，其中图 18.2（a）展示了减小群体规模以换取快速收敛的情况，图 18.2（b）则展示了增加群体规模以换取多样性和避免陷入局部区域的情况。算法 18.2 展示了一个通用优化框架，其中动态群体规模策略被集成到烟花算法中。

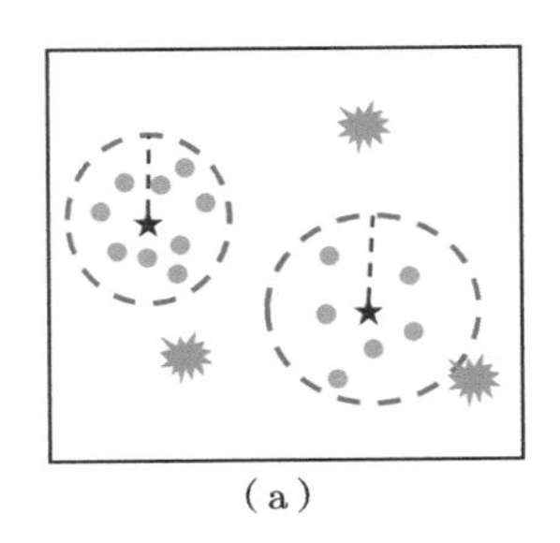
(a)

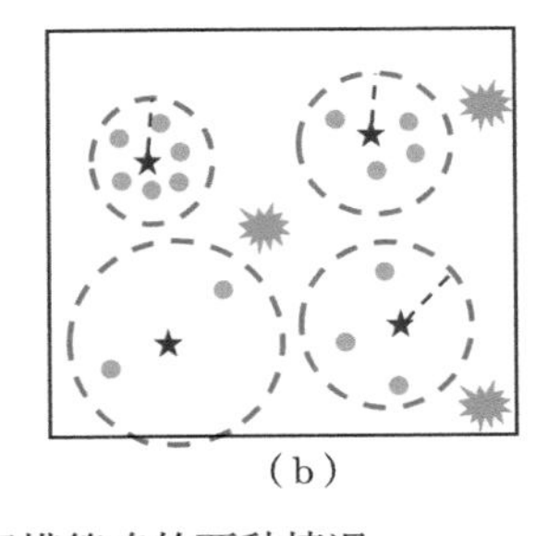
(b)

图 18.2 改变群体规模策略的两种情况

虽然其他进化算法中已经采用了许多动态控制群体规模的方法，但本策略分别使用线性递减法（见规则 1）和随机法（见规则 2）来减小和增加群体规模。注意，为了确保在每一代中的适应度值评估次数相同，本策略根据烟花数的变化增加或减少火花数，即如果烟花数增加（减少）k，则火花数减少（增加）k。

算法 18.2　动态群体规模策略与烟花算法相结合的通用优化框架

1: 随机初始化烟花个体；
2: 评估各烟花的适应度值；
3: **while** 未达到停机条件 **do**
4: 　烟花爆炸，产生火花个体；
5: 　产生变异火花个体（可选）；
6: 　**if** 产生的火花个体超出了可行域 **then**
7: 　　使用映射规则将其映射回可行域；
8: 　评估产生的火花个体；
9: 　**if** 找到了比当前个体更好的解 **then**
10: 　　下一代的群体规模根据规则 1 减小；
11: 　**else**
12: 　　下一代的群体规模根据规则 2 增加；
13: 　在候选火花中选出最好的个体作为下一代烟花。

规则 1　当前的群体规模减 1，成为下一代的群体规模。为了避免群体规模过小，我们将初始群体规模的一半设置为下限。当群体规模减小到下限时，它保持不变，直到执行规则 2。

规则 2　下一代的群体规模在初始群体规模和上限之间随机生成，上限设置为初始群体规模的 1.5 倍。此外，还引入了对爆炸半径的修改，即所有烟花个体的爆炸半径加倍，及时离开当前区域。

18.2.2　实验与分析

本实验选择强大的 EFWA[14] 作为基线算法，并将其与本节介绍的动态群体规模策略结合。为了分析其性能，实验中使用了来自 CEC2013[137] 的 28 个具有 3 个不同维度（$D = 2$、$D = 10$、$D = 30$）的测试函数。

本实验使用适应度值评估的数量而不是迭代次数作为公平比较的终止条件，在 3 个不同维度上对每个测试函数运行 EFWA 和结合了动态群体规模策略的 EFWA（用 EFWADyPS 表示），并分别进行 30 次独立试运行。最后，应用 Wilcoxon 符号秩检验来检测 EFWA 和 EFWADyPS 在停止条件下的显著性差异，例如适应度值评估的最大数量。实验结果见表 18.2。

由于烟花算法使用一对多的代际关系（单个烟花个体产生多个火花个体的方式）来优化问题，所以群体规模的波动会导致火花个体的重新分布，甚至影响烟花个体的爆炸范围。换句话说，改变群体规模可以间接地影响爆炸操作，这是影响烟花算法性能的核心因素。由于个体总数保持不变，减小群体规模允许烟花个体更精确地探索局部区域，而增加群体规模允许烟花个体探索更广泛的区域。因此，本节介绍的动态群体规模策略可以通过根据不同的优化问题，甚至同一个问题的不同时期动态地调整群体规模，进一步平衡探索和开采。此外，本节介绍的动态群体规模策略不需要添加任何额外的适应度值计算，增加的 CPU 计算时间可以忽略不计。因此，这是一种低成本、高回报的策略。

本节介绍的动态群体规模策略还具有较强的适应性。除本实验的基线算法 EFWA 外，该策略还可以很容易地与其他版本的烟花算法（如 DynFWA 和 AFWA[15]）结合，而不会改变它们的独创性。此外，调整群体规模的其他方法也可以引入本节介绍的动态群体规模策略。例如，非线性递减（递增）方法也可以替代该策略中的线性递减法和随机法，以获得更好的性能。因此，本节介绍的动态群体规模策略仍有很大的改进空间。

表 18.2 CEC2013 上的实验结果

测试函数	$D=2$	$D=10$	$D=30$
f_1	EFWADyPS $\gg$ EFWA	EFWA $\gg$ EFWADyPS	EFWA $\gg$ EFWADyPS
f_2	EFWADyPS $\approx$ EFWA	EFWADyPS $>$ EFWA	EFWADyPS $>$ EFWA
f_3	EFWADyPS $>$ EFWA	EFWADyPS $\gg$ EFWA	EFWADyPS $\gg$ EFWA
f_4	EFWADyPS $\approx$ EFWA	EFWADyPS $\approx$ EFWA	EFWADyPS $\gg$ EFWA
f_5	EFWADyPS $\approx$ EFWA	EFWADyPS $\gg$ EFWA	EFWADyPS $\gg$ EFWA
f_6	EFWADyPS $\approx$ EFWA	EFWADyPS $>$ EFWA	EFWADyPS $>$ EFWA
f_7	EFWADyPS $\approx$ EFWA	EFWADyPS $\gg$ EFWA	EFWADyPS $>$ EFWA
f_8	EFWADyPS $>$ EFWA	EFWADyPS $\approx$ EFWA	EFWADyPS $\approx$ EFWA
f_9	EFWADyPS $\approx$ EFWA	EFWADyPS $\approx$ EFWA	EFWADyPS $\gg$ EFWA
f_{10}	EFWADyPS $\gg$ EFWA	EFWADyPS $\gg$ EFWA	EFWADyPS $\gg$ EFWA
f_{11}	EFWADyPS $\gg$ EFWA	EFWADyPS $\approx$ EFWA	EFWADyPS $>$ EFWA
f_{12}	EFWADyPS $\approx$ EFWA	EFWADyPS $\approx$ EFWA	EFWADyPS $\gg$ EFWA
f_{13}	EFWADyPS $\approx$ EFWA	EFWADyPS $\approx$ EFWA	EFWADyPS $\gg$ EFWA
f_{14}	EFWADyPS $\approx$ EFWA	EFWADyPS $\approx$ EFWA	EFWADyPS $\approx$ EFWA
f_{15}	EFWADyPS $\approx$ EFWA	EFWADyPS $\approx$ EFWA	EFWADyPS $\approx$ EFWA
f_{16}	EFWA $\gg$ EFWADyPS	EFWADyPS $\approx$ EFWA	EFWA $\gg$ EFWADyPS
f_{17}	EFWADyPS $\approx$ EFWA	EFWADyPS $\gg$ EFWA	EFWADyPS $\gg$ EFWA
f_{18}	EFWADyPS $\approx$ EFWA	EFWADyPS $\gg$ EFWA	EFWADyPS $\gg$ EFWA
f_{19}	EFWADyPS $\approx$ EFWA	EFWADyPS $\gg$ EFWA	EFWADyPS $\gg$ EFWA
f_{20}	EFWADyPS $\gg$ EFWA	EFWADyPS $\approx$ EFWA	EFWADyPS $\approx$ EFWA
f_{21}	EFWADyPS $\approx$ EFWA	EWFADyPS $\approx$ EFWA	EFWA $\gg$ EFWADyPS
f_{22}	EFWADyPS $>$ EFWA	EFWADyPS $\approx$ EFWA	EFWADyPS $>$ EFWA
f_{23}	EFWADyPS $\approx$ EFWA	EFWADyPS $\approx$ EFWA	EFWADyPS $\approx$ EFWA
f_{24}	EFWADyPS $\approx$ EFWA	EFWADyPS $>$ EFWA	EFWADyPS $\gg$ EFWA
f_{25}	EFWADyPS $\approx$ EFWA	EFWADyPS $\gg$ EFWA	EFWADyPS $\approx$ EFWA
f_{26}	EFWADyPS $\approx$ EFWA	EFWADyPS $\approx$ EFWA	EFWADyPS $\approx$ EFWA
f_{27}	EFWADyPS $\approx$ EFWA	EFWADyPS $>$ EFWA	EFWADyPS $\gg$ EFWA
F_{28}	EFWADyPS $\approx$ EFWA	EFWADyPS $\gg$ EFWA	EFWADyPS $>$ EFWA

18.3 小结

本章介绍了烟花算法的另外两种重要的变体，分别为精英引导的烟花算法（ELFWA）与基于动态群体规模的烟花算法。ELFWA 通过从非核心烟花中获取一些有益信息，能够加强核心烟花的局部搜索效果，同时保留了烟花群体的多样性。而基于动态群体规模的烟花算法通过在搜索过程中改变烟花的群体数量来平衡搜索过程中的探索和开采阶段，能够在节约搜索资源的同时提升性能。

第四部分

烟花算法应用

第 19 章　烟花算法应用研究综述

烟花算法因其强大的问题求解能力被应用到诸多领域。自从烟花算法被提出后，很多研究人员尝试将其应用到各自领域对优化问题的求解中，如方程组求解、非负矩阵分解、垃圾邮件检测等。近年来，烟花算法也被广泛地应用于机器学习、调度与规划、设计与控制等多个方面，并取得了十分明显的应用效果。利用烟花算法解决各类应用问题是当前一种新的途径，随着新的算法和思想不断涌现，除上述应用之外，烟花算法也越来越多地被应用于各种改进方法的深入研究、混合方法的研究、大数据问题的求解及动态优化问题的求解等。未来，研究如何将烟花算法应用到更广泛的应用中具有重大意义。

19.1　烟花算法在机器学习领域的应用

监督学习与无监督学习作为机器学习的两大类问题得到了广泛的研究，本节介绍烟花算法在这两类问题中的应用。

19.1.1　监督学习

监督学习（Supervised Learning）是机器学习领域最传统的学习模式之一，该模式下所有参与训练的样本都有明确且已知的标签。监督学习的典型模型包括以支持向量机、线性回归为代表的统计学习模型，以及由多层感知机发展而来的各类人工神经网络。监督学习模型需要通过反向传播算法对模型的参数不断进行优化，目前常用的优化算法是梯度方法，如自适应动态估计算法等。梯度方法的计算效率较高，但非常容易陷入局部极值，因此很多研究人员尝试使用群体智能优化算法对监督学习模型进行优化。烟花算法本身具有较强的全局优化能力与较高的计算效率，在该领域有不少具有代表性的工作。

原始的烟花算法可以优化伽马射线能谱分析的线性回归模型以确定光谱的构成[147]。另外，一种适用样本不平衡分类问题的带权模式匹配方法也采用烟花算法进行特征与参数的优化[148]。Duan 等人提出了一类碱性氧气炉炼钢终点预测的双支持向量回归预测模型，并使用烟花算法进行了优化[149]。Zhang 等人使用烟花算法对非自然控制图模式识别的多分类支持向量机进行了优化[150]。Lei 等人使用 BBFWA 优化了支持向量机，可以对短期内的电力负荷变化进行预测[151]。烟花算法还可以优化前馈神经网络，并应用于医疗数据处理[152]。此外，还有烟花算法被应用于股票价格估计的神经网络[153]。此外，有研究人员在公开数据集上测试了烟花算法优化神经网络参数的能力，并与其他群体智能优化算法进行了对比[154]。Zhang 等人构建了一个三层感知机对交通流量进行预测，并使用烟花算法对模型进行了优化[154]。除上述工作外，还有很多研究人员采用烟花算法对其他监督学习模型进行了优化，并取得了不错的成果[155-158]。本章后续章节将以神经网络与支持向量机为例，详细阐述烟花算法在监督学习领域的应用。

19.1.2　无监督学习

无监督学习（Unsupervised Learning）是根据类别未知（未被标记）的训练样本解决模式识别中的各种问题。无监督学习算法没有标签，因此训练模型往往没有明确目标，训练结果也可能并不确定。从本质上来说，无监督学习算法是一种概率统计的方法，用来在数据中发现一些潜在结构。无监督学习在机器学习、数据挖掘、生物医学大数据分析、数据科学等领域有着重要地位，其最常应用的场景是聚类和降维。

有研究人员使用烟花算法聚类进行图像分割[159]，Li 等人使用自动差分进化和烟花算法进行动态同步聚类分类学习[160]。此外，还有研究人员使用基于人工神经网络的烟花聚类算法延长 RWSN 生存时间[161]。Zhang 等人使用烟花算法进行特征降维，以优化混合控制图模式识别[162]，还有研究人员在 MIMO-OFDM 系统中基于烟花算法降低搜索的峰均比[163]。本书后续章节将以聚类与社区发现为例，详细阐述烟花算法在无监督学习领域的应用。

19.2　烟花算法在调度与规划问题中的应用

在路径规划、投资组合、无线传感器网络等调度与规划问题中，烟花算法有着广泛的应用。本节对这 3 个方面的应用进行介绍。

19.2.1　路径规划

物流行业是我国重要的支柱产业之一，对经济增长具有重要贡献。物流配送是物流行业的关键，有效降低物流成本、以更高的效率交付货物则是物流配送的目标。为此，车辆路径规划问题受到了很多研究人员的关注。一般来说，车辆路径规划问题会被抽象为一个离散优化问题，常见的求解方法包括线性规划方法与群体智能优化算法。烟花算法作为一类优秀的群体智能优化算法，也被广泛应用于该问题的求解。

Yang 等人对烟花算法的爆炸算子与爆炸半径进行了一定的修改，并将其应用于带有容量约束的车辆路径规划问题，取得了一定的成果[164]。Cai 等人提出了包含时间窗、车型、容量、运输成本、产品成本等多种因素在内的多时间窗供应链车辆路径问题模型，并提出了量子烟花算法求取最优解[165]。Li 等人提出了一类动态增强烟花算法，并使用它求解包含有障碍物与车辆动力学约束的自动驾驶实时路径规划问题的最优解[166]。

19.2.2　投资组合

投资组合问题历来是投资学领域的研究重点，其基本原则是有效量化与平衡投资中的风险与收益，从而获得最佳的资产分配比例。马科维茨均值-方差（Markowitz Mean-variance，MM）模型奠定了该领域的理论基础，给出了投资组合风险的决定因素，并揭示了“资产的期望收益由其风险的大小来决定”这个重要原则。然而，MM 模型较复杂，本质上是一个 NP 难问题，这使得该模型在 20 世纪 50 年代被提出时并没有得到广泛应用。而群体智能优化算法的发展与兴盛使得这个模型在当下有了更加广阔的应用场景。Bacanin 与 Tuba 等人较早地将烟花算法引入 MM 模型的优化中[167]，Zhang 与 Liu 则对烟花算法做了有针对性的改进并将其应用于同样的优化问题，取得了优于其他经典群体智能优化算法的结果[168]。

19.2.3　无线传感器网络

无线传感器网络（Wireless Sensor Network）通常是指由大量的传感器构成的无线分布式网络，传感器一方面能够作为网络的末梢感知外部环境，另一方面则需要利用无线通信技术进行信息的交互。在该领域中，如何合理部署网络的传感器节点，使得网络尽可能多地覆盖兴趣区域是最关键的问题之一。最直观的思路是增加网络的传感器数量以提高网络覆盖率，但过多的传感器可能会造成数据传输冲突，进而影响网络稳定性。因此，需要平衡网络的冗余度与覆盖率，而这个问题同样可以抽象为一个带有约束的复杂优化问题。

Liu 等人使用 EFWA 寻求无线传感器网络动态部署的最优解[169]，是烟花算法在该问题上比较典型的工作。Tuba 等人使用 BBFWA 求解无人机作为无线传感器网络空中基站的最优解[170]。Wei 等人提出了一种多目标离散烟花算法（Multi-objective Discrete Fireworks Algorithm，MODFA），并用其求解无线传感器网络的最优布局以最大化传感器节点的剩余寿命与数据采集量[171]。Xia 等人提出了混合变量烟花优化算法（Mixed-variable Fireworks Optimization Algorithm，MVFOA）优化网络部署，以提高网络的使用寿命与数据采集量[172]。Liu 等人提出了一种新型的离散聚类烟花算法（Discrete Fireworks Algorithm for Clustering，DFWA-C），并利用其对无线传感器网络进行分组。

19.3 烟花算法在设计与控制问题中的应用

除上述问题外，烟花算法还在控制算法参数优化、群体机器人等设计与控制问题中有着广泛应用。本节对这两个方面的应用进行介绍。

19.3.1 控制算法参数优化

深度学习网络的结构基本可分为 3 类：前馈神经网络、卷积神经网络和循环神经网络。卷积神经网络适合图像处理，循环神经网络适合序列处理。一方面，深度学习网络的表示能力强，随着网络深度的增加，网络的参数也会显著增加，将所得网络作为初始解，可以用进化算法在其局部进行优化。另一方面，现有进化算法的应用维度一般很有限，否则效率会降低，即使是大规模全局优化问题也仅约为 1000 维，而且一般优化的维度不大于 100 维。有些算法（如 CMA-ES）涉及矩阵分解等非线性操作，也不适合太大的维度。

Li 等人提出了一种使用 EFWA 优化机器人控制算法参数的方法[173]。为了降低维度，他们选择了网络一部分维度进行优化。对于前馈神经网络而言，前面的层会影响后面的层，一般很难进行局部优化。考虑到最后一层对输出有直接且关键的影响，与极限学习机的机制相似，该算法只对网络的最后一层进行优化，大大减少了需要优化的维数。

19.3.2 群体机器人

群体机器人研究的兴起源自生物学，主要受到社会性昆虫等生物群体解决日常生活中遇到的问题的启发，如捕食行为中的路径规划、高效的巢穴构建，以及动态任务分配等[174]。这些生物群体中个体的数量从几个到几百万个不等，体现了群体行为的灵活性和稳健性[175]。群体机器人中的群体和个体与这些生物群体有很多相似之处，通过引入这些生物群体中的协同机制，可以在群体机器人中激发出群体规模的智能行为。近年来，有许多研究人员在尝试将自然界中的各种协同机制引入群体机器人的研究之中。这些机制不仅包括从生物群体中借鉴的协同机制（如菌落的聚集[176] 和鲨鱼的协同捕猎[175] 等），还包括非生物群体的协同机制（如音乐家的即兴联合创作[177] 和烟花算法的烟花爆炸[4] 等）。鉴于此，从这些机制中选择适合群体机器人的搜索机制并将其引入群体机器人的协同算法中，有助于提高群体机器人的搜索能力。

Zheng 等人在群体机器人算法中引入了烟花算法中的协同机制，提出了群体机器人的分组爆炸策略[178]，用于解决多目标搜索问题。在采用该策略的算法中，整个群体按照个体及其邻域划分为若干个相互重叠的分组。每个个体都可以感知到分组中的其他个体，从而实现个体与分组之间的间接信息交互。每个分组可以相互独立地进行搜索，保证了搜索算法的并行性，而且群体可以根据分组的大小动态调整分组。因此，在该算法中，群体将通过组内和组间的交互与协同实现搜索行为。

19.4　烟花算法在图像处理问题中的应用

图像处理是计算机视觉领域的重要任务之一，也是智能学科当下的研究热点，烟花算法在相关问题中也有着突出的表现。图像阈值化旨在通过对图像按照既定的阈值进行处理，提取图像中的目标物体，将其与背景和噪声区分开来，以实现图像分割的目的。阈值层级的设置越细致，目标检测与图像分割的效果越好。Chen 等人采用交叉熵度量图像分割的效果，并使用烟花算法最小化目标函数以求取最优的阈值设置[179]。Chen 等人提出了一种基于 BBFWA 的 OTSU 阈值分割方法，在害虫的热红外图像处理方面取得了良好的效果[180]。Liu 等人采用类似的方法对水泥材料的电子显微镜扫描图像进行阈值分割[181]。图像压缩方面，BBFWA 能够有效地压缩医学数字影像[182]，GFWA 能够有效地压缩 JPEG 格式的图像[183]。图像配准方面，Tuba 等人使用公开测试集对 BBFWA 的配准效果进行了测试[184]，并在后续对烟花算法进行了调整，将其应用于视网膜图像的配准任务[185]。

19.5　小结

当前，很多现实世界的工程问题都需要先转化为含有约束的优化问题再予以解决，而由于现实世界的问题通常具有很复杂的场景，在其基础上构建的数学模型通常也具有复杂的约束与形态各异的目标函数。这些难点给传统的线性规划方法带来了极大的挑战，也为群体智能优化算法带来了很多应用场景。烟花算法作为一种群体智能优化算法，其本身具有全局优化能力强与计算效率高的突出优点，已经在很多应用场景中取得了明显优于其他群体智能优化算法的研究成果（见图 19.1）。应用研究是与理论研究同等重要的研究方向，在一定程度上也能反过来促进理论研究的发展，相信未来会有更多优秀的烟花算法应用研究工作问世。

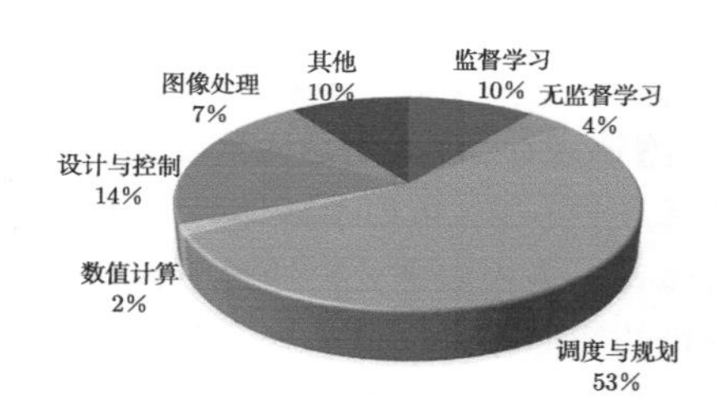

图 19.1　具体烟花算法应用研究的构成

第 20 章　烟花算法在旅行商问题中的应用

现实世界中的问题大多数以离散形式出现，即问题中的变量被限定为整数范围，这一类问题通常被称为离散问题，而求解离散问题中的最优值被称为离散优化问题。由于时间的限制，一般的离散优化问题无法通过遍历搜索的方式进行求解。因此，多种行之有效的进化算法、群体智能优化算法被广泛用于求解离散优化问题，其中 ACO算法被用于求解旅行商问题，GA 被用于求解背包问题，PSO 算法被用于求解背包问题和任务调度问题。作为一种性能优异的群体智能优化算法，烟花算法在这些实际问题中也得到了广泛的应用，在背包问题、任务调度问题、旅行商问题等多种离散优化问题中有着较突出的表现。本章介绍一种离散烟花算法（称为 TSP-LoTFWA）来求解一种经典的离散优化问题——旅行商问题（Traveling Salesman Problem，TSP），并通过实验对比验证 TSP-LoTFWA 在函数优化以及求解该离散优化问题时的优势。

20.1　旅行商问题

日常生活中的许多问题，其变量均不是连续变化的，而是在其可行域内离散变化。优化问题中，变量被规定为整数的一类问题称为离散优化问题。较经典的离散优化问题有 TSP、背包问题、车间调度问题、图划分问题、图着色问题等。其中，TSP 作为一类有很强现实意义的问题得到了广泛研究。

TSP 又被称为旅行推销员问题、货郎担问题，是基本的路线问题。该问题是寻求单一旅行者由起点出发，通过所有给定的需求点之后回到起点的最小路径成本。最早的 TSP 的数学规划是由 Dantzig 等人[186] 提出。TSP 有多种数学表示形式，这里给出一种典型的定义方式。TSP 的具体定义为：假设一名商人要拜访 N 座城市，每两座城市之间均有通路，他需要选择一条路径，满足从某一城市出发，拜访所有城市一次且仅一次，最后回到出发城市的要求。TSP 是一类 NP 完全问题，不能在多项式时间内被解决，当下对于该问题较有效的求解方式是使用各类优化算法（如 ACO 算法、PSO 算法和原始烟花算法）求得较接近最优解的近似解。

给定 N 个城市的集合 $\{c_1, c_2, c_3, \cdots, c_N\}$，每两个城市 c_i、c_j 之间的距离为 $d(c_i, c_j)$，则 TSP 定义为：寻找一个排列 $\boldsymbol{x} = (x_1, x_2, x_3, \cdots, x_n)$，$x_i \in \{1, 2, 3, \cdots, N\}$，使得排列 $\boldsymbol{x}$ 的路径长度

$$L(\boldsymbol{x}) = \sum_{i=1}^{N-1} d(c_{x_i}, c_{x_{i+1}}) + d(c_{x_n}, c_{x_1}) \tag{20.1}$$

最小，并满足

$$\forall i \in \{1, 2, \cdots, N\}，\exists j \in \{1, 2, \cdots, N\}，x_j = i \tag{20.2}$$

TSP 是离散优化问题中的典型NP 完全问题[187]。它的搜索空间为 $O(n!)$，本章仅讨论对称 TSP，即每个城市之间都连通，并且相邻城市之间的距离与路径方向无关（$d(c_i, c_j) = d(c_j, c_i)$，$1 \leqslant i，j \leqslant N$）。对称 TSP 有很多具体的应用，如 VLSI 芯片制造[188]、X 射线晶体衍射[189]。TSP

同样对应一些现实问题。例如，在物流行业中，它对应一家物流配送公司如何将若干客户的订货全部送达并回到公司；如何确定最短路线，以缩短时间和降低成本。所以，对 TSP 进行研究有着广泛的现实意义。

20.2 用 TSP-LoTFWA 求解旅行商问题

鉴于烟花算法在连续优化问题上的出色性能，将烟花算法应用于离散优化问题是个合理的方向。离散优化是最优化领域的一个非常重要的方面，是应用数学和计算机科学中优化问题的一个重要分支。在这种数学规划中，变量被限制为离散变量（如整数）。典型的离散优化问题有以下两类。

（1）组合优化：关于图、拟阵等数学结构的问题，如 TSP、图同构问题等。

（2）整数规划：规划中的变量（全部或部分）限制为整数。

与连续空间相比，离散问题的目标函数不连续，相邻空间内函数的适应度值一般变化较大，为优化带来了很大困难。鉴于烟花算法在连续优化问题上的出色性能，本章介绍一种用于求解 TSP 的离散烟花算法——TSP-LoTFWA。TSP-LoTFWA 的整体框架与传统烟花算法相似，保留了爆炸算子、变异算子和选择策略，但去除了映射规则。其中，该算法针对 TSP 为爆炸算子设计了全新的爆炸操作，并且对变异算子、选择策略、败者淘汰锦标赛策略也进行了相应的修改。

20.2.1 算法简介

考虑 LoTFWA 在连续优化中的优良表现及算法本身在搜索方面的优势，TSP-LoTFWA 的设计采用了 LoTFWA 求解 TSP 的一种框架。

将 TSP 与普通的连续优化问题进行对比可知：普通的连续优化问题的可行域为整个实数域，而 TSP 的可行域为整个整数域，且解的各个维度值不能相同；普通的连续优化问题求解的是给定解空间中的最优位置对应目标函数的适应度值，而 TSP 求解的是给定一条满足条件的最优路径对应的路径长度；在普通的连续优化问题的烟花算法求解中，烟花为解空间中的一点，而 TSP 的烟花算法求解中烟花为一条满足条件的路径；普通的连续优化问题的爆炸火花与变异火花为在烟花附近生成的其他点，而 TSP 的爆炸火花与变异火花为在原路径的基础上进行一定程度变换生成的新路径。

用向量 $\boldsymbol{x}=(x_1,x_2,x_3,\cdots,x_n)$ 表示路径中的城市序列，x_i 表示路径中的第 i 个城市。每个城市只能被经过一次，且保证被经过一次。目标函数为 $L(\boldsymbol{x})$（见式 20.1）。显然，算法的优化目标为

$$\min_{\boldsymbol{x}} L(\boldsymbol{x}) \tag{20.3}$$

$$\text{s.t. 式 (20.2)}$$

TSP 的求解目标为找到一条没有重复城市的路径，并且使其长度最短。由于 TSP 是一种离散优化问题，而 TSP-LoTFWA 的原始算法模型是建立在连续优化问题上的，所以需要先对 TSP-LoTFWA 进行相应的模型转化，再将其应用于变量为整数的 TSP 中。在优化连续函数的 TSP-LoTFWA 中，共有 6 个主要环节，分别是烟花初始化、爆炸操作、变异操作、后

代选择、败者淘汰、群体灭绝。参考上述 TSP 与普通连续优化问题的对比可以得出，TSP-LoTFWA 应用于 TSP 中的转化模型框架。在实验中，TSP-LoTFWA 在 TSP 中取得了较好的效果。在小规模（城市数量小于 1000 个）问题中，TSP-LoTFWA 能够在短时间内找到最优解；在中、大规模（城市数量超过 1000 个）问题中，TSP-LoTFWA 取得了远超其他经典优化算法的结果。

20.2.2 相关工作

由于 TSP 的简单性和广泛性，它经常被用来测试离散优化方法的性能。近十几年来，很多智能算法被用来求解 TSP，如人工神经网络、GA、PSO 算法及 ACO 算法。群体智能优化算法能够利用群体中个体之间的交互信息，在短时间内求得问题的较优解。Hopfield 等人[190] 将霍普菲尔德（Hopfield）神经网络应用于 TSP，并定义了特殊的能量函数，当神经网络达到能量稳定状态时，该神经网络就表示一种可行回路。实验表明，这种方法在处理城市数量为 30 个以下的 TSP 时找到的解与最优解比较接近，但是对城市数量为 30 个以上的 TSP 效果不佳。

Mühlenbein 等人[191] 使用 GA 分别求解了包含 442 个城市和 531 个城市的 TSP，获得了较优解，但是与最优解相比还有一点差距。Braun[192] 针对 TSP 对 GA 的细节做了特定的改进，提出了一种方法。该方法在较短的时间内得到了 442 个城市以内的 TSP 的最优解。对于包含 666 个城市的 TSP，该方法得到的解仅比最优解高 0.04%。Clerc[193] 提出了一种离散 PSO 算法，可以应用于离散优化问题。Tasgetiren 等人[194] 针对 TSP，特别改进了离散 PSO 算法，并加入了启发式策略。实验表明，他们改进后的算法性能与 Braun 的改进 GA 相似，在部分情况下甚至更好。

ACO 算法是另外一种非常有效的解决 TSP 的算法。Dorigo 等人[118] 提出了一种改进的 ACO 算法（称为 ACS 算法），得到了良好的效果：未采用局部搜索策略的 ACS 算法在包含 198 个城市的 TSP 中与最优解的误差仅为 0.68%，而采用局部搜索策略的 ACS 算法在包含 318 个城市的 TSP 中的错误率仅为 0.11%。但是，该算法的性能弱于 GA[195, 196]。Stutzle 等人[197] 使用 ACO 算法的改进版本——最大最小蚁群（Max Min Ant System，MMAS）算法求解 TSP，取得了良好的效果：未采用启发策略的 MMAS 算法在包含 100 个城市的 TSP 中得到了最优解，在包含 198 个城市的 TSP 中得到的解与最优解相差 0.04%，在中规模数据集 rat783 中则相差 1.93%；采用了启发式策略的 MMAS 算法能得到大规模网络的近似最优解。其中，在 fl1577（包含 1157 个城市）的测试样例中，MMAS 算法的误差仅约为 0.2%，是目前最好的算法之一。

综上所述，群体智能优化算法是解决 TSP 的高效算法。对于包含约 400 个城市的中等规模网络，部分改进算法能够得到最优解。

TSP 的规则虽然简单，但其解空间的规模会随着城市数量的增加而呈指数级增长，从而变得非常庞大。以 42 个城市为例，如果列举所有路径后再确定最佳行程，那么可行路径的总数量为 $41!=3.3\times10^{49}$ 个，这会导致无法承受的计算代价。所以，目前求解 TSP 的方法有两种：一种是运用启发式策略寻找次优解，另一种是利用群体智能优化算法等适用“实际”数据的全局优化算法，在大多数现实情况下得到最优解。截至本书成稿之时，由于计算性能和算法的发展，被证明得到最优解的样例中，城市数量已经从 318 个[198] 增长到 2392 个[199]，甚至达到了 7397 个[200]。虽然，最后一个结果依赖当时的高性能计算机群进行了长达 3~4 年的计算才得出。

20.2.3 TSP-LoTFWA 框架

传统烟花算法的主要组成部分为爆炸算子、变异算子和选择策略。其中，爆炸算子和变异算子用于搜索，而选择策略将爆炸产生的火花筛选进下一代。TSP-LoTFWA 的框架与传统烟花算法相似，保留了爆炸算子、变异算子和选择策略。由于离散烟花的变异都不会超出 TSP 的定义域，映射规则在这里是没有必要的。

由于离散优化问题的目标函数在局部函数空间内变化大、局部最优解多，连续烟花算法中各向同性的随机变异对问题的求解无益。可见，寻找一种有效的爆炸方式是离散烟花算法的关键。因此，TSP-LoTFWA 中采用了全新的爆炸算子和变异算子。

TSP-LoTFWA 的流程如图 20.1 所示，其整体框架保持了烟花算法的规则。下面具体介绍该框架的部分细节。

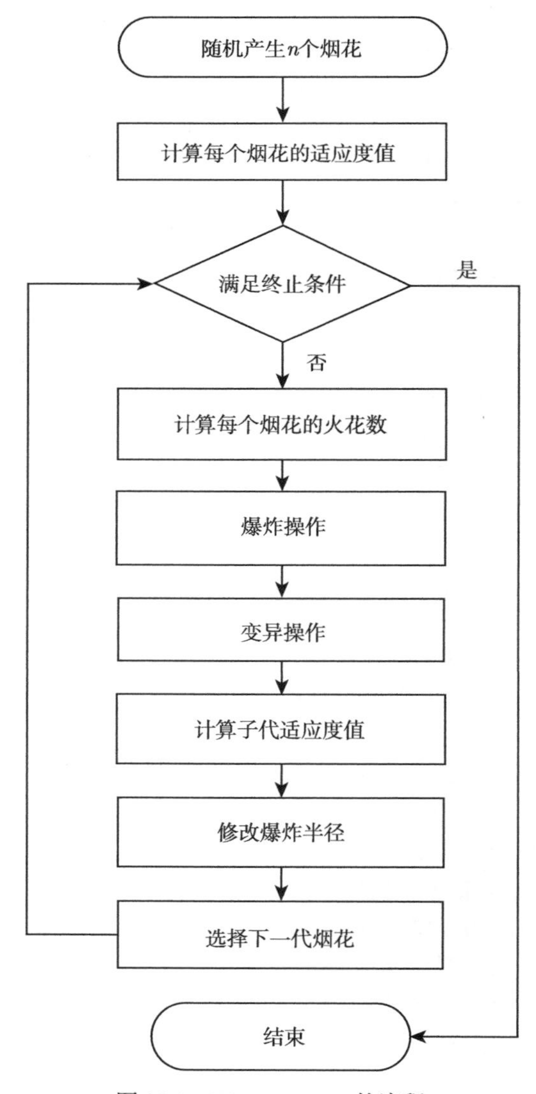

图 20.1　TSP-LoTFWA 的流程

20.2.4 烟花初始化

在 LoTFWA 优化连续函数的烟花初始化环节，由于无法预先找到较优的局部区域，所以采用了在解空间中随机初始化多个烟花群体的方式。而在 TSP 中，可以通过贪心选择初始化较优秀的路径，通过这种方式，TSP-LoTFWA 在初期便可以拥有较优的解，有助于之后更快速地收敛与求得更优秀的解。

20.2.5 烟花爆炸操作

在烟花算法中，爆炸算子是一个重要的部分，能够起到局部搜索和全局搜索的作用。在 TSP 中，TSP-LoTFWA 定义了特殊的爆炸算子。由于连续优化函数的局部光滑性，当爆炸半径较小时，爆炸产生的烟花可以用于局部搜索。但是在离散优化问题中，优化函数非连续、不光滑，函数空间的局部区域内的适应度值可能相差巨大，所以无规律的随机变异并不可取。因此，需要另外设计一种合适的爆炸操作，使得爆炸产生的烟花的适应度值是相近的。

1. 爆炸火花数与爆炸机制

作为烟花算法及其各类变体中最重要的部分，爆炸操作在优化过程中起到了探索烟花附近局部区域的作用。爆炸火花数决定了对当前局部区域的开采能力，而爆炸半径决定了当前烟花的探索范围。对 TSP 而言，TSP-LoTFWA 的转化模型将爆炸火花的数量定义为生成新路径的数量，将爆炸半径定义为新路径较原路径的变化程度。每个烟花爆炸产生的火花数为

$$s_i = M_{\mathrm{e}} \frac{\dfrac{1}{(L_{\max} - L(\boldsymbol{x}^{(i)}) + \varepsilon)^2}}{\displaystyle\sum_{j=1}^{n} \dfrac{1}{(L_{\max} - L(\boldsymbol{x}^{(i)}) + \varepsilon)^2}} \tag{20.4}$$

其中，$L_{\max} = \max\{L(\boldsymbol{x}^{(i)})\}$，$M_{\mathrm{e}}$ 是最大火花数。

在规定了爆炸操作的两个重要属性（爆炸半径与爆炸火花数）的实际意义后，由于原有的爆炸操作生成火花的各个维度值可能不是整数，同时不同维度值可能出现重复，所以需要对新路径的生成方式进行重新设计。与离散 PSO 算法类似，我们需要定义一种基本操作。在离散 PSO 算法[193] 中，节点对换被定义为基本操作，根据个体之间的不同，用于个体的改变。然而，在烟花算法中，个体之间的交互主要在于指导全局搜索，而缺少局部的具体信息交互，所以随机的节点交换在烟花算法中是不合适的。考虑到 TSP 主要是路线规划问题，TSP-LoTFWA 借鉴了 2-opt 算法的思想。2-opt 算法是在一条路径中随机选取两个不同的城市，改变这两个城市及其中间所有城市的先后位置。以包含 10 个城市的 TSP 为例，若一条路径为“$1 \to 2 \to 3 \to 4 \to 5 \to 6 \to 7 \to 8 \to 9 \to 10$”（数字代表城市的编号），随机选取的两个城市为 4 号城市与 7 号城市，应用 2-opt 算法后得到的新路径为“$1 \to 2 \to 3 \to 7 \to 6 \to 5 \to 4 \to 8 \to 9 \to 10$”。新路径将原路径中“$3 \to 4$”段长度变为“$3 \to 7$”段长度，将原路径中“$7 \to 8$”段长度变为“$4 \to 8$”段长度，共改变了路径中的两段长度，而其余长度均未变。从总体上看，这是一种对原路径的改变较小的方式，可以理解为爆炸半径较小的情况下生成的一个爆炸火花。TSP-LoTFWA 多次调用 2-opt 算法，改变更多城市之间的距离，对原路径的改变较大，即爆炸半径较大。

2-opt 算法的局部搜索操作如图 20.2 所示：移除边 (a,b) 和边 (c,d)，替换为边 (a,c) 和边 (b,d)。这个操作保证了路径的完整性，并且可以改变路径长度。如果改变使得路径长度减

小，则接受这种改变。需要注意的是，替换为边 (a,d) 和边 (b,c) 会破坏路径，使其分割成两个独立的路径。如果把一个路径定义为城市序列 $\boldsymbol{x}$，那么该操作等价于翻转子序列。这里,我们定义 (a,b) 表示连接城市 c_a 和城市 c_b 的边，$\boldsymbol{x}_{i,j}$ 表示解 $\boldsymbol{x}$ 中第 i 个城市到第 j 个城市的路径子序列。

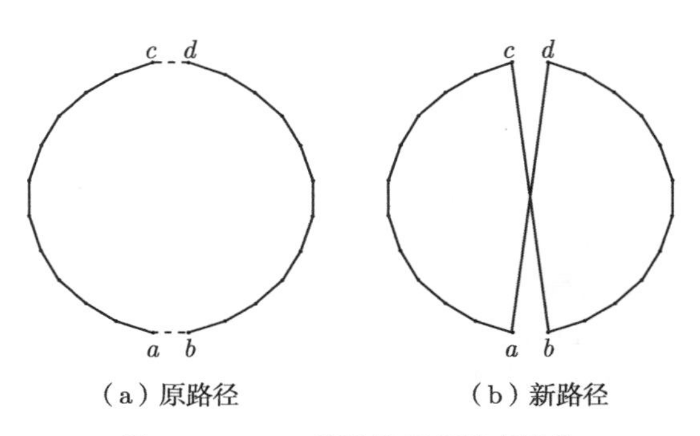

（a）原路径　　（b）新路径

图 20.2　2-opt 算法的局部搜索操作

除 2-opt 操作以外，TSP-LoTFWA 的爆炸操作还包含以下特点：

（1）爆炸操作并非 2-opt 这样的贪婪选择。在搜索过程中，爆炸操作有可能接受较差解。以图 20.2 为例，令

$$L_{\mathrm{o}} = d(c_a, c_b) + d(c_c, c_d) \tag{20.5}$$

为原始两边长之和，

$$L_{\mathrm{m}} = d(c_a, c_c) + d(c_b, c_d) \tag{20.6}$$

为改变之后的两个边长之和，每次搜索过程都设定一个接受该解的概率 p_{a}。

$$p_{\mathrm{a}} = \exp\left(\frac{-L_{\mathrm{m}}}{L_{\mathrm{o}}\theta}\right) \tag{20.7}$$

其中，θ 为控制参数。

由此可知，L_{m} 与 L_{o} 越相近，则接受该解的概率也越大；控制参数 θ 越小，则接受该解的概率也越大。这样设定是为了使算法有一定的概率接受局部改变，同时减少一些无意义的改变。直观上，如果被选择的点在坐标空间相距太远，L_{m} 与 L_{o} 相差太大，那么这个操作基本上是无效的。参数 θ 能够控制 p_{a} 的大小，防止其过大或过小。

（2）若接受较差解，爆炸操作会再进行一次 2-opt 操作。爆炸操作不限于二元局部操作，在接收较差解后会再次进行 2-opt（贪婪）局部优化，为算法跳出 2-opt 最优提供了可能，并且降低了有可能跳出局部的解被舍弃的概率。2-opt 最优是指一种局部最优解状态，在这个状态下，2-opt 操作不能减小回路长度。

2-opt 爆炸操作的伪代码见算法 20.1。其中，2-opt(c,k) 表示对边 (x_c, x_{c+1}) 和边 (x_k, x_{k+1}) 进行 2-opt 操作。遍历所有 k 个城市，对城市 c 进行 2-opt(c,k) 操作称为对 c 进行 2-opt 优化。rand 函数产生 $[0,1]$ 区间内的均匀随机实数。

算法 20.1 2-opt 爆炸操作

输入： 产生爆炸的烟花 $\boldsymbol{x}$。

输出： 生成的烟花 spark。

1: spark $= \boldsymbol{x}$;
2: $z = \text{randi}(n)$; //n 为城市数，randi(n) 表示在 $[1, n]$ 区间内随机生成一个整数
3: $\text{rp} = \text{randperm}(n)$; //在 $[1, n]$ 区间内随机生成一个排列
4: **for** $i = 1 : n$, **where** $\text{rp}(i) \neq z$ **do**
5: $a = z$、$b = z + 1$、$c = \text{rp}(i)$、$d = \text{rp}(i) + 1$ 为序列下标；
6: sort(a, b, c, d);
7: $L_\text{o} = d(c_a, c_b) + d(c_c, c_d)$，$L_\text{m} = d(c_a, c_c) + d(c_b, c_d)$;
8: **if** $L_\text{o} > L_\text{m}$; **then**
9: 翻转序列 $\boldsymbol{x}_{b,c}$，返回；
10: **else**
11: **if** $\text{rand}(0, 1) < p_\text{a}$ **then**
12: 翻转序列 $\boldsymbol{x}_{b,c}$;
13: //对 a 分别进行 2-opt 优化
14: **for** k = 1:n **do**
15: 2-opt(a, k);
16: //对 c 分别进行 2-opt 优化
17: **for** k = 1:n **do**
18: 2-opt(c, k);
19: **return**

在算法迭代过程中，最优烟花个体的适应度值接近局部最优点的时候，爆炸操作的优化能力可能已经基本无效。这时，需要更有力的爆炸算子。类似地，考虑基于 3-opt 的局部搜索操作。两种 3-opt 局部搜索操作如图 20.3 所示。图中，我们移除了边 (a, b)、边 (c, d)、边 (e, f)，添加了新的 3 条边，使得变换之后的路径仍可行。如果变换使得总路径长度减小，则接受这种改变。如果解由城市序列 $\boldsymbol{x} = (x_1, x_2, x_3, \cdots, x_n)$ 表示，那么，3-opt 操作可以由若干次序列反转完成。以图 20.3（b）为例，则序列操作为：反转子序列 $\boldsymbol{x}_{b,c}$ 和子序列 $\boldsymbol{x}_{d,e}$。3-opt 操作总共有 4 种变换，这里不一一列举。对于 3-opt 操作，我们对其进行了与 2-opt 操作相同的改变，具体细节见算法 20.2。

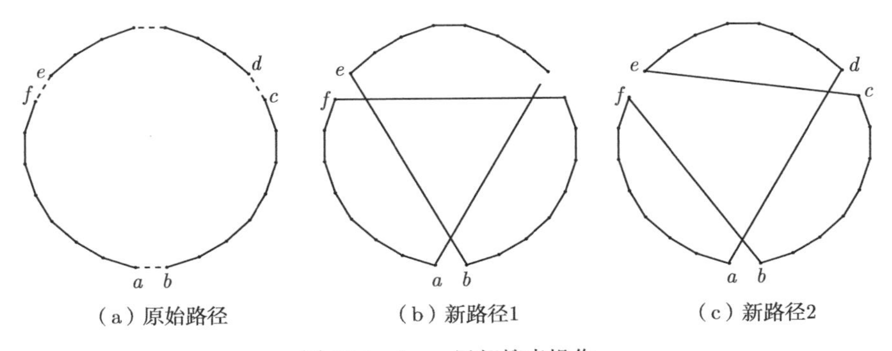

图 20.3 3-opt 局部搜索操作

算法 20.2　3-opt 爆炸操作

输入：　产生爆炸的烟花 $\boldsymbol{x}$。

输出：　生成的烟花 spark。

1: spark $= \boldsymbol{x}$;

2: $z_1 = \text{randi}(n)$，$z_2 = \text{randi}(n)$；// n 为城市数，randi(n) 表示在 $[1, n]$ 区间内随机生成一个整数

3: rp $= \text{randperm}(n)$；//randperm 表示在 $[1, n]$ 区间内随机生成一个排列

4: **for** $z_3 = 1 : n$，**where** $z_3 \neq z_1$ 和 $z_3 \neq z_2$ **do**

5: 　sort(z_1, z_2, z_3);

6: 　$a = \text{rp}(z_1)$，$b = \text{rp}(z_1) + 1$，$c = \text{rp}(z_2)$，$d = \text{rp}(z_2) + 1$，$e = \text{rp}(z_3)$，$f = \text{rp}(z_3) + 1$;

7: 　**for** 对 4 种可行的改变 **do**

8: 　　计算 L_o 和 L_m；

9: 　　**if** $L_\text{o} > L_\text{m}$ **then**

10: 　　　接受这种改变，返回；

11: 　　**else**

12: 　　　**if** rand $< p_\text{a}$ **then**

13: 　　　　接受这种改变，进行相应的序列变换；

14: 　　　　对 a、c、e 分别进行 2-opt 优化；

15: 　　　　**return**

2. 动态爆炸半径

TSP-LoTFWA 中，所有烟花的爆炸半径都相同，为控制参数 θ。θ 与连续烟花算法中的爆炸半径有相同的作用：在连续烟花算法中，爆炸半径越小则局部搜索能力越强，爆炸半径越大则搜索区域越大；在 TSP-LoTFWA 中，θ 越小，则接受较差解的概率越大，越容易离开局部极值达到更优值。在离散优化过程中，烟花的整体适应度值相差不多，个体之间的差异较小，所以各个烟花接受较差解的概率应该相同，这使它们有相近的概率跳出局部极值。另外，由于 θ 对 p_a 的影响是指数形式的（见图 20.4），所以 p_a 对参数 θ 非常敏感。因此，在 TSP-LoTFWA 中，所有烟花的爆炸半径都是相同的值。

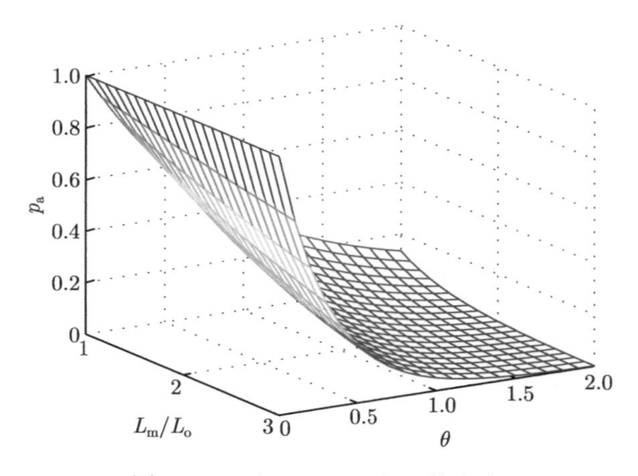

图 20.4　θ 和 L_m/L_o 对 p_a 的影响

在 LoTFWA 中，适应度值最小的烟花的爆炸半径是自适应的。其基本思想是，如果爆炸产

生了更好的解，那么它就增加爆炸半径以加强全局搜索；如果没有得到更好的解，那么就减小爆炸半径以加强局部搜索。TSP-LoTFWA 同样可以利用这种思想来进行改善。回想一下，TSP-LoTFWA 中的爆炸半径就是即 p_{a} 的控制参数 θ。如果此代产生了更好（适应度值更小）的烟花，那么说明此时可以按照当前的接受概率 p_{a} 进行局部搜索；如果没有产生更好的烟花，那么说明此时已经陷入局部收敛，需要减小爆炸半径 θ，让此烟花有更大的可能跳出所陷入的局部极值，这可理解为加强了局部搜索。

在离散优化过程中，由于局部函数空间内适应度值的差异较大，比较一次迭代是否产生更优解往往没有意义，因为当群体陷入局部极值的时候，往往需要同时改变若干边才有机会离开局部极值，这需要多次迭代和更多的计算代价。所以在实验中，不妨设置为若连续 10 代不改变，则减小 θ，反之则增大 θ。改变策略与 DynFWA 相同。θ 规定在 $[1, 2]$ 区间内比较合适。θ 的控制策略见算法 20.3。

算法 20.3 θ 的控制策略

1: 最好的烟花 $\boldsymbol{x}_{\mathrm{c}}$；
2: 最好的火花 $\hat{\boldsymbol{x}}_{\mathrm{best}}$；
3: 放大系数 C_{a}；
4: 缩减系数 C_{r}；
5: $N_{\mathrm{un}} = 0$；//记录连续不改变的次数
6: **if** $L(\hat{\boldsymbol{x}}_{\mathrm{best}}) < L(\boldsymbol{x}_{\mathrm{c}})$ **then**
7: $\quad N_{\mathrm{un}} = 0$;
8: $\quad \theta = \theta C_{\mathrm{a}}$;
9: **else**
10: $\quad N_{\mathrm{un}} = N_{\mathrm{un}} + 1$;
11: $\quad$ **if** $N_{\mathrm{un}} \geqslant 10$ **then**
12: $\quad\quad \theta = \theta C_{\mathrm{r}}$;
13: $\quad\quad N_{\mathrm{un}} = 0$。

20.2.6 变异操作

在烟花算法中，变异操作通过在烟花指定维度乘高斯变异系数的方式生成变异火花，提高了火花群体的多样性；而在 LoTFWA 中，变异操作会生成一个优质的引导火花，用于探索梯度下降最快的区域。比较烟花算法与 LoTFWA 中的变异操作可知，TSP 中既不可能将路径中的城市编号乘以选定的倍数，也不可能获得当前爆炸生成的优质路径的“质心”以生成引导火花。所以，需要提出一种可以在 TSP 中应用的新的变异操作机制。

通过对不同烟花算法的变异操作进行归纳可以发现，变异操作的主要目的是为下一代烟花的生成提供更多选择。与爆炸操作生成的火花相比，变异操作生成的火花比原烟花的爆炸半径更大，其“变异”的特点更加明显。

基于变异操作“提供更多选择”与“爆炸半径更大”这两个特点，TSP-LoTFWA 采用了一种两城市对调机制。与 2-opt 算法不同，该对调机制在随机选取路径中的两个城市后，只将这两个被选城市的先后顺序进行对调，而保留它们之间其他城市的原位置。以包含 10 个城市的 TSP 为例，若一条路径为“1→2→3→4→5→6→7→8→9→10”(数字代表城市的编号)，随机选取的两个城市为 4 号城市与 7 号城市，应用两城市对调机制后得到的新路径为“1→2→3→7→5→6→4→8→9→10”。

新路径将原路径中的“3→4”段长度变为“3→7”段长度、“7→8”段长度变为“4→8”段长度、“4→5”段长度变为“7→5”段长度、“6→7”段长度变为“6→4”段长度，共改变了原路径中的 4 段长度。

与 2-opt 算法改变了原路径中的两段长度相比，两城市对调机制对原路径的改变程度更大，符合变异操作“爆炸半径更大”的特点。同时，从路径生成方式来看，这也是一种与 2-opt 操作不同的新的路径生成方式，符合变异操作“提供更多选择''的特点。

2-opt 局部搜索和 3-opt 局部搜索都是针对边的操作，难以改进某些特定的路径，如图 20.5（a）所示。图中，点 c 不能通过 2-opt（或 3-opt）局部搜索策略改进。但是，如果将点 c 插入边 (a,b) 之中，则可以减小回路长度。在烟花算法中，变异算子的主要作用是局部搜索。这里将变异算子定义为两城市对调机制的目的是优化序列中的局部点。该操作是一种介于 2-opt 和 3-opt 之间的局部搜索策略，称为 2h-opt 局部搜索操作，如图 20.5（b）所示。图中，边 (d,c)、边 (a,b) 和边 (c,e) 被替换为边 (a,c)、边 (c,b) 和边 (d,e)，以达到减小路径总长度的效果。由于变异算子的主要作用是局部搜索，这里不考虑为该算子定义接受较差解的概率 p_{a}，仅接受能产生更优路径的改变，以强化局部搜索。具体的算法流程为：首先随机选择一个点 a，然后遍历序列中的任意位置 k，采用两城市对调机制进行局部搜索操作。由于每个城市被选择的概率均等，所以称该操作为均匀变异操作。均匀变异操作的流程见算法 20.4。

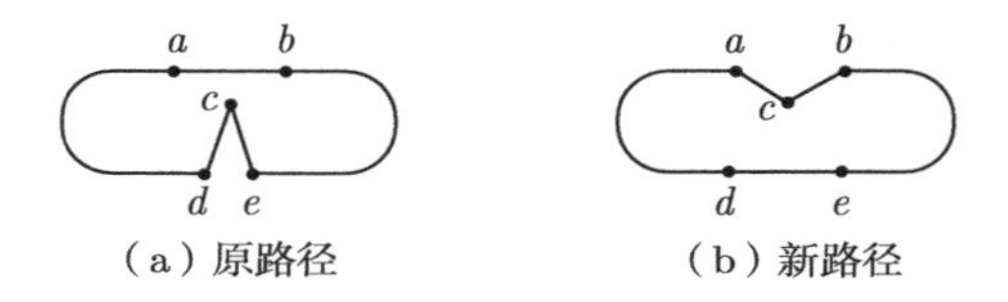

（a）原路径　　（b）新路径

图 20.5　2h-opt 局部搜索操作

算法 20.4　均匀变异操作的流程

输入：　产生爆炸的烟花 $\boldsymbol{x}$；
输出：　生成的烟花 spark；
1: spark $= \boldsymbol{x}$;
2: $a = \mathrm{randi}(n)$；//n 为城市数量，randi(n) 表示在 $[1,n]$ 区间内随机生成一个整数
3: $\mathrm{rp} = \mathrm{randperm}(n)$；//randperm 表示在 $[1,n]$ 区间内随机生成一个排列
4: **for** $k = 1:n$，**where** $a \neq \mathrm{rp}(k)$ **do**
5: 　　计算 L_{o} 和 L_{m}；
6: 　　**if** $L_{\mathrm{o}} > L_{\mathrm{m}}$ **then**
7: 　　　　接受这种改变。

20.2.7　选择策略

在 TSP-LoTFWA 中，每个烟花群体在完成爆炸操作与变异操作后，从当前烟花、爆炸火花、变异生成的引导火花中选择一个最优的个体作为下一代烟花进行迭代。同理，在求解 TSP 的 TSP-LoTFWA 中，每个路径群体在完成爆炸操作与变异操作后，从当前路径、爆炸生成路径、变异生成路径中选择一条最优的路径作为下一代路径进行迭代。这种方式沿袭了 TSP-LoTFWA 优秀的后代选择机制，将前代的优秀信息进行保留并迭代，充分发挥了 TSP-LoTFWA 群体搜索的优势，为整数域的离散优化 TSP 求解提供了一种较快收敛且求解性能良好的迭代方式。

具体地，和原始烟花算法一样，TSP-LoTFWA 将烟花和火花同时纳入选择范围，并且总是保留最优解，即应用精英选择策略。对于其他个体，TSP-LoTFWA 采取与比例选择策略相似的方式。这里，我们首先选择了一种比较特殊的选择方式，定义

$$p(\boldsymbol{x}^{(i)}) = \frac{\dfrac{1}{(L(\boldsymbol{x}^{(i)}) - L_{\min} + \varepsilon)^2}}{\displaystyle\sum_{j=1}^{n} \frac{1}{(L(\boldsymbol{x}^{(j)}) - L_{\min} + \varepsilon)^2}} \tag{20.8}$$

为火花 $\boldsymbol{x}^{(i)}$ 被选择的概率。其中，$L_{\min} = \min\{L(\boldsymbol{x}^{(i)})\}$，是最小的适应度值，即最短的路径长度；$\varepsilon$ 是平滑参数，防止除零情况的发生。然后，根据比例选择策略选择火花。

由式 (20.8) 可知，适应度值越小的个体被选择的概率越大。与 1 次幂形式相比，2 次幂将增大优秀个体在总体中的比例，从而提高优秀解被选择的概率。随机选择和上述策略的对比实验结果表明，随机选择性能不佳，与上述策略的平均最优值差异约为 1%。当然，除此之外可能有更好的选择策略，本小节只是给出已知的离散烟花算法的可行方案。

20.2.8 败者淘汰与群体灭绝

TSP-LoTFWA 沿用并更新了 LoTFWA 中的败者淘汰机制，并且提出了一种新的群体灭绝机制。这两种机制在连续函数的优化中有着优秀的表现。在 TSP 这个离散优化问题上，败者淘汰机制可被视为在多次竞争失败后，某个路径群体放弃对当前路径局部区域的搜索，并且进行重启；群体灭绝机制可被视为某个路径群体在被多次淘汰并重启后，由于不能找到更优秀的解而被灭绝。将这两种优秀的群体间的竞争机制运用在 TSP 的求解中，有助于控制路径群体数，平衡算法的探索性与开采性。

20.2.9 参数设定及性能分析

本小节讨论烟花数和最大火花数的设置问题，以及 TSP-LoTFWA 的收敛性质。烟花数和火花数是影响基本烟花算法的重要参数，根据文献 [4]，烟花数设置为 5、最大火花数设置为 50 左右有较好的效果。下面通过实验分析 TSP-LoTFWA 的具体参数设置。在验证烟花数的实验中，将最大火花数设置为 50，烟花数分别设置为 1、3、5、7、9，测试数据集为 d198。结果如图 20.6 所示，图中横坐标为烟花数，纵坐标为错误率（结果与最优解的误差）。当烟花数等于 5 时，效果较好。所以，我们仍设定烟花数为 5。

接下来，对最大火花数 [式 (20.4) 中的 M_{e}] 进行实验分析。实验中，烟花数设置为 5，测试数据集为 d198。结果如图 20.7 所示，其中，横坐标表示最大火花数，纵坐标表示错误率。由图可见，当最大火花数等于 50 的时候，效果较好。注意到最大火花数等于 50 和 70 时，误差仅相差 0.3%，我们认为该参数对结果的影响并不大。不失一般性，我们将该参数设为 50。

离散烟花算法与基本烟花算法相同，都符合马尔可夫模型，因为对于某一迭代过程 t，之前的群体状态（$t' < t$）对下一步的可能状态没有影响，即

$$P(s_{t+1}|s_t, s_{t_1}, \cdots, s_1) = P(s_{t+1}|s_t) \tag{20.9}$$

其中，s_t 表示 t 时刻的群体状态，$P(s_t)$ 表示 t 时刻群体状态为 s_t 的概率。

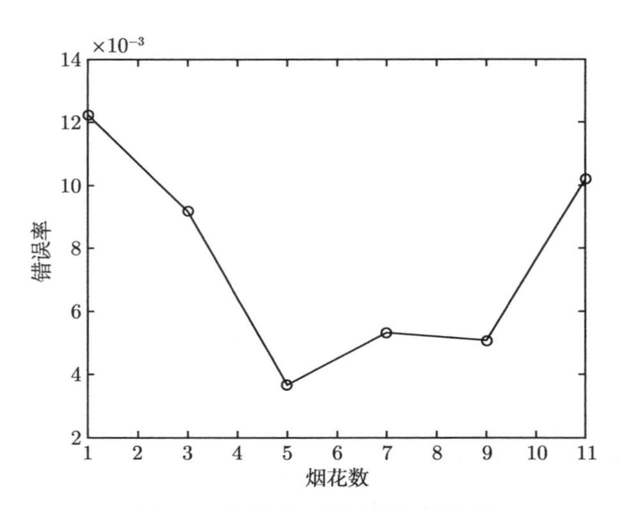

图 20.6 烟花数对算法性能的影响

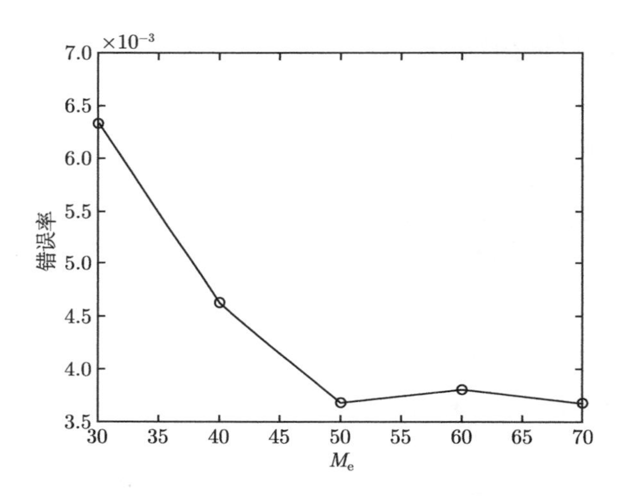

图 20.7 最大火花数对算法性能的影响

该算法有最优解保留机制，具有吸收性质。一旦找到了最优解，算法就不可能丢弃该解，我们称具有这种性质的马尔可夫模型为吸收马尔可夫模型。根据适应度等级模型，如果存在某个解区间，使得离散烟花算法找到更优解的概率是负指数级的，那么可知该算法的收敛时间大于多项式时间。假设存在一个路径片段 $\boldsymbol{x}_s$ 是仅次于最优解的次优解，其中有一段长为 l_s 的路径片段与最优解不同，如果 l_s 大于 6（一次 2-opt 爆炸操作的最大改变数），那么离散烟花算法寻找到最优解的概率为

$$p < Cp_{\mathrm{a}}^{l_s/6} \tag{20.10}$$

其中，C 表示常数。

此时，从该状态到达最优解的期望时间为

$$E(t) > Cp_{\mathrm{a}}^{-l_s/6} \tag{20.11}$$

因此，可以近似地认为其跳出该解的期望时间是指数形式的。

20.3 实验与分析

本节主要介绍 TSP-LoTFWA 在 TSP 上的实验与分析。首先，TSP-LoTFWA 将在小规模 TSP 上进行实验，验证其是否有能力达到小规模问题的最优解。然后，TSP-LoTFWA 将在中等规模与大规模问题上进行检验。

20.3.1 TSPLIB 数据集

本节采用的测试数据来自标准测试数据集 TSPLIB[201]。TSPLIB 是 TSP 求解领域的一个常用测试数据集，其中包含了 144 组规模不同的 TSP 测试数据，其数据规模小到几十维，大到几万维，并且提供了各组数据的已知最优解，为算法测试带来了有效的参考。本实验选取了 TSPLIB 中编号为 a280、d493、rat575、d2103、usa13509 的 5 组数据，其问题数据规模大小分别为 280 维、493 维、575 维、2103 维、13509 维。数据规模分布较均匀，有助于对算法的低维数优化能力与高维数优化能力进行测试，从而更全面、准确地得出算法在 TSP 优化方面的性能。

20.3.2 实验结果

将 TSP-LoTFWA、GA、ACO 算法、禁忌搜索（TS）算法及 PSO 算法这 5 种算法在同样的测试环境中分别对 5 个不同的 TSP 进行求解（优化路径结果可视化见图 20.8），测试结果见表 20.1（“—”表示算法无法在给定时间内求得可行解）。其中，各算法对应每个 TSP 的数值表示其在该 TSP 上求解得到的最短路径长度，这 5 种算法中的最优值被加粗标示。表 20.1 的最后一列是 TSPLIB 中提供的该 TSP 的已知最短路径（用 Opt. 表示）。

表 20.1 各算法在 TSPLIB 上的实验结果

TSP 编号	时间（s）	GA	ACO	TS	PSO	TSP-LoTFWA	Opt.
a280	90	3742.25	3874.56	15,174.11	10,118.99	**2784.66**	2579
d493	120	98168.90	58899.92	362283.28	177554.86	**42789.38**	35002
rat575	180	21054.43	45327.83	99989.97	41645.07	**8432.81**	6773
d2103	720	1.890×10^6	2.023×10^6	—	2.488×10^6	$\mathbf{1.772\times10^5}$	80450
usa13509	1200	2.021×10^9	—	—	2.112×10^9	$\mathbf{1.130\times10^8}$	19982859

观察测试结果可以发现，TSP-LoTFWA 在 5 个 TSP 中均取得了 5 种算法中最优的结果。在维度较低的 3 个 TSP（a280、d493、rat575）中，TSP-LoTFWA 的结果与已知最优值（Opt.）较接近，同时与其他 4 种算法相比有较明显的优势；而在维度较高的 2 个 TSP（d2103、usa13509）中，由于维数过大，TSP-LoTFWA 的结果并没有与已知最优值十分接近，但与其他 4 种算法相比的优势更加明显，甚至在某些算法无法收敛的情况下也能得到十分优秀的解。可以看出，TSP-LoTFWA 在解决 TSP（尤其是高维度的 TSP）时，与其他经典优化算法相比有着较明显的优势。这归功于 TSP-LoTFWA 独特的爆炸操作、变异操作、败者淘汰机制与群体灭绝机制。

上述实验的优化收敛曲线如图 20.9～图 20.13 所示。图中横向对比了 TSP-LoTFWA 在求解 TSP 时使用贪心初始化机制与不使用贪心初始化机制的求解效果。在 TSP-LoTFWA 使用贪心初始化机制后，算法初期便可以求得较优的解，有利于后续的优化过程，其效果在高维问题的求解中尤其明显。而在 TSP-LoTFWA 未使用贪心初始化机制时，其在低维问题中表现出了极快的优化收敛速度，远远超过其他 4 种算法。可以发现，在求解低维问题时，TSP-LoTFWA 的贪心初始化机制带来的影响并不明显；在求解高维问题时，TSP-LoTFWA 的贪心初始化机制可以使算法的求解效果有较大的提升。实验结果表明，对于低维问题，TSP-LoTFWA 可以在相同时间内求得更优的解，其高效的收敛性能在算法初期拥有着优秀的表现；对于高维问题，其他 4 种

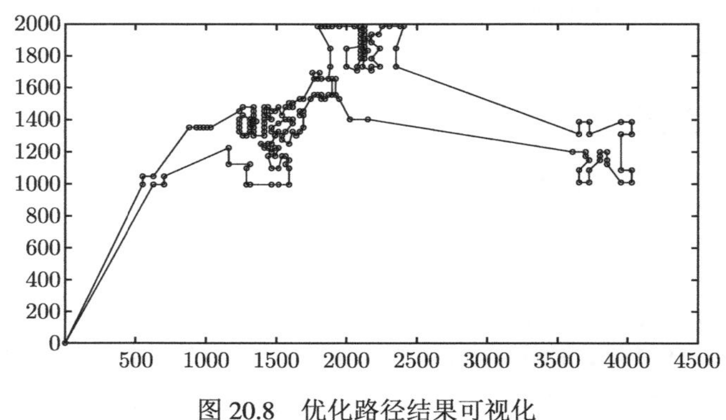

图 20.8 优化路径结果可视化

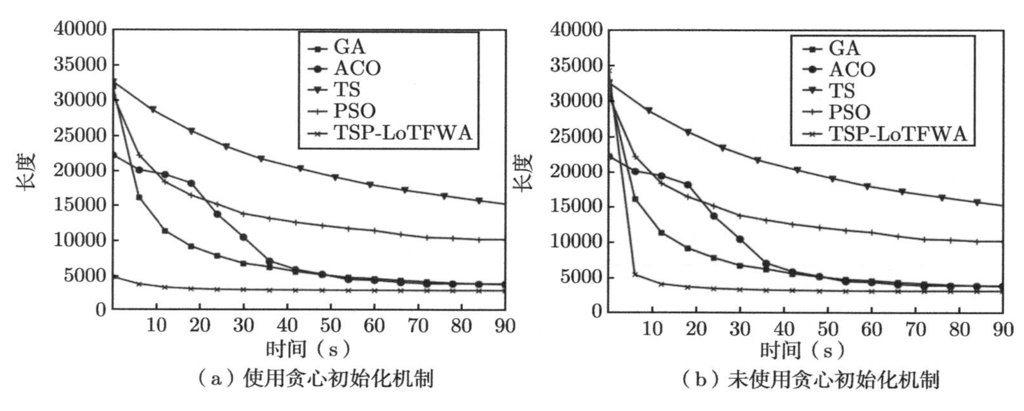

（a）使用贪心初始化机制　（b）未使用贪心初始化机制

图 20.9 a280 优化收敛曲线

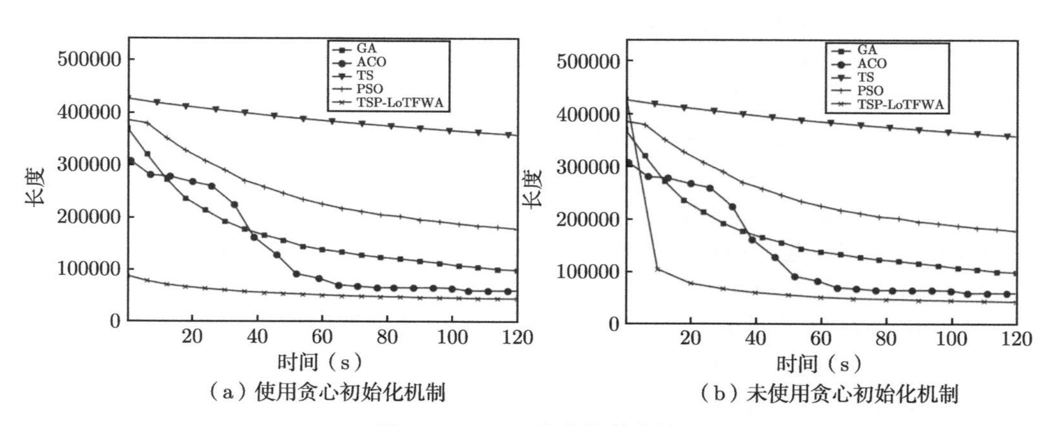

（a）使用贪心初始化机制　（b）未使用贪心初始化机制

图 20.10 d493 优化收敛曲线

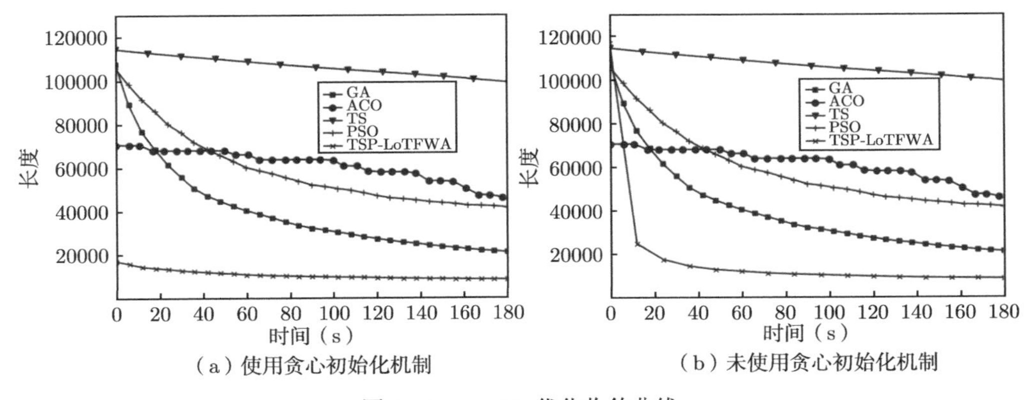

（a）使用贪心初始化机制　（b）未使用贪心初始化机制

图 20.11　rat575 优化收敛曲线

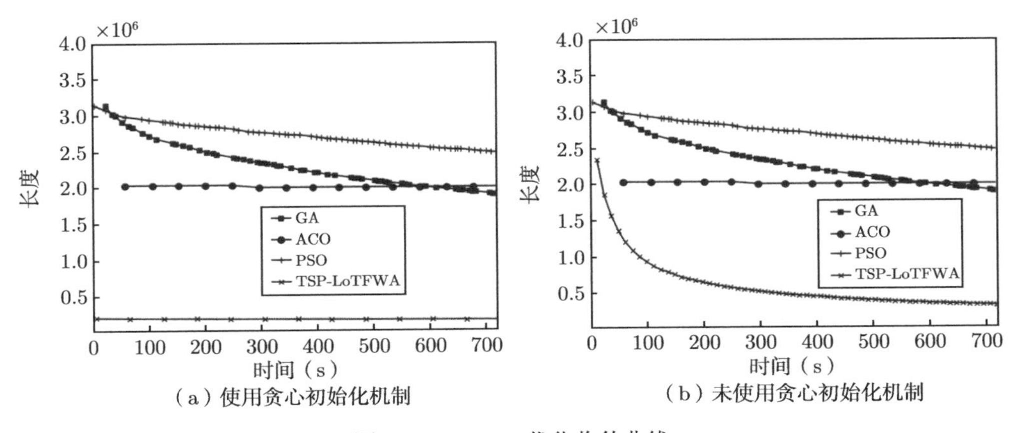

（a）使用贪心初始化机制　（b）未使用贪心初始化机制

图 20.12　d2103 优化收敛曲线

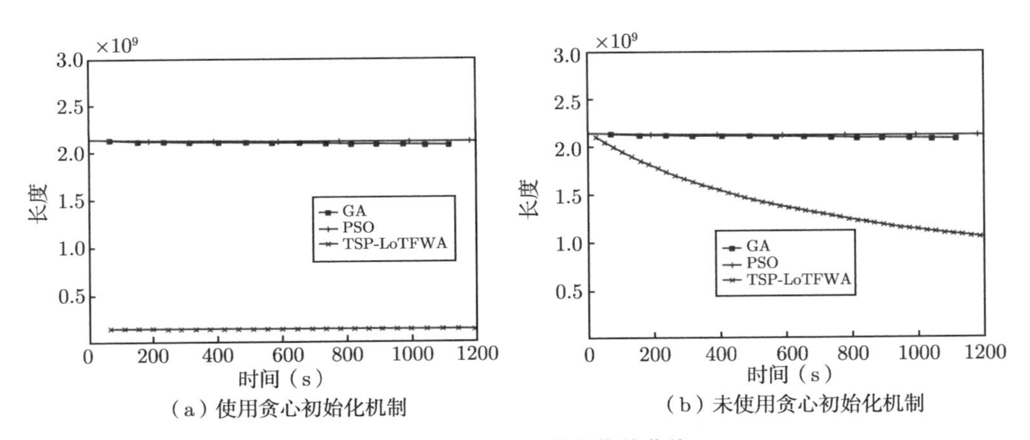

（a）使用贪心初始化机制　（b）未使用贪心初始化机制

图 20.13　usa13509 优化收敛曲线

算法的优化能力十分有限，其收敛速度与求解结果并不能令人满意，而 TSP-LoTFWA 在求解高维问题中有着相对较快的收敛速度，在使用了贪心初始化机制后其求解效果更加优秀。

20.4　算法讨论

第 20.3 节的实验表明，TSP-LoTFWA 在小规模问题上快速、有效，有很大概率能够找到最优解，效果比文献 [202] 中的模拟退火算法、GA 和 ACO 算法更优。在求解中、大规模问题时，TSP-LoTFWA 能够找到较优的解，效果远好于其他经典算法。这表明 TSP-LoTFWA 具有良好的局部搜索能力。然而，由于缺少交互机制，TSP-LoTFWA 的性能有待提高。综上所述，TSP-LoTFWA 有以下 3 个特点。

（1）TSP-LoTFWA 能够有效地解决 TSP，并且有很大概率保证获得最优解。而且，在求解中、大规模问题时有着较明显的优势。

（2）TSP-LoTFWA 有很强的局部搜索能力，其依据烟花算法的计算框架，结合了多种局部搜索机制，并且进行了改变，增强了这些机制的搜索能力。

（3）TSP-LoTFWA 尚缺少个体间的交互机制，在求解大规模问题的局部极值时还有很大的改进空间。接下来的工作将主要集中在解决离散烟花算法个体间的交互问题上。

20.5　小结

现实世界中的许多问题都是变量为整数的离散问题，许多离散问题在常规多项式时间内无法求得精确解。因此，利用群体智能优化算法求解该类问题成为当下的主流方法。烟花算法的离散应用是个崭新的课题。本章仅简单介绍了其在 TSP 上的一个简单应用，并进行了初步尝试，希望有抛砖引玉之效。本章介绍的 TSP-LoTFWA 保留了烟花算法的整体框架，对其中的爆炸算子、选择策略和变异算子进行了适当的改变。在爆炸算子中，每个烟花都有能力接受较差解，这借鉴了模拟退火的思想。然而，在烟花算法中，控制参数 θ 不是一个关于时间 t 的参数，而是随着优化过程的搜索反馈相应地改变。另外，TSP-LoTFWA 对局部搜索方法进行了改变，可以与各种优化方法有效地结合。TSP-LoTFWA 在 TSP 求解中同样拥有较高的计算性能，实验结果也表明该算法在求解 TSP 时有着不错的效果。与其他经典优化算法相比，TSP-LoTFWA 可以在相同的时间条件下求得更优的解，并且其在高维 TSP 中的表现更加突出。

第 21 章 烟花算法在多目标优化问题中的应用

21.1 多目标优化问题

为了方便介绍，本节给出多目标进化算法和多目标群体智能优化算法中常用的基本概念和定义。假设待优化的多目标优化问题的形式如下：

$$\text{minimize} f(x) = [f_1(x), f_2(x), \cdots, f_n(x)]$$

$$\text{s.t.} \quad g_i(x) \leqslant 0, i = 1, 2, \cdots, m$$

$$h_i(x) \leqslant 0, i = 1, 2, \cdots, p$$

其中，$x \in \varPhi$，$\varPhi$ 为可行域。

21.1.1 支配关系

假设对于两个变量 x_1 和 x_2，如果 $f_i(x_1) \leqslant f_i(x_2)$，$i = 1, 2, \cdots, n$，那么称 x_1 支配 x_2，x_2 被 x_1 支配，记作 $x_1 \prec x_2$。如果对于一个集合，集合中的任意两个元素都不能互相支配，则该集合称为非支配解集合。如图 21.1 所示，其中蓝色的点为非支配解，紫色的点为支配解，由所有非支配解组成的集合为非支配解集合。

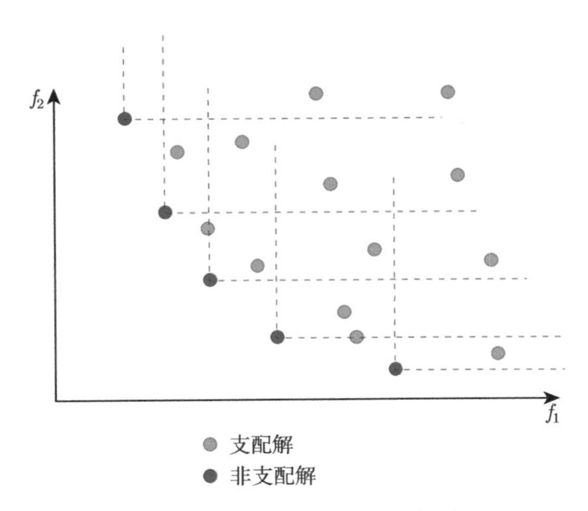

图 21.1 帕累托前沿示意图

21.1.2 帕累托最优解

在可行域 $\varPhi$ 内，如果不存在 x 并且其支配 x_1，则称解 x_1 为帕累托（Pareto）最优解。

21.1.3 帕累托前沿

由帕累托最优解对应的适应度值所形成的区域称为帕累托前沿，如图 21.1 所示，由非支配解组成的区域称为帕累托前沿。

21.2 多目标烟花算法

多目标进化算法被看作求解多目标优化问题的最有效的方式，主要原因是多目标进化算法维护着一群解，能够在一次执行过程中确定多个帕累托最优解。在过去的几十年里，有很多著名的基于帕累托前沿的多目标进化算法相继被提出，其中比较著名的有 NSGA[203]、NSGA-II[204]、SPEA[205]、SPEA-II[206]、PAES[207]、PDE[208]、DE-MOC[209] 和 NSPSO[210]。这些算法的提出引起了进化计算学术界的重视，很多研究人员尝试着将多目标进化算法应用到实际问题的求解中，并展示出不错的效果。

烟花算法是一个受到烟花爆炸启发而提出的新型的群体智能优化算法。这种算法每次在搜索空间中选择一定数量的位置，并在每个位置放置一个烟花。每个烟花在算法执行过程中会产生爆炸，得到爆炸火花和高斯变异火花，进行解空间的搜索。在一代执行完成后，算法首先选择群体中最优的烟花/火花作为下一代的烟花，对于其余的个体，以浓度的方式进行选择。多目标烟花算法首先通过对烟花爆炸过程进行研究与总结，对优化问题的搜寻范围与烟花爆炸的范围进行比较，并通过采用寻找爆炸中心及火花来得到期望值的解集合。然后，对爆炸中心及火花出现的位置进行评估，从而将较好的火花位置信息迭代到下一代，直至找到最优秀的位置信息或达到停止条件时，停止迭代。接下来，具体介绍 Zheng 等人基于 DE 算法和烟花算法提出的多目标烟花算法（MOFWA）。

21.2.1 适应度函数值计算策略

多目标进化算法里的适应度函数值计算策略有很多种，MOFWA 采用的是 SPEA-II[206] 里用到的基于帕累托前沿的策略。具体来说，对于群体 P 和非支配档案 NP 里的每一个个体，按式 (21.1) 计算它的支配强度值：

$$s(\boldsymbol{x}_i) = |\boldsymbol{x}_j \in P \cup \mathrm{NP}|\boldsymbol{x}_i \succ \boldsymbol{x}_j| \tag{21.1}$$

其中，$\succ$ 表示帕累托支配关系。

一个简单的适应度值计算方式见式 (21.2)：

$$r\left(\boldsymbol{x}_i\right) = \sum_{(\boldsymbol{x}_j \in P \cup \mathrm{NP})(\boldsymbol{x}_j \succ \boldsymbol{x}_i)} s\left(\boldsymbol{x}_j\right) \tag{21.2}$$

需要注意的是，这个值越小越好。$r(\boldsymbol{x}_i)$ 再加上一个密度值 $d(\boldsymbol{x}_i)$ 就构成了最终的适应度值 $f(\boldsymbol{x}_i)$。

$$d(\boldsymbol{x}_i) = \frac{1}{\delta_k(\boldsymbol{x}_i)} \tag{21.3}$$

$$f(\boldsymbol{x}_i) = r(\boldsymbol{x}_i) + d(\boldsymbol{x}_i) \tag{21.4}$$

其中，$\delta_k(\boldsymbol{x}_i)$ 表示 $\boldsymbol{x}_i$ 到它的第 k 个近邻的距离。k 一般取群体数 $P \cup N$ 的平方根[211]。另外，如果某个解违反了问题约束条件，可以分别计算每个约束违反的程度：

$$u_Y(\boldsymbol{x}_i) = \begin{cases} Y^{\mathrm{L}} - \sum\limits_{i=1}^{m} Y_i(\boldsymbol{x}_i) & \sum\limits_{i=1}^{m} Y_i(\boldsymbol{x}_i) \leqslant Y^{\mathrm{L}} \\ 0 & \text{其他} \end{cases} \tag{21.5}$$

$$u_C(x_i) = \begin{cases} C(\boldsymbol{x}_i) - C^{\mathrm{U}} & C(\boldsymbol{x}_i) \geqslant C^{\mathrm{U}} \\ 0 & \text{其他} \end{cases} \tag{21.6}$$

$$u_R(x_i) = \begin{cases} \sum\limits_{j=1}^{n} R_j(\boldsymbol{x}_i) - R^{\mathrm{U}} & \sum\limits_{j=1}^{n} R_j(\boldsymbol{x}_i) \geqslant R^{\mathrm{U}} \\ 0 & \text{其他} \end{cases} \tag{21.7}$$

最后，用式 (21.8) 所示的惩罚函数 $p(\boldsymbol{x}_i)$ 乘以适应度值 $f(\boldsymbol{x}_i)$。

$$p(\boldsymbol{x}_i) = w_1 u_Y(\boldsymbol{x}_i) + w_2 u_C(\boldsymbol{x}_i) + w_3 u_R(\boldsymbol{x}_i) \tag{21.8}$$

其中，w_1、w_2、w_3 是 3 个预设的权重参数。

21.2.2 求解算子

与绝大多数多目标进化算法一样，MOFWA[212] 也维护两个解集，一个群体集合 P 和一个非支配档案 NP，在算法的每一次迭代中，从 P 中选择非支配解去更新 NP。不过，在 MOFWA 中，每一代会额外做一次更新：首先用比例选择方法从群体中选择 k 个解，其选择概率与自己的适应度值成正比，然后进行下述 DE 操作。

（1）变异：对 k 个解中的每一个，随机选择另外两个解，把它们的差加权后与原解相加，作为这个解的变异解。

$$\boldsymbol{v}_i = \boldsymbol{x}_{r_1} + \gamma(\boldsymbol{x}_{r_2} - \boldsymbol{x}_{r_3}),\ r_1, r_2, r_3 \in \{1, 2, \cdots, p\},\ \gamma > 0 \tag{21.9}$$

（2）交叉：通过交叉原解和变异解，生成一个交叉解 $\boldsymbol{u}_i$。

交叉解的第 j 个元素是这样确定的：

$$u_i^j = \begin{cases} v_i^j & \mathrm{rand}(0,1) < C_{\mathrm{r}} \text{ 或 } j = r(i) \\ x_i^j & \text{其他} \end{cases} \tag{21.10}$$

其中，C_{r} 是 $[0,1]$ 间的常数，表示交叉概率；$r(i)$ 是 $(0,N]$ 间的一个随机整数。

（3）选择：选择交叉解和原解中较好的进入下一代。

如果选择的是交叉解，就需要看它是不是当代解集里面的非支配解，如果是，还需要用它去更新 NP：

$$\boldsymbol{x}_i = \begin{cases} \boldsymbol{u}_i & f(\boldsymbol{u}_i) \leqslant f(\boldsymbol{x}_i) \\ \boldsymbol{x}_i & \text{其他} \end{cases} \tag{21.11}$$

21.2.3 非支配档案维护方法

档案 NP 里的解的数量会随着搜索过程迅速增加，尤其是对大的目标维数。因此，有必要给 NP 的大小设定一个上限。当试图将一个新的非支配解放入 NP 时，需要检查 NP 的大小是否达到上限：如果没有达到上限，可以直接放进去；如果达到上限，需要进一步处理。设定 $\boldsymbol{x}_a$、$\boldsymbol{x}_b$ 是 NP 里面距离最短的一对：

$$\mathrm{dis}\,(\boldsymbol{x}_a,\boldsymbol{x}_b)=\min_{\boldsymbol{x},\boldsymbol{x}'\in\mathrm{NP}\wedge\boldsymbol{x}\neq\boldsymbol{x}'}\mathrm{dis}\,(\boldsymbol{x},\boldsymbol{x}') \tag{21.12}$$

新的解 $\boldsymbol{x}$ 是否能放进 NP 需要按以下步骤进行判断。

（1）如果 NP 里面存在某个解支配 $\boldsymbol{x}$，那么 $\boldsymbol{x}$ 被舍弃。

（2）如果 $\boldsymbol{x}$ 支配 NP 里面的某些解，那么从 NP 中删掉这些被 $\boldsymbol{x}$ 支配的解，并放入 $\boldsymbol{x}$。

（3）在 NP 里面找到离 $\boldsymbol{x}$ 最近的点，如果它们的距离大于 $\mathrm{dis}(\boldsymbol{x}_a,\boldsymbol{x}_b)$，那么删掉 $\boldsymbol{x}_a$ 或 $\boldsymbol{x}_b$（选择删掉的这个不是上述那个离 $\boldsymbol{x}$ 最近的点就行），并放入 $\boldsymbol{x}$，否则，舍弃 $\boldsymbol{x}$。

21.2.4　基于支配空间的多目标烟花算法

Liu 等人提出了一种多目标烟花算法，该算法使用 S 度量衡量个体间的优劣，并以此构建非支配解集，故称作基于支配空间的多目标烟花算法或基于 S 度量的多目标烟花算法（S-metric based Multi-objective Fireworks Algorithm，S-MOFWA），是最具代表性的多目标烟花算法之一[213]。与单目标优化问题相比，多目标优化问题最直观的区别之一就是个体优劣的评价标准，如何高效筛选出进入非支配解集的最优个体是多目标优化算法最关键且最基础的问题。

基于支配空间的度量方法是一类经典的评价标准，其中较典型的是 S 度量（S-metric），该方法由 Zitzler 与 Thiele 于 1999 年提出，最初用于比较算法最终所得的非支配解集的优劣，后续逐步被应用于群体迭代时的筛选。

根据前文的定义可知，多目标优化问题有两个方面的要求：非支配解集应尽可能地逼近真实的帕累托前沿，即收敛于理论上的最优解；非支配解集应具备良好的分布性，即解集中的个体应有足够的多样性。

最初，S 度量仅用于评价算法解集的分布性，其在物理意义上可以看作解集覆盖空间的大小，或解集支配的空间的大小。假定解集 $M=\boldsymbol{m}_1,\boldsymbol{m}_2,\cdots,\boldsymbol{m}_n$，则 M 的支配空间或者 S 度量可以定义为

$$S(M)=\nu\left(\bigcup_{i=1}^{n}\{\boldsymbol{x}|\boldsymbol{x}_i\succ\boldsymbol{x}\succ\boldsymbol{x}_{\mathrm{ref}}\}\right) \tag{21.13}$$

其中，ν 为勒贝格（Lebesgue）测度，$\boldsymbol{x}_{\mathrm{ref}}$ 为被所有可行解的参考点。参考点的选择不唯一，只要求被所有可行解支配。

图 21.2 中的灰色区域就是最大化多目标优化问题中解集支配的空间。对比不同解集“围出”的空间的大小，就能够判断解集的优劣。显然，更大的支配空间意味着解集具有更好的收敛性与分布性。

进一步地，可以据此定义出每个个体支配空间的大小。每个个体都有一个不被除自己外的任何个体支配的空间，即图 21.3 中深灰色显示的部分。这部分的面积越大，意味着该个体独立支配的空间越大，从而说明其不可替代性越强。而且该空间不受参考点的影响，仅由该个体与其相邻个体的相对位置决定。

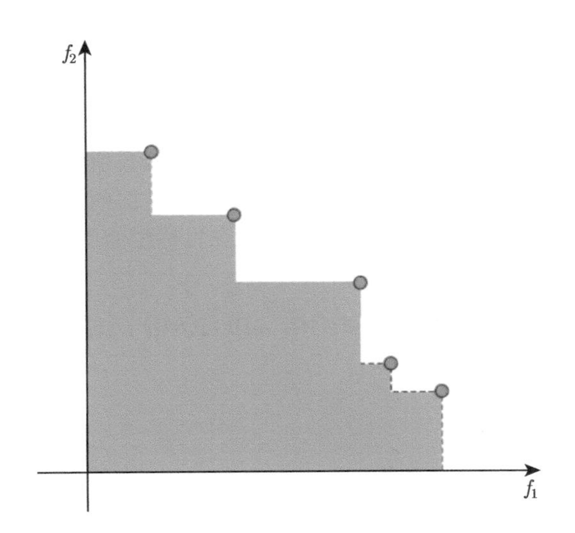

图 21.2　解集支配的空间

解集 $M = \boldsymbol{m}_1, \boldsymbol{m}_2, \cdots, \boldsymbol{m}_n$ 中个体 $\boldsymbol{m}_i$ 的支配空间可形式化定义如下：

$$S(\boldsymbol{m}_i) = \Delta S(M, \boldsymbol{m}_i) = S(M) - S(M \backslash \boldsymbol{m}_i) \tag{21.14}$$

个体的支配空间能够较好地衡量个体的收敛性与分布性的优劣。若某个体的 S 度量为 0，则说明该个体肯定被解集中其他个体支配，其所支配的空间完全被非支配解集支配的空间覆盖，其收敛性较差。若某个体的 S 度量非 0，则说明其为非支配解，此时 S 度量的大小可以表示其分布性的优劣。S 度量越小，说明该个体与其他个体的距离越近，分布性越差，反之则与其他个体的距离较远，分布性较好。由此可见，S 度量是一种非常优秀的多目标优化评价方法。

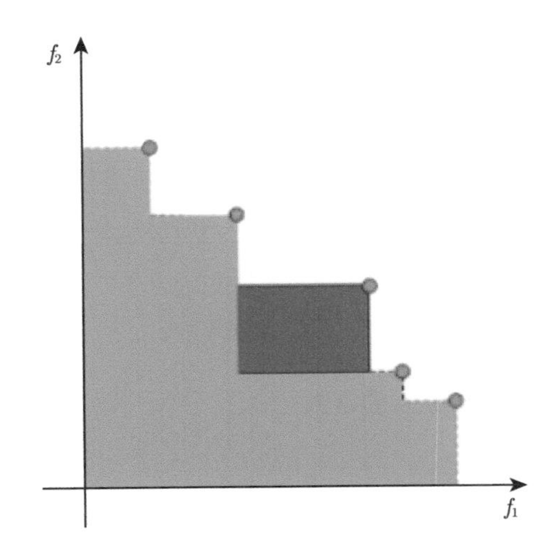

图 21.3　个体的支配空间

下面介绍烟花算法如何与 S 度量结合，并简要介绍算法框架中的各个算子，以及该算法如何应用于多目标优化问题。

1. 适应度评价策略

S-MOFWA 的评价策略就是 S 度量。具体到实现层面，对于最小化的两目标优化问题而言，S-MOFWA 会在目标空间中将所有个体按照其中一个目标函数值的升序排列，若在排序中后出现的个体在第二个目标函数上的取值比前面的个体大，则前面的那些个体是被支配的，可以将其支配空间记作 0，并从集合中剔除。筛选后的个体在目标空间中按如图 21.4 所示的方式排列。

个体的支配空间（S 度量）为

$$S(\boldsymbol{m}_i) = (f_1(\boldsymbol{m}_i) - f_1(\boldsymbol{m}_{i-1}))(f_2(\boldsymbol{m}_i) - f_2(\boldsymbol{m}_{i+1})) \tag{21.15}$$

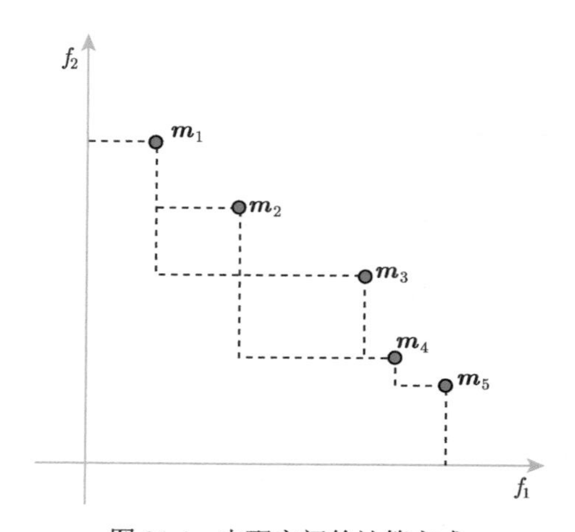

图 21.4　支配空间的计算方式

2. S-MOFWA 的流程

假定决策空间（可行域）为 D 维，烟花数为 N，S-MOFWA 的执行过程如下。

（1）初始化烟花群体：在可行域内随机初始化 N 个烟花。

（2）计算火花数与爆炸半径：S-MOFWA 采用与单目标烟花算法相似的策略，即适应度值越好的烟花，产生的火花数越多，爆炸半径越小。这样，较好的烟花就能够专注搜索已经找到的较好的局部区域，而较差的烟花产生的火花数较少，减少算法资源的浪费，同时爆炸半径较大，跳出不具备潜力的搜索空间。火花数的计算方式如下：

$$z_i = M_{\mathrm{e}} \frac{S(\boldsymbol{x}_i)}{\sum\limits_{i=1}^{N} S(\boldsymbol{x}_i) + \epsilon} \tag{21.16}$$

其中，M_{e} 为最大火花数，ϵ 为防止除零的常数。

爆炸半径的计算方式如下：

$$A_i = \hat{A} \frac{S_{\max} - S(\boldsymbol{x}_i) + \epsilon}{\sum\limits_{i=1}^{N} S_{\max} - S(\boldsymbol{x}_i) + \epsilon} \tag{21.17}$$

其中，$S_{\max}$ 为集合 $S(\boldsymbol{x}_1), S(\boldsymbol{x}_2), \cdots, S(\boldsymbol{x}_N)$ 中的最大值，即最优烟花的 S 度量。同时，为了防止爆炸半径减小过快导致过早收敛，S-MOFWA 采用了与 EFWA 相同的非线性下降最小半径阈值策略：

$$A_{\min}(t) = A_{\text{init}} - \frac{A_{\text{init}} - A_{\text{final}}}{\text{eval}_{\max}} \sqrt{(2\text{eval}_{\max} - t)t} \tag{21.18}$$

其中，A_{init} 与 A_{final} 分别是人为设定的爆炸半径的初值与终值。

（3）生成爆炸火花与高斯变异火花：S-MOFWA 的爆炸算子与变异算子沿袭自单目标烟花算法，详见算法 21.1 与算法 21.2。

算法 21.1 爆炸火花的产生方式（多目标）

输入： 烟花 $\boldsymbol{x}_i$。

输出： 爆炸火花 $\boldsymbol{s}_{ij}$。

1: **for** $k = 1, 2, \cdots, D$ **do**
2: **if** $\text{rand}(0, 1) < p$ **then**
3: $s_{ij}^{(k)} = x_i^{(k)} + A_i\text{rand}(-1, 1)$;
4: 如果计算得到的坐标超出边界，按照映射规则将其重映射至合理的范围内；
5: 返回爆炸火花 $\boldsymbol{s}_{ij}$。

算法 21.2 高斯变异火花的产生方式（多目标）

输入： 烟花 $\boldsymbol{x}_i$。

输出： 高斯变异火花 $\boldsymbol{m}_i$。

1: **for** $k = 1, 2, \cdots, D$ **do**
2: **if** $\text{rand}(0, 1) < q$ **then**
3: $m_i^{(k)} = x_i^{(k)}\text{Gaussian}(1, 1)$;
4: 如果计算得到的坐标超出边界，按照映射规则将其重映射至合理的范围内；
5: 返回高斯变异火花 $\boldsymbol{m}_i$。

（4）计算适应度值：将所有烟花及其生成的爆炸火花、变异火花与上一代的外部档案（External Archive）一起放入候选池中，计算候选池中所有个体的目标函数值及非支配个体的 S 度量。

（5）选择下一代烟花：选择 S 度量最优的前 N 个解作为下一代烟花。

（6）更新外部档案：若外部档案为 K，则外部档案中存放的就是候选池中最优的 K 个个体，迭代结束后的外部档案就是 S-MOFWA 给出的非支配解集。为了提高算法的效率，更新时重复删除候选池中 S 度量最小的个体，并更新其相邻个体的 S 度量，直至候选池剩余 K 个个体，选定这 K 个个体作为下一代的外部档案。

（7）如果满足终止条件，输出外部档案为非支配解集，否则转至步骤（2）。

21.2.5 非支配排序烟花算法

S-MOFWA 采用 S 度量作为个体的评价指标，极大地简化了算法框架，然而这个指标仅适合度量非支配解的优劣，这就导致算法忽略了其余支配解的信息，IUR 较低。为此，Li 等人提出了一种新型的多目标烟花算法框架，称为非支配排序烟花算法（Non-dominated Sorting based Fireworks Algorithm，NSFWA）。该算法使用快速非支配排序更新外部档案并构建非支配解集，引入了爆炸半径自适应调整策略与适用多目标优化的引导变异算子。爆炸半径自适应调整策略综合考虑了拥挤距离与支配关系，在提升算法搜索能力的同时增强了群体间的协同，改善了解集的分布性。多目标优化的引导变异算子则根据烟花的具体情况按不同机制生成引导火花，增强了算法的全局探索与局部开采能力。NSFWA 保留了单目标烟花算法的整体框架，首先进行初始化，随后在每一轮迭代中依次执行爆炸算子、选择算子与变异算子，并将具有良好分布性的个体存储在外部档案中，通过对外部档案的不断更新逼近帕累托前沿。

1. *初始化*

NSFWA 的初始化与单目标烟花算法相同，在决策空间中随机选取 N 个位置生成第一代烟花，烟花服从均匀分布：

$$\boldsymbol{x}_i = (x_{i1}, x_{i2}, \cdots, x_{in}), \quad i = 1, 2, \cdots, N \tag{21.19}$$

第一代烟花的爆炸半径 A 通常设定为上界与下界的差值（假定优化问题在各维度上的边界相同）：

$$A_i = \text{ub} - \text{lb}, \quad i = 1, 2, \cdots, n \tag{21.20}$$

2. *爆炸算子*

NSFWA 的爆炸算子同样沿袭自单目标烟花算法，在以烟花为中心、爆炸半径为半径的超空间内随机生成一定数量的爆炸火花。如果所生成的爆炸火花超出了边界，则需要根据映射规则重新生成火花以替代该越界火花。

3. *映射规则*

爆炸算子所产生的火花有时可能会超出既定的边界，生成在可行域之外，此时需要依照一定的映射规则将其映射回可行域之内。最原始的映射规则为随机映射，即如果火花的某些维度超出了边界，则重新随机生成对应维度的数值，直至火花完全处于可行域内。这种方法存在两个明显的问题：第一个是仍然存在一定的随机因素，随机映射无法保证经过映射的火花一定能够符合约束要求，有可能需要多次映射；第二个是烟花算法由于“各向同性”的性质，在处理最优解处于可行域边界的问题时表现欠佳，而随机映射有可能加重这个问题。为此，NSFWA 设计了中点映射规则（Midpoint Mapping Rule），该映射规则会将超出可行域的爆炸火花依照如算法 21.3 所示的流程将其超出边界的维度重新设定为边界与烟花（爆炸中心）的中点。

算法 21.3 中点映射规则

输入：烟花 $\boldsymbol{x}_i$，爆炸火花 $\boldsymbol{s}_{ij}$，上界 ub，下界 lb。
输出：爆炸火花 $\boldsymbol{s}_{ij}$。
1: **for** 维度 $k = 1$ to n **do**
2: 　**if** 第 k 维 $s_{ij}^{(k)} > \text{ub}$ **then**
3: 　　$s_{ij}^{(k)} \leftarrow \frac{1}{2}(x_{ij}^{(k)} + \text{ub})$;
4: 　**if** 第 k 维 $s_{ij}^{(k)} < \text{lb}$ **then**
5: 　　$s_{ij}^{(k)} \leftarrow \frac{1}{2}(x_{ij}^{(k)} + \text{lb})$;
6: 返回爆炸火花 $\boldsymbol{s}_{ij}$。

4. 选择算子

选择算子负责更新外部档案并在其中选择下一代的烟花。NSFWA 采用快速非支配排序（Fast Non-dominated Sorting Approach）算法与拥挤距离（Crowding Distance）对候选池中的个体进行评价，并选择其中较优者放入外部档案。快速非支配排序算法将个体集合 P 划分为若干互不相交的子集 $P_1, P_2, \cdots, P_m$，这些子集称为“非支配子集”或“前沿”，各子集服从如下的定义与支配关系：

$$P_k = \{\boldsymbol{x} | n_{\boldsymbol{x}} = k-1, \boldsymbol{x} \in P\} \tag{21.21}$$

$$P_1 \succ P_2 \succ \cdots \succ P_m \tag{21.22}$$

其中，n_k 表示支配个体 $\boldsymbol{x}$ 的数量，即 P_k 中的个体互不支配，且仅被全体集合中的 $k-1$ 个个体支配，P_1 中的个体为非支配解。通过这样的“分层”操作，快速非支配排序算法能够以较低的时间复杂度快速评价候选池中所有个体的优劣。该算法是多目标优化算法中最经典、重要与基础的算法之一，故在此不作赘述。

在对候选个体分层后，NSFWA 会从 P_1 开始将候选解依次放入外部档案，直至某一层 P_k 无法被全部放入。此时，NSFWA 会优先挑选 P_k 中具有较好分布性的个体放入外部档案，而衡量分布性的指标就是拥挤距离，如图 21.5 所示。P_k 中某个体 $\boldsymbol{x}_m$ 的拥挤距离定义为该个体在 P_k 中与其相邻的两个个体 $\boldsymbol{x}_{m-1}$ 与 $\boldsymbol{x}_{m+1}$ 在各子目标函数上差值的绝对值之和：

$$D(\boldsymbol{x}_m) = \sum_{i=1}^{r} |f_i(\boldsymbol{x}_{m+1}) - f_i(\boldsymbol{x}_{m-1})| \tag{21.23}$$

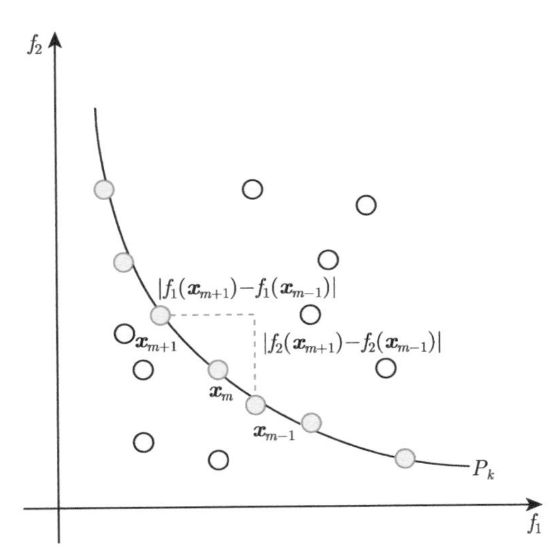

图 21.5 拥挤距离的计算

如前文所述，爆炸火花均是在以烟花为中心的特定空间中生成的，因此对多目标烟花算法而言，解群体的整体分布性与烟花的分布性高度相关。若需要解群体具有良好的分布性，必须保证作为爆炸中心的烟花自身分布性良好。为此，NSFWA 构建了如算法 21.4 所示的基于非支配排序的选择算子。

在 NSFWA 中，当前的外部档案与烟花及其生成的爆炸火花共同构成了当前的候选池，选择算子从候选池中筛选出较优的个体进入下一代外部档案，而处于外部档案顶部的 N 个个体被确定为下一代烟花。为了保证外部档案具有良好的分布性，选择算子对进入外部档案的最后一个子集依照拥挤距离进行排序的同时，也对首先进入外部档案的第一个子集（非支配解构成的子集）进行了排序。因此，被选定的下一代烟花在大概率是非支配个体的同时具有较优的分布性。

算法 21.4　基于非支配排序的选择算子

输入：第 t 代烟花 $\boldsymbol{X}_t = \{\boldsymbol{x}_1, \boldsymbol{x}_2, \cdots, \boldsymbol{x}_N\}$，第 t 代爆炸火花 $\boldsymbol{S}_t = \{\boldsymbol{s}_{1,t}, \boldsymbol{s}_{2,t}, \cdots, \boldsymbol{s}_{N,t}\}$，第 t 代外部档案 $\boldsymbol{R}_t$，外部档案的大小 N_R。

输出：第 $t+1$ 代外部档案 $\boldsymbol{R}_{t+1}$，第 $t+1$ 代烟花 $\boldsymbol{X}_{t+1}$，排序后的候选池 $C_{\text{sorted},t}$。

1: 计算 $\boldsymbol{X}_t$ 与 $\boldsymbol{S}_t$ 在各子目标函数上的适应度值；
2: 生成候选池 $C_t = \{\boldsymbol{X}_t \cup \boldsymbol{S}_t \cup \boldsymbol{R}_t\}$；
3: 对候选池分层 $P = \text{FastNonDominatedSorting}(C_t)$；
4: 按照非支配子集由优至劣的顺序对候选池进行排序；
5: 声明外部档案 $\boldsymbol{R}_{t+1} = \varnothing$ 与计数器 $i = 1$；
6: **while** $|\boldsymbol{R}_{t+1}| + |\boldsymbol{P}_i| \leqslant N_R$ **do**
7: 　　**if** $i = 1$ **then**
8: 　　　　计算当前非支配集 $\boldsymbol{P}_i$ 中所有个体的拥挤距离 $D_i = \text{CrowdingDistance}(\boldsymbol{P}_i)$；
9: 　　　　对 $\boldsymbol{P}_i$ 中的个体按拥挤距离降序进行排列 $\boldsymbol{P}_i = \text{SortByDescending}(\boldsymbol{P}_i)$；
10: 　　$\boldsymbol{R}_{t+1} = \boldsymbol{R}_{t+1} \cup \boldsymbol{P}_i$；
11: 　　$i = i + 1$；
12: 计算 $\boldsymbol{P}_i$ 中所有个体的拥挤距离 $D_i = \text{CrowdingDistance}(\boldsymbol{P}_i)$；
13: 对 $\boldsymbol{P}_i$ 中的个体按拥挤距离降序进行排列 $\boldsymbol{P}_i = \text{SortByDescending}(\boldsymbol{P}_i)$；
14: $\boldsymbol{R}_{t+1} = \boldsymbol{R}_{t+1} \cup \boldsymbol{P}_i[1 : N_R - |\boldsymbol{R}_{t+1}|]$；
15: $\boldsymbol{X}_{t+1} = \boldsymbol{R}_{t+1}[1 : N]$；
16: 返回 $\boldsymbol{R}_{t+1}$、$\boldsymbol{X}_{t+1}$、$C_{\text{sorted},t}$。

5. 爆炸半径自适应调整策略

爆炸半径是影响烟花算法全局探索与局部开采的决定性因素之一，NSFWA 中的爆炸半径自适应调整策略依照当前烟花与上一代烟花间的支配关系对爆炸半径进行调整。该机制的参数设置参考了 Schumer 与 Steiglitz 提出的五分之一成功法则（One-fifth Success Rule），这里采用了遵循该法则思想的一种简单实现。第 $t+1$ 代烟花 $\boldsymbol{x}_{i,t}$ 的爆炸半径设定如下：

$$A_{i,t+1} = A_{i,t} \begin{cases} \alpha & \boldsymbol{x}_{i,t+1} \succ \boldsymbol{x}_{i,t}, A_{i,t}\alpha \leqslant \text{ub} - \text{lb} \\ \alpha^{-\frac{1}{4}} & \boldsymbol{x}_{i,t+1} \preceq \boldsymbol{x}_{i,t}, A_{i,t}\alpha \geqslant \beta(\text{ub} - \text{lb}) \end{cases} \tag{21.24}$$

其中，α 与 β 均为人为设定的超参数，α 用于控制爆炸半径的变化幅度，β 用于调整爆炸半径的最小值。

爆炸半径的最大值设定为上界与下界的差值。若爆炸半径经过调整后超过了上界或下界，则直接设定为上界或下界。在搜索的前期，NSFWA 有较大可能寻找到比当前烟花更好的个体，这使得爆炸半径倾向增大。而后期 NSFWA 较难寻找到更好的个体，爆炸半径倾向缩小。因此，

NSFWA 的爆炸半径整体上呈现由大到小的变化趋势，即前期鼓励全局探索，找到较有潜力的区域后则鼓励局部开采。

6. 多目标引导变异算子

烟花群体在多目标优化问题中所能获取的信息远多于单目标优化问题，这使得问题更加复杂的同时也为算法的改进提供了更多可能。实验表明，仅含有爆炸算子、选择算子与爆炸半径自适应调整策略的多目标烟花算法框架的 IUR 仍然较低。为了进一步提高算法的 IUR，增强算法的局部搜索能力并改善分布性，NSFWA 设计并构建了多目标引导变异算子（Multi-objective Mutation Operator）。

本书第 11 章已经详细阐述了单目标烟花算法中的引导变异算子：对于每个烟花，首先通过计算其所在群体的顶部子群体中心与底部子群体中心的差值生成引导向量，随后将引导向量添加至烟花所在位置，以生成引导火花。但与单目标烟花算法不同，多目标烟花算法只有在执行选择算子之后才能得知孰优孰劣，进而构建顶部子群体与底部子群体，因此引导变异算子必须在选择算子之后执行。此时，选择算子已经筛选出了下一代烟花，直接选择新烟花而非旧烟花作为引导向量的起点，并计算生成引导火花能够进一步加速群体的收敛，这个思路与牛顿动量法相似。

随之而来的另一个问题是：由于引入了外部档案，选择算子筛选出的下一代烟花有可能并非当前迭代轮次生成的爆炸火花，而是来自外部档案的“旧个体”。对于这些旧个体而言，它们已经丢失了自己的群体信息，无法采用与单目标烟花算法引导变异算子相同的方式生成变异火花。为此，多目标引导变异算子被提出。如算法 21.5 所示，多目标引导变异算子依据来源对烟花进行了分类，并采用了不同的方法计算引导向量。

算法 21.5 多目标引导变异算子

输入： 烟花 $\boldsymbol{x}_i$，候选池 $C_{\text{sorted}} = \{\boldsymbol{c}_1, \boldsymbol{c}_2, \cdots, \boldsymbol{c}_{|C|}\}$，子群比例 σ，子群体的个体数 μ。

输出： 引导变异火花 $\boldsymbol{g}_i$。

1: **if** 烟花 $\boldsymbol{x}_i$ 不是来自外部档案 **then**

2: 从候选池 C_{sorted} 中抽取烟花 $\boldsymbol{x}_i$ 的爆炸火花，并保留其在 C_{sorted} 中的相对顺序；

3: $\Delta_i = \dfrac{1}{\sigma\lambda_i}\left(\displaystyle\sum_{j=1}^{\sigma\lambda_i} \boldsymbol{s}_{ij} - \sum_{j=\lambda_i-\sigma\lambda_i+1}^{\lambda_i} \boldsymbol{s}_{ij}\right)$；

4: **if** 烟花 $\boldsymbol{x}_i$ 来自外部档案 **then**

5: $\Delta_i = \dfrac{1}{\mu}\left(\displaystyle\sum_{j=1}^{\mu} \boldsymbol{c}_{\text{rand}(0,\sigma|C|)} - \sum_{j=1}^{\mu} \boldsymbol{c}_{\text{rand}(\sigma|C|-\mu+1,\sigma|C|)}\right)$；

6: 生成引导变异火花 $\boldsymbol{g}_i = \boldsymbol{x}_i + \Delta_i$；

7: 返回 $\boldsymbol{g}_i$。

（1）烟花不是外部档案中的个体，即烟花为上一代烟花或新生成的爆炸火花。这种情况下，烟花具有明确的群体归属，保留了完整的群体信息。此时，引导向量的计算采用与单目标烟花算法相似的方式，在群体内部依照比例 σ 选取最优的 $\sigma\lambda_i$ 个个体组成顶部子群体，并选取最差的 $\sigma\lambda_i$ 个个体组成底部子群体，引导向量即两个子群体中心的差值。需要特别说明的是，由于选择算子已经对候选池中的个体进行了分层操作，并依照分层结果对候选池进行了排序，故在此无须对烟花所在群体重新排序。

（2）烟花为外部档案中的个体。这种情况下，烟花没有明确的群体归属，变异算子将从处于候选池顶部的前 $\sigma|C|$ 个个体中随机选取 μ 个个体组成顶部子群体，从处于候选池底部的后 $\sigma|C|$ 个个体中随机选取 μ 个个体组成底部子群体，取两个子群体的中心做差，生成引导向量与引导火花。例如，当前候选池中有 200 个个体，子群体比例 $\sigma = 0.2$，子群体的个体数 $\mu = 5$，则多目标引导变异算子会在处于候选池顶部的 40（200×0.2）个个体中随机选取 5 个个体组成顶部子群体，同理选取 5 个个体组成底部子群体。这里引入随机因素主要是为了保证迭代后期各群体不会完全沿同一个方向进行搜索，避免影响解群体整体的分布性，本章后续内容会对此做进一步的分析。

无论是哪种情况，多目标引导变异算子均不会直接将烟花替代为其对应的引导火花。同时，为了提高算法效率，也不会将引导火花加入候选池重新进行排序，而是将引导火花直接加入外部档案中参与下一轮迭代。

7. 算法流程

NSFWA 在初始化后依次重复执行爆炸算子、选择算子、爆炸半径自适应调整策略与多目标引导变异算子，直至外部档案满足预定期望或迭代次数，达到预定的最大值。该算法的完整流程如算法 21.6 所示。

算法 21.6 NSFWA 的完整流程

输入：上界 ub，下界 lb，烟花数 N，火花数 λ，外部档案大小 N_R，子群体比例 σ，子群体个体数 μ，爆炸半径 A，爆炸半径调整参数 α，爆炸半径最小值参数 β。

输出：最优解集。

1: 在由边界 lb 与 ub 确定的决策空间 D 中随机生成 N 个烟花;
2: 初始化外部档案 $\boldsymbol{R} = \{\boldsymbol{X}_1\}$ 与迭代计数器 $t = 1$;
3: **while** 未达到最大迭代次数或未达到预定期望 **do**
4: 　生成爆炸火花 $\boldsymbol{S}_t = \text{ExplosionOperator}(\boldsymbol{X}_t, A_t, \lambda_t)$;
5: 　更新档案 $\boldsymbol{R}_{t+1}$、候选池 $C_{\text{sorted},t}$ 与烟花 $\boldsymbol{X}_{t+1} = \text{SelectionOperator}(\boldsymbol{X}_t, \boldsymbol{S}_t, \boldsymbol{R}_t)$;
6: 　调整爆炸半径 $A_{t+1} = \text{AdaptiveAmplitude}(\boldsymbol{X}_t, \boldsymbol{X}_{t+1}, A_t, \alpha, \beta)$;
7: 　生成变异火花 $\boldsymbol{G}_t = \text{MultiObjectiveMutationOperator}(\boldsymbol{X}_t, C_{\text{sorted},t+1}, \sigma, \mu)$;
8: 　更新外部档案 $\boldsymbol{R}_{t+1} = \boldsymbol{R}_{t+1} \cup \boldsymbol{G}_t$;
9: 　$t = t + 1$;
10: 返回 $\{\boldsymbol{R}_t \backslash \boldsymbol{G}_{t-1}\}$，作为最优解集。

接下来，主要对 NSFWA 中的爆炸半径自适应调整策略与多目标引导变异算子的机理进行分析，进一步阐释设计的动机及其背后的原理，并辅以简要的实验证明。选择算子与映射规则的改进较简单，本节不再赘述，将通过本节后文的消融实验直接展示其改进效果。

1. 爆炸半径自适应调整策略的机理分析

如前文所述，爆炸半径自适应调整策略倾向在迭代初期赋予烟花群体较大的爆炸半径，在迭代后期缩小爆炸半径以增强烟花的局部搜索能力。DynFWA 中证明了在单目标优化问题中为何较小的爆炸半径有利于群体进行局部开采，这里尝试将证明拓展至多目标优化问题。

假定多目标优化问题有 r 个子目标，每个子目标函数在烟花所处的位置 $\boldsymbol{x}_0$ 都是连续且二阶可导的，位置 $\boldsymbol{x}_0$ 也并非局部最优点，对其子目标函数在 $\boldsymbol{x}_0$ 处使用泰勒公式展开可得

$$f_i(\boldsymbol{x})-f_i(\boldsymbol{x}_0)=\nabla f_i(\boldsymbol{x}_0)^{\mathrm{T}}(\boldsymbol{x}-\boldsymbol{x}_0)+\frac{1}{2}(\boldsymbol{x}-\boldsymbol{x}_0)^{\mathrm{T}}H(\boldsymbol{x})(\boldsymbol{x}-\boldsymbol{x}_0),\quad i=1,2,\cdots,r \tag{21.25}$$

其中，$H(\boldsymbol{x})=\left[\dfrac{\partial^2 f_i}{\partial \boldsymbol{x}_j \partial \boldsymbol{x}_k}\right]_{n\times n}$ 为决策空间维度 n 的黑塞矩阵。

由于位置 $\boldsymbol{x}_0$ 不是局部最优点，故该点梯度 $\nabla f_i(\boldsymbol{x}_0)$ 非 0，存在 ϵ，对任意 $\boldsymbol{x}$，在区域 $V=\{\boldsymbol{x}||\boldsymbol{x}-\boldsymbol{x}_0|\leqslant\epsilon\}$ 中，使得

$$f_i(\boldsymbol{x})-f_i(\boldsymbol{x}_0)=\nabla f_i(\boldsymbol{x}_0)^{\mathrm{T}}(\boldsymbol{x}-\boldsymbol{x}_0)+o(\boldsymbol{x}-\boldsymbol{x}_0) \tag{21.26}$$

其中，o 为 $\boldsymbol{x}-\boldsymbol{x}_0$ 趋近 0 时的无穷小量。

当 ϵ 趋近 0 时，若区域 V 中存在 $\boldsymbol{x}_1$ 满足 $\boldsymbol{x}_1-\boldsymbol{x}_0=\Delta\boldsymbol{x}$，则同样存在 $\boldsymbol{x}_2$ 满足 $\boldsymbol{x}_2-\boldsymbol{x}_0=-\Delta\boldsymbol{x}$，根据式 (21.26) 可得

$$[f_i(\boldsymbol{x}_1)-f_i(\boldsymbol{x}_0)][f_i(\boldsymbol{x}_2)-f_i(\boldsymbol{x}_0)]<0,\quad i=1,2,\cdots,r \tag{21.27}$$

因此，每个爆炸火花有 1/2 的概率在子目标函数 f_i 上取得优于烟花的适应度值，根据支配关系的定义，可知爆炸火花支配烟花的概率为

$$P(\boldsymbol{s}\succ\boldsymbol{x}_0)=P(f_1(\boldsymbol{s})>f_1(\boldsymbol{x}))P(f_2(\boldsymbol{s})>f_2(\boldsymbol{x}))\cdots P(f_r(\boldsymbol{s})>f_r(\boldsymbol{x}))=\left(\frac{1}{2}\right)^r \tag{21.28}$$

爆炸火花不被烟花支配的概率为

$$P(\boldsymbol{s}\not\succ\boldsymbol{x}_0)=1-P(\boldsymbol{x}_0\succ\boldsymbol{s})=1-\left(\frac{1}{2}\right)^r \tag{21.29}$$

由此可知，当爆炸半径足够小时，烟花所产生的火花中至少有一个优于烟花的概率为 $1-\left[1-\left(\frac{1}{2}\right)^r\right]^\lambda$，至少有一个不劣于烟花的概率可达到 $1-\left(\frac{1}{2}\right)^{r\lambda}$。例如，对两目标优化问题而言，在尚未到达局部最小时，若烟花产生 10 个火花且爆炸半径足够小，火花中至少有一个优于烟花的概率约为 0.944。设优化问题为 ZDT1 测试函数：

$$\min f(\boldsymbol{x})=(f_1(\boldsymbol{x}),f_2(\boldsymbol{x})) \tag{21.30a}$$

$$\min f_1(\boldsymbol{x})=\boldsymbol{x}_1 \tag{21.30b}$$

$$\min f_2(\boldsymbol{x})=g\left(1-\sqrt{\frac{f_1}{g}}\right) \tag{21.30c}$$

$$g(\boldsymbol{x})=1+9\sum_{i=2}^{n}\frac{\boldsymbol{x}_i}{n-1} \tag{21.30d}$$

其中，维度 $n=30$；帕累托最优情况下，决策向量的取值为 $0\leqslant\boldsymbol{x}_1^*\leqslant1$，$\boldsymbol{x}_i^*=0$，$i=2,\cdots,n$。

设 NSFWA 的烟花数 $N=10$，每个烟花生成的爆炸火花数 $\lambda=10$，爆炸半径初值 $A=1.0$，外部档案大小 $N_R=100$，最大评估次数为 200000 次，所有烟花爆炸半径平均值的变化趋势如图 21.6 所示。

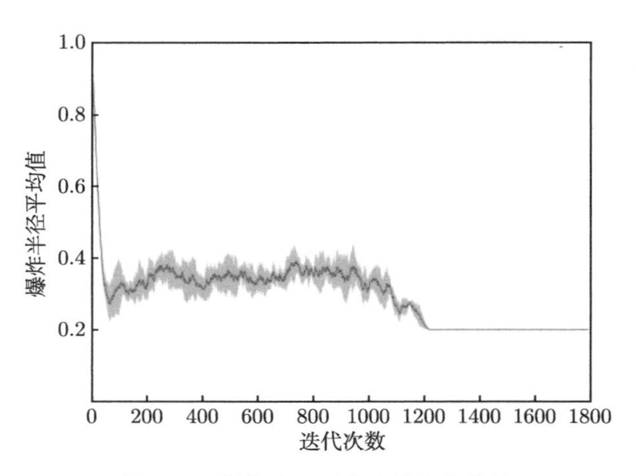

图 21.6　爆炸半径平均值的变化趋势

实验结果表明，爆炸半径的变化符合推断，整体上呈逐步下降的趋势。由此可知，群体的全局探索主要集中在前期，中后期则主要进行局部开采。

2. 多目标引导变异算子的机理分析

多目标引导变异算子的主要设计目标为保证群体具有良好分布性的同时，改善算法的收敛性，故下面围绕收敛性与分布性两部分展开介绍。

首先分析多目标引导算子如何加速算法收敛。无论是前文所述的哪种情况，引导变异算子的本质都是通过对较优的顶部子群体与较差的底部子群体的中心做差生成引导变量，进而生成引导火花。在单目标优化问题中，假定函数连续且可导，则相关方向定义为烟花所处位置的负梯度，也就是使适应度值下降最快的方向。类似地，在多目标优化问题中，从烟花所处位置出发沿某方向生成新个体，若该个体支配烟花，则可以称该方向为相关方向。不同的是，在多目标优化问题中，算法搜索的是由若干帕累托最优解构成的帕累托前沿，因此相关方向不需要选取“最速”的方向，所有使得在该方向生成的新个体优于原烟花的方向都是可接受的相关方向。

下面仍以 ZDT1 测试函数为例，定性地说明引导变异算子为何能够引导群体沿相关方向搜索，从而加速算法收敛。ZDT1 测试函数的两个子目标函数均为严格的凸函数，且最优解在除 $\boldsymbol{x}_1$ 外的其他维度上的取值均为 0。这里抽出原问题 30 个维度中的前两维进行可视化 [见图 21.7（a）]，图中粉红色的线段是帕累托前沿在子目标函数上的投影。设底部子群体的中心 $\boldsymbol{x}_{\mathrm{btm}}=(0.2,1.0)$，某支配 $\boldsymbol{x}_{\mathrm{btm}}$ 的可行解为底部子群体的中心，更加接近帕累托前沿的某可行解为选择算子筛选得到的下一代烟花，由两子群体中心做差得到的引导向量可以近似分解为两个子目标函数负梯度的加权和 [见图 21.7（b）～图 21.7（d）]：

$$\Delta=w_1\nabla_1+w_2\nabla_2,\ w_1\leqslant 0,w_2\leqslant 0 \tag{21.31}$$

其中，∇_1 与 ∇_2 分别为两个子目标函数的梯度。

爆炸半径越小，这样的近似就越可信。因此，从烟花的位置出发沿引导向量方向生成的引导变异火花大概率在至少一个子目标函数上取得优于烟花的数值，成为支配烟花的个体，加入候选池后也有较大可能被选为下一代烟花。受引导变异火花的引导，群体能够加速沿相关方向收敛至帕累托前沿，群体的局部搜索能力能得到有效提高。

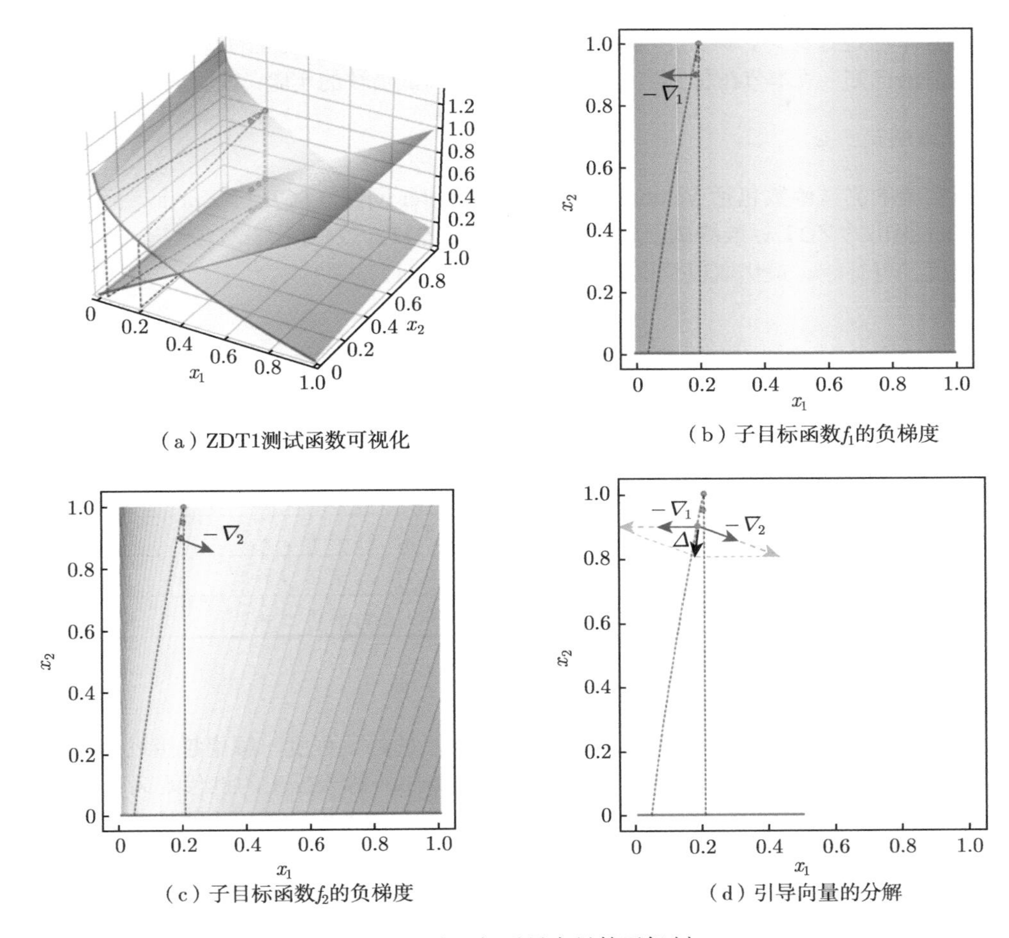

图 21.7　多目标引导变异算子机制

进一步观察图 21.7，图中两虚线平面之间的可行解均支配 $\boldsymbol{x}_{\text{btm}}$，都可以被假定为顶部子群体的中心。当顶部子群体中心所处位置变化时，引导向量的方向也将相应发生变化，群体便会沿着不同的相关方向搜索，最终收敛至前沿上的不同区域。结合多目标优化问题对分布性的要求，各群体的引导向量应尽可能不同，若各群体的引导向量相同，则生成的非支配解易过度集中。

最直接的思路是每个烟花利用自身所在群体的位置信息生成引导变异火花，这样各引导向量既能够较好地描述烟花的相关方向，彼此之间也有足够大的差异。但在多目标优化问题中，外部档案中“旧个体”的占比将逐渐升高，至搜索的中后期，烟花将主要来自“旧个体”，各烟花群体也将统一使用候选池顶部子群体中心与底部子群体中心做差的方式生成引导向量。为了使各烟花群体的引导向量有所不同，多目标引导变异算子引入了如算法 21.5 所示的随机因素。总体来说，控制子群体筛选范围的子群体比例参数 σ 越大、组成子群体的个体数量 μ 越小，则随机性越强，各群体间的引导向量差异也就越大。但相应地，生成的引导向量也越有可能偏离相关方向，导致收敛相对减缓。反之，σ 越小、μ 越大，则随机性越弱，各引导向量间的差异越小，但与相关方向越相近，群体收敛至帕累托前沿的速度就越快。

与单目标优化问题使用适应度值作为唯一的评价指标不同，多目标优化问题同时对解集的收敛性与分布性进行评价，因此通常需要多个指标。其中，对收敛性的度量往往要求优化问题的帕累托前沿已知，故本节在仿真实验前增加了标准测试函数的实验，以验证 NSFWA 的性能。

1. 标准测试函数

本节实验的测试函数包括 Veldhuizen 提出的 Schaffer 问题（SCH）、Kursawe 问题（KUR），以及 Zitzler 提出的 ZDT 标准测试函数集中的 ZDT1、ZDT2、ZDT3 与 ZDT6 测试函数。上述各函数的维度、可行域、最优取值范围与前沿形状见表 21.1。

表 21.1　标准测试函数

函数	维度	可行域	最优取值范围	前沿形状
SCH	1	[−1000, 1000]	$x \in [0, 2]$	凸
KUR	3	[−5, 5]	—	非凸
ZDT1	30	[0, 1]	$x_1 \in [0,1]$，$x_j \neq 0$，$j \neq 1$	凸
ZDT2	30	[0, 1]	$x_1 \in [0,1]$，$x_j \neq 0$，$j \neq 1$	非凸
ZDT3	30	[0, 1]	$x_1 \in [0,1]$，$x_j \neq 0$，$j \neq 1$	凸，不连续
ZDT6	10	[0, 1]	$x_1 \in [0,1]$，$x_j \neq 0$，$j \neq 1$	非凸，不均匀

2. 多目标优化评价指标

收敛性是指算法生成的解集相对于理论帕累托前沿的趋近程度，解集越接近理论帕累托前沿，说明其收敛性越好。这里采用由 Veldhuizen 与 Lamont 等人提出的世代距离（Generational Distance，GD）指标评价算法的收敛性。具体而言，GD 可以近似地理解为算法生成的解集中每个个体在目标空间中与理论帕累托前沿的最近距离的均值：

$$\mathrm{GD} = \frac{\sqrt{\sum\limits_{i=1}^{n} d_i^2}}{n} \tag{21.32}$$

其中，d_i^2 表示个体 i 与理论前沿的最近距离，n 表示解集大小。

需要注意的是，作为参考的理论前沿通常是以解集的形式给出的，因此 GD 的数值与在理论前沿上选取的点的数量密切相关。本实验在每个测试函数的理论前沿上均匀地选择 500 个点作为计算 GD 的参考。

分布性又称多样性，是指解集中个体分布的均匀程度，以及覆盖理论帕累托前沿的广度。目前应用最广泛的分布性评价指标是基于超体积（Hyper-volume，HV）的评价指标，该指标的定义与 S 度量相似：

$$S(M) = \nu\left(\bigcup_{i=1}^{n}\{\boldsymbol{x}|\boldsymbol{x}_i \succ \boldsymbol{x} \succ \boldsymbol{x}_{\mathrm{ref}}\}\right) \tag{21.33}$$

其中，ν 表示勒贝格测度，$\boldsymbol{x}_{\mathrm{ref}}$ 是人为选定的被解集中所有个体支配的参考点。

直观地理解，基于超体积的评价指标就是解集所能够覆盖的目标空间的大小。实际上，基于超体积的评价指标能够同时衡量收敛性与分布性，解群体越趋近理论前沿，分布得越均匀，其能够覆盖的面积越大，超体积指标就越好。本实验为 SCH、KUR 和 ZDT1~ZDT6 选定的参考点依次为 $(4,4)$、$(-14,1)$、$(1,1)$、$(1,1)$、$(1,1)$ 与 $(1,1)$。

NSFWA 与 S-MOFWA 的烟花数均设为 10，各群体的火花数设为 10，外部档案大小设为 100，各群体的变异火花数设为 1。对于除 ZDT2 外的其他测试函数，NSFWA 的子群体比例参数 σ 设为 0.3，子群体的个体数 μ 设为 10。对于 ZDT2 测试函数，子群体比例参数 σ 设为 0.5，子群体的个体数 μ 设为 5。NSGA-II、SPEA2 与 RVEA 均参考各算法的原始论文给出的推荐参数进行设定，算法最大评估次数为 200000 次。

表 21.2 与表 21.3 展示了 NSFWA、S-SMOFWA 与其他几类经典多目标群体智能优化算法的实验结果。与其他算法相比，两种多目标烟花算法在 6 个测试函数上的 GD 与 HV 平均排名均优于其他算法，特别是 NSFWA 的标准偏差相对较小，说明 NSFWA 能够稳定地获得优于其他几类算法的最优解集。具体来说，烟花算法在 SCH 与 ZDT1 等帕累托前沿呈凸面的测试函数、ZDT2 等帕累托前沿呈凹面的测试函数，以及 ZDT3 等帕累托前沿不连续的测试函数上表现均明显优于其他算法。其中，帕累托前沿不连续的 ZDT3 对算法的分布性有着较高的要求，这说明 NSFWA 的相关机制能够有效改善群体的分布。值得注意的是，在 ZDT2 的实验中，由于群体容易陷入帕累托前沿的部分固定区域，故而为引导变异算子选择了随机性较强的参数组合，帮助群体逃离该区域。对于帕累托前沿不均匀的 ZDT6，S-MOFWA 取得了相对最优的结果。总的来说，烟花算法普遍适用于各类具有不同帕累托前沿特征的多目标优化问题。

表 21.2 标准测试函数实验的世代距离（GD）

测试函数	NSFWA		S-MOFWA		NSGA-II		SPEA2		RVEA	
	均值	标准偏差	均值	标准差偏	均值	标准偏差	均值	标准偏差	均值	标准偏差
SCH	3.27×10^{3}	3.45×10^{-4}	3.32×10^{-3}	9.62×10^{-5}	3.33×10^{-3}	$\mathbf{7.82\times10^{-5}}$	4.16×10^{-3}	4.27×10^{-4}	$\mathbf{3.03\times10^{-3}}$	1.83×10^{-4}
KUR	5.10×10^{-2}	2.91×10^{-3}	$\mathbf{3.57\times10^{-2}}$	$1.83\times\mathbf{10^{-3}}$	3.77×10^{-2}	3.06×10^{-3}	6.84×10^{-1}	$\mathbf{1.12\times10^{-3}}$	4.05×10^{-2}	8.25×10^{-3}
ZDT1	$\mathbf{1.10\times10^{-3}}$	$\mathbf{3.69\times10^{-3}}$	1.47×10^{-3}	4.37×10^{-5}	1.41×10^{-3}	8.55×10^{-5}	1.69×10^{-3}	1.90×10^{-4}	1.76×10^{-3}	3.48×10^{-4}
ZDT2	$\mathbf{8.03\times10^{-4}}$	3.42×10^{-5}	1.17×10^{-3}	6.22×10^{-5}	1.06×10^{-3}	1.54×10^{-4}	1.04×10^{-3}	$\mathbf{1.14\times10^{-5}}$	1.21×10^{-3}	2.06×10^{-4}
ZDT3	$\mathbf{1.07\times10^{-3}}$	8.82×10^{-5}	4.01×10^{-3}	1.88×10^{-3}	1.09×10^{-3}	$\mathbf{6.96\times10^{-5}}$	1.96×10^{-1}	1.95×10^{-1}	1.64×10^{-3}	1.15×10^{-4}
ZDT6	5.92×10^{-4}	2.32×10^{-5}	$\mathbf{5.66\times10^{-4}}$	$\mathbf{1.83\times10^{-5}}$	6.30×10^{-4}	9.65×10^{-5}	1.09×10^{-1}	6.87×10^{-2}	6.44×10^{-4}	1.86×10^{-5}
平均排名	1.83	2.50	2.67	2.33	2.67	2.83	4.33	3.50	3.50	3.83

表 21.3 标准测试函数实验的超体积（HV）

测试函数	NSFWA		S-MOFWA		NSGA-II		SPEA2		RVEA	
	均值	标准偏差	均值	标准偏差	均值	标准偏差	均值	标准偏差	均值	标准偏差
SCH	$\mathbf{1.33\times10^{1}}$	$\mathbf{3.79\times10^{-5}}$	1.32×10^{1}	7.62×10^{-3}	$1.33\times10^{+1}$	1.21×10^{-3}	$1.30\times10^{+1}$	7.52×10^{-2}	$1.32\times10^{+1}$	3.09×10^{-3}
KUR	3.68×10^{1}	4.03×10^{-2}	$\mathbf{3.71\times10^{1}}$	9.02×10^{-2}	$3.70\times10^{+1}$	$\mathbf{1.20\times10^{-2}}$	$2.84\times10^{+1}$	2.92×10^{-2}	$3.66\times10^{+1}$	1.31×10^{-1}
ZDT1	$\mathbf{6.61\times10^{-1}}$	$\mathbf{3.24\times10^{-5}}$	6.54×10^{-1}	1.03×10^{-4}	6.60×10^{-1}	2.77×10^{-4}	6.52×10^{-1}	2.23×10^{-3}	6.60×10^{-1}	4.84×10^{-4}
ZDT2	$\mathbf{3.28\times10^{-1}}$	$\mathbf{1.18\times10^{-4}}$	3.27×10^{-1}	4.00×10^{-4}	3.27×10^{-1}	2.24×10^{-4}	3.20×10^{-1}	2.62×10^{-3}	3.27×10^{-1}	4.09×10^{-4}
ZDT3	$\mathbf{1.04\times10^{0}}$	$\mathbf{9.71\times10^{-6}}$	1.04×10^{0}	3.20×10^{-4}	1.04×10^{0}	1.44×10^{-4}	6.74×10^{-1}	3.58×10^{-1}	1.04×10^{0}	3.76×10^{-4}
ZDT6	3.21×10^{-1}	7.93×10^{-4}	3.20×10^{-1}	5.32×10^{-4}	3.21×10^{-1}	3.26×10^{-4}	3.13×10^{-1}	3.43×10^{-3}	$\mathbf{3.22\times10^{-1}}$	$\mathbf{5.26\times10^{-5}}$
平均排名	1.50	1.83	2.50	3.16	2.67	2.00	5.00	4.50	3.33	3.50

图 21.8 展示了 NSFWA 所得的最优解集在目标空间中的图像，它在 6 个测试函数上均贴合了理论帕累托前沿。

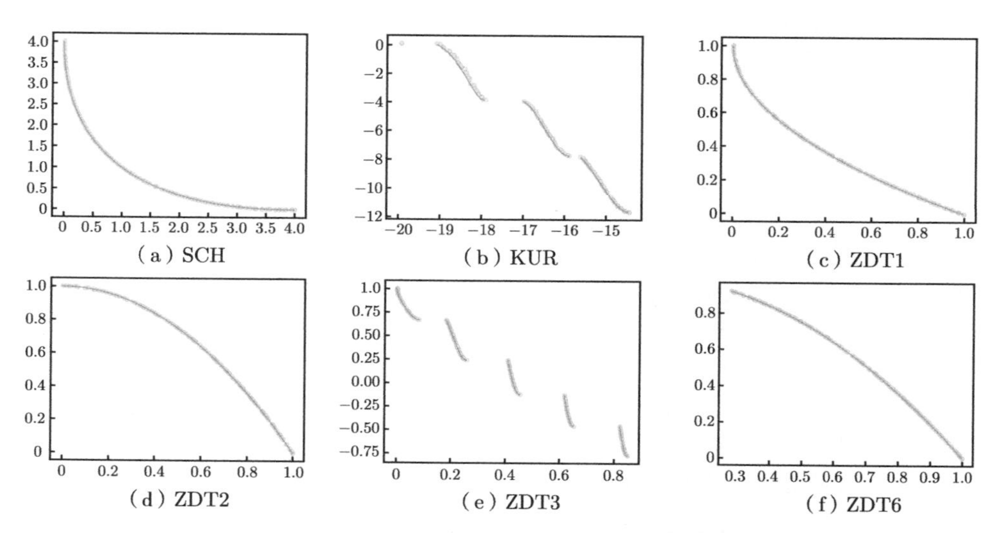

图 21.8 NSFWA 所得的最优解集在目标空间中的图像

21.3 油料作物施肥问题

油料作物的各种肥料的分布比例（称为施肥问题）对于油料作物的生长至关重要。在这个优化问题中，除了作物产量和肥料的成本，我们也关注整体作物品质、能耗，以及剩余的生育能力。这一优化问题的解可以表示为 $\boldsymbol{x} = (x_{ij})_{m\times n}$，其中，元素 x_{ij} 为在土地 i 上施加肥料 j 的剂量。对于土地 i，预计作物产量可以通过受精作用函数 $Y_i(\boldsymbol{x})$ 来估计。有许多模型可以用于描述产量和肥料之间的关系，其中使用最广泛的二次函数形式如下：

$$Y_i(\boldsymbol{x}) = \sum_{j=1}^{n}\sum_{k=1}^{n} a_{ijk}\hat{x}_{ij}\hat{x}_{ik} + \sum_{j=1}^{n} b_{ij}\hat{x}_{ij} + c_i \tag{21.34}$$

其中，a_{ijk} 为二次回归系数，b_{ij} 为简单回归系数，c_i 为常数系数；$\hat{x}_{ij} = x_{ij} + x_{ij}^0$，表示施肥和土地自身残留的肥料之和。

通常，作物有许多质量指标，如蛋白质浓度、含油量、种植密度等，在许多情况下，大多数指标之间并不矛盾。因此，可以建立一个用施肥效应函数 [式 (21.34)] 评估的综合质量指标。这样的功能也可以通过一个二次回归方程建模为

$$Q_i(\boldsymbol{x}) = \sum_{j=1}^{n}\sum_{k=1}^{n} a'_{ijk}\hat{x_{ij}}\hat{x_{ik}} + \sum_{j=1}^{n} b'_{ij}\hat{x_{ij}} + c'_i \tag{21.35}$$

其中，a'_{ijk}、b'_{ij}、c'_i 是回归系数。

若确实有一些质量指标之间的冲突，那么可以建立一套质量指标模型，如 Q'、Q'' 等，并为每个质量指标构建计算模型。

假设肥料 j 的单价为 p_j，那么，肥料总价为

$$C(\boldsymbol{x})=\sum_{i=1}^{m}\sum_{j=1}^{n}p_jx_{ij} \tag{21.36}$$

用式 (21.37) 来估算作物施肥的消耗、土地的种植密度和土地梯度之间的关系：

$$E_i(\boldsymbol{x})=\lambda\sum_{j=1}^{n}\alpha_i d_i^{\frac{1}{3}}x_{ij} \tag{21.37}$$

对于农业土壤，残留的生育能力是评价土壤质量的重要标准。可以用一个简单的公式来估算土地 j 施肥后的残余：

$$y_{ij}=\mu x_{ij}+v_j x_{ij}^0 \tag{21.38}$$

其中，μ_j 和 v_j 是和肥料相关的两个参数。

因此，土地 j 残留肥料的均匀性的计算方法为

$$R_j(\boldsymbol{x})=\sum_{i=1}^{m}(y_{ij}-\hat{y})^2 \tag{21.39}$$

其中，$\hat{y}=\left(\sum_{i=1}^{m}y_{ij}\right)/m$。

基于上面的分析，可以建模该多目标优化问题如下：

$$\max Q(\boldsymbol{x})=\sum_{i=1}^{m}Y_i(\boldsymbol{x})Q_i(\boldsymbol{x}) \tag{21.40}$$

$$\min C(\boldsymbol{x})=\sum_{i=1}^{m}\sum_{j=1}^{n}p_jx_{ij} \tag{21.41}$$

$$\min E(\boldsymbol{x})=\sum_{i=1}^{m}E_i(\boldsymbol{x}) \tag{21.42}$$

s.t.

$$\sum_{i=1}^{m}Y_i(\boldsymbol{x})\geqslant Y^{\mathrm{L}} \tag{21.43}$$

$$\sum_{i=1}^{m}\sum_{j=1}^{n}p_jx_{ij}\leqslant C^{\mathrm{U}} \tag{21.44}$$

$$\sum_{j=1}^{n}R_j(\boldsymbol{x})\leqslant R^{\mathrm{U}} \tag{21.45}$$

$$x_{ij}\geqslant 0,\forall i\ \text{and}\ j \tag{21.46}$$

其中，Y^{L} 是总作物产量的下限，C^{U} 是总肥料费用的上限，R^{U} 是肥料残留均一性指数的上限。

在一般情况下，上面总体构成非线性多目标优化问题。

21.4　实验与分析

本节介绍 MOFWA 在油料作物施肥问题中的实验部署与结果分析。

21.4.1　油料作物施肥问题实验

为了评估 MOFWA 的性能，本小节针对三类油料作物的施肥问题进行了实验，这三类油料作物分别是油菜（Brassica Napus，BN）、橄榄（Canarium Album，CA）和油茶（Camellia Oleifera，CO），其中油菜的施肥主要考虑氮、磷两种元素，后两种作物需要考虑氮、磷、钾三种元素。在前两类问题上，本实验将 MOFWA 和现有的几种算法做了大量的对比。实验结果表明，MOFWA 得到的结果明显优于其他算法。

具体而言，参与对比的 4 种算法分别是：NSGA-II[204]、PDE[208]、DE-MOC[209] 和 NSPSO[210]。作物产量和质量评估的数学模型基于文献 [214,215] 中的结果。对于所有的算法，档案大小的上限设为 20，最大迭代次数设为 $100n\sqrt{m}$。如果算法在连续 300 代内没有找到新的非支配解，则停止。MOFWA 的群体大小是 30，NSGA-II 的群体大小是 200，PDE、DE-MOC 和 NSPSO 的群体大小设定为 100，其他参数设置见表 21.4。其中，m 为爆炸火花数，$s_{\min}$ 为烟花最小爆炸火花数，$s_{\max}$ 为烟花最大爆炸火花数，$\hat{A}$ 为爆炸半径常数，N 为烟花数。

表 21.4　算法参数设置

m	$s_{\min}$	$s_{\max}$	$\hat{A}$	N	w_1	w_2	w_3
25	2	20	$\min\limits_{1\leqslant k\leqslant D}(x^k_{\max}-x^k_{\min})/7$	$5p$	4.8	1.5	2.0

对于每种作物，本实验生成了 10 组测试问题，也就是将其中的一个维度取值从 20 逐渐变到 800。对每个测试事例，每个算法重复运行 30 次，每次随机初始化。实验结果的评价标准以下 3 个。

（1）CPU 运行时间。

（2）超体积（HV）。

（3）覆盖度量：假设有 S_1、S_2 两个解集，那么 $C(S_1,S_2)$ 是指 S_2 中被 S_1 支配的解在 S_2 中所占的比例。

$$C\left(S_1,S_2\right)=\frac{|\{\boldsymbol{x}_2\in S_2|\exists\boldsymbol{x}_1\in S_1:\boldsymbol{x}_1\succ\boldsymbol{x}_2\}|}{|S_2|}\tag{21.47}$$

本实验计算了 MOFWA 的解集与其他 4 种算法的解集的覆盖度量，记为 C_1、C_2、C_3、C_4，也分别计算了其他 4 种算法对 MOFWA 的覆盖度量 C'。油菜和橄榄施肥优化问题的实验结果见表 21.5 和表 21.6。可以看到，在问题规模较小的时候，所有的算法几乎能求得相同的帕累托前沿，而 MOFWA 会显得比其他算法多消耗一些时间。但是，当问题规模变大以后，MOFWA 的表现比其他几个算法好多了，就拿 $m>400$ 以后的几个实例来说，由 MOFWA 得到的 HV 和覆盖度量明显优于其他几个算法。时间消耗也基本属于最少的。尽管 PDE 的时间消耗稍微比 MOFWA 少一点，但它得到的解的质量比 MOFWA 差太多。在着重考察覆盖度量后可以发现，由 MOFWA 发现的非支配解几乎不会被其他算法找到的解支配。只有在 m 比较大的时候，NSPSO 偶尔获得了几个可以支配 MOFWA 的一些结果的解决方案，但覆盖值总是小于 C_4，并且 NSPSO

表 21.5 各算法在油菜施肥优化问题上的性能比较

m	NSGA-II			PDE			DE-MOC			NSPSO			MOFWA		C_1	C_2	C_3	C_4
	t	HV	C'	t	HV	C'	t	HV	C'	t	HV	C'	t	HV				
20	0.47	6.40×10^{00}	0	0.33	6.40×10^{00}	0	0.54	6.40×10^{00}	0	0.70	6.40×10^{00}	0	0.62	6.40×10^{00}	0	0	0	0
		0.00×10^{00}			0.00×10^{00}			0.00×10^{00}			0.00×10^{00}			0.00×10^{00}				
50	1.22	3.60×10^{01}	0	1.10	3.60×10^{01}	0	1.29	3.60×10^{01}	0	1.77	3.60×10^{01}	0	1.45	3.60×10^{01}	0	0	0	0
		0.00×10^{00}			0.00×10^{00}			0.00×10^{00}			0.00×10^{00}			0.00×10^{00}				
100	3.89	1.50×10^{03}	0	3.14	1.30×10^{03}	0	3.44	1.50×10^{03}	0	5.67	1.50×10^{03}	0	4.13	1.50×10^{03}	0	0	0	0
		0.00×10^{00}			0.00×10^{00}			0.00×10^{00}			0.00×10^{00}			0.00×10^{00}				
150	9.49	1.70×10^{04}	0	7.33	1.20×10^{04}	0	7.89	1.70×10^{04}	0	13.30	1.90×10^{04}	0	10.30	1.90×10^{04}	0	0.13	0	0
		-3.20×10^{03}			-2.40×10^{03}			-3.90×10^{03}			0.00×10^{00}			0.00×10^{00}				
200	17.70	6.60×10^{05}	0	15.60	3.90×10^{05}	0	17.00	5.50×10^{05}	0	28.90	7.10×10^{05}	0	20.40	7.70×10^{05}	0.10	0.17	0.10	0.05
		-1.90×10^{05}			-8.80×10^{04}			-1.70×10^{05}			-2.00×10^{05}			-1.70×10^{05}				
300	65.30	2.70×10^{07}	0	52.80	2.00×10^{07}	0	61.10	2.40×10^{07}	0	98.30	3.50×10^{07}	0	63.30	4.00×10^{07}	0.15	0.21	0.17	0.10
		-6.60×10^{06}			4.50×10^{06}			-6.20×10^{06}			-6.10×10^{06}			-5.90×10^{06}				
400	158.00	8.20×10^{08}	0	141.00	4.40×10^{08}	0	150.00	6.60×10^{08}	0	262.00	1.10×10^{09}	0	149.00	2.20×10^{09}	0.18	0.20	0.18	0.15
		-1.90×10^{08}			-9.20×10^{07}			-1.60×10^{08}			-2.20×10^{08}			-3.10×10^{08}				
500	417.00	2.40×10^{09}	0	394.00	9.80×10^{08}	0	434.00	2.40×10^{09}	0	631.00	2.80×10^{09}	0.03	370.00	5.90×10^{09}	0.20	0.33	0.24	0.13
		-5.10×10^{08}			-2.50×10^{08}			-4.20×10^{08}			-4.90×10^{08}			-4.70×10^{08}				
600	1064.00	7.20×10^{10}	0	855.00	4.80×10^{10}	0	989.00	7.00×10^{10}	0	1375.00	9.30×10^{10}	0	869.00	1.70×10^{11}	0.33	0.48	0.37	0.15
		-1.70×10^{10}			-8.50×10^{09}			-1.50×10^{10}			-1.90×10^{10}			-2.10×10^{10}				
800	3107.00	4.50×10^{12}	0	2737.00	3.20×10^{12}	0	3225.00	4.90×10^{12}	0	4619.00	7.00×10^{12}	0.07	3021.00	9.60×10^{12}	0.55	0.75	0.50	0.21
		-9.90×10^{11}			-5.60×10^{11}			-1.00×10^{12}			-1.30×10^{12}			-9.80×10^{11}				

表 21.6　各算法在橄榄施肥优化问题上的性能比较

m	NSGA-II			PDE			DE-MOC			NSPSO			MOFWA		C_1	C_2	C_3	C_4
	t	HV	C'	t	HV	C'	t	HV	C'	t	HV	C'	t	HV				
20	0.78	2.00×10^{01}	0	0.52	2.00×10^{01}	0	0.75	2.00×10^{01}	0	1.01	2.00×10^{01}	0	0.97	2.00×10^{01}	0	0	0	0
		0.00×10^{00}			0.00×10^{00}			0.00×10^{00}			0.00×10^{00}			0.00×10^{00}				
50	1.90	4.90×10^{02}	0	1.65	4.90×10^{02}	0	1.81	4.90×10^{02}	0	2.44	4.90×10^{02}	0	2.17	4.90×10^{02}	0	0	0	0
		0.00×10^{00}			0.00×10^{00}			0.00×10^{00}			0.00×10^{00}			0.00×10^{00}				
100	5.47	1.90×10^{04}	0	4.94	1.60×10^{04}	0	5.30	2.00×10^{04}	0	6.32	2.30×10^{04}	0	5.70	2.30×10^{04}	0.10	0.17	0.10	0
		-3.60×10^{05}			-3.30×10^{05}			-4.00×10^{05}			0.00×10^{00}			0.00×10^{00}				
150	14.20	6.80×10^{05}	0	12.70	4.30×10^{05}	0	14.70	7.00×10^{05}	0	16.90	9.70×10^{05}	0	14.20	9.70×10^{05}	0.10	0.20	0.10	0
		-1.30×10^{05}			-1.10×10^{05}			-1.50×10^{05}			0.00×10^{00}			0.00×10^{00}				
200	30.40	3.00×10^{07}	0	24.90	2.20×10^{07}	0	33.00	3.20×10^{07}	0	39.90	4.80×10^{07}	0	29.10	5.70×10^{07}	0.20	0.25	0.17	0.15
		-4.90×10^{06}			-3.80×10^{06}			-5.40×10^{06}			-5.90×10^{06}			0.00×10^{00}				
300	111.00	3.40×10^{09}	0	94.60	2.10×10^{09}	0	121.00	3.80×10^{09}	0	177.00	4.10×10^{09}	0	104.00	5.10×10^{09}	0.18	0.29	0.18	0.17
		-5.20×10^{08}			-3.90×10^{08}			-4.90×10^{08}			-3.90×10^{08}			-3.10×10^{08}				
400	316.00	2.60×10^{11}	0	269.00	1.80×10^{11}	0	330.00	2.90×10^{11}	0	420.00	3.10×10^{11}	0.05	293.00	4.30×10^{11}	0.26	0.38	0.20	0.17
		-4.90×10^{10}			-3.50×10^{10}			-4.80×10^{10}			-3.70×10^{10}			-4.00×10^{10}				
500	904.00	8.80×10^{12}	0	732.00	6.70×10^{12}	0	959.00	9.60×10^{12}	0	1330.00	1.40×10^{13}	0.12	846.00	1.90×10^{13}	0.50	0.57	0.33	0.17
		-2.40×10^{12}			-1.20×10^{12}			-2.60×10^{12}			-1.60×10^{12}			-1.70×10^{12}				
600	2881.00	2.30×10^{15}	0	2254.00	1.80×10^{15}	0	3022.00	2.80×10^{15}	0	3789.00	3.90×10^{15}	0	2652.00	5.50×10^{15}	0.45	0.83	0.40	0.25
		-3.80×10^{14}			-3.10×10^{14}			-3.90×10^{14}			-4.30×10^{14}			-5.20×10^{14}				
800	5963.00	2.00×10^{18}	0	4807.00	9.60×10^{17}	0	6300.00	2.80×10^{18}	0	6480.00	3.70×10^{18}	0.09	5902.00	4.80×10^{18}	0.48	0.92	0.40	0.22
		-3.90×10^{17}			-3.10×10^{17}			-4.20×10^{17}			-4.40×10^{17}			-4.80×10^{17}				

比 MOFWA 消耗了更多的计算成本。相反，除了在一些小尺寸的问题情况下，其他算法总有被 MOFWA 支配的解。对于非常大的问题的实例（$mn > 1000$），这些被支配值是比较高的，这意味着帕累托前沿和 MOFWA 的结果集之间的距离比其他算法更接近。

对于油菜和橄榄的施肥优化问题（$m \geqslant 200$），本实验还统计了 HV 值随算法迭代次数的变化，其结果分别如图 21.9 和图 21.10 所示。从图中可以清楚地看到，MOFWA 与其他 4 种算法相比具有很大的优势。粗略地讲，NSGA-II 和 PDE 具有相似的形状，既光滑，又收敛缓慢。PDE 的性能最差，这表明它的搜索能力非常有限。NSPSO 的表现最好，其收敛速度非常快。在算法

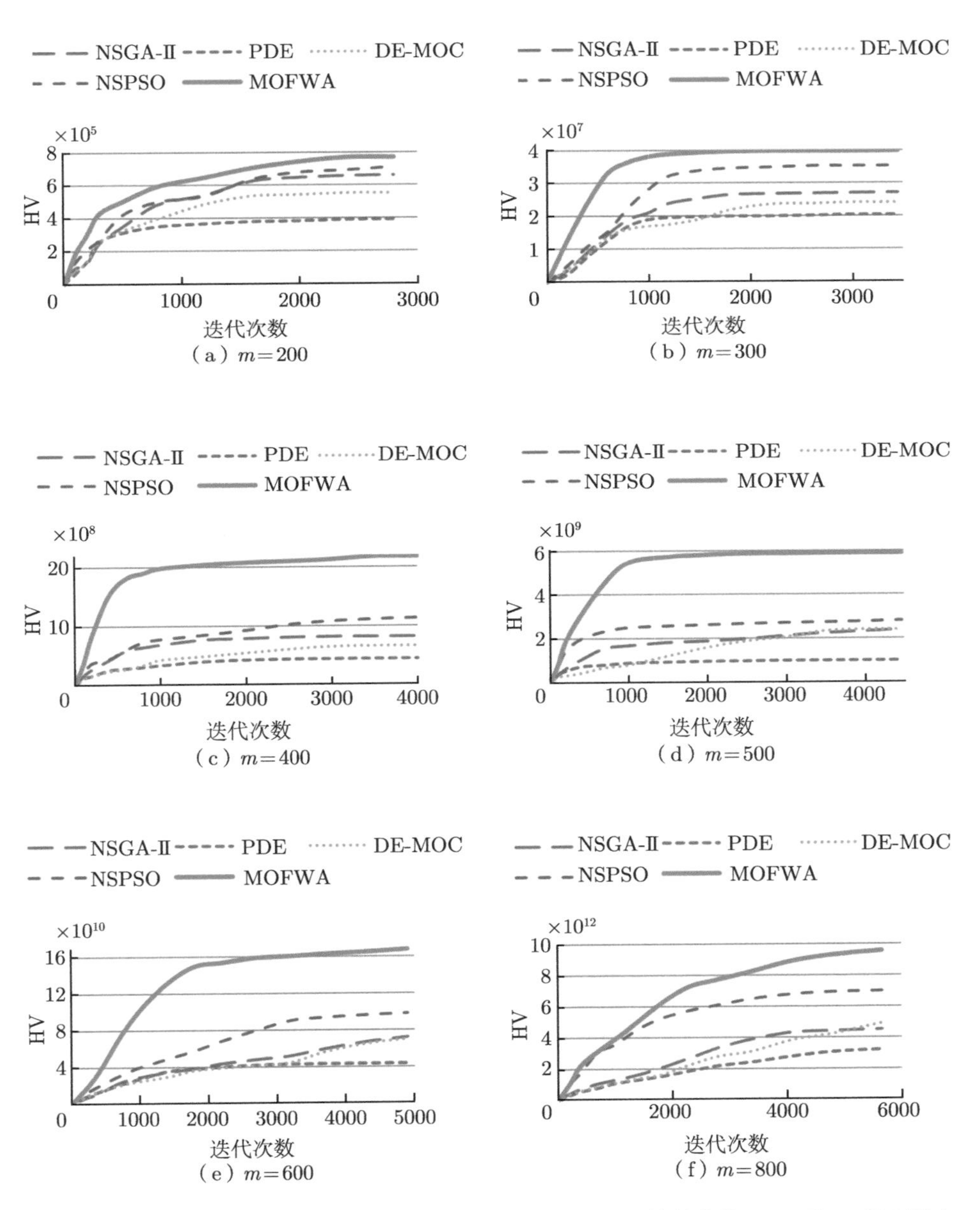

图 21.9 油菜施肥优化问题上不同算法的 HV 随算法迭代次数的变化（HV 取 30 次平均）

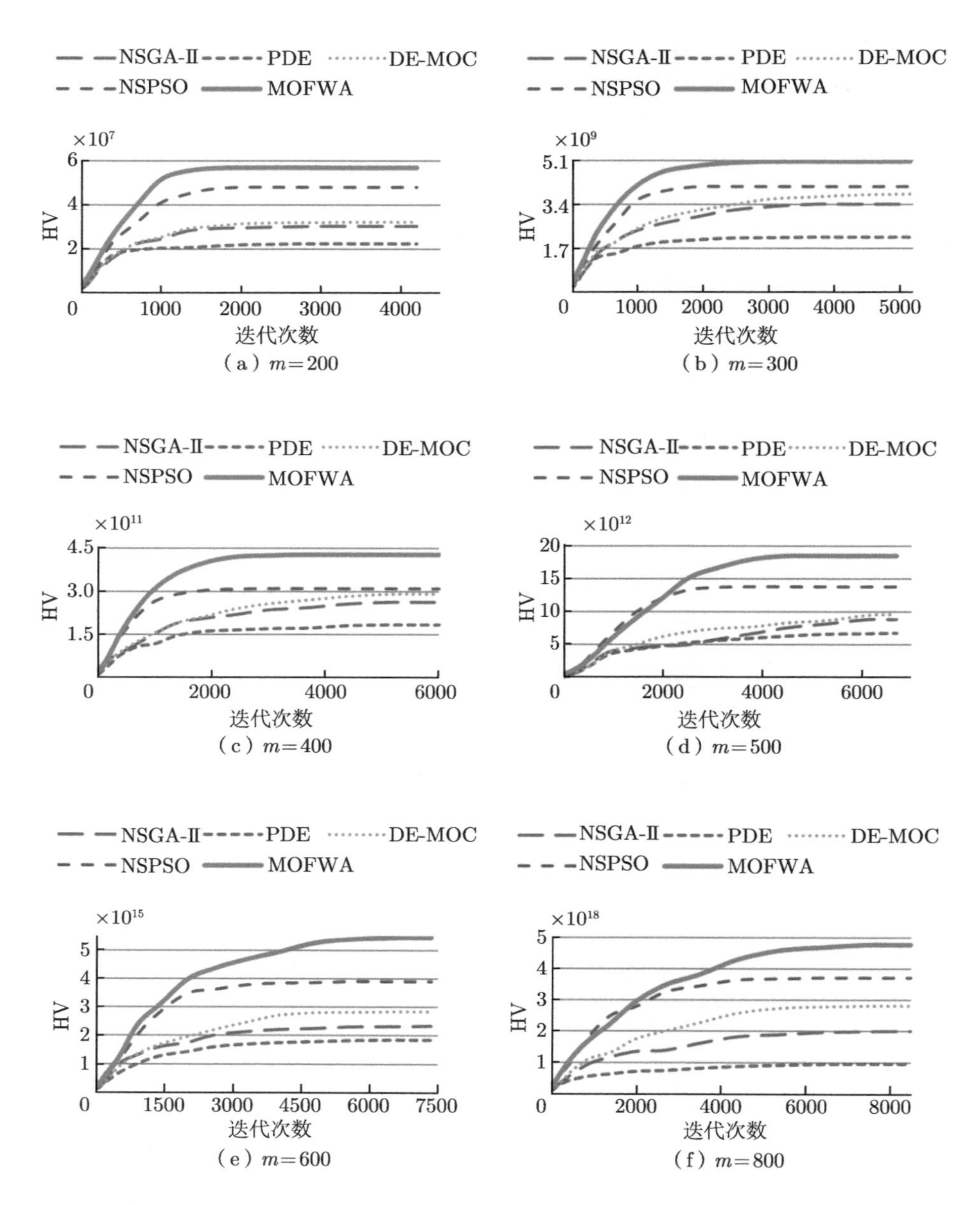

图 21.10　橄榄施肥优化问题上不同算法的 HV 随算法迭代次数的变化（HV 取 30 次平均）

早期的迭代过程中，NSPSO 偶尔会取得比 MOFWA 更优的性能。因此，可以得出结论，NSPSO 具有良好的搜索功能，但它很容易陷入局部最优，从而陷入早熟。

通过比较可以看到，MOFWA 具有很快的收敛速度，并且可以有效地避免陷入局部最优，从而朝着帕累托前沿进行有效的搜索。综上所述，在油料作物施肥优化问题上，与其他多目标优化算法相比，MOFWA 具有明显的优势。

为了更有效地说明 MOFWA 的性能，下面将 MOFWA 应用于一个实际优化问题——我国江西省宜春市的油茶施肥优化问题[212]。该问题中，厂房面积为 585 公顷（1 公顷 = 0.01km^2），分为两部分：375 公顷的阳坡和 210 公顷的半阳坡。根据梯度，这两部分分别可以划分为 40 块地和 24 块地。作物质量评价指标是油茶果实的不饱和脂肪酸百分比。根据经验，阳坡和半阳坡地区的产量和质量估计模型分别如下：

$$\begin{aligned} Y_{\mathrm{a}} = 850.2 + 9.3x_1 + 6.1x_2 + 14.88x_3 + 6.68x_1x_2 + 2.04x_2x_3 \\ - 3.06x_1x_3 - 0.61x_1^2 - 4.12x_2^2 - 0.35x_3^2 \end{aligned} \tag{21.48}$$

$$\begin{aligned} Y_{\mathrm{b}} = 661.8 + 19.02x_1 + 26.46x_2 + 1.49x_3 - 4.78x_1x_2 + 1.6x_2x_3 + 3.08x_1x_3 \\ - 3.98x_1^2 - 1.65x_2^2 - 0.67x_3^2 \end{aligned} \tag{21.49}$$

$$\begin{aligned} Q_{\mathrm{a}} = 59.9 + 0.37x_1 + 4.94x_2 + 0.62x_3 + 0.52x_1x_2 - 0.04x_2x_3 + 0.04x_1x_3 \\ - 0.31x_1^2 - 0.47x_2^2 - 0.02x_3^2 \end{aligned} \tag{21.50}$$

$$\begin{aligned} Q_{\mathrm{b}} = 49.1 + 0.9x_1 + 2.25x_2 + 1.18x_3 + 0.39x_1x_2 - 0.03x_2x_3 + 0.1x_1x_3 - 0.27x_1^2 \\ - 0.35x_2^2 - 0.04x_3^2 \end{aligned} \tag{21.51}$$

其中，Y_{a} 和 Y_{b} 分别代表阳坡和半阳坡面积的产量，Q_{a} 和 Q_{b} 分别代表相应的质量目标。

该实际优化问题的数学公式见式 (21.52)~ 式 (21.58)（其中，a_i 表示地块 i 的面积）。

$$\min Q(\boldsymbol{x}) = \sum_{i=1}^{40} a_i Y_{\mathrm{a}}(\boldsymbol{x}) Q_{\mathrm{a}}(\boldsymbol{x}) + \sum_{i=41}^{64} a_i Y_{\mathrm{b}}(\boldsymbol{x}) Q_{\mathrm{b}}(\boldsymbol{x}) \tag{21.52}$$

$$\min C(\boldsymbol{x}) = \sum_{i=1}^{64}\sum_{j=1}^{3} p_j x_{ij} \tag{21.53}$$

$$\min E(\boldsymbol{x}) = \sum_{i=1}^{6} 4E_i(\boldsymbol{x}) \tag{21.54}$$

s.t.

$$\sum_{i=1}^{64} Y_i(\boldsymbol{x}) \geqslant Y^{\mathrm{L}} \tag{21.55}$$

$$\sum_{i=1}^{64}\sum_{j=1}^{3} p_j x_{ij} \leqslant C^{\mathrm{U}} \tag{21.56}$$

$$\sum_{j=1}^{3} R_j(\boldsymbol{x}) \leqslant R^{\mathrm{U}} \tag{21.57}$$

$$x_{ij} \geqslant 0, \forall i = 1, 2, \cdots, 64, \forall j = 1, 2, 3 \tag{21.58}$$

肥料氮、磷、钾的单价分别为 6.3 元/kg、3.5 元/kg 和 4.6 元/kg。在我国江西省宜春市，管理该土地的组织有一个精准农业管理软件，它采用了多目标随机搜索（MORS）算法。该软件已使用 3 年，并展现出其对作物产量的贡献。我们分别使用 MORS 算法、MOFWA 针对该建模得到的多目标优化问题计算 5 次。MORS 算法平均消耗 48s。其中，运行最好的结果集包括 10 套解决方案。MOFWA 平均消耗 5.1s，其最好的结果集包括 6 套解决方案。

表 21.7 展示了两种算法计算返回的结果。图 21.11展示了在目标空间中两种算法计算得到的解的分布。可以看到，MOFWA 优化得到的解都没有被 MORS 算法优化得到的解支配，然而除了解 #7，MORS 算法优化得到的解都被 MOFWA 优化得到的解支配。同时根据人工决定的经验，对于 MOFWA 优化得到的解 #2，解 #3 和解 #5 通常被认为是比较好的解，其中解 #3 被认为是最好的。它表明，应该把更多的注意力放在阳坡的作物品质上，对半阳坡则应更加关注作物产量。

表 21.7 在油茶施肥优化问题上 MOFWA 和 MORS 算法计算得到的解

算法	解
MORS	# 1(56.2, 86.5, 32.9)，# 2(54.8, 84.4, 33.2)，# 3(54.4, 85.7, 31.0) # 4(54.1, 85.2, 32.1)，# 5(53.8, 80.3, 34.0)，# 6(53.5, 84.0, 33.8) # 7(52.8, 84.9, 30.7)，# 8(52.6, 83.5, 31.9)，# 9(52.5, 82.7, 32.1)
MOFWA	# 1(57.3, 84.9, 31.4)，# 2(56.7, 82.9, 31.2)，# 3(56.4, 82.6, 31.5) # 4(56.1, 81.3, 33.4)，# 5(55.6, 83.6, 30.8)，# 6(54.8, 85.1, 30.5)

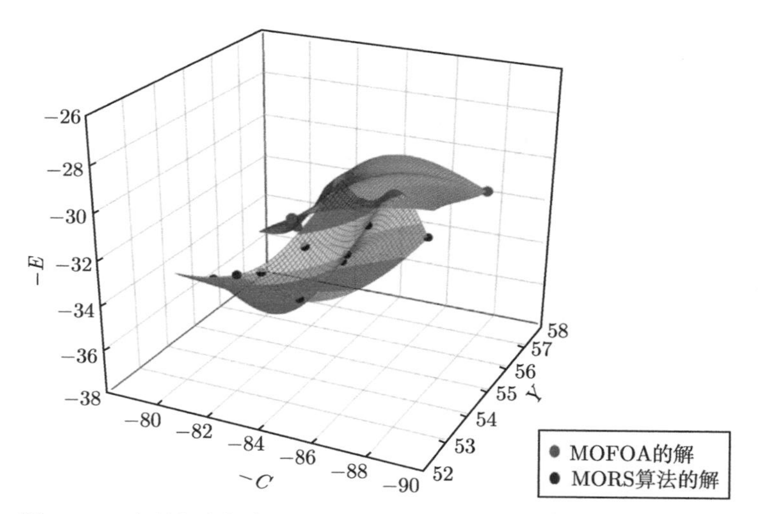

图 21.11 在目标空间中 MOFWA 和 MORS 算法计算得到的解的分布

21.4.2 实验结果分析

从实验结果来看，不管是解的质量还是收敛速度及稳定性，MOFWA 都是最好的。这主要归功于：一方面，在 MOFWA 中，质量好的烟花提供了优秀的局部搜索能力，而质量差的烟花保证了群体和搜索的多样性；另一方面，在算法中引入差分进化的操作也提高了其探索能力。此外，基于密度多样性的选择方式使得算法能够避免过早收敛到局部最优解。总的来说，MOFWA 几乎是最适合用来处理施肥优化问题的算法了。

然而，MOFWA 也有一些不足。首先，在 MOFWA 中，每个烟花要生成 2 ∼ 20 个爆炸火花，导致 MOFWA 需要的函数评估次数明显大于其他几个算法。所以，在设置群体大小的时候，MOFWA 只能取相对其他算法较小的值。其次，MOFWA 中参数设置相对于其他标准的算法被手动设置了更多的次数，同时，FWA 和 DE 的结合使得 FWA 引入了更多的参数，这导致 MOFWA 存在更多的参数，不利于其更广泛地应用。

但是，MOFWA 作为一种新型的多目标群体智能优化算法，在实验中表现出了相对于其他算法的优势。而且，本节给出的推荐参数使得其能够在更多优化问题上更好地应用。

21.5 小结

烟花算法是一种在很多全局优化问题中都有着优秀表现的群体智能优化算法，然而，关于它在多目标优化问题中的应用研究还不多。本章针对油料作物的精确施肥问题提出了一种高效的多目标烟花算法（MOFWA）。该算法使用支配强度来评估个体的适应度并进行个体选择，引入差分进化的操作来增强自身的搜索能力和多样性。大量的实验结果显示了 MOFWA 算法的高效性。

本章为烟花算法在多目标优化问题的研究方向提供了新的视角，除去初始化操作，其他的操作都可以移植到其他多目标优化问题中。接下来，可以在以下两个方面展开进一步的研究：一个是进一步优化 MOFWA 的表现，并把它用在更多的工业应用中；另一个是将人工神经网络结合到烟花算法中，希望能带来更好的表现。

第22章 烟花算法在监督学习中的应用

监督学习是机器学习中最经典、最基础的一类学习模式。在该模式下，模型会根据样本的特征与标签构建合适的损失函数，并通过一定的算法在训练过程中不断调整模型的参数，使得模型能够更加准确地学习到数据集的模式，从而较好地完成分类或回归等任务。对于监督学习而言，模型的构建、损失函数的设计与模型的优化可以说是最重要的3个方面。目前，监督学习（特别是深度神经网络）的优化多依赖梯度下降算法，这类算法的计算效率较高，在模型参数较多时具有显著的优势，但随着模型日趋复杂，损失函数通常也随之呈现更加复杂的形态，梯度下降算法容易陷入局部极值的缺点愈发显著。当前，部分研究人员开始尝试使用全局优化效果更佳的群体智能优化算法对监督学习模型进行优化，烟花算法就是其中的典型代表。

22.1 监督学习简介

机器学习重在“学习”二字，旨在通过从数据集中习得相对稳定的模式或规律，构建能够准确刻画数据分布的模型，借此完成分类或回归等任务。从这个经典的定义出发不难发现，作为训练样本的数据是机器学习中最基础的概念与组成部分之一，而数据通常可以分为“特征”与“标签”两部分。以经典的MNIST手写数字数据集为例，每张图片28×28=784个像素点上的数值即特征，而对应的“1”“2”“3”等数字则是标签。又比如，利用股票当日的开盘价、收盘价、市盈率、市净率等技术指标预测次日收盘价时，当日的开盘价、收盘价、市盈率、市净率等就是特征，而次日的收盘价则是标签。像这样训练样本的特征与标签均已知的学习模式就称作监督学习，是与半监督学习、无监督学习相对的一个概念。典型的监督学习模型包括逻辑回归、支持向量机、感知机等经典的统计分析模型与由感知机发展而来的深度神经网络等，这些模型已在多种现实世界的回归与分类任务上取得了突出的成果，为烟花算法的应用研究提供了广阔且容易比较的场景与丰富的实验素材。本章以支持向量机与神经网络为例，简要介绍烟花算法在监督学习中的应用。

22.2 烟花算法优化支持向量机

2019年，Tuba等人使用BBFWA对特征筛选与支持向量机模型进行了优化，是这个方面的典型工作[216]。

22.2.1 特征筛选与支持向量机

分类是监督学习中最重要的问题之一，模型需要学习训练集样本的特征与标签之间的对应关系，并为测试集给出的无标签样本特征生成对应的标签，以实现分类的效果。将特征与标签“喂”给模型之前，时常需要对训练集，特别是训练集的特征进行一定的处理，这是分类模型能够准确习得稳定模式的重要因素之一。训练集特征的多少（或者说训练集的维度）是一个非常关键的影响因素：特征集过小，则模型获取的有效信息过少，那么自然很难正确地区分样本；但特征集过大也有可能导致模型的学习效果变差，过多的特征可能包含了大量的冗余信息，且会使得模型参数优化的维度与难度急剧升高，最终导致模型无法准确拟合数据的分布。此时，需要一定的方法对特征进行筛选与降维，提取出其中有效的信息，生成原始特征集的最佳特征子集，供模型进行学习。

特征筛选的方法纷繁驳杂，较经典的有矩阵分解、递归特征消除与利用假设检验的筛选方法等，而主成分分析（Principal Component Analysis，PCA）可以说是最常用的特征筛选方法之一。PCA 将原始特征集转换为新的特征空间来降低问题维度，其生成特征是正交的，一般称为主成分。主成分依据对应的特征值由大到小排列，越靠前的主成分包含越多的信息。PCA 这一类方法在实践中有着良好的效果，但不难发现，经过变换后的特征与原始特征不再相同，这就无法满足某些场合下需要保留原始特征的要求。Tuba 等人的工作则提出了一类基于烟花算法的特征筛选方法，能够尽可能筛选出那些对分类或回归任务最有帮助的特征。

在对特征进行筛选后，就需要将处理好的特征“喂”给分类模型进行学习与优化了，支持向量机（Support Vector Machine，SVM）则是机器学习中最经典的分类模型之一。简单来说，原始的支持向量机旨在特征空间中寻找一个超平面，将所有的样本区分为两类。理想情况下，数据集中的样本应当都是线性可分离的，即存在一个唯一的最优超平面。最优超平面是所有能够分开样本的超平面中与每个类的样本间距离的最大者。这样，使用最优超平面对样本进行分类就能够保证模型具有足够的稳健性。其中，最接近最优超平面的样本被称为支持向量（Support Vector），这也是该模型名称的由来。

设样本特征 $\boldsymbol{x}_i \in \mathrm{R}^d$，其中 d 是特征的维度；标签 $y_i \in -1, 1$，其中 $i = 1, 2, \cdots, n$，n 是训练集样本的数量。从两类样本中分别选取部分个体各自确定一个超平面，那么这两个超平面可以形式化地表示为

$$\boldsymbol{w} \cdot \boldsymbol{x}_i + b = 1 \tag{22.1}$$

$$\boldsymbol{w} \cdot \boldsymbol{x}_i + b = -1 \tag{22.2}$$

支持向量机的目标就是最大化上述两个超平面间的距离 $\dfrac{2}{||\boldsymbol{w}||}$，该最大化问题也就等同于最小化 $||\boldsymbol{w}||$。显然，这两个超平面最好是能够代表分类的边界（又称间隔，Margin），这样最大化两个超平面的距离才能起到分类的作用。因此，应当选择由支持向量确定的超平面：

$$\boldsymbol{w} \cdot \boldsymbol{x}_i + b \geqslant 1, \quad y_i = 1 \tag{22.3}$$

$$\boldsymbol{w} \cdot \boldsymbol{x}_i + b \leqslant -1, \quad y_i = -1 \tag{22.4}$$

或者简化为

$$y_i(\boldsymbol{w} \cdot \boldsymbol{x}_i + b) \geqslant 1, \quad 1 \leqslant i \leqslant n \tag{22.5}$$

但是，这类原始的支持向量机只适用于样本完全线性可分的情况，这对于现实世界相关的分类问题来说是几乎不可能的。因此，更加合理的支持向量机应当允许不完美的分类，或者说允许一定数量的样本被错误分类。这样，即便训练集的样本包含一定的噪声，或者包含被错误标记的样本，模型依然可以学习到正确分类的超平面。这样的支持向量机被称作软间隔（Soft Margin）的支持向量机，可以形式化地表示为

$$y_i(\boldsymbol{w} \cdot \boldsymbol{x}_i + b) \geqslant 1 - \epsilon_i, \quad \epsilon_i \geqslant 0, \quad 1 \leqslant i \leqslant n \tag{22.6}$$

通过引入松弛变量 ϵ_i，某些样本便被允许划分在错误的一侧了。此时，支持向量机的求解

也变成了一个二次规划问题：

$$\frac{1}{2}||\boldsymbol{w}||^2 + C\sum_{i=1}^{n}\epsilon_i \tag{22.7}$$

其中，C 表示软间隔参数，能够控制模型对错误样本的容忍程度，C 越大表示对错误样本的容忍程度越低，越小则能够容忍越多的样本被错误分类，过小则会导致模型的随机性过强，无法正确分类。参数 C 的选择在很大程度上关系着支持向量机的表现。

尽管引入软间隔后，模型的稳健性得到了显著提升，但现实世界获取的数据通常更加复杂，即便使用了软间隔依然无法获得令人满意的分类。进一步地，部分研究人员提出了使用核函数的支持向量机，将非线性可分离的样本映射到更高维的空间中，使其在高维空间中线性可分，进而对其进行分类。这类支持向量机使用核函数代替点积，核函数可以是满足 Mercer 条件的任何函数，其中径向基函数（Radial Basis Function，RBF）是最常用的核函数之一：

$$K(\boldsymbol{x}_i, \boldsymbol{x}_j) = \exp(-\gamma||\boldsymbol{x}_i - \boldsymbol{x}_j||^2) \tag{22.8}$$

其中，γ 是决定样本对模型影响程度的参数。

此时，需要对模型的参数对 (C, γ) 进行优化，找到使支持向量机表现最佳的参数对，这就为烟花算法等群体智能优化算法提供了实践的机会。

22.2.2　基于烟花算法的特征筛选与参数优化

Tuba 等人尝试使用 BBFWA 寻找原始特征集合的一个最优子集，以实现特征筛选的目的。具体而言，他们首先固定支持向量机的参数不变，只改变特征子集的构成，以分类准确率作为适应度值。此时，该优化问题的维度便等同于训练集样本的特征维度，而每一维上的取值都应当是 0 或 1，表示该维特征是否应当被选入最优特征子集。因为烟花算法适用于连续问题，故需要对算法进行一定的改动。

设定优化问题的上界与下界分别为 1 与 0，解 $\boldsymbol{s}_i$ 的第 j 维会参考人为设定的阈值设置为 0 或 1：

$$\boldsymbol{s}_i^j = \begin{cases} 1 & \boldsymbol{s}_i^j > \text{th} \\ 0 & \text{其他} \end{cases} \tag{22.9}$$

显然，当 $\boldsymbol{s}_i^j$ 为 0 时，表示样本 i 的第 j 维不应被选入最优特征子集，为 1 时则应被选入。这样反复迭代优化，烟花算法就能够筛选出比较好的特征。在确定最优特征子集后，则应当先将特征集合固定，再对支持向量机的参数进行优化。

对支持向量机的参数进行优化时，问题的维度是特征子集的维度加上参数 (C, γ) 的数量。与特征筛选不同，参数优化是一个连续优化问题，且不同的参数应当设置不同的上界与下界，在该工作中，参数 C 的边界设置为 $\log_2 C \in [-5, 15]$，参数 γ 的边界设置为 $\log_2 \gamma \in [-15, 5]$，采用文献 [217] 中的分类准确率作为适应度值。

22.2.3　实验与分析

本实验是在 MATLAB 上实现的，平台为 Intel Core i7-3770K CPU 4GHz、8GB RAM 与 Windows 10 Professional OS。分类问题的测试数据集来自文献 [217, 218]，见表 22.1。

表 22.1 分类问题的测试数据集

序号	数据集	类别数	样本数	特征数
1	图像分割	7	2310	19
2	自动化	7	205	25
3	乳腺癌	2	286	9
4	糖尿病	7	768	8
5	玻璃	7	214	9
6	心脏-C	5	303	13
7	心脏记录	2	270	13
8	肝脏	2	155	19
9	鸢尾花	2	150	4
10	劳动	2	57	16

通过初步实验，BBFWA 的群体大小（爆炸火花数）设置为 200，最大评估次数为 6000，爆炸半径参数 C_r 和 C_a 分别设置为 0.8 和 1.3。对比算法选用了 ABC 算法、PSO 算法、ACO 算法与 GA 等。最终得到的分类准确率见表 22.2。

表 22.2 分类准确率对比（单位:%）

数据集	PSO	ACO	GA	ABC	BBFWA
图像分割	94.42	94.42	94.26	91.13	92.13
自动化	68.78	72.20	69.27	82.93	81.46
乳腺癌	73.08	73.08	73.08	75.87	88.12
糖尿病	75.65	75.65	75.65	71.48	75.65
玻璃	71.03	71.03	71.03	71.50	72.50
心脏-C	83.17	80.86	80.20	83.17	83.17
心脏记录	82.96	81.11	73.70	84.81	84.98
肝脏	86.45	83.23	83.26	87.10	84.36
鸢尾花	96.66	96.66	96.66	97.33	97.33
劳动	89.47	92.98	89.47	98.26	98.26

此外，该工作还对特征筛选的效果进行了对比，结果见表 22.3。结合分类准确率可见，在使用 BBFWA 进行优化的情况下，特征筛选所得子集的大小适中，能够保留原始特征中的有效信息，使得支持向量机的分类效果相对最优。

表 22.3 最优特征子集维度对比

数据集	PSO	ACO	GA	ABC	BBFWA
图像分割	16	16	17	12	14
自动化	8	9	9	9	12
乳腺癌	8	9	9	4	7
糖尿病	8	8	8	1	8
玻璃	8	8	8	6	7
心脏-C	8	7	7	7	7
心脏记录	8	7	8	3	7
肝脏	7	7	7	9	7
鸢尾花	4	4	4	4	3
劳动	5	6	9	8	8

22.3　烟花算法优化人工神经网络

Bolaji 等人在文献 [219] 中给出了一类烟花算法优化人工神经网络的典型案例，简洁明了地阐释了烟花算法等群体智能优化算法在神经网络优化任务上的优势。本节以该工作为例，简要介绍烟花算法在该任务上的应用。以此为基础，读者可进一步查阅烟花算法在循环神经网络与卷积神经网络等复杂神经网络优化上的应用工作。

22.3.1　人工神经网络

Bolaji 等人的工作 [219] 与第 22.2 节相似，主要聚焦监督学习中的分类任务。他们构建了包含一个输入层、一个隐藏层与一个输出层的神经网络，输入层与输出层的神经元数量视分类问题的特征维度与标签维度而定，隐藏层的神经元数量则根据经验人为设定。对于每一个神经元来说，其输出 y_i 与输入 x_j 之间的关系可以形式化定义为

$$y_i = f_i\left(\sum_{j=1}^{n} w_{ij}x_j + \theta_i\right) \tag{22.10}$$

其中，w_{ij} 表示该神经元与输入 x_j 间的权重，θ_i 表示该神经元的偏置，$f_i(\cdot)$ 通常是一个非线性激活函数。

显而易见，对于一个人工神经网络而言，需要优化的参数是权重与偏置。为了不断优化上述参数，使模型能够尽可能拟合训练集的分布，经典的反向传播算法应运而生。该算法依据链式法则构建起了由损失函数至网络输入的反向传播过程，以此求取每个参数的偏导数，并使用梯度下降算法保证参数能够不断地逼近最优值。反向传播算法与梯度下降算法具有很高的计算效率，但是具有两个相对明显的缺点：一个是要求网络需要端到端可导，另一个是梯度下降算法在网络较复杂时容易陷入局部极值。由于反向传播算法的具体实现不是本节重点，这里不再赘述，感兴趣的读者可以自行查阅相关文献。

Bolaji 等人采用了两个指标对人工神经网络的表现进行评价。首先是平方误差和（Sum of Squared Error，SSE）函数：

$$\text{SSE} = \sum_{n=1}^{N}\sum_{t=1}^{S}(t - y_i)^2 \tag{22.11}$$

其中，N 表示样本数，S 表示输出层的神经元数。除 SSE 函数外，他们还采用了准确率（正确分类的样本数与样本总数的比值）作为评价的标准。

22.3.2　基于烟花算法的人工神经网络参数优化

使用烟花算法优化人工神经网络需要明确定义搜索空间与适应度函数。对于 Bolaji 等人的工作而言，搜索空间的维度为权重与偏置的总数，烟花群体中每个个体所处的位置对应一组参数的选择，适应度值函数则选定为 SSE 函数。通过反复迭代，不断降低适应度值函数的数值，就能够实现优化参数组合的目的。下面，通过一组实验对此做进一步分析。

22.3.3 实验与分析

Bolaji 等人分别采用 5、10 与 15 这 3 种群体数进行了实验。每个群体的火花数初值设定为 10，高斯变异火花数为 5，优化的上界与下界分别设定为 10 与 –10。实验采用 UCI 数据集，每个分类任务的神经网络结构见表 22.4。

表 22.4 测试数据集与网络结构

序号	数据集	样本数	网络结构	权重数
1	鸢尾花	150	4-5-3	43
2	电离层	351	33-4-2	146
3	玻璃	214	9-12-6	198
4	甲状腺	7200	21-12-3	378
5	乳腺癌	699	9-8-2	98
6	糖尿病	768	8-6-2	68
7	MAGIC	9510	10-4-2	54

烟花算法在不同群体数设置下的实验结果见表 22.5，表 22.6则展示了烟花算法与和声搜索（Harmony Search，HS）算法、GA 等其他群体智能优化算法的实验结果对比。由表可见，参数量越大的神经网络所需的群体数越多，符合优化的一般规律。且与其他算法相比，烟花算法优化所得的人工神经网络模型具有更高的分类准确率。

表 22.5 不同群体数下的实验结果

数据集	群体数	SSE	训练集准确率（%）	测试集准确率（%）
鸢尾花	5	0.52	96.69	100.00
	10	1.59	100.00	96.67
	20	1.39	99.17	93.33
电离层	5	25.28	95.71	90.14
	10	44.05	91.43	84.51
	20	34.52	92.50	77.46
玻璃	5	94.33	61.99	60.47
	10	112.13	42.69	51.16
	20	109.16	52.05	48.84
乳腺癌	5	67.99	93.92	92.86
	10	66.11	93.92	96.43
	20	76.05	92.49	91.43
甲状腺	5	806.09	92.59	92.99
	10	758.32	93.00	93.47
	20	749.11	93.21	93.82
糖尿病	5	273.50	65.31	65.58
	10	267.20	65.96	66.88
	20	277.30	65.02	65.8
MAGIC	5	3161.20	70.42	70.31
	10	3096.12	72.02	71.80
	20	3080.80	72.68	72.41

表 22.6　与其他算法的实验结果对比

数据集	算法	SSE	训练集准确率（%）	测试集准确率（%）
鸢尾花	FWA	0.52	100.00	100.00
	HS	18.00	98.33	96.67
	GA	96.00	90.00	90.00
电离层	FWA	25.28	95.71	90.14
	HS	106.40	95.00	94.37
	GA	152.00	93.21	94.37
玻璃	FWA	94.33	61.99	60.47
	HS	355.85	70.12	72.09
	GA	544.00	57.89	67.44
甲状腺	FWA	749.11	93.21	93.82
	HS	3146.40	93.06	92.78
	GA	3416.00	92.58	92.57
乳腺癌	FWA	66.11	93.92	96.43
	HS	126.37	—	100.00
	GA	172.00	—	98.57
糖尿病	FWA	267.20	65.96	66.88
	HS	856.00	—	77.27
	GA	1108.00	—	79.87
MAGIC	FWA	3080.80	72.68	72.41
	HS	10,647.98	—	81.18
	GA	12,473.48	—	77.87

22.4　小结

本章以烟花算法优化支持向量机与人工神经网络这两个相对典型的工作为例，简要介绍了烟花算法在监督学习优化任务上的应用研究方法。由于烟花算法本身具有良好的全局优化能力与普遍适用性，使用烟花算法优化模型时通常能够取得优于其他群体智能优化算法的结果。并且，烟花算法这类元启发式算法不要求神经网络等模型严格可导，从而为模型的设计赋予了更大的自由空间，这无疑为神经网络在具体任务中的拓展提供了可能。近年来，烟花算法拥有了更加成熟的算法库，能够实现高效的并行计算，而指数衰减烟花算法等适用于高维度、大规模优化问题的烟花算法的诞生保证了在神经网络层数急剧增加、参数量不断扩大的背景下，这个算法家族能够取得更大的优势。相信在未来，会有更多监督学习工作采用烟花算法作为优化工具，并取得更加突出的研究成果。

第23章　烟花算法在无监督学习中的应用

23.1　无监督学习简介

23.1.1　无监督学习的定义

无监督学习是训练机器使用既未分类也未标记的数据的方法。这意味着无法提供训练数据，机器只能自行学习。机器必须能够对数据进行分类，而无须事先获得任何有关数据的信息。无监督学习的理念是让计算机与大量变化的数据接触，并允许它从这些数据中学习，以提供以前未知的见解，并识别隐藏的模式。因此，无监督学习算法不一定有明确的结果。相反，它确定了与给定数据集不同或有趣之处。无监督学习本质上是一种统计手段，是一种可以在没有标签的数据里发现一些潜在结构的训练方式。它主要具备以下3个特点。

（1）无监督学习没有明确的目的。

（2）无监督学习不需要给数据打标签。

（3）无监督学习无法量化效果。

23.1.2　无监督学习、监督学习、半监督学习、自监督学习的区别

有监督学习是从标记的训练数据来推断一个功能的机器学习任务。训练数据包括一套训练示例。在监督学习中，每个实例都是由一个输入对象和一个期望的输出值组成。监督学习算法是分析该训练数据，并产生一个推断的功能，可以映射出新的实例。无监督学习与监督学习因为对样本标签的需求不同而有较大的差别，无监督学习与半监督学习的界限则没有这么分明，容易混淆。一般来说，在无监督学习中，一个算法受到“未知”数据的影响，这些数据不存在先前定义的类别或标签。机器学习系统必须教会自己对数据进行分类，处理未标记的数据，从其固有的结构中学习。而半监督学习算法会先确定数据点之间的相关性，并使用少量的标记数据来标记这些点，再根据新应用的数据标签来训练系统。

除此之外，无监督学习与自监督学习也有一些区别。第一，它们对训练集与测试集的使用方式不同。自监督学习的目的是先在自身形成的训练集中找规律，然后对测试集运用这种规律。而无监督学习没有训练集，只有由一组数据构成的数据集，它是在该组数据集内寻找规律。第二，要关注训练集是否有标签。自监督学习的识别结果表现在：给待识别数据自动加上标签，因此训练集必须由带标签的样本组成。无监督学习只有要分析的数据集本身，预先没有标签。如果发现数据集呈现某种聚集性，则可按自然的聚集性分类，但不按照某种预先定义的分类标签进行标注。第三，无监督学习是在数据集中寻找规律性。这种规律性并不一定要达到划分数据集的目的，也就是说不一定要“分类”。例如，对于一组颜色各异的积木，无监督学习可以按形状来分类，也可以按颜色来分类。自监督学习则是通过对自己标记的数据集进行训练，从而得到一个最优模型。

23.1.3　无监督学习的一般应用

无监督学习是数据科学中一个重要的分支，其目标是训练用于学习数据集结构的模型，并为用户提供关于新样本的有用信息。在许多业务部门（如市场营销部门、商业智能部门、战略

部门等）中，无监督学习一直在帮助管理者根据定性和定量（最重要的）方法做出最佳决策。在数据变得越来越普遍且存储成本不断下降的今天，分析真实、复杂数据集的可能性有助于将传统的商业模式转变为新的、更准确的，响应也更迅速、更有效的模式。

常见的无监督学习应用背景如下。

（1）从庞大的样本集合中选出一些具有代表性的样本并加以标注，用于分类器的训练。

（2）先将所有样本自动分为不同的类别，再由人类对这些类别进行标注。

（3）在无类别信息的情况下，寻找好的特征。

23.2　无监督学习优化问题的定义

工程设计中最优化问题的一般提法是要选择一组参数（变量），在满足一系列有关的限制条件（约束）下，使设计指标（目标）达到最优值。因此，最优化问题通常可以表示为数学规划形式的问题：

$$\begin{cases} \min f(\boldsymbol{X}) \\ \text{s.t.} \quad g_i(\boldsymbol{X}) \leqslant 0 \ (i=1,2,\cdots,n) \\ h_j(\boldsymbol{X}) = 0 \ (j=1,2,\cdots,n) \\ \boldsymbol{X} = [\boldsymbol{x}_1, \boldsymbol{x}_2, \cdots, \boldsymbol{x}_n]^{\mathrm{T}} \end{cases} \tag{23.1}$$

其中，$f(\boldsymbol{X})$ 为待优化目标函数，$g_i(\boldsymbol{X})$ 为不等式约束，$h_j(\boldsymbol{X})$ 为等式约束，$\boldsymbol{X}$ 为输入变量。

最优化问题的基本解决办法有解析解法、数值解法。其中，解析解法是知道目标函数的具体形式，严格按照数学公式推导求解；数值解法借鉴了拟合思想，使用泰勒展开（近似）、迭代求解（迭代）等工具进行问题求解。

在无监督学习领域，优化问题的定义与上述定义差别不大。在监督学习里，我们会确定一套标准，以做出模型调试的决策。精确度和查全率这样的指标会告诉我们，现在的模型有多准确，我们可以调整参数来优化模型。可是，无监督学习的数据没有标签，我们就很难有理有据地定下衡量标准。同时，在一个无监督学习设定中，通常难以评测一个模型的性能，因为我们没有像监督学习设定中那样的原始真实的类标。但是，无监督学习模型的优劣可以通过以下两个指标进行判断。

（1）**Silhouette 系数**。设 a 为一个样本与同一簇中其他所有点之间的平均距离，b 为一个样本与下一个最近簇中所有其他点的平均距离。针对一个样本的 Silhouette 系数 s 定义为

$$s = \frac{b-a}{\max(a,b)} \tag{23.2}$$

（2）**Calinski-Harabasz 指标**。设 k 为簇的数量；$\boldsymbol{B}_k$ 和 $\boldsymbol{W}_k$ 分别为簇间弥散矩阵和簇内弥散矩阵，定义为

$$\boldsymbol{B}_k = \sum_{j=1}^{k} n_{c^{(i)}} \left(\boldsymbol{\mu}_{c^{(i)}} - \boldsymbol{\mu}\right)\left(\boldsymbol{\mu}_{c^{(i)}} - \boldsymbol{\mu}\right)^{\mathrm{T}}, \quad \boldsymbol{W}_k = \sum_{i=1}^{m} \left(\boldsymbol{x}^{(i)} - \boldsymbol{\mu}_{c^{(i)}}\right)\left(\boldsymbol{x}^{(i)} - \boldsymbol{\mu}_{c^{(i)}}\right)^{\mathrm{T}} \tag{23.3}$$

Calinski-Harabasz 指标 $s(k)$ 表示一个聚类模型定义簇的好坏，其值越大，簇就越稠密，且分隔越好。其定义为

$$s(k)=\frac{\operatorname{Tr}\left(\boldsymbol{B}_k\right)}{\operatorname{Tr}\left(\boldsymbol{W}_k\right)} \frac{N-k}{k-1} \tag{23.4}$$

23.3 烟花算法聚类

随着互联网的普及，人们经常在网上发布各类信息，网络上的文档数量迅速增长。人工分析与处理数量如此庞大的文档集合已变得十分不现实。自动化文档处理已成为网络时代的趋势。目前，自然语言处理的快速发展使得自动化文档处理能力迈上了新的台阶。文档聚类是一项重要的文档处理任务，它自动将海量文档按照题材进行组织，以供人们进一步使用。

文档聚类指将相同题材的文档归到同一个类别，不同题材的文档归到不同类别。文档聚类有着十分广阔的应用空间。例如在搜索引擎中，如果搜索结果按照题材的不同被聚到了不同类别，那么用户可以根据自己的兴趣选择阅读某个题材内的文档。这样可以快速去除冗余信息，使用户能够在较短的时间内找到自己需要的信息。

文档聚类一般包含特征提取和聚类两个阶段。词频–逆向文档频率（TF-IDF）是一种比较常用的特征提取方法。经典的聚类算法可以分为划分法、层次法等。近年来，一些研究人员将进化算法（如 GA、PSO 算法等）应用于文档聚类并取得了较好的效果[220-222]。

烟花算法作为一种近年来较新的群体智能优化算法，在函数优化上表现出了优良的寻优能力，因此它在文档聚类应用上的出色表现值得期待。

将烟花算法应用于文档聚类，不仅是对烟花算法应用领域的研究和拓展，还为文档聚类提供了新视野和新方向，同时也是对群体智能研究的新探索。

23.3.1 文档特征提取

一般情况下，机器学习算法需要将样本用固定维度的向量表示，这些固定维度的向量被用作算法的输入。目前主流的聚类算法均采用这种表示方法。将文档转换为向量的过程称作特征提取。

经过特征提取，每个文档被表示成一个特征向量。特征向量的每一维称作一个特征，它表示文档在某个方面的一种属性信息。特征向量的多个维度表示文档在多个方面的属性。一个良好的特征提取方法得到的特征向量应该能够充分反映原始文档的各种信息。

向量空间模型[223]是一种常用的文档特征提取方法。这个模型将每个词语看作一个特征，特征的取值表示相应词语的重要程度。

由于文本数据集中一般含有较大数量的词语，特征的数量会非常多。这时，后续的计算将会耗费大量的计算机存储资源。同时，并不是所有的特征都对聚类有益，一些冗余的特征可能会降低聚类效果。所以，有必要按一定准则选择部分对聚类有益的特征。这里将词语频率作为特征选择的准则[224]。

首先，计算每个单词在所有文档中的频率，然后选择频率最高的 N 个词语作为要使用的特征，其余词语直接舍弃。本节后续实验中，N 的取值为 2000。

TF-IDF 是一种常用的文档特征表示算法 [225]，它反映一个词的重要程度。TF-IDF 是词频（用 TF 表示）与逆向文档频率（用 IDF 表示）的乘积。词语 i 在文档 j 中的词频定义为

$$\mathrm{TF}_{ij} = \frac{n_{ij}}{n_j} \tag{23.5}$$

其中，n_{ij} 表示文档 j 中词语 i 的数量，n_j 表示文档 j 中的总词语数。

词语 i 的逆向文档频率定义为

$$\mathrm{IDF}_i = \log\frac{D}{d_i} \tag{23.6}$$

其中，D 表示所有文档的数量，d_i 表示含有词语 i 的文档数。

文档 j 中词语 i 的 TF-IDF 特征定义为

$$\mathrm{TFIDF}_{ij} = \mathrm{TF}_i\mathrm{IDF}_i \tag{23.7}$$

经过上述处理后，每篇文档被表示为一个高维特征向量。直接在高维特征上使用聚类算法会消耗较多的计算资源。同时，由于高维特征的部分信息是冗余的，机器学习算法在高维特征上有可能过拟合。当过拟合发生时，机器学习模型会过多地学习训练数据中的冗余信息，却忽略一些训练数据的本质特性，使学习算法的泛化能力大幅下降，因此必须采取一定措施避免这种情况。

数据降维是数据处理中一种常用的技术。它将数据从高维空间映射到低维空间中，低维空间的数据能够尽可能充分地反映原始数据的本质特性，同时去除了一些原始数据中的冗余信息。通常，按照映射规则的不同，数据降维一般分为线性降维和非线性降维两种。

本节采用 PCA 这种常用的线性降维算法对文档特征进行降维 [226]。PCA 首先从高维空间中选择若干正交的主分量，数据沿着这些主分量方向的方差应该是最大的。PCA 将这些主分量看作低维空间的正交基，原始数据在这组正交基下被表示为低维向量。这样，PCA 就保留了原始数据中方差最大的若干方向，并舍弃了其他次要方向，可见它尽可能地保持了数据的主要信息，并将作用不大的次要信息忽略。

很多数据在某些维度的范围可能过大或过小，并且不同维度的数据分布和范围可能差异较大。这样的数据往往会对机器学习模型产生很多不利的影响。例如，过大范围的数据往往导致模型中的参数偏小，过小范围的数据往往导致模型中的参数偏大。过大或过小的参数会使部分模型无法工作。此外，如果同一个数据集在不同维度上范围差异过大，即一些维度的数据普遍比较大，另一些维度的数据普遍比较小，计算不同数据的距离时数值大的维度往往会主宰距离值。

数据的标准化指将各个维度的数据缩放到一个统一、合理的范围内。标准化分别对每个维度的数据进行线性收缩，标准化后的数据每维均值为 0、标准差为 1。设 x_{ij} 表示未经标准化的第 i 条数据的第 j 维，$\hat{x}_{ij}$ 表示标准化后的数据，那么有

$$\hat{x}_{ij} = \frac{x_{ij} - \mu_j}{\sigma_j} \tag{23.8}$$

其中，μ_j 表示数据在第 j 维的均值，σ_j 表示数据在第 j 维的标准偏差。

23.3.2 烟花算法在文档聚类中的应用

现有的研究结果已证明，烟花算法在优化问题上有着出色的能力。因此，当将烟花算法应用于聚类时，首先应当将聚类问题转化为最优化问题，即将聚类过程看成寻找最佳聚类中心点的寻优过程，而不是划分数据的过程。

在利用烟花算法进行文档聚类时，优化问题的搜索空间为 $M \times F$ 维，其中 M 表示需要将文档聚类的类别数，F 表示文档特征向量的维数。首先，设 M 个类别中心为 $\boldsymbol{c}_i$，$i = 1, 2, \cdots, M$，它是一个 F 维向量，搜索空间中的一个烟花定义为 $< \boldsymbol{c}_1, \boldsymbol{c}_2, \cdots, \boldsymbol{c}_M >$。然后，通过烟花提供的中心文档的信息，在全部文档集中为每一篇文档找出与其距离最近的中心文档，将其归于这一类中。本小节在度量两个文档集向量的邻近度时，使用了欧几里得距离。具体来讲，对于两个 p 维向量 $\boldsymbol{a} = \{\boldsymbol{x}_1, \boldsymbol{x}_2, \cdots, \boldsymbol{x}_p\}$ 和向量 $\boldsymbol{b} = \{\boldsymbol{y}_1, \boldsymbol{y}_2, \cdots, \boldsymbol{y}_p\}$，它们之间的距离为 $d = \sqrt{\sum_{i=1}^{p} (\boldsymbol{x}_i - \boldsymbol{y}_i)^2}$。两个向量距离越近，该值越小，距离越远则该值越大。选择欧几里得距离度量两个文档向量集的邻近度是因为这种度量方式实现简单且度量效果良好。

接着，根据聚类评判标准——类内距离，计算每种聚类方式的聚类质量：

$$J = \sum_{i} \sum_{j \in K_i} (x_{ij} - \boldsymbol{c}_i)^2 \tag{23.9}$$

其中，$\boldsymbol{c}_i$ 表示类别 i 的中心向量，K_i 表示属于类别 i 的文档集合，x_{ij} 表示类别 i 中的文件 j。

类内距离越小，同一类别内的文档越紧凑，聚类效果越好。

最后，就可以利用烟花算法进行聚类中心点的寻优计算了。

利用烟花算法进行文档聚类的具体步骤如下。

第 1 步：在 $M \times F$ 维的搜索空间中随机选取 N 个点作为初始烟花，其中每个烟花代表文档集的一种不同聚类方式。

第 2 步：通过计算全部文档与中心文档的欧几里得距离，利用“类间相似度最大”的聚类原则，将每一篇文档聚到离自己最近的中心文档所代表的那一类文档中。

第 3 步：聚类完成后，计算该聚类结果的类内距离，作为搜索空间中该烟花的适应度。

第 4 步：爆炸，选择下一代烟花。如果终止条件满足，转至第 5 步，否则转至第 2 步。

第 5 步：得到最后的聚类结果。

23.3.3 实验与分析

本小节通过一个实验展示将烟花算法用于文档聚类的效果。

20-newsgroup 是一个著名的英文文本挖掘数据集[225]，它包含来自 20 个新闻组的消息。每个新闻组内都是关于某一个题材的消息。本实验使用烟花算法将所有消息划分成 20 个类别，聚类结果如图 23.1所示。20-newsgroup 是英文数据集，图 23.1为翻译后的消息标题。由于篇幅限制，图 23.1仅展示了其中 7 个类别的部分代表性消息。可以看出，同一个类别内部的消息大致具有相同的题材。当然，由于误差的存在，每个类别内部也有一些不同题材的消息。不过总体来讲，烟花算法可以有效地将相同题材的文档划分到同一个类别，能够很好地完成文档聚类任务。

图 23.1　烟花算法在 20-newsgroup 上的聚类效果

23.4　烟花算法社区发现

本节介绍一种烟花算法社区发现的相关工作，即局部双环烟花算法（Local Double Ring Fireworks Algorithm，LDRFA）。根据局部双环的定义，LDRFA 中给出了一种改进的烟花初始化的方法，该方法可以有效地提高初始烟花的质量，每一个烟花都代表了一种社区划分的结果。并且该烟花初始化的方法具有泛用性，局部双环的概念可以很容易地迁移到其他的算法当中。在完成烟花的初始化之后，根据烟花算法的框架，这一代烟花产生的火花数和爆炸半径被计算出来，利用爆炸半径来控制烟花的变异概率，以此来提高烟花的多样性。在生成下一代烟花的过程中，烟花所代表的社区划分结果中每一个节点的标签将以一种类似标签传播的过程进行选择性地改变。最终，算法选择目标函数值最高的 N 个烟花进入下一次的迭代。当算法终止时，具有最高目标函数的烟花所代表的社区划分结果就是算法的输出结果。下面详细介绍 LDRFA 的设计，并展示对比实验的结果。

23.4.1　LDRFA

在 LDRFA 中，每一个烟花个体的维数与网络中的节点个数相同，每一个烟花都代表了一种社区划分的结果。烟花中任意一个分量表示网络中节点 k 的标签，这种编码方式不仅直观，而且编码与解码都比较容易。

基于烟花算法和局部双环的 LDRFA 的详细描述如下。

（1）初始化网络中的节点标签和算法参数。将每个节点的标签初始化为其节点 ID，算法参数设置包括：每一代烟花和火花的总数 n 设置为 50，用于控制每一个烟花产生的火花数的常数 m 设置为 50，用于控制每一个烟花的爆炸范围的常数 A 设置为 40。

（2）计算网络中节点的重要性。

（3）基于节点重要性对节点进行排序。排序后的节点集合记作 V。

（4）构造局部双环并初始化烟花。计算当前这代烟花所代表的社区划分结果的模块度值，并将计算得到的最大模块度值或最小模块度值作为计算参数，用于计算其爆炸产生的火花数及爆炸半径。

（5）爆炸生成火花，并选择下一代群体。

其中，烟花及烟花产生的火花都代表一种社区划分的结果，每个烟花或火花都记录着每个节点的标签情况。烟花产生火花的过程是一个伴随着变异的过程，其产生的火花数为 S_i，产生的每一个火花的每个节点的标签变异概率由 A_i 决定。

更进一步，以 x_i^k 表示第 i 个烟花的第 k 个节点的标签，以 Neig_label_k 表示第 k 个节点的邻居中出现次数最多的标签。在生成火花的过程中，x_i^k 的变异方法如下：

$$x_i^k = \begin{cases} \text{Neig\_label}_k & \text{random}\,(0,1) < \text{sigmoid}\,(A_i) \\ x_i^k & \text{其他} \end{cases} \tag{23.10}$$

其中，random(0,1) 是指在 0 到 1 之间产生的一个随机数，而 sigmoid(A_i) 的计算方法为

$$\text{sigmoid}(x) = \frac{1}{1+\mathrm{e}^{-x}} \tag{23.11}$$

在所有的烟花都生成了火花后，首先计算每个烟花或火花的社区划分结果的模块度值，然后根据每个烟花或火花的社区划分结果的模块度值对它们进行排序，并选择模块度值大的前 n 个烟花或火花作为下一次迭代的烟花。

（6）如果未达到迭代终止条件，则返回步骤（5）；如果达到迭代终止条件，则输出模块度值最高的烟花所代表的社区划分结果。迭代终止条件是当前迭代次数达到最大迭代次数。LDRFA 的伪代码如算法 23.1所示。

算法 23.1 LDRFA

输入：待划分网络 $G=(V,E)$。
输出：具有最大模块度值的烟花所代表的社区结构。

```
1: 加载图文件到内存中;
2: 初始化算法参数和节点标签;
3: 计算待划分网络中所有节点的重要性并且初始化烟花;
4: looptime = 100;
5: while looptime > 0 do
6:     looptime = looptime − 1;
7:     for 每一个烟花 x_i do
8:         计算烟花爆炸产生的火花数和爆炸范围;
9:         for 每一个新产生的火花 x_j do
10:            for 火花 x_j 的每一个标签 x_j^k do
11:                if random(0,1)< sigmoid(A_i) then
12:                    x_j^k = Neig_label_k;
13:                else
14:                    x_j^k = x_i^k;
15: 计算这一代中烟花和火花的模块度值，模块度值最大的 n 个烟花或火花进入下一次迭代;
16: return 具有最大模块度值的烟花所代表的社区结构。
```

23.4.2 基于局部双环的烟花初始化

本小节介绍 LDRFA 中采用的局部双环的概念和基于此得到的烟花初始化方法，并且给出使用局部双环进行初始化的样例。原始的烟花算法会随机生成一批烟花，这个过程没有使用任何先验知识。LDRFA 使用局部双环来完成烟花的初始化操作。为方便描述，令 n 表示烟花总数，V 表示有序节点集合，$V[i]$ 表示 V 中的第 i 项。具体的烟花初始化方法如下：将每一代 n 个烟花或火花中的第 i 个实体记为 $\boldsymbol{x}_i$，局部双环的第一个环是指网络中含有节点 $V[i \bmod 3]$ 的最小环。其中，最小环是指环中所含节点个数最少。局部双环的第二个环是指网络中含有第一个环中非节点 $V[i \bmod 3]$ 的重要性最大的节点的最小环。在选择这两个环时，如果有多个最小环满足条件，则随机选择一个。最后，将这两个环上的节点的标签设置为节点 $V[i \bmod 3]$ 的标签。其中，$i \bmod 3$ 是指 i 对 3 取余的结果，共有 3 种可能（可能的结果分别为 0、1、2）。因此，第一个环将被初始化为含有节点 $V[0]$、$V[1]$ 或 $V[2]$ 的最小环。

23.4.3 实验与分析

本小节将 LDRFA 在现实世界网络中常用的标准数据集和人工合成的基准网络中进行实验并分析实验结果。由于在现实世界网络中不可能精确地测量一个实体对象属于哪个社区，所以通常是通过模块度函数来衡量。而人工合成的基准网络的社区结构是由预先设定的参数构成的，其中节点的社区归属有明确的指定，所以这类社区划分结果的准确性可以通过计算归一化互信息（Normalized Mutual Information，NMI）来衡量。

1. 现实世界网络实验结果

首先介绍 3 个实验网络的详细参数，见表 23.1。

表 23.1 3 个实验网络的详细参数

网络名	节点数	边数	节点平均度
Karate Club	34	78	4.59
Dolphin	62	159	5.13
PolBooks	105	441	8.40

在表 23.1所示的 3 个网络上使用 4 种不同的算法进行社区检测，这 4 种算法分别是 LDRFA、GA-Net、CNM 算法和 Infomap 算法。每个算法在每个网络上重复实验 30 次。实验得到的模块度值见表 23.2。

表 23.2 现实世界网络上各算法运行结果的模块度值

网络名	Q（LDRFA）	Q（GA-Net）	Q（CNM）	Q（Infomap）
Karate Club	0.3949	0.4019	0.3990	0.3989
Dolphin	0.5264	0.4701	0.4496	0.4310
PolBooks	0.5262	0.5798	0.4193	0.4198

由表 23.2可见，在 Dolphin 网络上，LDRFA 取得了最高的模块度值，在 Polbooks 网络上也取得了不错的表现。LDRFA 在 3 个网络上的实验结果均优于 CNM 算法和 Infomap 算法。在 Karate Club 网络上，LDRFA 与 GA-Net 算法的模块度值相差不到 0.01，说明两种算法的性能相当。

图 23.2 所示为 LDRFA 得到的 Dolphin 网络的社区划分结果。整个网络分为 4 个部分，且网络的模块度值等于 0.5264。从图中可以直观地看到，整个网络由两个大社区组成，而左侧的

大社区又细分为橙、绿、蓝 3 个社区。蓝色社区夹在绿色社区和紫色社区之间，这意味着它具有重叠的社区属性；橙色社区由于它们之间更紧密的联系被分割出来。

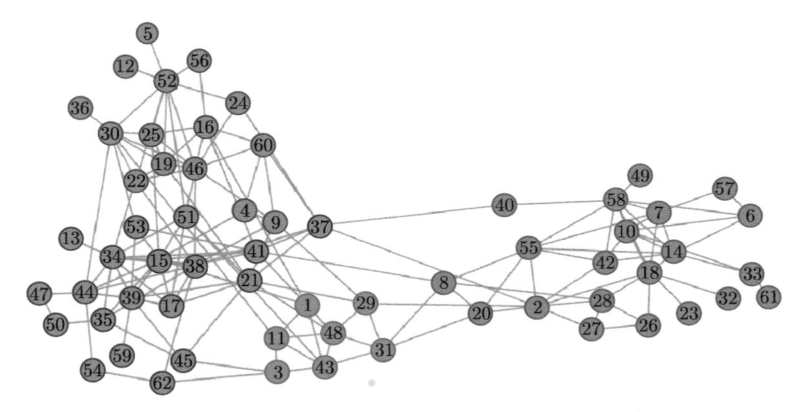

图 23.2 LDRFA 在 Dolphin 网络上的社区划分结果

2. 人工合成网络实验结果

下面展示 LDRFA 在 GN 扩展基准网络上与其他 3 种算法的性能对比。GN 扩展基准网络是经典 GN 基准网络的改进版本。它由 128 个节点组成，分成 4 个大小相等的社区，网络中节点的平均度为 16。该基准网络有一个重要的混合参数 μ，它控制着不同社区之间的连接紧密性。当 $\mu \leqslant 0.5$ 时，基准网络具有较明显的社区结构。但是当 $\mu > 0.5$ 时，社区划分任务将变得困难，社区结构也变得模糊。通过将混合参数 μ 从 0.05 以 0.05 为步长递增到 0.5 来生成共 10 个 GN 扩展基准网络，用于实验。

图 23.3展示了在 GN 扩展基准网络上运行的这 4 种算法的平均 NMI。LDRFA 和其他算法在 $\mu \leqslant 0.15$ 时，均具有完美的性能，均能够成功检测出网络的社区结构。随着 μ 的增加，当 $\mu > 0.25$ 时，Infomap 算法首先失败，不能发现社区结构。当 $\mu > 0.3$ 和 $\mu > 0.2$ 时，GA-Net 和 CNM 算法的检测能力开始下降。在 μ 未超过 0.35 前，LDRFA 总是具有良好的性能，能够正确地划分出社区结构，并且当 $\mu = 0.4$ 时，社区划分的结果仍然较好。

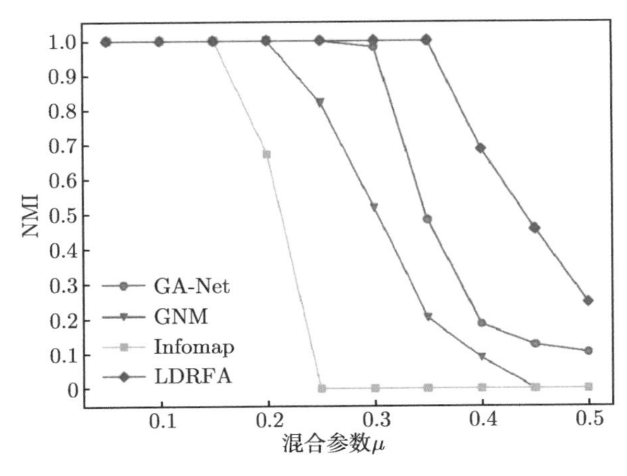

图 23.3 GN 扩展基准网络上 4 种算法的平均 NMI

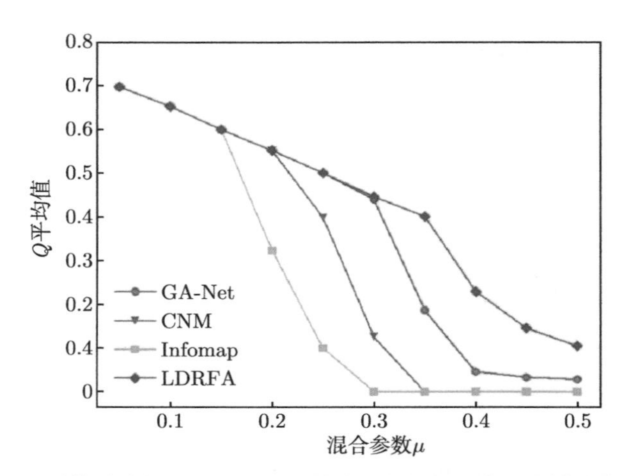

图 23.4　4 种算法在相同的 GN 扩展基准网络上得到的平均模块度值（Q）

这 4 种算法在相同的 GN 扩展基准网络上得到的平均模块度值如图 23.4所示。从图中可以看出，当 $\mu \leqslant 0.15$ 时，所有算法都得到一致的模块度值，这是因为所有算法的社区划分结果均与正确结果一致，该模块度值是一个定值。随着 μ 的增加，当 $\mu = 0.2$ 时，Infomap 算法给出了最差模块度值（0.32），但是其他算法给出了最佳值（0.55）。当 $\mu \geqslant 0.25$ 时，GA-Net、CNM 算法和 Infomap 算法的性能明显降低。当 $\mu = 0.35$ 时，Infomap 算法和 CNM 算法无法检测到社区结构。与此同时，LDRFA 仍然成功地检测到了社区结构，社区划分的模块度值为 0.4013。随着 μ 的持续增加，社区结构变得模糊，这些算法的性能均开始迅速下降。从图 23.3 和图 23.4 中可以清楚地看出，LDRFA 与其他 3 个算法相比有着更好的性能。

23.5　小结

本章简要介绍了烟花算法在聚类、社区发现这两大经典无监督学习任务中的典型应用。在聚类问题中，与传统文档聚类算法相比，利用烟花算法进行文档聚类不容易陷入局部最优，并取得了相对优良的结果。在社区发现中，本章介绍了一种基于局部双环和烟花算法的社区划分算法 LDRFA，可用于解决非重叠社区划分问题，其实验效果也较优。实验结果表明，烟花算法是一种具有很大潜力的群体智能优化算法。

第 24 章　烟花算法在电磁干扰系统中的应用

烟花算法同样能够应用在部分军事项目的优化工作中。本章介绍烟花算法在电磁干扰设备参数优化方面的应用。

随着电磁信息设备的广泛应用，同时出现在同一区域的大量无线雷达系统会对接收者产生有意或无意的干扰。为了达到有意的电磁干扰，需要以较小的代价对接收者实现有效抑制。当使用多个发射源来干扰多个接收器时，则需要对多个发射源的参数进行全面的优化和设置，以达到预期的高效干扰。因此，本章采用基于烟花算法的新方式来优化多源、多对象和多域（M-SOD）的参数设置。

本章首先对多源、多机的信号干扰系统进行智能建模。随后，将该模型抽象为具有约束条件的单目标优化问题，并分别通过传统的 GA 和改进的烟花算法进行优化。大量的实验和对比表明，本章介绍的烟花算法是一种有效的优化策略，其效果显著优于传统算法。

24.1　电磁干扰系统简介

在现代信息社会，电磁波在信息的获取与利用中被频繁使用，但这些装备常常会由于同一区域集中了过多电磁信息设备而形成相互干扰。有意或无意的干扰在军用或民用任务中都经常出现，如电子战场上的电子对抗措施、电信网络中的串扰，以及无线电干扰。由于多设备互动的问题变得越来越严重和不可避免，无论是干扰方还是被干扰方都有必要对干扰进行研究。干扰方需要采用合理的干扰策略，以达到干扰效果并降低成本。被干扰方则需要研究干扰方采取的干扰策略，并提出相应的防御措施和抗干扰手段，以提高设备的存活率，减少相关损失。

截至本书成稿之时，虽然有很多关于干扰和反干扰的文献，但电磁场中从多重传输源到多重传输目标的参数设置方法仍未有报道。对于干扰方来说，为干扰发射设备设置参数是非常重要的，需要根据电子侦察结果具体设置。由于其覆盖范围广，宽带全向设备不需要设置一个特定的频率和天线方向，然而它们的工作距离是有限的。为了干扰较远的目标接收器，可以在获得侦察参数的前提下适当设置窄频段和定向天线。当利用多个发射器同时干扰多个接收器时，参数设置方法在一定程度上代表了干扰策略的选择，这对结果有很大影响。例如，在同一个地区具有相似频率的接收器可以被一个发射器干扰。反之，合理的参数设置可以以较低的成本获得满意的干扰效果，例如与低发射功率有关的干扰。降低干扰设备的发射功率以保护其免受敌方的反干扰设备和反辐射武器的攻击，具有重要的实际意义。

24.2　模型构建

模型构建中涉及的 3 个关键部分别为场景描述、干扰计算模型、算法原理与应用设计。本节对这 3 个部分进行详细介绍。

24.2.1　场景描述

本节构建的模型包含多个发射器和接收器，要设置的参数包括位置、方向、频率、带宽和功率。此外，该模型还进行了空间域、时域、频率域和能量域的设计，因此被称为 **M-SOD** 干扰系统模型。该模型的场景设置如图 24.1所示。该地区有 N 个接收器，相互之间没有任何影响；有 M 个发射器，影响接收器接收信号。所有接收器都采用全向天线，所有发射器都采用定向天线。

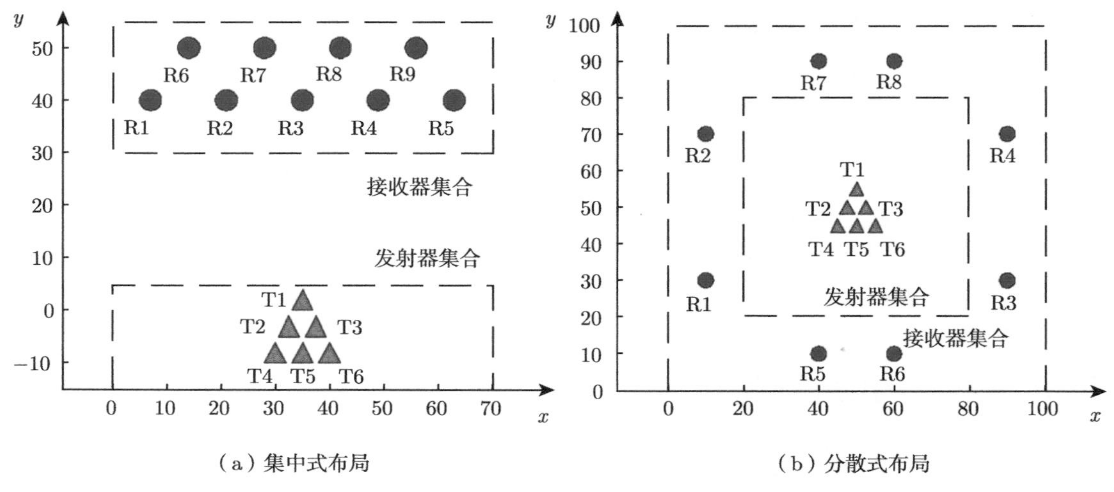

（a）集中式布局　　（b）分散式布局

图 24.1　M-SOD 干扰系统模型的场景设置

由于发射器的位置参数一般需要预设，在不丧失一般性的情况下，首先将发射器组设计成三角形阵形，并提出其精确位置。随后，接收器采用了两个布局场景，作为测试案例，如图 24.1 所示。

（1）**集中式布局**。9 个接收器集中在一个指定的封闭区域内，位于发射器封闭区域的一侧，参数设置见表 24.1。

（2）**分散式布局**。8 个接收器分散在发射器的外围，参数设置见表 24.2。

表 24.1　集中式布局的参数设置

接收器数量	横轴位置（km）	纵轴位置（km）	频率（MHz）	带宽（MHz）	发射器数量	横轴位置（km）	纵轴位置（km）	带宽（MHz）
1	7	40	2017.1	1.6	1	35.0	0	30
2	21	40	2018.8	1.6	2	32.5	−5	30
3	35	40	2019.2	1.6	3	37.5	−5	30
4	49	40	2018.3	1.6	4	30.0	−10	30
5	63	40	2016.6	1.6	5	35.0	−10	30
6	14	50	2016.2	1.6	6	40.0	−10	30
7	28	50	2017.9	1.6				
8	42	50	2017.5	1.6				
9	56	50	2015.8	1.6				

表 24.2 分散式布局的参数设置

接收器数量	横轴位置（km）	纵轴位置（km）	频率（MHz）	带宽（MHz）	发射器数量	横轴位置（km）	纵轴位置（km）	带宽（MHz）
1	10	30	2015.8	1.6	50	55.0	30	—
2	10	70	2016.3	1.6	2	47.5	50	30
3	90	30	2016.8	1.6	3	52.5	50	30
4	90	70	2017.3	1.6	4	45.0	45	30
5	40	10	2017.7	1.6	5	50.0	45	30
6	60	10	2018.2	1.6	6	55.0	45	30
7	40	90	2018.7	1.6				
8	60	90	2019.2	1.6				

24.2.2 干扰计算模型

假设通信系统中的第 n 个接收器 $(x_{r,n}, y_{r,n})$ 除了预定交流信道外，还可以接收来自第 m（$m = 1, 2, \cdots, M$）个干扰发射器的信号。此外，除了通信信号外，系统中只有干扰和加性高斯白噪声（Additive White Gaussian Noise，AWGN）。该模型满足以下 3 个假设。

（1）接收器和发射器分布在特定区域的二维平面上，不考虑高度。

（2）发射器一定能够获得接收器的各种参数，并相应设置干扰参数。

（3）发射器对带宽和能量等参数有上下限。

第 m 个发射器 $(x_{t,m}, y_{t,m})$ 的噪声幅度调制干扰信号为

$$J_{m,t}(t) = (U_m + U_n(t))\,\mathrm{e}^{\mathrm{j}(2\pi f_m t + \theta_m)} \tag{24.1}$$

其中，U_m、f_m、θ_m 分别表示载波功率、频率和相位。

θ_m 服从 $[0, 2\pi)$ 内的正态分布。$U_n(t)$ 表示基带噪声和高斯白噪声是通过低通滤波器获得的。通过改变该基带噪声的带宽，可以相应地调整所有干扰信号的带宽。考虑其他因素，例如信号在空间中的传播及发射器和接收器的增益，每个接收器在 (x, y) 接收的来自第 m 个发射器的信号功率表示为

$$P_{m,r} = \frac{P_m F\left(\Delta\beta_m\right) G_{\mathrm{r}} \lambda^2 L_{\mathrm{b}}}{\left(4\pi R_m\right)^2} \tag{24.2}$$

其中，G_{r} 和 λ 分别表示接收天线的增益和工作波长；$R_m = \sqrt{(x - x_{t,m})^2 + (y - y_{t,m})^2}$，表示到第 m 个发射器的距离；L_{b} 表示带宽失配损失；$F(\Delta\beta_m)$ 表示第 m 个发射机的 $F(\Delta\beta_m, \Omega)$ 增益的模式函数，且天线角度为 β_m（定义为 X 轴绕原点的逆时针旋转角度）。

坐标 (x, y) 与光束主轴的角度为 $\Delta\beta_m = \|\beta_m - \beta_{x,y}\|$ 且有

$$\beta_{x,y} = \begin{cases} \arccos\left(\dfrac{x - x_{t,m}}{R_m}\right) & y \geqslant y_{t,m} \\ 2\pi - \arccos\left(\dfrac{x - x_{t,m}}{R_m}\right) & y < y_{t,m} \end{cases} \tag{24.3}$$

从第 m 个发射器到达每个接收器的信号幅度可以表示为

$$J_m(t) = \sqrt{\frac{F\left(\Delta\beta_m\right) G_{\mathrm{r}} \lambda^2 L_{\mathrm{b}}}{\left(4\pi R_m\right)^2}}\,(U_m + U_n(t))\,\mathrm{e}^{\mathrm{j}(2\pi f_m t + \theta_m)} \tag{24.4}$$

将干扰源的干扰信道建模为时变瑞利衰落信道：

$$h_m(t) = \alpha_m \mathrm{e}^{\mathrm{j}(2\pi f_{d,m} t \cos\phi_m + \varphi_m)} \tag{24.5}$$

其中，α_m 表示信道衰落范围，是一个独立且同分布的高斯随机变量，其均值和方差分别为 0 和 σ_α^2；$f_{d,m}$ 表示干扰源移动引起的最大多普勒频移；ϕ_m 是接收信号的到达角，在 $[0, 2\pi)$ 中服从均匀分布；φ_m 表示服从均匀分布的随机相位。

第 n 个接收器接收的总信号可以表示为

$$r_n(t) = \sqrt{P_\mathrm{s}}\boldsymbol{x}(t)\boldsymbol{c}(t) + \sum_{m=1}^{M} h_m(t)J_m(t) + n(t) \tag{24.6}$$

其中，P_s 表示来自预定发射器的扩频信号的功率；$\boldsymbol{x}(t)$ 表示满足 $E[x^2(t)] = 1$ 的扩频信号；$c(t)$ 表示 AWGN，其单侧功率谱密度（Spectral Power Distribution，SPD）为 N_0。

将式 (24.4) 和式 (24.5) 代入式 (24.6) 可得

$$\begin{aligned} r_n(t) =& \sqrt{P_\mathrm{s}}\boldsymbol{x}(t)\boldsymbol{c}(t) + \sum_{m=1}^{M} \alpha_m \sqrt{\frac{F\left(\Delta\beta_m\right) G_\mathrm{r} \lambda^2 L_\mathrm{b}}{\left(4\pi R_m\right)^2}} (U_m \\ &+ U_n(t))\, \mathrm{e}^{\mathrm{j}[2\pi(f_d + f_m)t + \theta_m]} + n(t) \end{aligned} \tag{24.7}$$

对总接收信号执行解扩，可以得到

$$r'_n(t) = \sqrt{P_\mathrm{s}}\boldsymbol{x}(t) + \sum_{m=1}^{M} h_m(t) J_m \boldsymbol{c}^*(t) + n(t)\boldsymbol{c}^*(t) \tag{24.8}$$

其中，$*$ 表示共轭运算。

接收器的瞬时信号与干扰加信噪比（Singal to Interface plus Noise Radio，SINR）γ 为

$$\gamma = \frac{P_\mathrm{s} T_\mathrm{b}}{|\alpha|^2 N_\mathrm{I} + N_0} = \frac{E_\mathrm{b}}{|\alpha|^2 N_\mathrm{I} + N_0} = \frac{1}{|\alpha|^2 N_\mathrm{I}/N_0 + 1} \frac{E_\mathrm{b}}{N_0} \tag{24.9}$$

其中，$E_\mathrm{b} = P_\mathrm{s} T_\mathrm{b}$ 和 T_b 分别表示位能量和符号周期；N_I 表示 $\sum\limits_{m=1}^{M} h_m(t) J_m \boldsymbol{c}^*(t)$ 在 f_0 的功率谱密度，与发射器参数密切相关。此外，第 n 个接收器的平均误码率（Bit Error Rate，BER）$p_{\mathrm{b},n}$ 为

$$\begin{aligned} p_{\mathrm{b},n} =& \frac{1}{\pi} \int_0^{\pi/2} \int_0^{E_\mathrm{b}/N_0} \frac{E_\mathrm{b}/N_0}{2\sigma^2 \gamma^2 N_\mathrm{I}/N_0} \exp\left(\frac{-\gamma^2}{\sin^2\varphi}\right) \\ & \exp\left(-\frac{(E_\mathrm{b}/\gamma N_0) - 1}{2\sigma^2 N_\mathrm{I}/N_0}\right) \mathrm{d}\gamma \mathrm{d}\varphi \end{aligned} \tag{24.10}$$

当接收器的 BER 超过某一个阈值时，可以认为达到了干扰效果。根据上述推导可以发现，接收器的参数与发射器的参数密切相关。为了实现干扰，需要在频率和天线波束指向接收器的情况下增加功率，以降低瞬时 SINR，增加 BER。如果发射器抑制多个接收器，则需要增加带宽和功率，从而提高总体成本。因此，在 M-SOD 干扰系统中，优化多个发射器设置的目标是以更低的成本（如发射机功率）获得更好的干扰效果。

24.2.3 智能优化算法的原理与应用设计

优化发射器设置时使用的计算模型很复杂，尤其是对于多个发射器对多个接收器的组合干扰：当使用前向模型计算每个接收器的 BER 时，很难通过找到解析解来计算发射机的最佳参数。一种可行的设计方法是根据经验手动设置参数，或使用跟踪误差法观察误码结果并不断调整发射器参数。然而，这些方法一般依赖经验，需要人工调试和干预，缺乏灵活性，且无法扩展到大规模部署。智能优化的进化算法可以解决这些问题。它可以自动学习和设计参数。智能优化的进化算法在处理研究问题时具有以下 3 个优势。

（1）作为一种黑箱优化方法，智能优化的进化算法将计算模型视为与参数优化相关的目标函数，而忽略了特定的函数形式。

（2）智能优化的进化算法是一种随机优化方法。候选解通过群体的方式在参数空间中随机生成。根据一定的机制选择和生成下一代个体，表现出良好的全局收敛性。

（3）智能优化的进化算法可以设计合理的评价函数（适应度函数），使生成的最优解在保证有解的基础上具有良好的性质。

本章介绍了一种参数设置方法，并基于智能优化的进化算法进行实验；基于一种传统 GA 和一种改进的烟花算法（LoTFWA），优化接收器的干扰计算模型。最后，本章将该方法的优化结果和干扰效应与基于经验的基本方法进行对比，以验证其性能。

1. GA

在 GA 中，候选解（个体）的群体朝着更好的解进化。适应度函数用于评估解域。对于一般最小化问题，适应度值越小，解决方案越好。在传统 GA 中，个体用固定大小的 01 向量进行编码。进化从随机产生的个体开始。通过迭代过程，评估每个个体的适应度。群体保持适应度较高的个体，并通过重组和可能的随机突变修改每个个体的基因组。GA 迭代的核心是 3 个算子，即交叉算子、变异算子和选择策略。GA 的框架见算法 24.1。

算法 24.1 GA 的框架

1: 建立初始群体 P_0 并计算适应度值，设 $t=0$；
2: **while** 未满足要求 **do**
3: 对群体 P_t 执行交叉操作；
4: 对群体 P_t 执行变异操作；
5: 计算子代的适应度值；
6: 从群体 P_t 及其子代中筛选个体，组成 P_{t+1}；
7: $t=t+1$。

2. 烟花算法

烟花算法是一种新型的群体智能优化算法，其灵感来自烟花周围局部空间中火花的覆盖。烟花算法由 4 个部分组成：爆炸算子、变异算子、映射规则和选择策略。爆炸算子的作用是在烟花周围产生新火花，并确定产生的火花数和爆炸范围。此外，通过变异算子产生的火花遵循高斯分布。在这两个算子的作用下，烟花算法利用映射规则将新产生的火花映射到可行范围，并通过选择策略将新火花选为下一代烟花。

烟花算法的框架可参考第 1 章的相关内容。

为了提高烟花的协同效率，Li 和 Tan 提出了一种基于独立选择机制的改进方法。具体来说，对于每个烟花，计算当前一代的进步速度。如果当前一代不能以目前的进步速度超过最佳烟花的适应度，那么它就是一个失败者，需要重启。这种方法的优点是：避免了烟花算法协同框架中的参数；在烟花离得太近之前，可以确定是否值得继续搜索该地区。

3. 参数设定

（1）**解空间的基因表示**。对于第 m 个发射器，要优化的参数包括天线方向角（β_m）、功率（P_m）、频率（$f_{\mathrm{t},m}$）和带宽（$f_{\mathrm{b},m}$）。表 24.3总结了相应的优化范围。

表 24.3　发射器参数的优化范围

参数	最小值	最大值
β_m	0	2π
P_m（W）	0	1000
$f_{\mathrm{t},m}$（MHz）	2010	2025
$f_{\mathrm{b},m}$（MHz）	1.6	7.0

将要优化的参数串联起来，形成 24 维向量，这就是优化问题的维度。进化算法维持一个群体以寻求最优解，每个个体都表示问题的可行解。每个参数在间隔 $(0,1)$ 上归一化。

（2）**适应度值设计**。适应度函数用于评估解空间（对应于个体）。适应度值的设计对优化算法的收敛性至关重要，并有望反映出所需的特性。在设计适应度函数时，主要考虑以下 4 个方面。

$p_{\mathrm{b},n}$：所有接收机的 BER 都必须满足某些要求，这是干扰的主要目标。仿真实验中，在没有损失一般性的情况下，假设接收器的 BER 大于 0.2 时满足干扰目标。只要 BER 大于 0.2，就不作任何区分，但如果 BER 小于 0.2，则应给予更多处罚。因此，对于不满足干扰目标的解决方案，线性衰减将受到极大的惩罚，具体设计为

$$\begin{aligned} L_{\mathrm{pbn}}^{i} &= \begin{cases} \dfrac{\mathrm{e}^{10}-\mathrm{e}^{1}}{0-0.2}p_{\mathrm{b},n}^{i}+\mathrm{e}^{10} & p_{\mathrm{b},n}^{i}<0.2 \\ 0 & p_{\mathrm{b},n}^{i}\geqslant 0.2 \end{cases} \\ L_{\mathrm{pbn}} &= \sum_{i} L_{\mathrm{pbn}}^{i} \end{aligned} \tag{24.11}$$

其中，i 表示第 i 个接收器。

L_{Pm}：所有发射器的功率总和应尽可能小。

$$L_{Pm}=\sum_{i} P_{m_i} \tag{24.12}$$

L_{Pm_dist}：能量的差别不应该太大。如果发射器的发射功率非常小，则对干扰效果的影响很小或没有影响。这会降低发射器集合的容错能力和干扰影响的稳健性，并浪费设置资源。

$$L_{Pm\_\mathrm{dist}}=\max_{i}\{P_{m_i}\}-\min_{j}\{P_{m_j}\} \tag{24.13}$$

L_{pbn_dist}：发射器的 BER 差异应较小。这方面的考虑与 L_{Pm_dist} 类似，希望达到统一的干扰效果。

$$L_{pbn\_\mathrm{dist}}=\max_{i}\left\{p_{\mathrm{b},n}^{i}\right\}-\min_{j}\left\{p_{\mathrm{b},n}^{j}\right\} \tag{24.14}$$

整体的适应度函数为

$$\text{Fitness} = \lambda_1 L_{pbn} + \lambda_2 L_{Pm} + \lambda_3 L_{Pm\_\text{dist}} + \lambda_4 L_{pbn\_\text{dist}} \tag{24.15}$$

其中, 超参数 λ_i（$i = 1, 2, 3, 4$）表示每一项的重要程度。

24.3 实验与分析

本节对烟花算法在电磁干扰系统中的应用进行了实验，包括超参数设定、对照算法和结果分析 3 个部分。

24.3.1 超参数设定

在实验中，假设每个接收器的 BER 大于 0.2 时达到干扰效果。参数设置为 $\lambda_1 = 1.0$、$\lambda_2 = 1.0$、$\lambda_3 = 10.0$、$\lambda_4 = 10.0$。GA 采用精英选择策略。它保证了一个或多个最优个体被保留到下一代，而其他个体采用败者淘汰锦标赛策略。个体数为 2000，被保留的精英个体数为 200。此外，突变概率设置为 0.1。对于 LoTFWA，烟花数为 10，火花数为 500，其他参数按照原文献设定。

不断重复逐代演化过程，直到达到终止条件（连续 30 次迭代没有明显进步）。每种情况下重复进行 10 组实验，获得的最佳结果被视为算法的最优解。

24.3.2 对照算法

本实验针对下面两种情形设计了基于经验的传统参数设置方法，分组干扰示意图如图 24.2所示（发射器干扰相同颜色的接收器）。

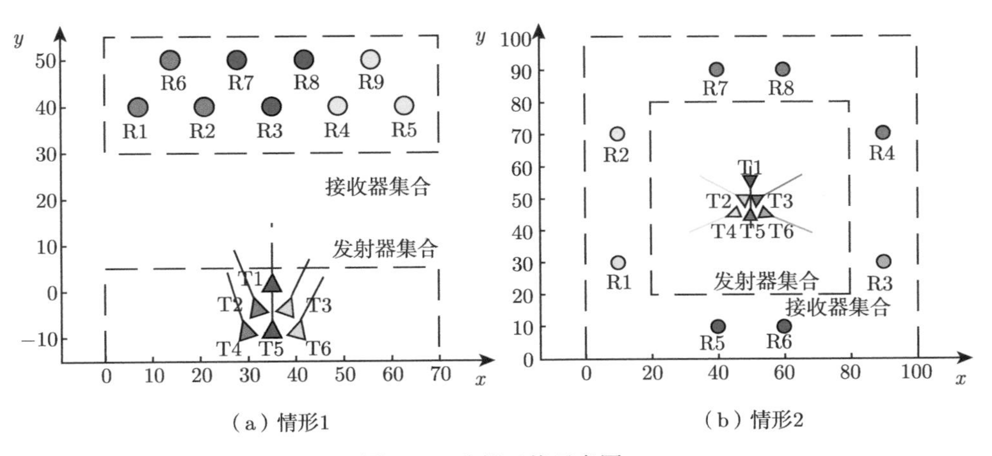

图 24.2 分组干扰示意图

情形 1 考虑到位置和波束覆盖，为了充分发挥发射器的作用，发射器和接收器分别分为 3 组，以 3 种颜色加以区分。发射器干扰相同颜色的接收机，如 T1 和 T5 干扰 R3、R7 和 R8。发射器的参数根据相应接收器的情况设置。例如，T1 和 T5 的中心频率设置在 R3、R7 和 R8 所覆盖的带宽三等分的点上，方向是 R3、R7 和 R8 的几何中心。

情形 2　由于接收器分布不均匀，R5 和 R6 根据波束覆盖范围划分为一组，并受到 T1 的干扰。T5 干扰由 R7 和 R8 组成的组。此外，其他 4 个发射器分别干扰同颜色的 4 个接收器。当一个发射器干扰两个接收器时，参数设置如下：T1 的中心频率和波束方向分别设置为频带和几何中心的中点。当一台发射器干扰一台接收器时，根据接收器的参数设置相应的发射器。

该方法中，功率是逐步统一设置的，即发射器（组）的功率在一定的步长内增加（实验中设置为 1W），直到相应的接收器（组）完全受到干扰。这种基于经验的传统参数设置方法完全忽略了发射器（组）和接收器（组）之间不受前者干扰的相互作用，可能会浪费大量资源。此外，这种方法需要问题案例的先验知识，并且需要几何设计和手动干预，因此很难在更复杂的案例中扩展和应用。

24.3.3　结果分析

本小节重点对算法收敛情况对比、干扰作用、大规模干扰实验这 3 个方面的实验结果进行分析。

1. 算法收敛情况对比

图 24.3展示了两种优化算法的收敛性比较。其中，横轴表示使用该算法评估解决方案的次数，纵轴表示最佳适应度值。此外，虚线表示由基于组间干扰的基线算法（Baseline）计算的与参数设置相对应的适应度值。图 24.4所示为优化结束时的适应度值箱线图。横轴表示不同的场景和算法，而纵轴表示每个实验中算法的平均最佳适应度值和误差条。可以看出，这两种算法最终在可接受的适应度范围内收敛，表明它们能够对所有接收器实现干扰效应，且与基线算法相比能够更好地搜索解空间。从这些算法的优化过程来看，GA 的响应时间明显优于 LoTFWA，这与个体的编码形式有关。如前所述，每个发射器的参数被组合为一个长向量，而 GA 直接采用了一种交叉操作。这有利于群体中的信息交换，从而能够更快地搜索可行的解决方案。然而，GA 中的早熟现象很快出现，因此其最终优化结果不如使用 LoTFWA 产生的结果好。LoTFWA 具有很强的局部搜索能力，保持了较高的多样性，从而有效地避免了早熟的发生。此外，LoTFWA 能够不断地搜索最优解，多次运算后的结果比 GA 更好、更稳定。最关键是，LoTFWA 的败者淘汰锦标赛策略可以提高算法找到全局最优解的概率。

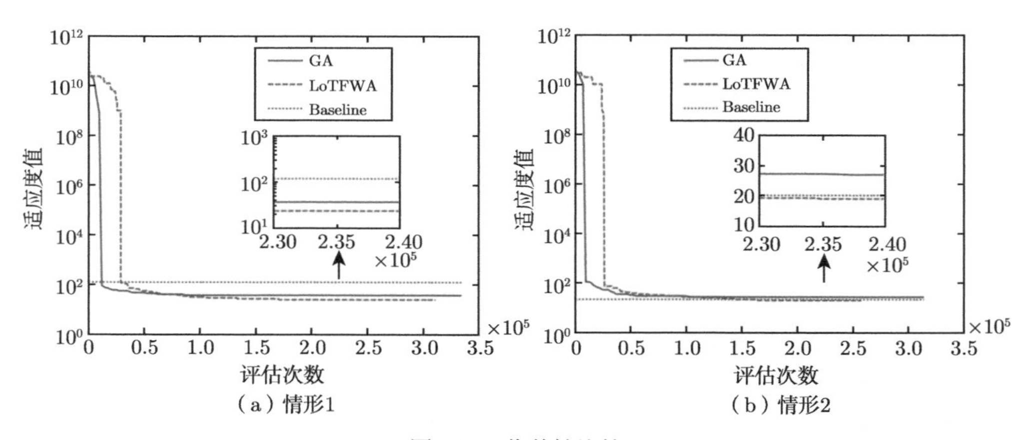

（a）情形1　（b）情形2

图 24.3　收敛性比较

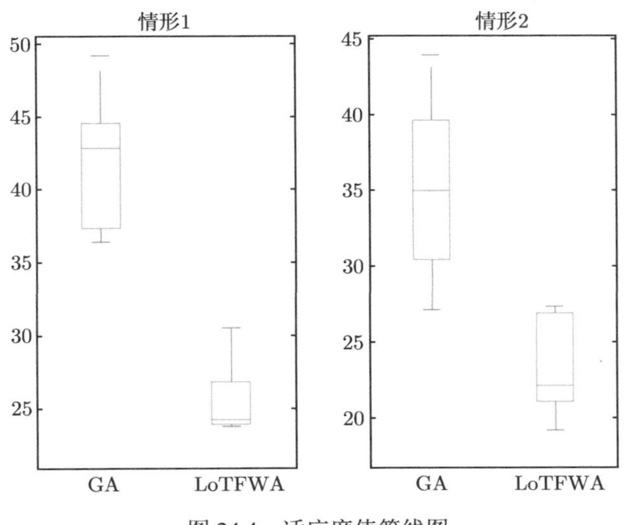

图 24.4 适应度值箱线图

2. 干扰作用

图 24.5展示了对接收器组的干扰影响的比较。其中，横轴表示接收器数，而纵轴表示接收器的相应 BER 值。可以看出，在两种情形下，GA 和 LoTFWA 的优化结果会干扰所有接收器。此外，接收器的 BER 值是近似值，这符合设计适应度函数时的考虑。在情形 1 中，基于经验（Baseline）设置参数时，算法的 BER 通常较高。原因是：在组间干扰的过程中，由于接收器分布在发射器的一侧，发射器可能会干扰其他组中的接收器，因此这种循环功率调整中使用的 while 环路浪费了大量能量。GA 优化结果的 BER 通常高于 LoTFWA 的 BER。这是因为 GA 首先在参数空间中以较大的幂次搜索可行解，而其局部搜索能力并不优于 LoTFWA，导致 BER 较大。

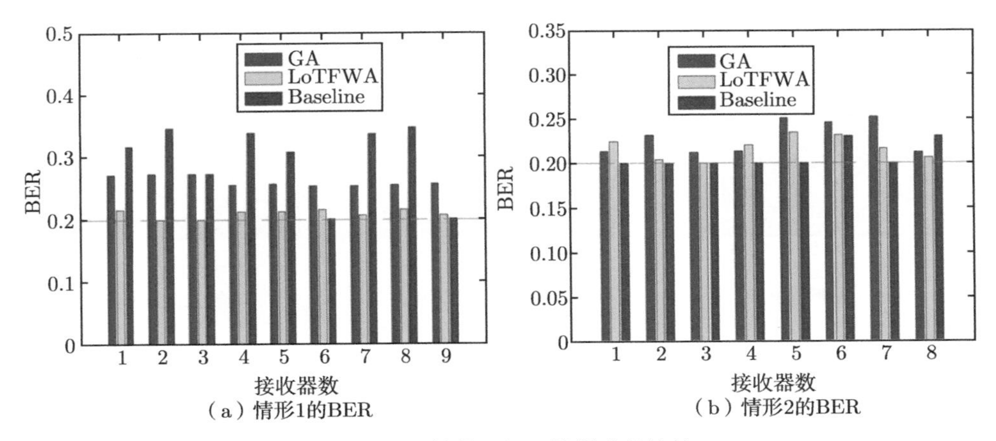

（a）情形1的BER （b）情形2的BER

图 24.5 对接收器组干扰影响的比较

表 24.4展示了不同情况下优化结果中发射器功率的比较，由表可见，使用 GA 获得的最优解的总传输功率更大，而使用 LoTFWA 获得的结果展示出更好的节能效果。虽然情形 2 中 Baseline

的总传输功率较低，但该算法具有较高的功率极端偏差，需要借助几何设计和人工干预来使用，因此很难在复杂案例中推广和应用。

表 24.4　发射器功率的比较

情形	算法	总传输功率（W）	功率极端偏差（W）
情形 1	Baseline	4149.00	660.00
	GA	3606.29	0.99
	LoTFWA	2359.17	0.01
情形 2	Baseline	1324.00	65.00
	GA	2664.33	0.39
	LoTFWA	1878.16	0.01

ISR 表示进入接收器的干扰信号功率与通信信号功率之比的对数。它反映了每个发射器对每个接收器的干扰影响。经验表明，当 ISR$\in[10,15]$dB 时，相应的发射器会对接收器产生强烈干扰。

图 24.6展示了 ISR 映射的情况：每个接收器都受到至少一个发射器的强干扰影响。特别是在情形 1 中，发射器对多个接收器有很强的干扰影响。如果发射器由于某些故障而无法工作，干扰也可以保持到最大限度，这反映了群体智能优化算法的冗余性和稳健性。在情形 2 中，由于接收器在发射器周围的分散分布和天线方向角的限制，单个发射器很难在不太强烈的干扰效应下同时向多个接收器施加强干扰。

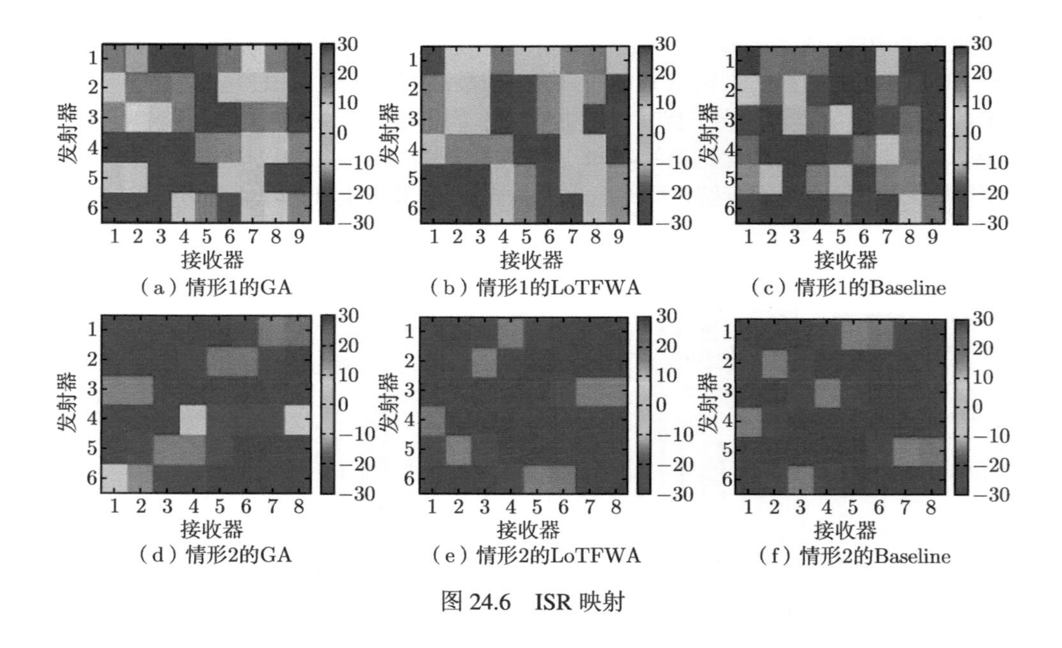

（a）情形1的GA　（b）情形1的LoTFWA　（c）情形1的Baseline

（d）情形2的GA　（e）情形2的LoTFWA　（f）情形2的Baseline

图 24.6　ISR 映射

3. 大规模干扰实验

为了验证群体智能优化算法在大规模辐射干扰场景中的效果，下面在两种场景（中央布局和分布式布局）中进行广泛的验证实验。将发射器和接收器的数量调整为 21:20，仍然使用 GA 和 LoTFWA 进行参数优化。要优化的参数是 84 维，这是一个高维优化问题。

图 24.7所示为干扰任务的示意图。图 24.8所示为算法的收敛性比较。图 24.9所示为发射器到接收器的 ISR 映射。

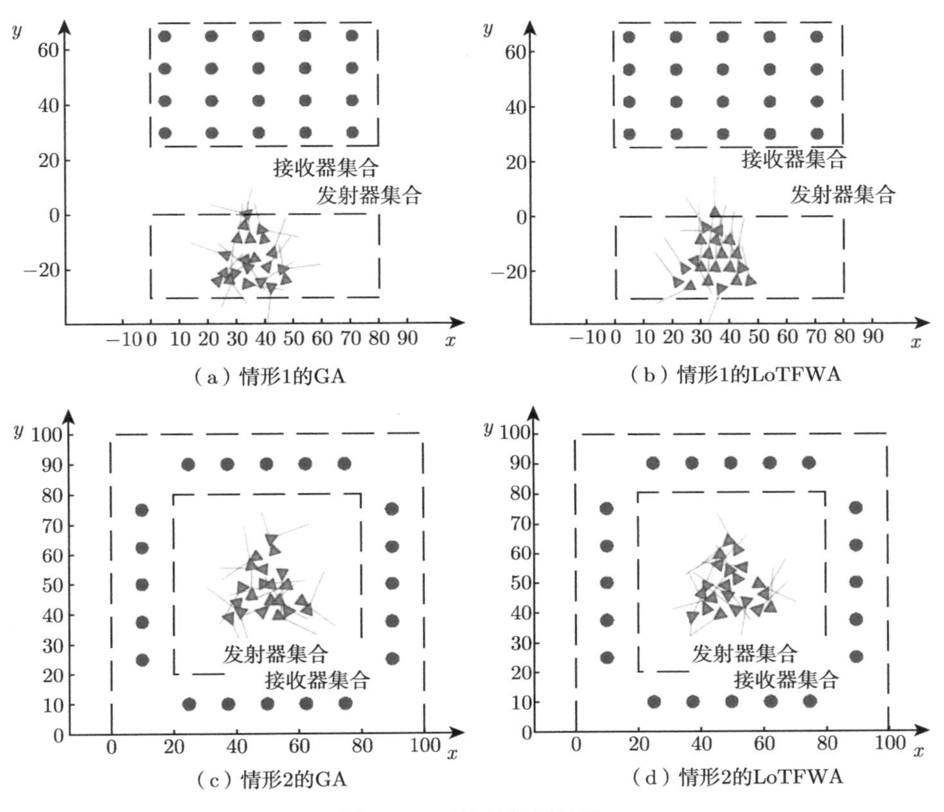

(a) 情形1的GA (b) 情形1的LoTFWA

(c) 情形2的GA (d) 情形2的LoTFWA

图 24.7 干扰任务示意图

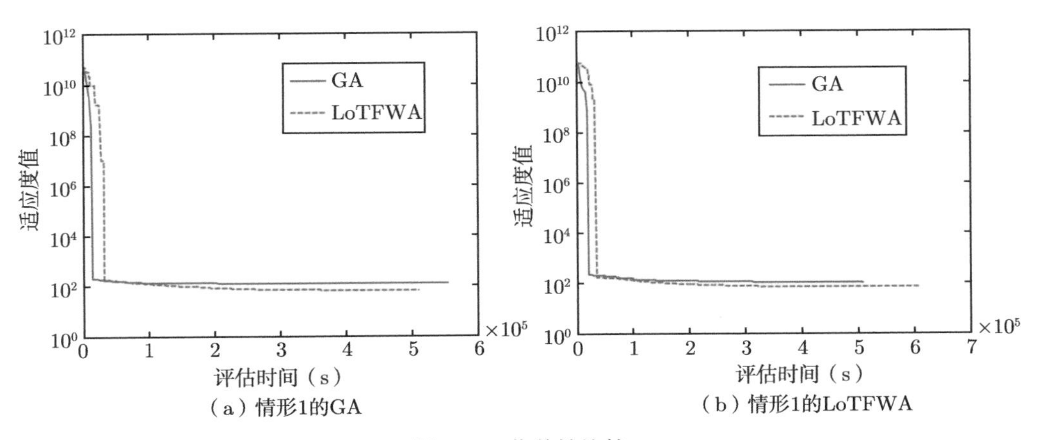

(a) 情形1的GA (b) 情形1的LoTFWA

图 24.8 收敛性比较

在大规模干扰任务场景下，基于经验的手动参数设置方法将非常复杂和烦琐，而进化算法可以根据适应度值组成的反馈来调整自动学习参数。从图 24.8可以看出，LoTFWA 的响应时间不如 GA，但它收敛到了更好的解决方案，这与之前的结论一致。从图 24.9中发射器组对接收器的干扰影响来看，当问题的规模增大时，通过优化算法获得的解决方案具有一些冗余性（一些发射器不会对任何接收器施加任何有效干扰）。发射器的综合作用使我们能够在不需要更多发射器的情况下完成所有任务。然而，从另一个角度来看，保持一定的冗余有利于系统的稳健性。表 24.5列出了优化结果中无效发射器的数量。不难看出，LoTFWA 更加冗余，即每个发射器可以尽可能多地干扰多个接收器。当遇到意外情况时（例如，某些发射器突然出现故障），该特性将有利于整个干扰系统。

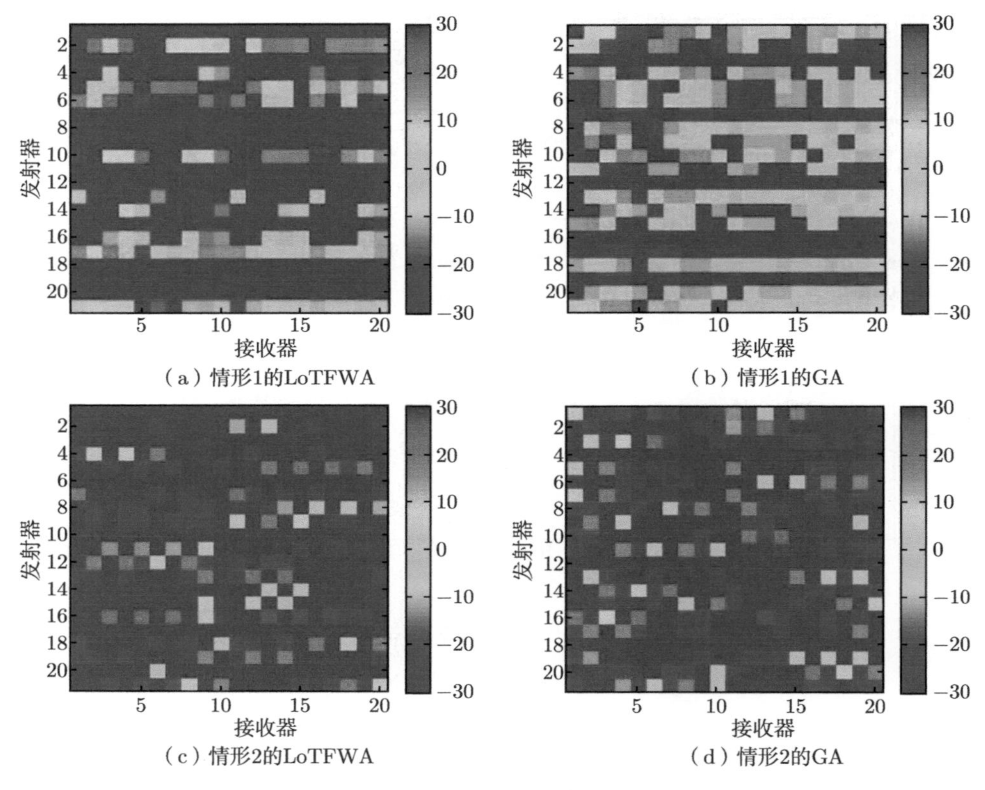

（a）情形1的LoTFWA　（b）情形1的GA

（c）情形2的LoTFWA　（d）情形2的GA

图 24.9　ISR 映射

表 24.5　无效发射器的数量

算法	情形 1	情形 2
GA	14	7
LoTFWA	3	3

24.4　小结

尽管电子设备电磁干扰的研究备受关注，但对于多源、多目标和多域（M-SOD）干扰系统参数设置的固有问题，在实践中仍然没有研究。本章针对复杂电磁环境中干扰参数的设置问题，建立了一个包含多个发射器和接收器的 **M-SOD** 干扰系统模型，该模型涉及位置、空域方向、频率、带宽和功率等多个参数。在优化计算中，模型被抽象为带约束的单目标优化问题。由于涉及的参数较多，传统算法无法获得更好的效果，因此本章采用群体智能优化算法解决了这个问题。

为了验证模型和算法的有效性，本章用群体智能优化算法与传统算法进行了对比实验，证明了群体智能优化算法在解决此类干扰问题上的有效性。此外，可以在发射器参数的可行区域内找到满足干扰效应的参数设置，并且不需要显式的优化函数表达式。对比实验表明，本章介绍的群体智能优化算法优于基于经验设计的传统算法，可以获得最优解，并降低能耗，是优化发射器参数设置的有效方法。

第 25 章　烟花算法在微电网优化中的应用

能源是人类社会组织生产的重要物质基础，能源安全也与国家安全紧密相关。随着化石能源勘探开发的难度不断上升、环境保护的压力日益增大，世界各国正在加速推动能源结构的低碳化转型，逐步提高非化石能源在能源消费中的比例。然而，很多非化石能源的稳定性欠佳，直接将其注入电力系统，有可能造成电压与频率的剧烈波动。此外，当前的用电负荷同样日趋复杂，这些都要求电力系统具有较强的承载力与灵活性。在这种背景下，分布式发电与微电网（Microgrid，MG）技术应运而生。微电网的调度优化是关乎微电网运行效益与安全的核心问题，近年来受到了研究人员的密切关注。

25.1　微电网优化简介

分布式发电通常指将相对小型的发电设备就近分散布置在负荷附近的发电方式，其中的电源被称作分布式能源。微电网则是各分布式能源与负荷与控制装置相结合所构成的、有明确边界的可控微型电力系统的统称。微电网通常作为一个相对独立的单元通过公共连接点接入主电网（简称主网）。

与传统的大电网集中式发电相比，微电网具有如下 3 点优势。第一，非化石能源消纳能力强。除新能源发电设备外，微电网一般还会引入燃气轮机等火电设备，以及钠硫电池等分布式储能设备，通过控制装置对上述设备的调度，微电网能够平抑频率与电压的波动，提高非化石能源对主网的供电质量。第二，经济成本较低。微电网的发电设备与负荷距离较近，不需要远距离输电，线路损耗相对小，降低了经济成本并提升了能源利用效率，在人口密度较低且非化石能源丰富的西北地区有广泛的应用场景。微电网参与电力市场交易也有助于改善微电网与主网双方的经济收益。第三，应急能力较强。与传统的集中式发电相比，微电网相对主网独立的特点使其具备良好的应急能力与事故恢复能力，对于医院、军事基地、工业园区等重要用户有着重要意义。

不难看出，微电网对非化石能源的优秀消纳能力源自其对于内部各单元的有效控制。具体而言，微电网的调度优化是指在满足微电网内部负荷功率需求的前提下对电力系统内部的燃气轮机、光伏阵列、储能设备等可控分布式能源设备进行调度，并根据实时电价与主网进行功率交互，以实现经济效益与环境效益的最大化。该问题本质上是一个具有非线性约束的、非凸的复杂优化问题，且随着微电网规模的增大，问题的维度也会快速增多。针对这个问题，Li 等人尝试使用具有较强全局优化能力与较高计算效率的烟花算法予以解决，并取得了一定的成果。以这项研究为例，本章详细介绍烟花算法在该问题上的应用。

25.2　微电网调度优化数学模型

本节侧重于微电网在并网运行模式下的调度，构建并网运行模式下的微电网日前动态经济调度优化模型。模型中的微电网主要由分布式能源与负载构成，其中分布式能源又分为分布式发电（Distributed Generation，DG）设备与分布式储能（Distributed Energy Storage，DES）设备。

分布式发电设备包括光伏阵列（Photovoltaic System，PV）、风力发电机（Wind Turbine，WT）与微型燃气轮机（Micro Turbine，MT），分布式储能设备为钠硫电池。并网运行模式下，如果各分布式能源发电设备的功率输出能够满足微电网自身的负荷需求，可将多余电力输出至主网，反之也可从主网购入电力以弥补自身的能量缺口。

微电网的动态经济调度优化模型通常可以视作一个动态系统，假定以储能设备的荷电量（State of Charge，SoC）作为系统状态变量，那么模型可以表述为动态方程：

$$\mathrm{SoC}_{t+1} = \mathrm{SoC}_t + \sum_{i=1}^{N} P_t^{(i)} + P_{g,t} \quad t = 0, 1, \cdots, T-1 \tag{25.1}$$

其中，N 是分布式能源发电设备的数量，P_g 是微电网与主网交互的功率。本章实现的是微电网的日前小时级调度，故时间周期 T 设定为 24 小时。

25.2.1 微电网日前经济调度优化的目标函数

调度的总体目标是通过对各可控单元与功率交互的调度在降低经济成本的同时减少污染排放，以实现经济效益与环境效益的最大化。这里以函数聚合的方法为例，暂且将经济效益与环境效益两个子目标函数加和为一个总成本函数：

$$\min f = f_{\mathrm{eco}} + f_{\mathrm{env}} \tag{25.2a}$$

$$f_{\mathrm{eco}} = \sum_{t=0}^{T-1} \left(\sum_{i=1}^{N_{\mathrm{W}}} C_{\mathrm{W}}(P_{\mathrm{W},t}^{(i)}) + \sum_{i=1}^{N_{\mathrm{P}}} C_{\mathrm{P}}(P_{\mathrm{P},t}^{(i)}) + \sum_{i=1}^{N_{\mathrm{M}}} C_{\mathrm{M}}(P_{\mathrm{M},t}^{(i)}) + \sum_{i=1}^{N_{\mathrm{S}}} C_{\mathrm{S}}(P_{\mathrm{S},t}^{(i)}) + C_{\mathrm{G}}(P_{\mathrm{G},t}) \right) \tag{25.2b}$$

$$f_{\mathrm{env}} = \sum_{t=0}^{T-1} \left(\sum_{i=1}^{N_{\mathrm{M}}} E_{\mathrm{M}}(P_{\mathrm{M},t}^{(i)}) + E_{\mathrm{G}}(P_{\mathrm{G},t}) \right) \tag{25.2c}$$

其中，f_{eco} 与 f_{env} 分别为经济成本函数与环境成本函数；C_{W}、C_{P}、C_{M} 与 C_{S} 分别为风机、光伏阵列、燃气轮机与储能设备的运行成本，均以相应单元的功率为自变量；N 与 P 代表相关单元的数量与功率；C_{G} 为与主网进行功率交互的成本；E_{M} 与 E_{G} 分别为燃气轮机与功率交互的所需的环境补偿费用。

1. 风力发电机成本函数

风电是技术最成熟的非化石能源之一，且基本不产生污染物。我国西北、华北与东北等“三北”地区有着丰富的风力资源，可建设大量的风电场。特别是对于偏远地区，采用集中式发电的投入回报比较低，构建含有风电的微电网是解决当地能源问题的可行之策。风力发电机的维护成本可以近似为实际功率的线性函数：

$$C_{\mathrm{W}} = \alpha_{\mathrm{W}} P_{\mathrm{W}} \tag{25.3}$$

其中，α_{W} 为风力发电机的维护成本系数。

2. 光伏阵列成本函数

与风电相比，光伏发电对自然条件的要求更低，有着更加广阔的应用场景。光伏阵列的维护成本同样可以抽象为实际功率的线性函数：

$$C_{\mathrm{P}} = \alpha_{\mathrm{P}} P_{\mathrm{P}} \tag{25.4}$$

其中，α_{P} 为光伏阵列的维护成本系数。

3. 微型燃气轮机成本函数

微型燃气轮机具有稳定可控的优点，能够缓解由非化石能源不稳定造成的短期电力不足，因此是微电网的必要单元。微型燃气轮机的运行成本主要包括燃料成本与维护成本两部分：

$$C_{\mathrm{M}} = C_{\mathrm{mt}} + C_{\mathrm{f}} \tag{25.5a}$$

$$C_{\mathrm{mt}} = \alpha_{\mathrm{M}} P_{\mathrm{M}} \tag{25.5b}$$

$$C_{\mathrm{f}} = \alpha_{\mathrm{f}} P_{\mathrm{M}} \tag{25.5c}$$

其中，C_{mt} 是微型燃气轮机的维护成本，C_{f} 是燃料成本，α_{M}、α_{f} 均是由微型燃气轮机型号决定的参数。

4. 储能设备成本函数

储能设备可根据功率盈余情况与实时电价决定自身充电还是放电，从而有效地缓解发电设备与负荷功率波造成的负面影响，并降低电网的运行成本。储能设备的维护成本同样可以表示为充放电功率的线性函数：

$$C_{\mathrm{S}} = \alpha_{\mathrm{S}} |P_{\mathrm{S}}| \tag{25.6}$$

其中，α_{S} 为储能设备的维护成本系数，P_{S} 是储能设备的充放电功率。为了便于计算，设充电时功率为负数，放电时功率为正数。

5. 功率交互成本函数

微电网通常有“孤岛”与“并网”两种运行模式。在并网运行模式下，微电网能够与主网进行功率交互：如果微电网中的分布式能源无法满足负荷需求，微电网可以从主网购入电力；反之，如果微电网存在功率盈余，那么可以根据实施电价决定将多余的电力存储至储能设备或售出至主网。因此，功率交互的成本函数可以表示为

$$C_{\mathrm{G}} = \begin{cases} p_{\mathrm{b}} P_{\mathrm{G}} & P_{\mathrm{G}} \geqslant 0 \\ p_{\mathrm{s}} P_{\mathrm{G}} & P_{\mathrm{G}} < 0 \end{cases} \tag{25.7}$$

其中，p_{b} 与 p_{s} 分别为购电价格与售电价格，P_{G} 为交互功率。当微电网从主网购入电力时，P_{G} 设定为负数，反之设定为正数。

6. 环境成本函数

微型燃气轮机等火力发电设备会产生污染性气体，其中硫化物与氮化物会对环境造成较大的负面影响，因此需要一定的环境补偿费用，用于污染物的防治与处理。此外，当前火电仍在

集中式发电中占据相当高的比例，因此从主网购入电力同样需要支付环境补偿费用。微型燃气轮机的环境补偿费用可表示为

$$E_{\mathrm{M}} = \alpha_{\mathrm{n}}\beta_{\mathrm{n}}^{\mathrm{M}}P_{\mathrm{M}} + \alpha_{\mathrm{s}}\beta_{\mathrm{s}}^{\mathrm{M}}P_{\mathrm{M}} \tag{25.8}$$

其中，α_{n} 与 α_{s} 分别是氮化物与硫化物的单位补偿费用，$\beta_{\mathrm{n}}^{\mathrm{M}}$ 与 $\beta_{\mathrm{s}}^{\mathrm{M}}$ 则分别是氮化物与硫化物的排放系数。

主网的环境补偿费用与式 (25.8) 相似：

$$E_{\mathrm{G}} = \begin{cases} \alpha_{\mathrm{n}}\beta_{\mathrm{n}}^{\mathrm{G}}P_{\mathrm{G}} + \alpha_{\mathrm{S}}\beta_{\mathrm{s}}^{\mathrm{G}}P_{\mathrm{G}} & P_{\mathrm{G}} > 0 \\ 0 & P_{\mathrm{G}} \leqslant 0 \end{cases} \tag{25.9}$$

其中，$\beta_{\mathrm{n}}^{\mathrm{G}}$ 与 $\beta_{\mathrm{s}}^{\mathrm{G}}$ 分别是主网的氮化物与硫化物排放系数。

25.2.2 微电网日前经济调度优化的约束条件

为了保证微电网运行的稳定与安全，通常会为微电网整体及其中的各单元设置一定的约束。约束可以分为等式约束与不等式约束，其中等式约束表示功率平衡，不等式约束主要是各分布式发电设备与分布式储能设备的功率限制。

1. 微电网系统的功率平衡

微电网在每个时段都必须保持功率总供给与总需求的平衡：

$$P_{\mathrm{L}}(t) = P_{\mathrm{W}}(t) + P_{\mathrm{P}}(t) + P_{\mathrm{M}}(t) + P_{\mathrm{E}}(t) + P_{\mathrm{G}}(t) \tag{25.10}$$

其中，P_{L} 表示微电网中所有负荷的功率之和。

2. 分布式发电设备的约束条件

$$P_{\mathrm{W}}^{\min} \leqslant P_{\mathrm{W}}(t) \leqslant P_{\mathrm{W}}^{\max} \tag{25.11}$$

$$P_{\mathrm{P}}^{\min} \leqslant P_{\mathrm{P}}(t) \leqslant P_{\mathrm{P}}^{\max} \tag{25.12}$$

$$P_{\mathrm{M}}^{\min} \leqslant P_{\mathrm{M}}(t) \leqslant P_{\mathrm{M}}^{\max} \tag{25.13}$$

$$P_{\mathrm{M}}(t) - P_{\mathrm{M}}(t-1) \leqslant R_{\mathrm{up}} \tag{25.14}$$

$$P_{\mathrm{M}}(t) - P_{\mathrm{M}}(t-1) \geqslant R_{\mathrm{down}} \tag{25.15}$$

其中，$P_{\mathrm{W}}^{\min}$、$P_{\mathrm{P}}^{\min}$、$P_{\mathrm{M}}^{\min}$、$P_{\mathrm{W}}^{\max}$、$P_{\mathrm{P}}^{\max}$ 与 $P_{\mathrm{M}}^{\max}$ 分别是风力发电机、光伏阵列与微型燃气轮机的最小输出功率与最大输出功率，R_{up} 与 R_{down} 是对微型燃气轮机爬坡功率的限制。

3. 分布式储能设备的约束条件

储能设备的电量与功率均存在着一定的限制，其中电量通常使用储能设备的荷电量进行描述。荷电量定义为剩余电量与额定容量的比值：

$$\mathrm{SoC} = \frac{Q_0 - \displaystyle\int_0^t I(t)\mathrm{d}t}{Q_{\mathrm{m}}} \tag{25.16}$$

其中，Q_0 为储能设备的初始电量，Q_{m} 为额定容量。

以此为基础，储能设备的约束定义如下：

$$\begin{cases} \mathrm{SoC}(t+1)=\mathrm{SoC}(t)+\dfrac{\eta_{\mathrm{in}}P_{\mathrm{S}}(t)}{Q_{\mathrm{m}}} \\ P_{\mathrm{in}}^{\min}\leqslant P_{\mathrm{S}}(t)\leqslant P_{\mathrm{in}}^{\max} \\ \mathrm{SoC}_{\min}\leqslant \mathrm{SoC}(t)\leqslant \mathrm{SoC}_{\max} \end{cases} \quad P_{\mathrm{S}}(t)<0 \tag{25.17}$$

$$\begin{cases} \mathrm{SoC}(t+1)=\mathrm{SoC}(t)+\dfrac{\eta_{\mathrm{out}}P_{\mathrm{S}}(t)}{Q_{\mathrm{m}}} \\ P_{\mathrm{out}}^{\min}\leqslant P_{\mathrm{S}}(t)\leqslant P_{\mathrm{out}}^{\max} \\ \mathrm{SoC}_{\min}\leqslant \mathrm{SoC}(t)\leqslant \mathrm{SoC}_{\max} \end{cases} \quad P_{\mathrm{S}}(t)\geqslant 0 \tag{25.18}$$

其中，η_{in} 与 η_{out} 分别是储能设备的充电效率与放电效率，$P_{\mathrm{in}}^{\min}$、$P_{\mathrm{in}}^{\max}$、$P_{\mathrm{out}}^{\min}$ 与 $P_{\mathrm{out}}^{\max}$ 是对充放电的功率限制，$\mathrm{SoC}_{\min}$ 与 $\mathrm{SoC}_{\max}$ 是对荷电量的限制。

25.2.3　基于函数聚合的微电网日前动态调度优化

参考本章给出的数学模型不难发现，微电网的动态调度优化本质上是一个多目标优化问题。多目标优化问题有两类常见的解决思路：一类是基于函数聚合的方法，将多个目标函数以人为设定的权重加和转化为一个目标函数，进而使用单目标优化算法求解；另一类是基于帕累托支配的方法，即传统意义上的严格的多目标优化方法。前者计算效率相对较高，但是每次求解仅能给出一个解，且通常需要决策者有明确的偏好，各个目标函数的权重明确已知。后者虽然需要耗费较多的计算资源，但能够一次性给出多种决策方案。本小节介绍前一种方法。

1. *仿真参数设置*

实验数据源自 IEEE 电力与能源协会发布的公开数据集[227]，包含有采集自实际场景的分钟级功率记录，其中各分布式能源设备与负荷的功率大小同工业场景有一定区别，但功率曲线变化趋势基本保持一致。仿真实验所用微电网模型包括 4 台微型燃气轮机（用 MT 表示）、100 台风力发电机（用 WT 表示）、1 个由 800 块光伏模组构成的光伏阵列（用 PV 表示）与 2 台储能设备（用 ES 表示）。各分布式能源设备的参数设置见表 25.1和表 25.2。与主网功率交互的实时电价见表 25.3。

表 25.1　微电网中各分布式发电设备的参数

单元	最小输出（kW）	最大输出（kW）	最小爬坡功率（kW）	最大爬坡功率（kW）	维护成本系数[元/（kW·h）]
WT	0	50.0	—	—	0.12
PV	0	80.0	—	—	0.02
MT1	0	35.0	15.0	−15.0	0.03
MT2	0	35.0	15.0	−15.0	0.02
MT3	0	35.0	15.0	−15.0	0.04
MT4	0	35.0	15.0	−15.0	0.01

表 25.2 微电网各分布式储能设备的参数

单元	额定容量（kW·h）	最小荷电量（%）	最大荷电量（%）	最大放电功率（kW）	最大充电功率（kW）	维护成本系数[元/（kW·h）]
ES1	30.0	0.1	0.1	10.0	−5.0	0
ES2	30.0	0.1	0.1	10.0	−5.0	0

表 25.3 实时电价

时段	时间	购电价格（元）	售电价格（元）
峰时段	11:00—15:00、19:00—21:00	0.83	0.65
平时段	8:00—10:00、16:00—18:00、22:00—23:00	0.49	0.38
谷时段	0:00—7:00	0.17	0.13

这里采用动量烟花算法（Fireworks Algorithm with Momentum，FWAM）对问题进行求解，通过网格搜索寻优，FWAM 的动量参数 γ 设为 0.9，差值参数 η 设为 0.6，FWAM 与 GFWA 的子群体比例 σ 设为 0.3，烟花数设为 5，各群体火花数设为 60。为了增强仿真实验结果的可靠性，选取 6 月 1 日至 6 月 30 日（总计 30 天）的功率数据依次进行实验，实验重复 30 次，最大评估次数设定为 100000 次。

2. 解的编码方式

调度的目标是通过对各可控单元未来一天的功率输出进行调整，以实现微电网总成本最小化，因此本小节仿真实验的决策变量为 144（6×24）维，即 4 台微型燃气轮机与 2 台储能设备的功率在未来 24 小时的功率数值。微电网与主网的功率交互数值由功率平衡的等式约束确定。

3. 仿真结果与分析

仿真实验的结果见表 25.4，FWAM 成本均值的平均排名为 1.57，优于 CMA-ES 的 1.77，并显著优于其他算法。标准偏差的平均排名为 1.83，优于其他算法，说明烟花算法能够稳定地生成综合成本较低的调度方案。

下面以 6 月 1 日的调度方案为例，进一步分析调度优化的内在逻辑。各单元的计划功率输出及成本构成如图 25.1所示（图中，grid 表示从主网购入的电力，load 表示负荷）。1:00—8:00 期间，受气象条件制约，光伏阵列与风力发电机的功率输出较小，无法满足负荷的需求。此时电价较低，从主网购入电力的成本低于使用微型燃气轮机发电的成本，故优先选择从主网购电。9:00—13:00 期间，随着电价与负荷需求的不断上涨，微型燃气轮机的输出功率逐步增大，如果微电网产生功率盈余，则会将多余电力出售至主网。当光伏阵列与风力发电机的出力能够覆盖负荷需求时，微型燃气轮机的功率将相应减小以降低环境补偿成本。16:00—24:00 期间，各单元的出力调整遵循与白天相同的逻辑。储能设备倾向在负荷需求较小时充电，并在用电高峰期放出电力以减小各单元出力的波动。此外，尽管各微型燃气轮机的成本系数有所区别，但在 FWAM 的调度下，它们的最终成本基本维持在相同水平，说明 FWAM 能够选用更加节能环保的微型燃气轮机以降低总成本。

表 25.4　微电网单日运行总成本对比

日期	FWAM		GFWA		FWASSP		PSO		CMA-ES	
	均值	标准偏差	均值	标准偏差	均值	标准偏差	均值	标准偏差	均值	标准偏差
6 月 1 日	$\mathbf{3.41\times10^{2}}$	3.46×10^{0}	3.84×10^{2}	1.56×10^{1}	4.29×10^{2}	9.67×10^{0}	4.21×10^{2}	1.48×10^{1}	3.87×10^{2}	1.26×10^{0}
6 月 2 日	$\mathbf{1.44\times10^{2}}$	9.01×10^{0}	1.66×10^{2}	1.05×10^{1}	2.14×10^{2}	1.90×10^{1}	1.74×10^{2}	3.76×10^{0}	1.50×10^{2}	7.07×10^{0}
6 月 3 日	$\mathbf{-2.16\times10^{2}}$	3.26×10^{0}	-2.08×10^{2}	7.35×10^{0}	-1.75×10^{2}	7.60×10^{0}	-1.68×10^{2}	1.64×10^{1}	-2.12×10^{2}	2.22×10^{1}
6 月 4 日	5.32×10^{2}	1.04×10^{1}	5.46×10^{2}	8.43×10^{0}	5.64×10^{2}	2.81×10^{1}	5.64×10^{2}	1.34×10^{1}	$\mathbf{5.28\times10^{2}}$	3.81×10^{0}
6 月 5 日	$\mathbf{2.27\times10^{2}}$	6.36×10^{0}	2.53×10^{2}	1.23×10^{1}	3.05×10^{2}	2.49×10^{1}	3.18×10^{2}	9.54×10^{0}	2.52×10^{2}	6.19×10^{0}
6 月 6 日	$\mathbf{5.05\times10^{2}}$	8.79×10^{0}	5.14×10^{2}	8.76×10^{0}	5.62×10^{2}	1.69×10^{1}	5.85×10^{2}	5.64×10^{0}	5.07×10^{2}	1.09×10^{1}
6 月 7 日	2.60×10^{2}	6.17×10^{0}	2.61×10^{2}	5.02×10^{0}	3.40×10^{2}	3.25×10^{1}	3.30×10^{2}	1.28×10^{1}	$\mathbf{2.56\times10^{2}}$	5.20×10^{0}
6 月 8 日	$\mathbf{4.80\times10^{2}}$	3.44×10^{0}	5.01×10^{2}	1.32×10^{1}	5.16×10^{2}	2.02×10^{1}	5.28×10^{2}	2.50×10^{1}	4.88×10^{2}	1.30×10^{1}
6 月 9 日	6.17×10^{2}	8.51×10^{0}	6.23×10^{2}	1.03×10^{1}	6.43×10^{2}	1.61×10^{1}	6.64×10^{2}	1.65×10^{1}	$\mathbf{6.16\times10^{2}}$	6.03×10^{0}
6 月 10 日	3.95×10^{2}	7.38×10^{0}	$\mathbf{3.93\times10^{2}}$	4.15×10^{0}	4.63×10^{2}	3.56×10^{1}	4.37×10^{2}	1.37×10^{1}	4.03×10^{2}	1.42×10^{1}
6 月 11 日	8.21×10^{2}	1.90×10^{0}	8.24×10^{2}	7.87×10^{0}	8.29×10^{2}	7.31×10^{0}	8.34×10^{2}	1.63×10^{1}	$\mathbf{8.08\times10^{2}}$	1.14×10^{1}
6 月 12 日	$\mathbf{-4.88\times10^{1}}$	5.32×10^{0}	-4.75×10^{1}	6.38×10^{0}	3.15×10^{1}	3.29×10^{1}	1.01×10^{0}	1.47×10^{1}	-4.45×10^{1}	6.59×10^{0}
6 月 13 日	6.49×10^{2}	6.63×10^{0}	6.58×10^{2}	5.34×10^{0}	6.89×10^{2}	1.46×10^{1}	6.86×10^{2}	7.86×10^{0}	$\mathbf{6.37\times10^{2}}$	1.60×10^{0}
6 月 14 日	$\mathbf{6.04\times10^{2}}$	9.69×10^{0}	6.15×10^{2}	7.59×10^{0}	6.60×10^{2}	2.64×10^{1}	6.45×10^{2}	1.16×10^{1}	6.15×10^{2}	1.85×10^{0}
6 月 15 日	4.30×10^{2}	7.84×10^{0}	4.35×10^{2}	1.43×10^{1}	4.59×10^{2}	2.39×10^{1}	4.87×10^{2}	1.61×10^{1}	$\mathbf{4.26\times10^{2}}$	8.33×10^{0}
6 月 16 日	7.32×10^{2}	4.94×10^{0}	7.49×10^{2}	5.81×10^{0}	7.82×10^{2}	5.53×10^{0}	7.58×10^{2}	1.21×10^{1}	$\mathbf{7.26\times10^{2}}$	1.00×10^{1}
6 月 17 日	$\mathbf{6.66\times10^{2}}$	8.11×10^{0}	6.81×10^{2}	1.15×10^{1}	7.03×10^{2}	1.36×10^{1}	7.14×10^{2}	1.68×10^{1}	6.68×10^{2}	5.36×10^{0}
6 月 18 日	$\mathbf{3.43\times10^{2}}$	3.90×10^{0}	3.67×10^{2}	9.25×10^{0}	4.00×10^{2}	3.20×10^{1}	4.10×10^{2}	2.06×10^{1}	3.61×10^{2}	1.06×10^{1}
6 月 19 日	$\mathbf{2.89\times10^{2}}$	3.90×10^{0}	3.15×10^{2}	9.42×10^{0}	3.71×10^{2}	1.59×10^{1}	3.78×10^{2}	2.10×10^{1}	2.91×10^{2}	5.56×10^{0}
6 月 20 日	3.97×10^{2}	5.04×10^{0}	3.98×10^{2}	7.06×10^{0}	4.46×10^{2}	8.13×10^{0}	4.59×10^{2}	4.91×10^{0}	$\mathbf{3.85\times10^{2}}$	4.31×10^{0}
6 月 21 日	-6.97×10^{2}	2.06×10^{0}	-6.95×10^{2}	9.17×10^{0}	-6.39×10^{2}	2.95×10^{1}	-6.30×10^{2}	1.35×10^{1}	$\mathbf{-7.02\times10^{2}}$	5.31×10^{0}
6 月 22 日	$\mathbf{-1.09\times10^{2}}$	9.29×10^{0}	-1.03×10^{2}	1.12×10^{1}	-6.35×10^{1}	1.70×10^{1}	-4.20×10^{1}	1.40×10^{0}	-1.04×10^{2}	7.32×10^{0}
6 月 23 日	-3.72×10^{2}	3.18×10^{0}	$\mathbf{-3.76\times10^{2}}$	1.61×10^{1}	-2.60×10^{2}	1.80×10^{1}	-3.13×10^{2}	1.95×10^{1}	-3.69×10^{2}	8.32×10^{0}
6 月 24 日	-6.45×10^{1}	1.59×10^{0}	$\mathbf{-6.70\times10^{1}}$	1.34×10^{1}	-7.80×10^{0}	1.47×10^{1}	-9.13×10^{0}	1.42×10^{1}	-5.97×10^{1}	1.48×10^{1}
6 月 25 日	3.99×10^{2}	4.44×10^{0}	3.94×10^{2}	1.08×10^{1}	4.75×10^{2}	9.55×10^{0}	4.68×10^{2}	9.14×10^{0}	$\mathbf{3.93\times10^{2}}$	1.43×10^{1}
6 月 26 日	4.33×10^{2}	5.54×10^{0}	4.54×10^{2}	1.59×10^{1}	4.77×10^{2}	2.03×10^{1}	4.92×10^{2}	1.09×10^{1}	$\mathbf{4.30\times10^{2}}$	9.49×10^{0}
6 月 27 日	$\mathbf{4.37\times10^{2}}$	6.53×10^{0}	4.49×10^{2}	5.98×10^{0}	5.08×10^{2}	1.07×10^{1}	4.82×10^{2}	2.02×10^{1}	4.40×10^{2}	3.83×10^{0}
6 月 28 日	8.51×10^{2}	2.24×10^{0}	8.54×10^{2}	6.15×10^{0}	8.67×10^{2}	3.05×10^{1}	8.71×10^{2}	9.58×10^{0}	$\mathbf{8.35\times10^{2}}$	3.06×10^{0}
6 月 29 日	8.18×10^{2}	5.48×10^{0}	8.21×10^{2}	9.71×10^{0}	8.39×10^{2}	1.68×10^{1}	8.44×10^{2}	1.32×10^{1}	$\mathbf{8.11\times10^{2}}$	5.27×10^{0}
6 月 30 日	$\mathbf{3.04\times10^{2}}$	9.95×10^{0}	3.16×10^{2}	1.14×10^{1}	3.63×10^{2}	1.71×10^{1}	3.50×10^{2}	1.80×10^{1}	3.20×10^{2}	6.14×10^{0}
平均排名	1.57	1.83	2.67	2.83	4.47	4.33	4.53	3.73	1.77	2.27

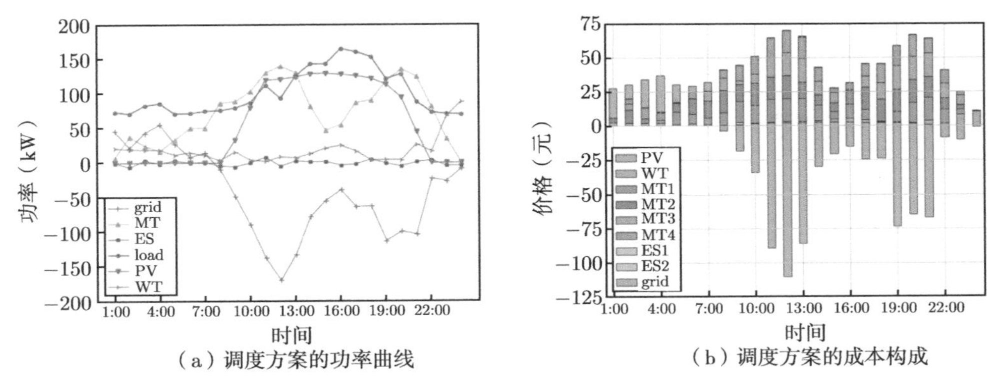

（a）调度方案的功率曲线　（b）调度方案的成本构成

图 25.1　FWAM 所得 6 月 1 日调度方案可视化

25.2.4　基于帕累托支配的微电网日前动态调度优化

由于每天的风力、光伏与负荷预测数据均有所不同，调度优化问题的帕累托前沿形状是不确定的，决策者未必能够明确给出各个目标函数的权重，此时基于帕累托前沿的方法是更好的选择。本小节仍然采用本章给出的微电网数学模型，但是将目标函数结合多目标优化问题的定义重写如下：

$$\min f=(f_{\text{eco}},f_{\text{env}}) \tag{25.19}$$

1. 仿真参数设置

本小节仿真实验采用的数据集及各分布式能源设备的参数设置与第 25.2.3 小节相同，选取 6 月 1 日至 6 月 30 日（总计 30 天）的功率数据依次进行实验，实验重复 10 次，最大评估次数设定为 200000 次。算法选用非支配排序烟花算法（Non-dominated Sorting based Fireworks Algorithm，NSFWA）。由于该问题的理论帕累托前沿未知，故仅采用基于超体积（HV）的评价指标。

2. 仿真结果与分析

仿真实验的结果见表 25.5，NSFWA 的 HV 指标均值的平均排名为 2.17，标准偏差的平均排名为 1.00，均优于其他算法，这说明 NSFWA 在微电网的调度优化问题上与其他算法相比具有更优的收敛性与分布性。

为了说明基于函数聚合的单目标优化方法与基于帕累托支配的多目标优化方法的联系与区别，对本小节与第 25.2.3 小节取得的运行成本进行可视化，如图 25.2所示。图中，绿色点为单目标优化得到的成本。可见，经济效益与环境效益之间存在一定的矛盾关系，需要决策者在二者之间进行权衡。由于赋予两个目标函数的权重均为 1，因此单目标优化下所得的调度方案在经济效益与环境效益之间相对平衡，基本位于决策空间的中间位置。但同等权重比例下，基于帕累托支配的多目标优化方法能够获得更低的成本，反映在决策空间中即帕累托前沿处于单目标最优解的左下方。且多目标优化方法能够一次性生成多种调度方案，覆盖了决策空间的大部分区域，为决策者提供的选择更加多样。

表 25.5　微电网单日运行成本 HV 指标

日期	NSFWA		S-MOFWA		NSGA-II		RVEA		SPEA2	
	均值	标准偏差	均值	标准偏差	均值	标准偏差	均值	标准偏差	均值	标准偏差
6 月 1 日	**1.92×10^{6}**	**1.58×10^{3}**	1.84×10^{6}	2.09×10^{3}	1.88×10^{6}	8.13×10^{3}	1.79×10^{6}	2.21×10^{4}	1.81×10^{6}	4.51×10^{4}
6 月 2 日	**2.22×10^{6}**	**1.18×10^{3}**	2.01×10^{6}	3.86×10^{3}	1.81×10^{6}	1.88×10^{3}	1.79×10^{6}	1.46×10^{4}	1.96×10^{6}	1.58×10^{5}
6 月 3 日	**2.79×10^{6}**	**5.58×10^{2}**	2.30×10^{6}	1.12×10^{4}	1.79×10^{6}	3.06×10^{4}	1.80×10^{6}	1.82×10^{4}	2.27×10^{6}	4.49×10^{5}
6 月 4 日	1.61×10^{6}	**4.39×10^{2}**	1.68×10^{6}	4.14×10^{4}	**1.87×10^{6}**	1.20×10^{4}	1.79×10^{6}	5.75×10^{3}	1.68×10^{6}	1.02×10^{5}
6 月 5 日	**2.09×10^{6}**	**1.39×10^{3}**	1.93×10^{6}	1.94×10^{3}	1.84×10^{6}	2.30×10^{4}	1.78×10^{6}	1.48×10^{4}	1.89×10^{6}	1.28×10^{5}
6 月 6 日	1.67×10^{6}	**7.84×10^{2}**	1.69×10^{6}	1.08×10^{3}	**1.83×10^{6}**	3.89×10^{4}	1.71×10^{6}	4.40×10^{3}	1.66×10^{6}	4.66×10^{4}
6 月 7 日	**2.10×10^{6}**	**2.22×10^{3}**	1.92×10^{6}	2.29×10^{3}	1.85×10^{6}	1.15×10^{4}	1.75×10^{6}	7.27×10^{3}	1.88×10^{6}	1.43×10^{5}
6 月 8 日	1.74×10^{6}	**1.53×10^{3}**	1.78×10^{6}	3.80×10^{3}	1.79×10^{6}	7.46×10^{3}	**1.80×10^{6}**	1.84×10^{4}	1.75×10^{6}	5.94×10^{4}
6 月 9 日	1.50×10^{6}	**4.42×10^{2}**	1.63×10^{6}	1.54×10^{3}	**1.87×10^{6}**	2.35×10^{4}	1.76×10^{6}	3.36×10^{3}	1.61×10^{6}	1.53×10^{5}
6 月 10 日	**1.90×10^{6}**	**1.78×10^{3}**	1.83×10^{6}	2.53×10^{3}	1.83×10^{6}	2.94×10^{4}	1.74×10^{6}	2.36×10^{4}	1.79×10^{6}	2.91×10^{4}
6 月 11 日	1.19×10^{6}	**4.05×10^{1}**	1.47×10^{6}	9.89×10^{2}	**1.81×10^{6}**	3.01×10^{4}	1.77×10^{6}	2.45×10^{4}	1.45×10^{6}	3.03×10^{5}
6 月 12 日	**2.59×10^{6}**	**1.27×10^{3}**	2.19×10^{6}	5.78×10^{3}	1.88×10^{6}	1.43×10^{4}	1.79×10^{6}	1.36×10^{3}	2.13×10^{6}	3.35×10^{5}
6 月 13 日	1.44×10^{6}	**3.45×10^{2}**	1.60×10^{6}	3.00×10^{3}	**1.82×10^{6}**	2.85×10^{4}	1.78×10^{6}	5.30×10^{3}	1.58×10^{6}	1.90×10^{5}
6 月 14 日	1.52×10^{6}	**2.77×10^{2}**	1.63×10^{6}	3.08×10^{3}	**1.84×10^{6}**	2.29×10^{4}	1.78×10^{6}	3.87×10^{4}	1.60×10^{6}	1.43×10^{5}
6 月 15 日	1.83×10^{6}	**5.14×10^{3}**	1.80×10^{6}	5.05×10^{3}	**1.87×10^{6}**	4.99×10^{3}	1.76×10^{6}	5.99×10^{3}	1.75×10^{6}	1.52×10^{4}
6 月 16 日	1.30×10^{6}	**3.27×10^{3}**	1.52×10^{6}	1.20×10^{4}	**1.83×10^{6}**	3.13×10^{4}	1.75×10^{6}	1.09×10^{4}	1.51×10^{6}	2.52×10^{5}
6 月 17 日	1.40×10^{6}	**6.18×10^{2}**	1.59×10^{6}	2.07×10^{3}	**1.81×10^{6}**	**4.39×10^{4}**	1.75×10^{6}	2.61×10^{4}	1.57×10^{6}	2.11×10^{5}
6 月 18 日	**1.96×10^{6}**	**1.14×10^{3}**	1.87×10^{6}	3.13×10^{3}	1.83×10^{6}	4.31×10^{4}	1.77×10^{6}	2.18×10^{4}	1.84×10^{6}	5.38×10^{4}
6 月 19 日	**2.03×10^{6}**	**4.83×10^{2}**	1.90×10^{6}	4.21×10^{4}	1.78×10^{6}	2.19×10^{4}	1.79×10^{6}	2.03×10^{4}	1.89×10^{6}	8.32×10^{4}
6 月 20 日	**1.82×10^{6}**	**4.58×10^{3}**	1.80×10^{6}	1.86×10^{4}	1.81×10^{6}	2.32×10^{4}	1.78×10^{6}	2.81×10^{4}	1.79×10^{6}	1.74×10^{4}
6 月 21 日	**3.62×10^{6}**	**2.32×10^{2}**	2.70×10^{6}	3.83×10^{3}	1.84×10^{6}	7.61×10^{3}	1.75×10^{6}	2.36×10^{4}	2.63×10^{6}	8.53×10^{5}
6 月 22 日	**2.63×10^{6}**	**3.69×10^{3}**	2.20×10^{6}	6.14×10^{3}	1.83×10^{6}	1.90×10^{4}	1.80×10^{6}	1.76×10^{4}	2.15×10^{6}	3.67×10^{5}
6 月 23 日	**3.12×10^{6}**	**1.72×10^{3}**	2.45×10^{6}	5.78×10^{3}	1.80×10^{6}	7.38×10^{4}	1.79×10^{6}	1.64×10^{3}	2.40×10^{6}	6.10×10^{5}
6 月 24 日	**2.62×10^{6}**	**4.10×10^{3}**	2.20×10^{6}	3.89×10^{3}	1.85×10^{6}	4.32×10^{3}	1.75×10^{6}	2.71×10^{4}	2.14×10^{6}	3.61×10^{5}
6 月 25 日	**1.82×10^{6}**	**8.49×10^{2}**	1.81×10^{6}	1.25×10^{3}	1.77×10^{6}	9.12×10^{4}	1.76×10^{6}	4.89×10^{4}	1.79×10^{6}	1.85×10^{4}
6 月 26 日	1.83×10^{6}	**2.44×10^{3}**	1.79×10^{6}	3.00×10^{3}	**1.87×10^{6}**	1.16×10^{4}	1.73×10^{6}	8.00×10^{3}	1.75×10^{6}	1.02×10^{4}
6 月 27 日	1.80×10^{6}	**1.63×10^{3}**	1.78×10^{6}	3.33×10^{3}	**1.87×10^{6}**	1.27×10^{3}	1.77×10^{6}	1.61×10^{4}	1.73×10^{6}	2.17×10^{4}
6 月 28 日	1.12×10^{6}	**1.35×10^{2}**	1.47×10^{6}	3.16×10^{4}	**1.81×10^{6}**	7.71×10^{4}	1.81×10^{6}	2.61×10^{4}	1.46×10^{6}	3.77×10^{5}
6 月 29 日	1.20×10^{6}	**4.31×10^{0}**	1.48×10^{6}	4.26×10^{3}	**1.79×10^{6}**	3.12×10^{4}	1.76×10^{6}	6.14×10^{3}	1.47×10^{6}	2.96×10^{5}
6 月 30 日	**1.94×10^{6}**	**4.81×10^{2}**	1.87×10^{6}	5.56×10^{2}	1.79×10^{6}	3.50×10^{4}	1.79×10^{6}	1.12×10^{4}	1.83×10^{6}	2.88×10^{4}
平均排名	2.17	1.00	2.50	2.50	2.83	3.33	3.83	3.17	3.67	5.00

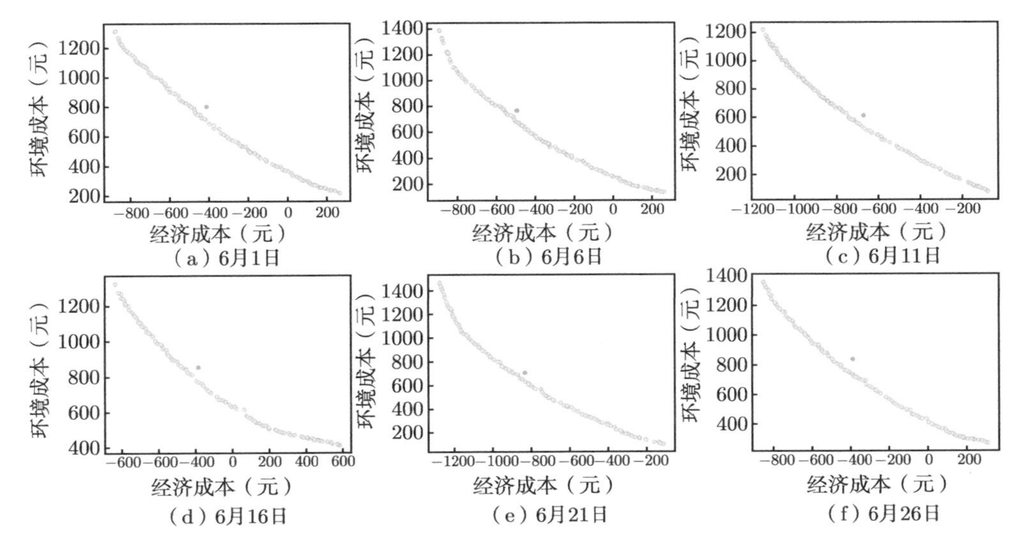

（a）6月1日　（b）6月6日　（c）6月11日

（d）6月16日　（e）6月21日　（f）6月26日

图 25.2　单目标优化与多目标优化的对比

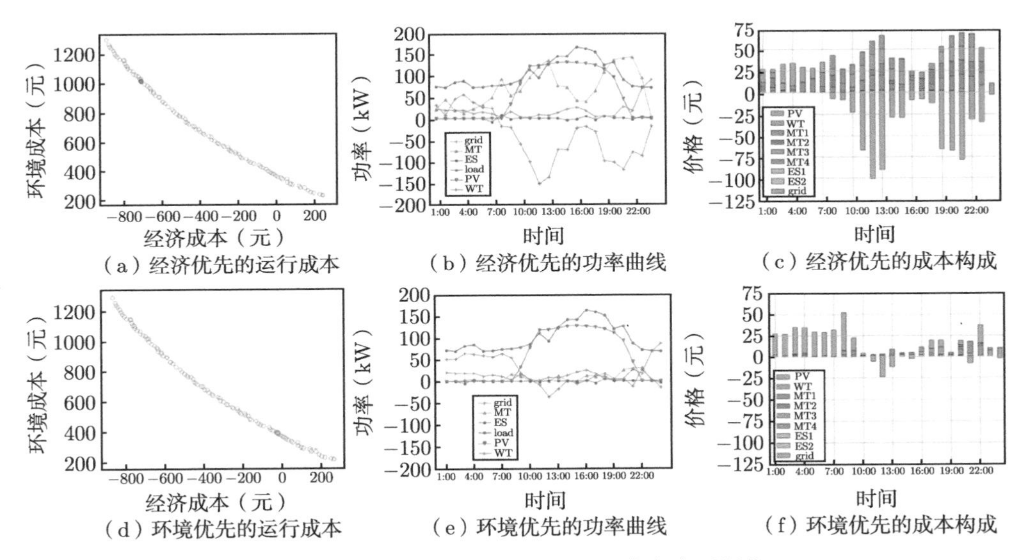

（a）经济优先的运行成本　（b）经济优先的功率曲线　（c）经济优先的成本构成

（d）环境优先的运行成本　（e）环境优先的功率曲线　（f）环境优先的成本构成

图 25.3　NSFWA 所得 6 月 1 日调度方案可视化

下面仍以 6 月 1 日的数据为例，分析调度方案如何在经济效益与环境效益之间进行平衡。首先，选取图中更靠近纵轴的解 $(-683.25, 977.32)$ 可视化，结果如图 25.3（a）～ 图 25.3（c）所示。此时，微电网的运行以经济效益优先。根据本章给定的实时电价与交易成本，微电网中的微型燃气轮机将在全时段以较高的功率运行。在电价谷时段，多余的电力将存储至储能设备中，并在峰时段售出至主网以提高微电网的运行收益。这样的调度方案能够使微电网在电力交易中获取较大收益，但同时会大量排放污染物，对环境造成一定影响。然后，选取靠近横轴的解 $(-19.41, 398.67)$ 可视化，结果如图 25.3（d）～ 图 25.3（f）所示。此时，微电网的运行以环境效益优先，微电网的盈利较少，但相应的环境补偿成本也较低。微型燃气轮机的出力全程较低，仅在电价峰时段运行，以满足微电网内部负荷的基本需求。电价平时段与谷时段则优先从主网购入电力，保证在维持环境补偿成本处于较低水平的同时降低经济成本。

与以函数聚合的方法将多目标问题转化为单目标优化问题相比，基于帕累托支配的多目标优化方法能够给出更多样化的调度方案，使得决策者能够根据当地政策、电价与气象条件等外部因素的变化更加灵活地调整微电网的运行模式，实现经济效益与环境效益的平衡。当然，单目标优化方法消耗的计算资源更少、消耗的时间更短，在决策者有明确倾向性的情况下，亦可选择单目标优化方法快速生成调度方案。

25.3　小结

本章重点介绍了烟花算法在微电网日前调度优化问题方面的应用研究。微电网的调度优化问题本质上是一个具有非线性约束的复杂多目标优化问题，故本章首先根据各分布式发电设备、储能设备与负荷的功率特性及约束条件给出了微电网调度的动态方程，刻画了微电网内各单元在不同时段的内在联系，设计了包含经济效益、环境效益等在内的多个目标函数。对于这个多目标优化问题，本章分别采用了基于函数聚合的方法与基于帕累托支配的方法予以求解。

基于 IEEE 公开数据集的仿真实验表明，单目标烟花算法所得的调度方案能够根据非化石能源功率、负荷功率及实施电价等外部条件的变化灵活调整微型燃气轮机、储能设备等可控单元的出力，稳定地取得低于 GFWA、PSO 算法等经典算法的经济成本，实现经济效益与环境效益的平衡。多目标烟花算法也能够求取具有优秀分布性的解集，为决策者提供更加多样的调度方案。除微电网的调度优化外，电气领域还有很多复杂的优化问题，如机组的组合问题、电网的选址定容问题等，这些都是烟花算法等群体智能优化算法开展应用研究的对象与素材，本章在此仅作抛砖引玉。

参 考 文 献

[1] TAN Y, XIAO Z. Clonal particle swarm optimization and its applications[C]//CEC2007. NJ: IEEE, 2007: 2303-2309.

[2] KENNEDY J, EBERHART R, et al. Particle swarm optimization[J]. Proceedings of IEEE International Conference on Neural Networks, 1995, (4): 1942-1948.

[3] 刘若辰, 杜海峰, 焦李成. 免疫多克隆策略 [J]. 计算机研究与发展, 2004, 41(4): 571-576.

[4] TAN Y, ZHU Y. Fireworks algorithm for optimization[G]//Advances in Swarm Intelligence. Berlinn: Springer, 2010: 355-364.

[5] ZHENG S, JANECEK A, TAN Y. Enhanced fireworks algorithm[C]//CEC2013. NJ: IEEE, 2013: 2069-2077.

[6] BRATTON D, KENNEDY J. Defining a standard for particle swarm optimization[C]//Swarm Intelligence Symposium, 2007. NJ: IEEE, 2007: 120-127.

[7] CLERC M, KENNEDY J. The particle swarm—Explosion, stability, and convergence in a multidimensional complex space[J]. Trans. Evol. Comp, 2002, 6(1): 58-73.

[8] LIANG J, QU B, SUGANTHAN P, et al. Problem definitions and evaluation criteria for the CEC2013 special session on real-parameter optimization[Z]. 2013.

[9] ZAMBRANO-BIGIARINI M, CLERC M, ROJAS R. Standard particle swarm optimisation 2011 at CEC2013: A baseline for future PSO improvements[C]//CEC2013. NJ: IEEE. 2013: 2337-2344.

[10] WILCOXON F. Individual comparisons by ranking methods[J]. Biometrics Bulletin, 1945, 1(6): 80-83.

[11] LI J, TAN Y. The bare bones fireworks algorithm: A minimalist global optimizer[J]. Applied Soft Computing, 2018, 62: 454-462.

[12] WOLFE P. Methods of nonlinear programming[J]. Recent Advances in Mathematical Programming, 1963: 67-86.

[13] GOPALAKRISHNAN NAIR G. On the convergence of the LJ search method[J]. Journal of Optimization Theory and Applications, 1979, 28(3): 429-434.

[14] ZHENG S, JANECEK A, TAN Y. Enhanced fireworks algorithm[C]//CEC2013. NJ: IEEE, 2013: 2069-2077.

[15] JUN L, ZHENG S, TAN Y. Adaptive fireworks algorithm[C]//CEC2014. NJ: IEEE, 2014: 1-7.

[16] ZHENG S, JANECEK A, TAN Y. Dynamic search in fireworks algorithm[C]//CEC2014. NJ: IEEE, 2014: 1-7.

[17] ZHENG S, LI J, JANECEK A, et al. A cooperative framework for fireworks algorithm[J]. IEEE/ACM Transactions on Computational Biology and Bioinformatics, 2015, 14(1): 27-41.

[18] CLERC M. Standard particle swarm optimisation from 2006 to 2011[J]. Particle Swarm Central, 2011, 253.

[19] KARABOGA D, BASTURK B. A powerful and efficient algorithm for numerical function optimization: Artificial bee colony (ABC) algorithm[J]. Journal of Global Optimization, 2007, 39(3): 459-471.

[20] STORN R, PRICE K. Differential evolution–A simple and efficient heuristic for global optimization over continuous spaces[J]. Journal of Global Optimization, 1997, 11(4): 341-359.

[21] HANSEN N. The CMA evolution strategy: A comparing review[J]. Towards a New Evolutionary Computation, 2006: 75-102.

[22] KENNEDY J. Bare bones particle swarms[C]//Proceedings of the 2003 IEEE Swarm Intelligence Symposium (SIS2003) (Cat. No. 03EX706). [S.l.]: [S.n.], 2003: 80-87.

[23] OMRAN M G, ENGELBRECHT A P, SALMAN A. Bare bones differential evolution[J]. European Journal of Operational Research, 2009, 196(1): 128-139.

[24] SHANNON C E. A mathematical theory of communication[J]. The Bell System Technical Journal, 1948, 27(3): 379-423.

[25] QUINLAN J R. Induction of decision trees[J]. Machine Learning, 1986, 1(1): 81-106.

[26] LAWLER E L, LENSTRA J K, KAN A H G R, et al. The traveling salesman problem: A guided tour of combinatorial optimization[M]. New York: Wiley, 1985.

[27] LUUS R, JAAKOLA T. Optimization by direct search and systematic reduction of the size of search region[J]. AIChE Journal, 1973, 19(4): 760-766.

[28] BÄCK T, HOFFMEISTER F, SCHWEFEL H P. A survey of evolution strategies[J].Proceedings of the Fourth International Conference on Genetic Algorithms, 1991.

[29] EBERHART R, KENNEDY J. A new optimizer using particle swarm theory[J]. Proceedings of the Sixth International Symposium on Micro Machine and Human Science, 1995: 39-43.

[30] BRATTON D, KENNEDY J. Defining a standard for particle swarm optimization[C]//Swarm Intelligence Symposium 2007(SIS 2007). NJ: IEEE, 2007: 120-127.

[31] PANT M, ZAHEER H, GARCIA-HERNANDEZ L, et al. Differential Evolution: A review of more than two decades of research[J]. Engineering Applications of Artificial Intelligence, 2020, 90: 103479.

[32] ZHANG J, SANDERSON A C. JADE: Adaptive differential evolution with optional external archive[J]. IEEE Transactions on Evolutionary Computation, 2009, 13(5): 945-958.

[33] WOLPERT D H, MACREADY W G. No free lunch theorems for optimization[J]. IEEE Transactions on Evolutionary Computation, 1997, 1(1): 67-82.

[34] STREETER M J. Two broad classes of functions for which a no free lunch result does not hold[C]//Genetic and Evolutionary Computation Conference. [S.l.]: [S.n.], 2003: 1418-1430.

[35] AUGER A, TEYTAUD O. Continuous lunches are free plus the design of optimal optimization algorithms[J]. Algorithmica, 2010, 57(1): 121-146.

[36] EVERITT T, LATTIMORE T, HUTTER M. Free lunch for optimisation under the universal distribution[C]//CEC2014. NJ: IEEE, 2014: 167-174.

[37] ENGLISH T M. Some information theoretic results on evolutionary optimization[J]. Proceedings of the 1999 Congress on Evolutionary Computation(CEC1999) (Cat. No. 99TH8406). [S.l.]: [S.n.], 1999, (1): 788-795.

[38] BEYER H G. Evolution strategies[J]. Scholarpedia, 2007, 2(8): 1965.

[39] WRIGHT A H, DE J K A, VOSE M D, et al. Foundations of genetic algorithms: 8th International Workshop, FOGA 2005, Aizu-Wakamatsu City, Japan, January 5-9, 2005, Revised Selected Papers: vol. 8[M]. Berlin: Springer Science & Business Media, 2005.

[40] ARNOLD D V. Optimal weighted recombination[C]//International Workshop on Foundations of Genetic Algorithms. Berlin: Springer, 2005: 215-237.

[41] HANSEN N, KERN S. Evaluating the CMA evolution strategy on multimodal test functions[C]//International Conference on Parallel Problem Solving from Nature. [S.l.]: [S.n.], 2004: 282-291.

[42] DEB K, AGRAWAL S, PRATAP A, et al. A fast elitist non-dominated sorting genetic algorithm for multi-objective optimization: NSGA-II[C]//International Conference on Parallel Problem Solving from Nature. [S.l.]: [S.n.], 2000: 849-858.

[43] REYES-SIERRA M, COELLO C C, et al. Multi-objective particle swarm optimizers: A survey of the state-of-theart[J]. International Journal of Computational Intelligence Research, 2006, 2(3): 287-308.

[44] EIBEN Á E, HINTERDING R, MICHALEWICZ Z. Parameter control in evolutionary algorithms[J]. IEEE Transactions on Evolutionary Computation, 1999, 3(2): 124-141.

[45] LARRANAGA P. A review on estimation of distribution algorithms[G]//Estimation of Distribution Algorithms. Berlin: Springer, 2002: 57-100.

[46] JIN Y. A comprehensive survey of fitness approximation in evolutionary computation[J]. Soft Computing, 2005, 9(1): 3-12.

[47] PELIKAN M. Bayesian optimization algorithm[G]//Hierarchical Bayesian Optimization Algorithm. Berlin: Springer, 2005: 31-48.

[48] BUCHE D, SCHRAUDOLPH N N, KOUMOUTSAKOS P. Accelerating evolutionary algorithms with Gaussian process fitness function models[J]. IEEE Transactions on Systems, Man, and Cybernetics, Part C (Applications and Reviews), 2005, 35(2): 183-194.

[49] BURKE E K, HYDE M, KENDALL G, et al. A classification of hyper-heuristic approaches[G]//Handbook of Metaheuristics. Berlin: Springer, 2010: 449-468.

[50] HOLLAND J H. Adaptation in natural and artificial systems: An introductory analysis with applications to biology, control, and artificial intelligence[M]. [S.l.]: MIT Press, 1992.

[51] DORIGO M, MANIEZZO V, COLORNI A. Ant system: Optimization by a colony of cooperating agents[J]. IEEE Transactions on Systems, Man, and Cybernetics, Part B (Cybernetics), 1996, 26(1): 29-41.

[52] MEHRABIAN A R, LUCAS C. A novel numerical optimization algorithm inspired from weed colonization[J]. Ecological Informatics, 2006, 1(4): 355-366.

[53] TAN Y, ZHU Y. Fireworks algorithm for optimization[J]. Advances in Swarm Intelligence, 2010: 355-364.

[54] 黄翰, 郝志峰, 秦勇. 进化规划算法的时间复杂度分析 [J]. 计算机研究与发展, 2008, 45(11): 1850-1857.

[55] 黄翰, 郝志峰, 吴春国, 等. 蚁群算法的收敛速度分析 [J]. 计算机学报, 2007, 30(8): 1344-1353.

[56] CHENG S, QIN Q, CHEN J, et al. Analytics on fireworks algorithm solving problems with shifts in the decision space and objective space[J]. International Journal of Swarm Intelligence Research (IJSIR), 2015, 6(2): 52-86.

[57] YE X, LI J, XU B, et al. Which mapping rule in the fireworks algorithm is better for large scale optimization[C]// 2018 IEEE Congress on Evolutionary Computation (CEC2018). NJ: IEEE, 2018: 1-8.

[58] LI X G, HAN S F, GONG C Q. Analysis and improvement of fireworks algorithm[J]. Algorithms, 2017, 10(1): 26.

[59] LI X, HAN S, ZHAO L, et al. Adaptive fireworks algorithm based on two-master sub-population and new selection strategy[C]//International Conference on Neural Information Processing. Berlin: Springer, 2017: 70-79.

[60] LI X G, HAN S F, ZHAO L, et al. Adaptive mutation dynamic search fireworks algorithm[J]. Algorithms, 2017, 10(2): 48.

[61] YU J, TAKAGI H. Acceleration for fireworks algorithm based on amplitude reduction strategy and local optimabased selection strategy[C]//International Conference on Swarm Intelligence. Berlin: Springer, 2017: 477-484.

[62] YU J, TAN Y, TAKAGI H. Scouting strategy for biasing fireworks algorithm search to promising directions[J]. Proceedings of the Genetic and Evolutionary Computation Conference Companion, 2018: 99-100.

[63] CHENG R, BAI Y, ZHAO Y, et al. Improved fireworks algorithm with information exchange for function optimization[J]. Knowledge-Based Systems, 2019, 163: 82-90.

[64] MIRJALILI S, MIRJALILI S M, LEWIS A. Grey wolf optimizer[J]. Advances in Engineering Software, 2014, 69: 46-61.

[65] LI J, TAN Y. Orienting mutation based fireworks algorithm[C]//2015 IEEE Congress on Evolutionary Computation (CEC2015). NJ: IEEE, 2015: 1265-1271.

[66] LI J, ZHENG S, TAN Y. The effect of information utilization: Introducing a novel guiding spark in the fireworks algorithm[J]. IEEE Transactions on Evolutionary Computation, 2016, 21(1): 153-166.

[67] ZHAO X, LI R, ZUO X, et al. Elite-leading fireworks algorithm[C]//International Conference on Swarm Intelligence. Berlin: Springer, 2017: 493-500.

[68] LANA I, DEL SER J, VÉLEZ M. A novel fireworks algorithm with wind inertia dynamics and its application to traffic forecasting[C]//2017 IEEE Congress on Evolutionary Computation (CEC2017). NJ: IEEE, 2017: 706-713.

[69] LI J, TAN Y. Loser-out tournament-based fireworks algorithm for multimodal function optimization[J]. IEEE Transactions on Evolutionary Computation, 2017, 22(5): 679-691.

[70] YU J, TAKAGI H, TAN Y. Accelerating the fireworks algorithm with an estimated convergence point[C]// International Conference on Swarm Intelligence. Berlin: Springer, 2018: 263-272.

[71] ZHENG S, YU C, LI J, et al. Exponentially decreased dimension number strategy based dynamic search fireworks algorithm for solving CEC2015 competition problems[C]//2015 IEEE Congress on Evolutionary Computation (CEC2015). NJ: IEEE, 2015: 1083-1090.

[72] BARRAZA J, MELIN P, VALDEZ F, et al. Fireworks algorithm (FWA) with adaptation of parameters using fuzzy logic[G]//Nature-Inspired Design of Hybrid Intelligent Systems. NJ: Springer, 2017: 313-327.

[73] BARRAZA J, MELIN P, VALDEZ F, et al. Fuzzy FWA with dynamic adaptation of parameters[C]//2016 IEEE Congress on Evolutionary Computation (CEC2016). NJ: IEEE, 2016: 4053-4060.

[74] BARRAZA J, MELIN P, VALDEZ F, et al. Iterative fireworks algorithm with fuzzy coefficients[C]//2017 IEEE International Conference on Fuzzy Systems (FUZZ-IEEE). NJ: IEEE, 2017: 1-6.

[75] ZHANG J, ZHU S, ZHOU M. From resampling to non-resampling: A fireworks algorithm-based framework for solving noisy optimization problems[C]//International Conference on Swarm Intelligence. Berlin: Springer, 2017: 485-492.

[76] YU J, TAKAGI H, TAN Y. Multi-layer explosion based fireworks algorithm[J]. International Journal of Swarm Intelligence and Evolutionary Computation, 2018, 7(3): 1-9.

[77] JUN Y, TAKAGI H, YING T. Fireworks algorithm for multimodal optimization using a distance-based exclusive strategy[C]//2019 IEEE Congress on Evolutionary Computation (CEC2019). NJ: IEEE, 2019: 2215-2220.

[78] CHEN M, TAN Y. Exponentially decaying explosion in fireworks algorithm[C]//2021 IEEE Congress on Evolutionary Computation (CEC2021). NJ: IEEE, 2021: 1406-1413.

[79] LI L, LEE J. The Variable amplitude coefficient fireworks algorithm with uniform local search operator[J]. Journal of Internet Computing and Services, 2020, 21(3): 21-28.

[80] GONG C. Dynamic search fireworks algorithm with adaptive parameters[J]. International Journal of Ambient Computing and Intelligence (IJACI), 2020, 11(1): 115-135.

[81] YU J, TAKAGI H. Accelerating fireworks algorithm with dynamic population size strategy[C]//2020 Joint 11th International Conference on Soft Computing and Intelligent Systems and 21st International Symposium on Advanced Intelligent Systems (SCIS-ISIS). [S.l.]: [S.n.], 2020: 1-6.

[82] HONG P, ZHANG J. Using population migration and mutation to improve loser-out tournament-based fireworks algorithm[C]//International Conference on Swarm Intelligence. Berlin: Springer, 2021: 423-432.

[83] ZHENG Y J, XU X L, LING H F, et al. A hybrid fireworks optimization method with differential evolution operators [J]. Neurocomputing, 2015, 148: 75-82.

[84] YU C, KELLEY L C, TAN Y. Dynamic search fireworks algorithm with covariance mutation for solving the CEC2015 learning based competition problems[C]//2015 IEEE Congress on Evolutionary Computation (CEC2015). NJ: IEEE, 2015: 1106-1112.

[85] YU C, KELLEY L C, TAN Y. Cooperative framework fireworks algorithm with covariance mutation[C]//2016 IEEE Congress on Evolutionary Computation (CEC2016). NJ: IEEE, 2016: 1196-1203.

[86] YU C, TAN Y. Fireworks algorithm with covariance mutation[C]//2015 IEEE Congress on Evolutionary Computation (CEC2015). NJ: IEEE, 2015: 1250-1256.

[87] BACANIN N, TUBA M, BEKO M. Hybridized fireworks algorithm for global optimization[J]. Mathematical Methods and Systems in Science and Engineering, 2015, 1: 108-114.

[88] WANG X, PENG H, DENG C, et al. An improved firefly algorithm hybrid with fireworks[C]//International Symposium on Intelligence Computation and Applications. [S.l.]: [S.n.], 2018: 27-37.

[89] GONG C. Opposition-based adaptive fireworks algorithm[J]. Algorithms, 2016, 9(3): 43.

[90] SUN Y F, WANG J S, SONG J D. An improved fireworks algorithm based on grouping strategy of the shuffled frog leaping algorithm to solve function optimization problems[J]. Algorithms, 2016, 9(2): 23.

[91] EUSUFF M, LANSEY K, PASHA F. Shuffled frog-leaping algorithm: A memetic meta-heuristic for discrete optimization[J]. Engineering Optimization, 2006, 38(2): 129-154.

[92] YE W, WEN J. Adaptive fireworks algorithm based on simulated annealing[C]//2017 13th International Conference on Computational Intelligence and Security (CIS). [S.l.]: [S.n.], 2017: 371-375.

[93] CHEN S, LIU Y, WEI L, et al. PS-FW: A hybrid algorithm based on particle swarm and fireworks for global optimization[J]. Computational Intelligence and Neuroscience, 2018, 2018.

[94] LI Y, TAN Y. Multi-scale collaborative fireworks algorithm[C]//2020 IEEE Congress on Evolutionary Computation (CEC2020). NJ: IEEE, 2020: 1-8.

[95] LI Y, TAN Y. Enhancing fireworks algorithm in local adaptation and global collaboration[C]//International Conference on Swarm Intelligence. Berlin: Springer, 2021: 451-465.

[96] BEYER H G, SCHWEFEL H P. Evolution strategies—A comprehensive introduction[J]. Natural Computing, 2002, 1(1): 3-52.

[97] ZHENG S, JANECEK A, LI J, et al. Dynamic search in fireworks algorithm[C]//2014 IEEE Congress on evolutionary computation (CEC2014). NJ: IEEE, 2014: 3222-3229.

[98] HOARE C A. Algorithm 65: Find[J]. Communications of the ACM, 1961, 4(7): 321-322.

[99] GENTLE J E. Generation of Random Numbers[G]//Computational Statistics. NJ: Springer, 2009: 305-331.

[100] WIKIPEDIA Stirling's approximation[EB/OL]. (2022-10-1)[2022-10-1].

[101] KENNEDY J, EBERHART R. Particle swarm optimization[J]. Proceedings of IEEE International Conference on Neural Networks. 1995, (4): 1942-1948.

[102] LIU J, ZHENG S, TAN Y. Analysis on global convergence and time complexity of fireworks algorithm[C]// 2014 IEEE Congress on Evolutionary Computation (CEC2014). NJ: IEEE, 2014: 1-7.

[103] CLERC M. The swarm and the queen: Towards a deterministic and adaptive particle swarm optimization[J]. Proceedings of the 1999 Congress on Evolutionary Computation(CEC1999) (Cat. No. 99TH8406). 1999, (3): 1951- 1957.

[104] CIVICIOGLU P, BESDOK E. A conceptual comparison of the Cuckoo-search, particle swarm optimization, differential evolution and artificial bee colony algorithms[J]. Artificial Intelligence Review, 2013, 39(4): 315-346.

[105] ZHANG B, ZHENG Y J, ZHANG M X, et al. Fireworks algorithm with enhanced fireworks interaction[J]. IEEE/ACM Transactions on Computational Biology and Bioinformatics, 2015, 14(1): 42-55.

[106] AUGER A, HANSEN N. A restart CMA evolution strategy with increasing population size[J]. 2005 IEEE Congress on Evolutionary Computation. 2005, (2): 1769-1776.

[107] LOSHCHILOV I, SCHOENAUER M, SEBAG M. Alternative restart strategies for CMA-ES[C]//International Conference on Parallel Problem Solving from Nature. [S.l.]: [S.n.], 2012: 296-305.

[108] DE MELO V V, IACCA G. A modified covariance matrix adaptation evolution strategy with adaptive penalty function and restart for constrained optimization[J]. Expert Systems with Applications, 2014, 41(16): 7077-7094.

[109] ROS R, HANSEN N. A simple modification in CMA-ES achieving linear time and space complexity[C]// International Conference on Parallel Problem Solving from Nature. [S.l.]: [S.n.], 2008: 296-305.

[110] TANG K, YÁO X, SUGANTHAN P N, et al. Benchmark functions for the CEC'2008 special session and competition on large scale global optimization[J]. Nature Inspired Computation and Applications Laboratory, 2007, 24: 1-18.

[111] YANG Z, TANG K, YAO X. Large scale evolutionary optimization using cooperative coevolution[J]. Information Sciences, 2008, 178(15): 2985-2999.

[112] YANG Z, TANG K, YAO X. Multilevel cooperative coevolution for large scale optimization[C]//2008 IEEE Congress on Evolutionary Computation (IEEE World Congress on Computational Intelligence). NJ: IEEE, 2008: 1663-1670.

[113] LIU J, ZHENG S, TAN Y. The improvement on controlling exploration and exploitation of firework algorithm [G]//Advances in Swarm Intelligence: vol. 7928. Berlin: Springer, 2013: 11-23.

[114] WIKIPEDIA. Power law[EB/OL]. (2022-10-1)[2022-10-1].

[115] YU C, Zheng S, KELLEY L, TAN Y. Fireworks algorithm with differential mutation for solving the CEC2014 competition problems[C]// 2014 IEEE Congress on Evolutionary Computation (CEC2014). NJ: IEEE, 2014: 1-7.

[116] ČREPINŠEK M, LIU S H, MERNIK M. Exploration and exploitation in evolutionary algorithms: A survey[J]. ACM Computing Surveys (CSUR), 2013, 45(3): 1-33.

[117] HORN J. The nature of niching: Genetic algorithms and the evolution of optimal, cooperative populations[D]. Urbana-Champaign: University of Illinois at Urbana-Champaign, 1997.

[118] DORIGO M, GAMBARDELLA L M. Ant colony system: A cooperative learning approach to the traveling salesman problem[J]. IEEE Transactions on Evolutionary Computation, 1997, 1(1): 53-66.

[119] RECHENBERG I, ZURADA J, MARKS II R, et al. Evolution strategy, in computational intelligence: Imitating life[J]. Computational Intelligence Imitating Life, 1995, 6(6): 1562-1565.

[120] GOLDBERG D, HOLLAND J. Genetic algorithms and machine learning[J]. Machine Learning. 1988, 3(2-3): 95-99.

[121] WHITEHEAD B A, CHOATE T D. Cooperative-competitive genetic evolution of radial basis function centers and widths for time series prediction[J]. IEEE Transactions on Neural Networks, 1996, 7(4): 869-880.

[122] GOH C K, TAN K C. A coevolutionary paradigm for dynamic multi-objective optimization[G]//Evolutionary Multi-objective Optimization in Uncertain Environments. Berlin: Springer, 2009: 153-185.

[123] THOMPSON J N. The coevolutionary process[M]. Chicago: University of Chicago Press, 2009.

[124] QUANDE Q, SHI C, QINGYU Z, et al. Particleswarm optimization with interswarm Interactive learningstrategy [J]. IEEE Transactions on Cybernetics, 2016, 46(10): 2238-2251.

[125] MAHFOUD S W. Niching methods for genetic algorithms[D]. Urbana-Champaign: University of Illinois at Urbana-Champaign, 1995.

[126] KOBTI Z, et al. Heterogeneous multi-population cultural algorithm[C]//2013 IEEE Congress on Evolutionary Computation. NJ: IEEE, 2013: 292-299.

[127] BISWAS S, KUNDU S, BOSE D, et al. Migrating forager population in a multi-population artificial bee colony algorithm with modified perturbation schemes[C]//2013 IEEE Symposium on Swarm Intelligence (SIS2013). NJ: IEEE, 2013: 248-255.

[128] SHENG W, CHEN S, SHENG M, et al. Adaptive multisubpopulation competition and multiniche crowding-based memetic algorithm for automatic data clustering[J]. IEEE Transactions on Evolutionary Computation, 2016, 20(6): 838-858.

[129] WIKIPEDIA. Single combat[EB/OL]. (2021) [2022-10-1].

[130] CHATFIELD C. Time-series forecasting[M]. NY: Chapman and Hall/CRC, 2000.

[131] LOSHCHILOV I. CMA-ES with restarts for solving CEC2013 benchmark problems[C]//2013 IEEE Congress on Evolutionary Computation. NJ: IEEE, 2013: 369-376.

[132] TANABE R, FUKUNAGA A S. Improving the search performance of SHADE using linear population size reduction[C]//2014 IEEE Congress on Evolutionary Computation (CEC2014). NJ: IEEE, 2014: 1658-1665.

[133] YUE C, PRICE K, SUGANTHAN P N, et al. Problem definitions and evaluation criteria for the CEC2020 special session and competition on single objective bound constrained numerical optimization[R]. Zhengzhou: Zhengzhou University, 2019.

[134] WU G, MALLIPEDDI R, SUGANTHAN P N. Problem definitions and evaluation criteria for the CEC2017 competition on constrained real-parameter optimization[R]. Technical Report, 2017.

[135] HANSEN N. The CMA evolution strategy: A tutorial[J]. arXiv Preprint, 2016. arXiv:1604.00772.

[136] TANABE R, FUKUNAGA A. Success-history based parameter adaptation for differential evolution[C]//2013 IEEE Congress on Evolutionary Computation. NJ: IEEE, 2013: 71-78.

[137] LIANG J J, QU B, SUGANTHAN P N, et al. Problem definitions and evaluation criteria for the CEC2013 special session on real-parameter optimization[R]. Technical Report, 2013, 201212(34): 281-295.

[138] TASGETIREN M F, PAN Q K, SUGANTHAN P N, et al. A variable iterated greedy algorithm with differential evolution for the no-idle permutation flowshop scheduling problem[J]. Computers & Operations Research, 2013, 40(7): 1729-1743.

[139] MANDAL A, ZAFAR H, DAS S, et al. A modified differential evolution algorithm for shaped beam linear array antenna design[J]. Progress In Electromagnetics Research, 2012, 125: 439-457.

[140] NERI F, MININNO E. Memetic compact differential evolution for cartesian robot control[J]. IEEE Computational Intelligence Magazine, 2010, 5(2): 54-65.

[141] RZADCA K, SEREDYNSKI F. Heterogeneous multiprocessor scheduling with differential evolution[C]//2005 IEEE Congress on Evolutionary Computation: vol. 3. NJ: IEEE, 2005: 2840-2847.

[142] SECMEN M, TASGETIREN M F, KARABULUT K. Null control in linear antenna arrays with ensemble differential evolution[C]//2013 IEEE Symposium on Differential Evolution (SDE). NJ: IEEE, 2013: 92-98.

[143] LIANG J J, QU B Y, SUGANTHAN P N. Problem definitions and evaluation criteria for the CEC2014 special session and competition on single objective real-parameter numerical optimization[R]. Technical Report, 2013, 635: 490.

[144] SIMON D. Biogeography-based optimization[J]. IEEE Transactions on Evolutionary Computation, 2008, 12(6): 702-713.

[145] MA H, SIMON D. Blended biogeography-based optimization for constrained optimization[J]. Engineering Applications of Artificial Intelligence, 2011, 24(3): 517-525.

[146] LIANG J, QU B, SUGANTHAN P, et al. Problem definitions and evaluation criteria for the CEC2015 competition on learning-based real-parameter single objective optimization[R]. Technical Report, 2014, 29: 625-640.

[147] ALAMANIOTIS M, TSOUKALAS L H. Assessment of gamma-ray-spectra analysis method utilizing the fireworks algorithm for various error measures[G]//Critical Developments and Applications of Swarm Intelligence. [S.l.]: IGI Global, 2018: 155-181.

[148] SREEJA N. A weighted pattern matching approach for classification of imbalanced data with a fireworks-based algorithm for feature selection[J]. Connection Science, 2019, 31(2): 143-168.

[149] DUAN J, QU Q, GAO C, et al. BOF steelmaking endpoint prediction based on FWA-TSVR[C]//2017 36th Chinese Control Conference (CCC). [S.l.]: [S.n.], 2017: 4507-4511.

[150] ZHANG M, YUAN Y, WANG R, et al. Recognition of mixture control chart patterns based on fusion feature reduction and fireworks algorithm-optimized MSVM[J]. Pattern Analysis and Applications, 2020, 23(1): 15-26.

[151] LEI C, FANG B, GAO H, et al. Short-term power load forecasting based on least squares support vector machine optimized by bare bones fireworks algorithm[C]//2018 IEEE 3rd Advanced Information Technology, Electronic and Automation Control Conference (IAEAC). NJ: IEEE, 2018: 2231-2235.

[152] SALMAN I, UCAN O N, BAYAT O, et al. Impact of metaheuristic iteration on artificial neural network structure in medical data[J]. Processes, 2018, 6(5): 57.

[153] KHUAT T T, LE M H. An application of artificial neural networks and fuzzy logic on the stock price prediction problem[J]. JOIV: International Journal on Informatics Visualization, 2017, 1(2): 40-49.

[154] BOLAJI A L, AHMAD A A, SHOLA P B. Training of neural network for pattern classification using fireworks algorithm[J]. International Journal of System Assurance Engineering and Management, 2018, 9(1): 208-215.

[155] XUE Y, ZHAO B, MA T, et al. An evolutionary classification method based on fireworks algorithm[J]. International Journal of Bio-Inspired Computation, 2018, 11(3): 149-158.

[156] XUE Y, ZHAO B, MA T, et al. A self-adaptive fireworks algorithm for classification problems[J]. IEEE Access, 2018, 6: 44406-44416.

[157] ZALASIŃSKI M, LAPA K, CPAKA K. Prediction of values of the dynamic signature features[J]. Expert Systems with Applications, 2018, 104: 86-96.

[158] TAO Y, ZHAO L. A novel system for WiFi radio map automatic adaptation and indoor positioning[J]. IEEE Transactions on Vehicular Technology, 2018, 67(11): 10683-10692.

[159] MISRA P R, SI T. Image segmentation using clustering with fireworks algorithm[C]//2017 11th International Conference on Intelligent Systems and Control (ISCO). [S.l.]: [S.n.], 2017: 97-102.

[160] LI H, HE F, CHEN Y. Learning dynamic simultaneous clustering and classification via automatic differential evolution and firework algorithm[J]. Applied Soft Computing, 2020, 96: 106593.

[161] ALI A, MING Y, SI T, et al. Enhancement of RWSN lifetime via firework clustering algorithm validated by ANN [J]. Information, 2018, 9(3): 60.

[162] ZHANG M, YUAN Y, WANG R, et al. Recognition of mixture control chart patterns based on fusion feature reduction and fireworks algorithm-optimized MSVM[J]. Pattern Analysis and Applications, 2020, 23(1): 15-26.

[163] AMHAIMAR L, AHYOUD S, ELYAAKOUBI A, et al. PAPR reduction using fireworks search optimization algorithm in MIMO-OFDM systems[J/OL]. (2018-9-3)[2023-5-7].

[164] YANG W, KE L. An improved fireworks algorithm for the capacitated vehicle routing problem[J]. Frontiers of Computer Science, 2019, 13(3): 552-564.

[165] CAI Y, QI Y, CHEN H, et al. Quantum fireworks evolutionary algorithm for vehicle routing problem in supply chain with multiple time windows[C]//2018 2nd IEEE Advanced Information Management, Communicates, Electronic and Automation Control Conference (IMCEC). NJ: IEEE, 2018: 383-388.

[166] LI H, LIU W, YANG C, et al. An Optimization-based path planning approach for autonomous vehicles using dynEFWA—Artificial potential field[J]. IEEE Transactions on Intelligent Vehicles, 2021: 1-1.

[167] BACANIN N, TUBA M. Fireworks algorithm applied to constrained portfolio optimization problem[C]//2015 IEEE Congress on Evolutionary Computation (CEC2015). NJ: IEEE, 2015: 1242-1249.

[168] ZHANG T, LIU Z. Fireworks algorithm for mean-VaR/CVaR models[J]. Physica A: Statistical Mechanics and Its Applications, 2017, 483: 1-8.

[169] LIU X, ZHANG X, ZHU Q. Enhanced Fireworks Algorithm for Dynamic Deployment of Wireless Sensor Networks[C]//2017 2nd International Conference on Frontiers of Sensors Technologies (ICFST). [S.l.]: [S.n.], 2017: 161-165.

[170] TUBA E, TUBA I, DOLICANIN-DJEKIC D, et al. Efficient drone placement for wireless sensor networks coverage by bare bones fireworks algorithm[C]//2018 6th International Symposium on Digital Forensic and Security (ISDFS). [S.l.]: [S.n.], 2018: 1-5.

[171] WEI Z, WANG L, LYU Z, et al. A multi-objective algorithm for joint energy replenishment and data collection in wireless rechargeable sensor networks[C]//International Conference on Wireless Algorithms, Systems, and Applications. [S.l.]: [S.n.], 2018: 497-508.

[172] XIA C, WEI Z, LYU Z, et al. A novel mixed-variable fireworks optimization algorithm for path and time sequence optimization in WRSNs[C]//International Conference on Communications and Networking in China. NJ: IEEE, 2018: 24-34.

[173] LI J, TAN Y. A probabilistic finite state machine based strategy for multi-target search using swarm robotics[J]. Applied Soft Computing, 2019, 77: 467-483.

[174] DETRAIN C, DENEUBOURG J L. Self-organized structures in a superorganism: Do ants “behave” like molecules? [J]. Physics of Life Reviews, 2006, 3(3): 162-187.

[175] CAMAZINE S, DENEUBOURG J L, FRANKS N R, et al. Self-organization in biological systems[M]. Princeton University Press, 2003.

[176] GASPARRI A, PROSPERI M. A bacterial colony growth algorithm for mobile robot localization[J]. Autonomous Robots, 2008, 24(4): 349-364.

[177] JATI A, SINGH G, RAKSHIT P, et al. A hybridisation of Improved Harmony Search and Bacterial Foraging for multi-robot motion planning[C]//2012 IEEE Congress on Evolutionary Computation (CEC2015). NJ: IEEE, 2012: 1-8.

[178] ZHENG Z, TAN Y. Group explosion strategy for searching multiple targets using swarm robotic[C]//2013 IEEE Congress on Evolutionary Computation(CEC2013). NJ: IEEE, 2013: 821-828.

[179] CHEN H, DENG X, YAN L, et al. Multilevel thresholding selection based on the fireworks algorithm for image segmentation[C]//2017 International Conference on Security, Pattern Analysis, and Cybernetics (SPAC). [S.l.]: [S.n.], 2017: 175-180.

[180] CHEN Y, YANG W, LI M, et al. Research on pest image processing method based on Android thermal infrared lens[J]. IFAC-PapersOnLine, 2018, 51(17): 173-178.

[181] LIU W, SHI H, HE X, et al. An application of optimized OTSU multi-threshold segmentation based on fireworks algorithm in cement SEM image[J]. Journal of Algorithms & Computational Technology, 2018, 13: 1748301818797025.

[182] TUBA E, JOVANOVIC R, BEKO M, et al. Bare bones fireworks algorithm for medical image compression[C]// International Conference on Intelligent Data Engineering and Automated Learning. [S.l.]: [S.n.], 2018: 262-270.

[183] TUBA E, TUBA M, SIMIAN D, et al. JPEG quantization table optimization by guided fireworks algorithm [C]//BRIMKOV V E, BARNEVA R P. Combinatorial Image Analysis. Cham: Springer International Publishing, 2017: 294-307.

[184] TUBA E, STRUMBERGER I, ZIVKOVIC D, et al. Rigid image registration by bare bones fireworks algorithm[C] //2018 6th International Conference on Multimedia Computing and Systems (ICMCS). [S.l.]: [S.n.], 2018: 1-6.

[185] TUBA E, TUBA M, DOLICANIN E. Adjusted fireworks algorithm applied to retinal image registration[J]. Studies in Informatics and Control, 2017, 26(1): 33-42.

[186] DANTZIG G B, FULKERSON D R, JOHNSON S M. On a linear-programming, combinatorial approach to the traveling-salesman problem[J]. Operations Research, 1959, 7(1): 58-66.

[187] MICHAEL R G, JOHNSON D S. Computers and intractability: A guide to the theory of NP-completeness[M]. Maryland: WH Freeman & Co., 1979.

[188] GROTSCHEL M, LOVÁSZ L. Combinatorial optimization[J]. Handbook of Combinatorics, 1995, 2: 1541-1597.

[189] BLAND R G, SHALLCROSS D F. Large travelling salesman problems arising from experiments in X-ray crystallography: A preliminary report on computation[J]. Operations Research Letters, 1989, 8(3): 125-128.

[190] HOPFIELD J J, TANK D W. “Neural” computation of decisions in optimization problems[J]. Biological Cybernetics, 1985, 52(3): 141-152.

[191] MÜHLENBEIN H, GORGES-SCHLEUTER M, KRÄMER O. Evolution algorithms in combinatorial optimization[J]. Parallel Computing, 1988, 7(1): 65-85.

[192] BRAUN H. On solving travelling salesman problems by genetic algorithms[G]//Parallel Problem Solving from Nature. Berlin: Springer, 1991: 129-133.

[193] CLERC M. Discrete particle swarm optimization, illustrated by the traveling salesman problem[G]//New optimization Techniques in Engineering. Berlin: Springer, 2004: 219-239.

[194] TASGETIREN M F, SUGANTHAN P N, PAN Q Q. A discrete particle swarm optimization algorithm for the generalized traveling salesman problem[J]. Proceedings of the 9th Annual Conference on Genetic and Evolutionary Computation, 2007: 158-167.

[195] FREISLEBEN B, MERZ P. A genetic local search algorithm for solving symmetric and asymmetric traveling salesman problems[J]. Proceedings of IEEE International Conference on Evolutionary Computation, 1996: 616-621.

[196] FREISLEBEN B, MERZ P. New genetic local search operators for the traveling salesman problem[G]//Parallel Problem Solving from Nature—PPSN IV. Berlin: Springer, 1996: 890-899.

[197] STÜTZLE T, HOOS H H. Max min ant system[J]. Future Generation Computer Systems, 2000, 16(8): 889-914.

[198] CROWDER H, PADBERG M W. Solving large-scale symmetric travelling salesman problems to optimality[J]. Management Science, 1980, 26(5): 495-509.

[199] PADBERG M, RINALDI G. Optimization of a 532-city symmetric traveling salesman problem by branch and cut [J]. Operations Research Letters, 1987, 6(1): 1-7.

[200] JOHNSON D S, MCGEOCH L A. The traveling salesman problem: A case study in local optimization[J]. Local Search in Combinatorial Optimization, 1997, 1: 215-310.

[201] REINELT G. TSPLIB—A traveling salesman problem library[J]. ORSA Journal on Computing, 1991, 3(4): 376-384.

[202] FANG L, CHEN P, LIU S. Particle swarm optimization with simulated annealing for TSP[J]. Proceedings of the 6th WSEAS Int. Conf. on Artificial Intelligence, Knowledge Engineering and Data Bases, 2007: 16-19.

[203] SRINIVAS N, DEB K. Muiltiobjective optimization using nondominated sorting in genetic algorithms[J]. Evolutionary Computation, 1994, 2(3): 221-248.

[204] DEB K, PRATAP A, AGARWAL S, et al. A fast and elitist multiobjective genetic algorithm: NSGA-II[J]. IEEE Transactions on Evolutionary Computation, 2002, 6(2): 182-197.

[205] ZITZLER E, THIELE L. Multiobjective evolutionary algorithms: A comparative case study and the strength Pareto approach[J]. IEEE Transactions on Evolutionary Computation, 1999, 3(4): 257-271.

[206] COELLO C A C, VAN V D A, LAMONT G B. Evolutionary algorithms for solving multi-objective problems: vol. 242[M]. Berlin: Springer, 2002.

[207] KNOWLES J D, CORNE D W. M-PAES: A memetic algorithm for multiobjective optimization[J]. Proceedings of the 2000 Congress on Evolutionary Computation. 2000, 1: 325-332.

[208] ABBASS H A, SARKER R, NEWTON C. PDE: A Pareto-frontier differential evolution approach for multiobjective optimization problems[C]//2001 IEEE Congress on Evolutionary Computation. NJ: IEEE, 2001: 971-978.

[209] GONG W, CAI Z. A multiobjective differential evolution algorithm for constrained optimization[C]//2008 IEEE Congress on Evolutionary Computation. NJ: IEEE, 2008: 181-188.

[210] LI X. A non-dominated sorting particle swarm optimizer for multiobjective optimization[C]//Genetic and Evolutionary Computation—GECCO 2003. [S.l.]: [S.n.], 2003: 37-48.

[211] SILVERMAN B. Density Estimation for Statistics and Data Analysis[M]. London: Chapman and Hall/CRC, 1986.

[212] ZHENG Y J, SONG Q, CHEN S Y. Multiobjective fireworks optimization for variable-rate fertilization in oil crop production[J]. Applied Soft Computing, 2013, 13(11): 4253-4263.

[213] LIU L, ZHENG S, TAN Y. S-metric based multi-objective fireworks algorithm[C]//2015 IEEE Congress on Evolutionary Computation (CEC2015). NJ: IEEE, 2015: 1257-1264.

[214] GUO Q Y, LI Z Y, TU X W. Plant nutritional aspects and effects of fertilizer application in rapeseed in red-yellow soil of south China. Fertilizer application of double-low rapeseed cultivar, Zhongshuang No. 7 in red paddy soil [J]. Chinese Journal of Oil Crop Scieves, 2001, 1: 011.

[215] LIU Y, WU H, HUANG J, et al. Preliminary report on fertilization trial of canarium album [J]. Guangdong Forestry Science and Technology, 2007, 5: 004.

[216] TUBA E, STRUMBERGER I, BACANIN N, et al. Bare bones fireworks algorithm for feature selection and SVM optimization[C]//2019 IEEE Congress on Evolutionary Computation (CEC2019). NJ: IEEE, 2019: 2207-2214.

[217] SCHIEZARO M, PEDRINI H. Data feature selection based on Artificial bee Colony algorithm[J]. EURASIP Journal on Image and Video Processing, 2013, 2013(1): 1-8.

[218] ASUNCION A, NEWMAN D. UCI machine learning repository[Z]. 2007.

[219] SALMAN I, UCAN O N, BAYAT O, et al. Impact of metaheuristic iteration on artificial neural network structure in medical data[J]. Processes, 2018, 6(5): 57.

[220] JONES G, ROBERTSON A, SANTIMETVIRUL C, et al. Non-hierarchic document clustering using a genetic algorithm[J]. Information Research, 1995, 1(1): 1-1.

[221] RAGHAVAN V V, BIRCHARD K. A clustering strategy based on a formalism of the reproductive process in natural systems[J]. ACM SIGIR Forum, 1979, 14(2): 10-22.

[222] CUI X, POTOK T E, PALATHINGAL P. Document clustering using particle swarm optimization[C]//Swarm Intelligence Symposium 2005. NJ: IEEE, 2005: 185-191.

[223] EVERITT B, LANDAU S, LEESE M, et al. Cluster analysis[M]. NY: Wiley, 2011.

[224] YANG Y, PEDERSEN J O. A comparative study on feature selection in text categorization[J]. Proceedings of the Fourteenth International Conference on Machine Learning, 1997: 412-420.

[225] JOACHIMS T. A probabilistic analysis of the rocchio algorithm with TFIDF for text categorization[R]. DTIC Document, 1996.

[226] JOLLIFFE I I. Principal Component Analysis[M]//Encyclopedia of Statistics in Behavioral Science. NY: John Wiley & Sons, Ltd., 2005.

[227] POWER & ENERGY SOCIETY. Open data sets[Z/OL]. (2022-2-23)[2022-10-1].

术　语　表

简写	英文名称	中文名称
ABC	Artificial Bee Colony	人工蜂群（算法）
ACO	Ant Clony Optimization	蚁群（算法）
Adam	Adaptive Moment Estimation	自适应动态估计（算法）
AFWA	Adaptive Fireworks Algorithm	自适应烟花算法
ANN	Artificial Neural Network	人工神经网络
BBDE	Bare Bones Differential Evolution	裸骨差分进化
BBFWA	Bare Bones Fireworks Algorithm	裸骨烟花算法
BBO	Biogeography-based Optimization	生物地理学优化
BBPSO	Bare Bones Particle Swarm Optimization	裸骨粒子群优化
CA	Cultural Algorithm	文化算法
CC-CMA-ES	Cooperative Coevolution Covariance Matrix Adaptation Evolution Strategy	合作协同进化的 CMA-ES
CF	Core Firework	核心烟花
CMA-ES	Covariance Matrix Adaptation Evolution Strategy	协方差矩阵自适应进化策略
CNN	Convolutional Neural Network	卷积神经网络
CoFFWA	Cooperative Framework for Fireworks Algorithm	协同框架烟花算法
CPSO	Clonal Particle Swarm Optimization	克隆粒子群优化
DE	Differential Evolution	差分进化
DECC-G	Differential Evolution with Cooperative Coevolution with Grouping and Adaptive Weighting	基于差分进化的协同进化自适应邻域搜索
DES	Distributed Energy Storage	分布式储能设备
DG	Distributed Generation	分布式发电设备
dynFWA	Dynamic Search Fireworks Algorithm	动态搜索烟花算法
dynFWAAP	Dynamic Search Fireworks Algorithm with Adaptive Parameters	带自适应参数的动态搜索烟花算法
dynFWACM	Dynamic Search Fireworks Algorithm with Covariance Mutation	具有协方差变异的动态搜索烟花算法
eddynFWA	Exponentially Decreased Dimension Number Strategy based DynamicSearch Fireworks Algorithm	基于指数递减维数策略的动态搜索烟花算法
ed-dynFWA	Exponentially decreased Dynamic Search Fireworks Algorithm	指数递减维度动态搜索烟花算法
EDFWA	Exponentially Decaying Explosion in Fireworks Algorithm	指数衰减爆炸烟花算法
EFHT	Expected First Hitting Time	首次最优解期望时间
EFWA	Enhanced Fireworks Algorithm	增强烟花算法
ELFWA	Elite-leading Fireworks Algorithm	精英引导烟花算法
EXP	New Explotion Operator	新型爆炸算子

续表

简写	英文名称	中文名称
FNN	Feedforward Neural Network	前馈神经网络
FWA	Fireworks Algorithm	烟花算法
FWA-DM	Fireworks Algorithm with Differential Mutation	基于差分进化变异的烟花算法
FWAM	Fireworks Algorithm with Momentum	动量烟花算法
FWASSP	Fireworks Algorithm based on Search Space Partition	基于搜索空间划分的烟花算法
GA	Genetic Algorithm	遗传算法
GAU	New Gaussian Mutation Operator	新型高斯变异算子
gbest	Global Best	全局最优
GFWA	Guided Fireworks Algorithm	引导式烟花算法
GS	Guiding Spark	引导火花
GV	Guiding Vector	引导向量
GWO	Grey Wolf Optimizer	灰狼优化（算法）
HCFWA	Hierarchical Collaborated Fireworks Algorithm	层次协同的烟花算法
HSI	Habitat Suitability Index	栖息地适宜性指数
ILoTFWA	Using Population Migration and Mutation to Improve Loser-Out Tournament-based Fireworks Algorithm	基于生物地理学优化的败者淘汰锦标赛烟花算法
IPOP-CMA-ES	Increasing Population Covariance Matrix Adaptation Evolution Strategy	群体规模递增的重启 CMA-ES
IPOP-FWASSP	Increasing Population Fireworks Algorithm based on Search Space Partition	群体规模递增机制搜索空间划分的烟花算法
IUR	Information Utilization Ratio	信息利用率
JADE	Adaptive Differential Evolution with Optional External Archive	具有可选外部存档的自适应差分进化
LJ	Luus-Jaakola	卢斯–贾科拉（算法）
LoTFWA	Loser-out Tournament-based Fireworks Algorithm	败者淘汰锦标赛烟花算法
LR	Logistic Regression	逻辑回归
MA	Memetic Algorithm	文化基因算法
MC	Monte Carlo	蒙特卡洛
MEACS	Minimum Explosion Amplitude Censoring Strategy	最小爆炸半径检测策略
MFWA	Minimalist Fireworks Algorithm	极简烟花算法
MLCC	Multilevel Cooperative Coevolution	多级协同进化
MOEA	Multi-object Evolutionary Algorithm	多目标进化算法
MOFWA	Multi-object Fireworks Algorithm	多目标烟花算法
MSCFWA	Multi-scale Collaborative Fireworks Algorithm	多尺度协同烟花算法
non-CF	None-core Firework	非核心烟花
NP-Complete	Non-deterministic Polynomial Complete	NP 完全（问题）
NSFWA	Non-dominated Sorting based Fireworks Algorithm	非支配排序烟花算法

续表

简写	英文名称	中文名称
OAFWA	Opposition-based Adaptive Fireworks Algorithm	基于反向相对基的自适应烟花算法
pbest	Personal Best	个体最优
PCA	Principal Component Analysis	主成分分析
PSO	Particle Swarm Optimization	粒子群优化
RNN	Recurrent Neural Network	循环神经网络
S-MOFWA	S-metric based Multi-objective Fireworks Algorithm	基于 S 度量的多目标烟花算法
SEL	New Selection Operator	新型选择算子
SFLA	Shuffled Frog Leaping Algorithm	蛙跳算法
SoC	State of Charge	荷电量
SPSO	Standard Particle Swarm Optimization	标准粒子群优化（算法）
SVM	Support Vector Machine	支持向量机
TMSFWA	Fireworks Algorithm based on Two-master Sub-population	双主子群的烟花算法
VACUFWA	Variable Amplitude Coefficient Fireworks Algorithm with Uniform Local Search Operator	具有统一局部搜索算子的变幅系数烟花算法
—	Non-dominated Set	非支配解
—	Classification	分类
—	Dominated Set	支配解
—	Precision	精确度
—	Regression	回归
—	Dynamic Explosion Amplitude	动态爆炸半径
—	Explosive Operator	爆炸算子
—	Fast Non-dominated Sorting	快速非支配排序
—	Gaussian Mutation	高斯变异
—	Mapping Rule	映射规则
—	Mutation Operator	变异算子
—	Pareto Dominance	帕累托支配
—	Pareto Front	帕累托前沿
—	Perception	感知机
—	Recall	查全率
—	Selection Strategy	选择策略

符 号 表

符号	含义
$\mathscr{A}$	优化算法
C_{a}	放大系数
C_{r}	缩减系数
$d(\boldsymbol{x}_i, \boldsymbol{x}_j)$	两个个体之间的距离
$H(X)$	X 的信息熵
m	火花总数
S_i	第 i 个烟花产生的火花数
t	当前评估次数
$X_{\mathrm{LB},k}$	第 k 维下边界
$X_{\mathrm{UB},k}$	第 k 维上边界
A	爆炸半径
N	个体数
U	均匀分布